石油高职高专规划教材

石油加工生产技术

（第二版·富媒体）

付梅莉　程玉红　李　君　主编

石 油 工 业 出 版 社

内 容 提 要

本书根据高等职业教育的特点，紧密结合石油加工工业的生产实际，系统地介绍了石油及其产品的组成和性质、石油产品的分类和使用要求、原油的分类及评价、原油蒸馏、热破坏加工、催化裂化、催化加氢、催化重整、炼厂气的加工利用、油品的精制与调合、润滑油的生产以及石油蜡与沥青的生产。全书共分十二章，内容全面，条理清晰，技术先进，科学性强。每章前都设有"知识目标"和"能力目标"，每章后都附有"思考题及习题"，部分章还附有"技能训练项目"。同时，本书在传统出版的基础上，以二维码为纽带，加入了富媒体教学资源，使师生更容易理解和学习相关内容。

本书可作为各类高职高专院校的石油炼制技术、石油化工技术、应用化工技术等专业的教材，并可供从事石油化工生产、管理、科研和设计的工程技术人员参考。

图书在版编目(CIP)数据

石油加工生产技术：富媒体/付梅莉，程玉红，李君主编. —2 版. —北京：石油工业出版社，2019.6(2024.1 重印)

"十四五"职业教育国家规划教材

ISBN 978-7-5183-3302-8

Ⅰ.①石… Ⅱ.①付…②程…③李… Ⅲ.①石油炼制—高等职业教育—教材 Ⅳ.①TE62

中国版本图书馆 CIP 数据核字(2019)第 068643 号

出版发行：石油工业出版社

(北京市朝阳区安华里 2 区 1 号楼 100011)

网 址：www.petropub.com

编辑部：(010)64256990

图书营销中心：(010)64523633 (010)64523731

经 销：全国新华书店

排 版：北京密东文创科技有限公司

印 刷：北京晨旭印刷厂

2019 年 6 月第 2 版 2024 年 1 月第 8 次印刷

787 毫米×1092 毫米 开本：1/16 印张：22.25

字数：568 千字

定价：54.90 元

(如发现印装质量问题，我社图书营销中心负责调换)

《石油加工生产技术（第二版·富媒体）》
编 写 人 员

主　编：付梅莉　克拉玛依职业技术学院

程玉红　天津工程职业技术学院

李　君　大庆职业学院

副主编：蒋定建　克拉玛依职业技术学院

宋春晖　大庆职业学院

隗小山　湖南石油化工职业技术学院

参　编：（按姓氏拼音排序）

方晓玲　克拉玛依职业技术学院

金　玲　克拉玛依职业技术学院

李长海　克拉玛依职业技术学院

廖有贵　湖南石油化工职业技术学院

马建梅　克拉玛依职业技术学院

吴　桐　克拉玛依职业技术学院

薛金召　湖南石油化工职业技术学院

于　欣　天津渤海职业技术学院

赵　贺　克拉玛依职业技术学院

周新新　大庆职业学院

第二版前言

本书作为石油化工及相关专业规划教材，自2009年出版以来，得到了高职高专院校师生的普遍赞誉和好评。为了响应国家“十三五”职业教育规划，紧跟高职教育改革步伐，打造精品，2017年4月，各高职高专院校教师和专家齐聚一堂，就本书的修订进行了深入的探讨，达成了修订共识。

本次修订基本保留了第一版教材的编排体系和框架结构，根据高等职业教育的特点，紧密结合石油加工工业生产实际，精选石油化工专业学生必须掌握的石油加工生产过程中所涉及的基本理论、基本知识和基本技能，对第一版作了以下修改和完善：

(1)结合教学实践，对原有章节的内容重新组合和分配，简化内容和分配方式，并对部分内容进行了删减，将学习目标分解为知识目标和能力目标。

(2)紧跟石油化工领域最新科研成果，对当前石油加工生产装置先进技术及发展趋势作了简要介绍，增加了油品调合、石油蜡与沥青的生产等内容。

(3)使用信息化手段扫描二维码即可出现相关内容和动画，使学生更容易理解和学习相关内容。

(4)更新了各章的思考题及习题。

本书由付梅莉、程玉红、李君担任主编，由蒋定建、宋春晖、隗小山担任副主编。全书共十二章，具体编写分工如下：绪论由付梅莉编写；第一章由隗小山编写；第二章由蒋定建、方晓玲编写；第三章、第四章由程玉红编写；第五章由李长海编写；第六章由付梅莉、马建梅编写；第七章、第八章由李君、宋春辉、周新新编写；第九章由吴桐、赵贺编写；第十章由廖有贵、薛金召编写；第十一章由于欣编写；第十二章由金玲编写。全书由付梅莉主持修订并统稿。本书在编写过程中还得到了中国石油天然气股份有限公司独山子石化分公司及各合作院校的大力支持，在此表示衷心的感谢！

由于编者的水平有限，加之资料收集的局限性，书中难免有不妥之处，恳请同仁和读者批评指正。

编者

2018年12月

第一版前言

根据2007年7月石油工业出版社与石油高职高专院校教材协作组会议决定，按照关于编写石油高等职业技术学院规划教材的要求，由克拉玛依职业技术学院付梅莉、辽宁石化职业技术学院于月明、天津石油职业技术学院刘振河负责主编《石油加工生产技术》，本书可作为石油高职高专院校石油化工生产技术、炼油技术等专业学生学习石油加工知识的教学用书，也可供广大石化企业技术人员及操作人员学习、培训之用。

本书根据高等职业教育的特点，紧密结合石油加工工业的生产实际，系统地介绍了石油及其产品的组成和性质，石油产品的使用性能和规格指标，原油的评价及加工方案的确定，原油蒸馏、燃料油的生产、润滑油生产等典型工艺的基本原理、主要设备和主要操作技术，同时还对当前石油加工生产装置先进技术及发展趋势作了简要介绍。授课学时为70～90学时。

本书以职业活动过程为导向，以典型石油产品(燃料油、润滑油)生产为载体，以岗位操作工艺卡为任务驱动，将石油加工生产典型过程所依据的原理、生产操作方法，包括工艺流程、工艺参数调节、开停工操作、事故处理等环节编入教学内容。通过对本课程的学习，学员能对生产工艺系统进行操作；能判断与处理工艺运行过程中出现的异常现象；正确使用和维护设备仪表；读懂并能绘制工艺流程图；参与班组管理；具有化工生产安全和环保意识。

本书内容全面、条理清晰、技术先进、科学性强；每章前都设有“学习目标”，使学生明确学习本章的目的、应达到的知识和能力目标；每章后都附有“思考题及习题”，部分章附有“技能训练项目”，侧重学生综合能力的培养。

全书分四篇共十二章，其中绪论、第六章(第三节、第四节、第五节、第六节、第七节)、第七章、第十一章、第十二章(第一节、第二节、第三节)由付梅莉编写；第一章、第二章由刘振河编写；第三章、第四章由于月明编写；第五章、第六章(第一节、第二节)由克拉玛依职业技术学院高荔编写；第八章由辽宁石化职业技术学院王红编写；第九章由天津工程职业技术学院赵春霞编写；第十章由大庆职业学院杨雪编写；第六章(技能训练项目)、第十二章(第四节、第五节)由中国石油天然气股份有限公司独山子石化分公司张林杰编写。全书由克拉玛依职业技术学院付梅莉统稿，在编写过程中还得到了中国石油天然气股份有限公司独山子石化分公司及各合作院校的大力支持，在此表示衷心的感谢。本书在编写过程中参考了大量的文献资料，在此特向文献资料的作者一并表示感谢。

由于编者的水平有限，书中难免有疏漏或错误之处，敬请读者批评指正。

编者

2008年8月

目　　录

富媒体资源目录

本教材的富媒体资源由扬州工业职业技术学院陈立、中国石油大学（华东）涂永善、克拉玛依职业技术学院蒋定建、天津工程职业技术学院侯淑华和湖南石油化工职业技术学院隗小山提供，若教学需要，可向责任编辑索取，邮箱为 upcweijie@163.com。

绪　论

(1)认识石油并了解石油的起源和诞生;

(2)熟悉国内石油工业的发展历史;

(3)了解石油炼制工艺的发展、现状及面临的挑战。

(1)熟知石油炼制在国民经济中的作用;

(2)明确本课程的学习内容和基本要求。

一、石油概述

石油又称原油,是从地下深处开采的棕黑色可燃黏稠液体。最早提出“石油”一词的是公元977年中国北宋的《太平广记》。最早给石油以科学命名的人是我国宋代著名科学家沈括(1031—1095年,浙江钱塘人),他在百科全书《梦溪笔谈》中,把历史上沿用的石漆、石脂水、火油、猛火油等名称统一命名为石油,并对石油作了极为详细的论述:“鄜、延境内有石油……余疑其烟可用,试扫其煤以为墨,黑光如漆,松墨不及也……此物后必大行于世,自余始为之。盖石油至多,生于地中无穷,不若松木有时而竭。”“石油”一词,首用于此,沿用至今。沈括曾于1080—1082年任延安路经略使,对延安、延长、鄜县一带的石油资源亲自作了考察,还第一次用石油制成石油炭黑(黑色颜料),并建议用石油炭黑取代过去用松木、桐木炭黑制墨,以节省林业资源。他首创的用石油炭黑制作的墨,久负盛名,被誉为“延州石液”。在“石油”一词出现之前,国外称石油为“魔鬼的汗珠”“发光的水”等,中国称“石脂水”“猛火油”“石漆”等。

微课1　石油从哪儿来

我们平时的日常生活中到处都可以见到石油及其产品的身影,比如汽油、柴油、润滑油、沥青等,这些都是从石油中提炼出来的。

目前就石油的成因有两种说法:

(1)无机论。无机论认为,石油是在基性岩浆中形成的,即石油来源于地幔,是地幔沿着地壳裂隙上涌过程中的衍生物,是地幔发生热膨胀时,在特定的环境中形成的一种新物质形态。

(2)有机论。有机论认为,各种有机物(如动物、植物),特别是低等的动植物,如藻类、细菌、蚌类、鱼类等,死后埋藏在不断下沉缺氧的海湾、潟湖、三角洲、湖泊等地,经过物理化学作用,最后逐渐形成为石油。

对石油等名词的一种比较科学的命名方案是在1983年第11届世界石油大会上正式提出

的，这个命名方案对石油等名词作了如下的定义：

石油(petroleum)是气态、液态和固态的烃类混合物，具有天然的产状。原油(crude oil)是石油的基本类型，储存在地下储层内，在常压条件下呈液态。天然气(natural gas)是石油的主要类型，呈气相，或处于地下储层条件时溶解在原油内，在常温和常压条件下又呈气态。

二、石油工业的发展历史

石油工业一般分为上游、中游、下游三个部分。上游的任务主要是寻找石油并将地下的石油开采出来，中游的任务主要是进行石油的储运，下游的任务是石油的加工和销售。

从寻找石油到利用石油，大致要经过寻找、开采、输送和加工这四个环节。这四个环节一般又称为“石油勘探”“油田开发”“油气集输”“石油炼制”。

(1)石油勘探。石油勘探是在石油地质学理论指导下利用各种勘探设备在可能含油气的区域内确定油气层的位置。它有许多方法，但地下是否有油，最终要靠钻井来证实。一个国家在钻井技术上的进步程度，往往反映了这个国家石油工业的发展状况。

(2)油田开发。油田开发指的是用钻井的办法证实油气的分布范围，并且证实具有工业价值的油田以后，按开发方案进行钻井和地面建设，高效开采地下油气资源。从这个意义上来说，1821 年四川富顺县自流井气田的开发是世界上最早的天然气田。

(3)油气集输。油气集输技术也随着油气的开发应运而生。公元 1875 年左右，自流井气田采用当地盛产的竹子为原料，去节打通，外用麻布缠绕涂以桐油，连接成我们现在称呼的“输气管道”，总长二三百里。在当时的自流井地区，绵延交织的管线翻越丘陵，穿过沟涧，形成输气网络，使天然气的应用从井的附近延伸到远距离的盐灶，推动了气田的开发，使当时的天然气达到年产 7000 多万立方米。

(4)石油炼制。石油炼制是指石油经过炼制生产石油产品的过程(简称炼油)。石油产品又称油品，主要包括各种燃料油(汽油、煤油、柴油等)、润滑油、石蜡、沥青、焦炭。石油炼制工业的建立大约可追溯到 19 世纪末。1823 年，俄国杜比宁兄弟建立了第一座釜式蒸馏炼油厂，1860 年，美国 B. Siliman 建立了原油分馏装置，这些可以看作是炼油工业的雏形。

三、石油炼制工艺的发展

我国北魏时所著的《水经注》成书年代是公元 512—518 年，书中介绍了从石油中提炼润滑油的情况，这说明早在公元 6 世纪我国就萌发了石油炼制工艺。英国科学家李约瑟在有关论文中指出：“在公元 10 世纪，中国就已经有石油而且大量使用。由此可见，在这以前中国人就对石油进行蒸馏加工了。”

北宋时期，我国还建立了世界上最早的炼油车间——“猛火油作”，并开始生产经过粗加工的石油产品——“猛火油”。“猛火油作”和“猛火油”的出现，是我国古代人民长期生产实践的结果，是认识和应用石油方面的一个飞跃。当时的“猛火油作”，是设在京城开封的中央军器监的十个作坊之一。科学家沈括曾兼管过这个中央军器监。当时，这个军器监的规模很大，上万人在作坊从事生产。

近代石油炼制起源于 19 世纪 20 年代。从 30 年代起，陆续建立了石油蒸馏工厂，产品主要是灯用煤油，而汽油没有用途便当废料抛弃。70 年代建造了润滑油厂，并开始把蒸馏得到的高沸点油做锅炉燃料。19 世纪末内燃机的问世使汽油和柴油的需求猛增，仅靠原油的蒸馏

(即原油的一次加工)不能满足需求,于是诞生了以增产汽油、柴油为目的,综合利用原油各种成分的原油二次加工工艺。如1913年实现了热裂化,1930年实现了焦化,1936年实现了催化裂化,1940年实现了催化重整等。此后加氢技术也迅速发展,这就形成了现代的石油炼制工业。20世纪50年代以后,石油炼制为化工产品的发展提供了大量原料,形成了现代的石油化学工业。1958年,在兰州建成了我国第一座现代化炼油厂;1960年,大庆油田的开发,为我国炼油工业的发展奠定了基础;1963年,实现了石油产品基本自给;20世纪60年代初,我国自行设计,先后建成常减压蒸馏、催化裂化、催化重整等炼油生产装置,基本掌握了当时世界上的一些主要的炼油工艺技术。1978年后,由于先进技术的引进,使我国的炼油工艺技术基本达到或接近世界炼油技术水平。

到1998年全国有大小炼油厂194座,年原油加工能力2.7×10^8t,生产成品油超过1×10^8t,主要油品基本满足需要。其中,年处理能力大于250×10^4t的占近90%。2001年,原油加工量近2.1×10^8t,名列世界第四;汽油产量4124×10^4t,柴油产量7404×10^4t,煤油产量789×10^4t,液化气产量1065×10^4t。我国炼油能力不仅能满足各领域对轻重燃料的需求,而且完全能承担化工轻油的生产供应,对保障国民经济健康安全稳定的发展发挥了巨大作用。

2010年,我国原油加工量达到4.23×10^8t,实现产值2.43万亿元。2017年,我国炼油新增产能4600×10^4t/a,淘汰落后产能1100×10^4t/a,炼油能力从2013年的6.1×10^8t/a提高到2017年的8.04×10^8t/a,位于世界第二位。我国炼油能力中,中石化有33家炼厂,炼油能力2.8×10^8t/a;中石油有27家炼厂,炼油能力1.92×10^8t/a;中海油有8家炼厂,炼油能力4.05×10^7t/a。全国地方炼厂79家,炼油能力2.9×10^8t/a。其中,地方炼厂份额增加,炼油能力占比从25%提高到36%。2017年全国原油加工量5.68×10^8t。

展望未来,炼油行业面临转型升级,炼油行业向一体化、集群化和规模化转变,在升级产业链的同时,实现炼油行业有效发展。一是加快与信息技术深度融合,推进石化产业智能化;二是发展新型催化、分离和过程优化技术,支撑石化产业升级;三是清洁燃料生产技术将成为炼油技术发展的主流;四是发展重油加工技术,这是炼油技术发展的重要方向。

四、石油炼制工业在国民经济中的地位

有工业血液之称的石油从20世纪50年代开始就跃居世界能源消费首位,石油及其产品作为重要的动力燃料和化工原料广泛应用在国民经济的各个部门,石油资源对现代社会的发展产生了深远影响。石油炼制工业在国民经济中占有极重要的地位。据统计,全世界所需能源的40%依赖于石油产品,有机化工原料也主要来源于石油炼制工业,世界石油总产量的约10%用于生产有机化工原料。

石油不能直接作汽车、飞机、轮船等交通运输工具发动机的燃料,也不能直接作润滑油、溶剂油、工艺用油等产品使用,必须经过石油炼制工艺加工,才能高效利用和清洁转化,获得符合质量要求的各种石油产品。

石油经过炼制加工,为石油化学工业提供原料,从而生产出一系列石油化工中间体、塑料、合成纤维、合成橡胶、合成洗涤剂、溶剂、涂料、农药、染料、医药等与国计民生密切相关的重要产品。

五、本课程的学习要求

本课程是高职高专院校石油炼制技术、石油化工技术、应用化工技术等专业的一门核心课

程，重点介绍石油及其产品的的组成和性质，石油产品的使用性能，原油的评价和加工方案，石油加工生产典型过程所依据的原理、工艺过程、操作因素分析、工艺计算方法及特殊设备等。通过学习本课程，学生初步获得石油加工领域原料性质、主要工艺原理、流程、操作因素、工艺计算及特殊设备等知识，例如常减压蒸馏、催化裂化、重整、加氢等典型的工艺过程，并结合现场实习和石油加工生产装置仿真软件模拟训练，掌握石油加工生产装置的开车、停车及事故处理等操作过程，提高分析问题和解决问题的能力。

知识拓展

视频1　中国大学视频公开课：走近石油

第一章　石油及其产品的组成和性质

知识目标

(1)了解国内外石油的一般性状(颜色、密度、流动性、气味等);

(2)掌握石油的元素组成、族组成和馏分组成;

(3)熟悉石油及其产品物理性质(蒸发性能、流动性能、燃烧性能等)。

能力目标

(1)具备简单计算油品密度、黏度、沸点等基本物性参数的能力;

(2)能够通过《石油化工工艺计算图表》查阅油品的物理性质参数;

(3)能够参照国家、行业标准检测石油及其产品的物性参数。

第一节　石油的一般性状及化学组成

一、石油的一般性状

石油通常是一种流动或半流动状的黏稠液体,主要是碳氢化合物组成的复杂混合物。其一般性状主要表现在石油的颜色、密度、流动性、气味等方面。世界各地所产的石油在外观性质上有不同程度的差别。从颜色来看,大部分石油是黑色,也有的呈暗绿或暗褐色,少数显赤褐、浅黄色,甚至无色。相对密度一般都小于1,绝大多数石油的相对密度为0.80~0.98,但也有个别的高达1.02和低到0.71。不同石油的流动性差别也很大,有的石油在50℃运动黏度为1.46mm^2/s,有的却高达20000mm^2/s。

通常情况下,将从地下开采出来的、未经加工的石油称为原油,习惯上将石油与原油二词交换使用或相提并论。表1-1列出了原油的一般性状。原油的性状因产地不同而异,加工后的产品品种、产率、性质等也不尽相同。

表1-1　原油的一般性状

性状	常规原油	特殊原油	我国原油
颜色	大部分石油是暗色的,从褐色到深黑色	显赤褐、浅黄色,甚至无色	黄绿色(四川盆地)、黑褐色(玉门)、黑色(大庆)
相对密度	一般为0.80~0.98	个别高达1.02或低到0.71	一般为0.85~0.95,属于偏重的常规原油
流动性	流动或半流动状的黏稠液体	个别是固体或半固体	蜡含量和凝点偏高,流动性差
气味	有不同程度的臭味(主要因为含有硫化物)		含硫相对较少,气味偏淡

表1-2为我国几种原油的主要物理性质,表1-3为国外几种原油的主要物理性质。

表1-2 我国几种原油的主要物理性质

原油	大庆原油	胜利原油	孤岛原油	辽河原油	华北原油	中原原油	新疆吐哈原油
密度(20℃),g/cm^3	0.8554	0.9005	0.9495	0.9204	0.8837	0.8466	0.8197
运动黏度(50℃),mm^2/s	20.19	83.36	333.7	109.0	57.1	10.32	2.72
凝点,℃	30	28	2	17(倾点)	36	33	16.5
蜡含量(质量分数),%	26.2	14.6	4.9	9.5	22.8	19.7	18.6
庚烷沥青质(质量分数),%	0	<1	2.9	0	<0.1	0	0
残炭(质量分数),%	2.9	6.4	7.4	6.8	6.7	3.8	0.90
灰分(质量分数),%	0.0027	0.02	0.096	0.01	0.0097	—	0.014
硫含量(质量分数),%	0.10	0.80	2.09	0.24	0.31	0.52	0.03
氮含量(质量分数),%	0.16	0.41	0.43	0.40	0.38	0.17	0.05
镍含量,μg/g	3.1	26.0	21.1	32.5	15.0	3.3	0.50
钒含量,μg/g	0.04	1.6	2.0	0.6	0.7	2.4	0.03

表1-3 国外几种原油的主要物理性质

原油	沙特阿拉伯原油(轻质)	沙特阿拉伯原油(中质)	沙特阿拉伯原油(轻重混)	伊朗原油(轻质)	科威特原油	阿联酋原油(穆尔班)	伊拉克原油	印度尼西亚原油(米纳斯)
密度(20℃),g/cm^3	0.8578	0.8680	0.8716	0.8531	0.865	0.8239	0.8559	0.8456
运动黏度(50℃) mm^2/s	5.88	9.04	9.17	4.91	7.31	2.55	6.50(37.8℃)	13.4
凝点,℃	-24	-7	-25	-11	-20	-7	-15(倾点)	34(倾点)
蜡含量(质量分数),%	3.36	3.10	4.24	—	2.73	5.16	—	—
庚烷沥青质(质量分数),%	1.48	1.84	3.15	0.64	1.97	0.36	1.10	0.28
残炭(质量分数),%	4.45	5.67	5.82	4.28	5.69	1.96	4.2	2.8
硫含量(质量分数),%	1.91	2.42	2.55	1.40	2.30	0.86	1.95	0.10
氮含量(质量分数),%	0.09	0.12	0.09	0.12	0.14	—	0.10	0.10

二、石油的元素组成

石油主要由碳(C)和氢(H)两种元素组成,其中C含量为83%~87%,H含量为11%~14%,两者合计为95%~99%。由C和H两种元素组成的碳氢化合物称为烃,在石油加工生产过程中它们是加工和利用的主要对象。此外,石油中还含有硫(S)、氮(N)、氧(O),这些元素含量一般为1%~4%。通常,含有S、N、O的化合物对石油产品有害,在石油加工中应尽量除去。表1-4是国内外部分原油中C、H、S、N、O的元素组成。

表 1-4 国内外部分原油的主要元素组成(质量分数) 单位:%

原油名称 \ 元素	C	H	S	N	O
大庆原油	85.74	13.31	0.11	0.15	—
胜利原油	86.28	12.20	0.80	0.41	—
克拉玛依原油	86.1	13.3	0.04	0.25	0.28
孤岛原油	84.24	11.74	2.20	0.47	—
墨西哥原油	84.2	11.4	3.6	—	0.80
伊朗原油	85.4	12.8	1.06	—	0.74
印度尼西亚原油	85.5	12.4	0.35	0.13	0.68

注:氧含量一般用差减法求得,不准确,仅供参考。

石油中除含有 C、H、S、N、O 五种元素外,还有微量的金属元素和其他非金属元素,如钒、镍、铁、铜、砷、氯、磷、硅等,它们的含量非常少,常以百万分之几计。在这些微量元素中,对石油加工影响最大的微量元素有钒(V)、镍(Ni)、铁(Fe)、铜(Cu),它们是催化裂化催化剂的毒物,在重油固定床加氢裂化过程中也会造成催化剂减活;在燃气轮机中,燃料油中金属钒的存在会对涡轮叶片产生严重的熔蚀和烧蚀作用。为了延长催化剂的使用寿命和保障装置的安全运行,必须尽可能降低催化加工原料中微量元素的含量。

以上各种元素并非以单质出现,而是相互以不同形式结合成烃类和非烃类化合物存在于石油中。所以,石油的组成是极为复杂的。

三、石油的族组成

石油的族组成包括由碳、氢两种元素组成的烃类,以及碳、氢和其他元素(主要为非金属元素)组成的非烃类(烃的衍生物)。这些烃类和非烃类的结构和含量决定了石油及其产品的性质。

(一)石油的烃类组成

石油主要是由各种不同的烃类组成的。石油中究竟有多少种烃,至今尚无统一结论,但主要是由烷烃、环烷烃和芳烃这三种烃类构成。天然石油中一般不含烯烃、炔烃等不饱和烃,只有在石油的二次加工产物中和利用油页岩制得的页岩油中含有不同数量的烯烃。

石油及其馏分中所含有的烃类类型及其分布规律,列于表 1-5 中,一般随着石油馏分的馏程升高,正构烷烃、异构烷烃含量下降,单环环烷烃含量下降,单环芳烃变化不大,只是侧链变长,多环环烷烃、多环芳烃含量上升。

(二)石油的非烃类组成

石油中的非烃化合物主要指除了主要含有 C、H 元素外,还含有少量 S、N、O 的烃的衍生物,其中 S、N、O 元素的含量虽仅 1% ~4%,但其参与构成的非烃化合物的含量都相当高,可高达 20% 以上。非烃化合物在石油馏分中的分布是不均匀的,大部分集中在重质馏分和残渣油中。非烃化合物的存在对石油加工和石油产品使用性能影响很大,石油加工中绝大多数精制过程都是为了除去这类非烃化合物。如果处理适当,综合利用,可变害为利,生产一些重要的化工产品。例如,从石油气中脱硫的同时,又可回收硫磺。

表1-5 石油及其馏分中烃类类型及其分布规律

<table>
<tr><th>烃类</th><th>结构</th><th>特征</th><th>分布规律</th></tr>
<tr><td rowspan="2">烷烃</td><td>正构烷烃(含量高)</td><td>C_1 ~ C_4:气态;
C_5 ~ C_{15}:液态;
C_{16}以上为固态</td><td rowspan="2">(1)C_1 ~ C_4 是天然气和炼厂气的主要成分;
(2)C_5 ~ C_{10}存在于汽油馏分(200℃)中;
(3)C_{11} ~ C_{15}存在于煤油馏分(200 ~ 300℃)中;
(4)C_{16}以上的多以溶解状态存在于石油中,当温度降低,有结晶析出,这种固体烃类为蜡</td></tr>
<tr><td>异构烷烃(含量低,且带有两个或三个甲基的多)</td><td></td></tr>
<tr><td rowspan="2">环烷烃
(只有五元环、六元环)</td><td>环戊烷系(五元环)</td><td rowspan="2">单环、双环、三环及多环,并以并联方式为主</td><td rowspan="2">(1)汽油馏分中主要是单环环烷烃(重汽油馏分中有少量的双环环烷烃);
(2)煤油、柴油馏分中含有单环、双环及三环环烷烃,且单环环烷烃具有更长的侧链或更多的侧链数目;
(3)高沸点馏分中包括单环、双环、三环及多于三环的环烷烃</td></tr>
<tr><td>环己烷系(六元环)</td></tr>
<tr><td rowspan="4">芳烃</td><td>单环芳烃</td><td>烷基芳烃</td><td rowspan="4">(1)汽油馏分中主要含有单环芳烃;
(2)煤油、柴油及润滑油馏分中不仅含有单环芳烃,还含有双环及三环芳烃;
(3)高沸馏分及残渣油中,除含有单环、双环芳烃外,主要含有三环及多环芳烃</td></tr>
<tr><td>双环芳烃</td><td>并联多(萘系)、串联少</td></tr>
<tr><td>三环稠合芳烃</td><td>菲系多于蒽系</td></tr>
<tr><td>四环稠合芳烃</td><td>䓛系等</td></tr>
</table>

1. 含硫化合物

硫是石油中常见的组成元素之一,不同的石油含硫量相差很大,从万分之几到百分之几。硫在石油馏分中的含量随其沸点范围的升高而增加,大部分硫化物集中在重馏分和渣油中。由于硫对于石油加工影响极大,所以含硫量常作为评价石油的一项重要指标。通常将含硫量高于2%的原油称为高硫原油,低于0.5%的原油称为低硫原油(如大庆原油),介于0.5% ~ 2%的原油称为含硫原油(如胜利原油)。

硫在石油中少量以单质硫(S)和硫化氢(H_2S)形式存在,大多数以有机硫化物形式存在,如硫醇(RSH)、硫醚(RSR′)、环硫醚(五元环硫醚、六元环硫醚)、二硫化物(RSSR′)、噻吩(噻吩环)及其同系物等。

含硫化合物的主要危害是:(1)对设备管线有腐蚀作用;(2)可使油品某些使用性能(汽油的燃烧性、储存安定性等)变差;(3)污染环境,含硫油品燃烧后生成二氧化硫、三氧化硫等,污染大气,对人有害;(4)在二次加工过程中,使某些催化剂中毒,丧失催化活性。

通常采用酸碱洗涤、催化加氢、催化氧化等方法除去油品中的含硫化合物。

2. 含氮化合物

石油中含氮量一般在万分之几至千分之几。密度大、胶质多、含硫量高的石油,一般含氮量也高。石油馏分中氮化物的含量随其沸点范围的升高而增加,大部分氮化物以胶状、沥青状物质存在于渣油中。

石油中的氮化物大多数是氮原子在环状结构中的杂环化合物，主要有吡啶（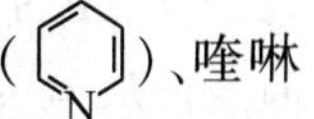）、喹啉（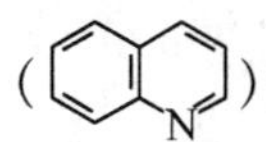）等的同系物（统称为碱性氮化物）及吡咯（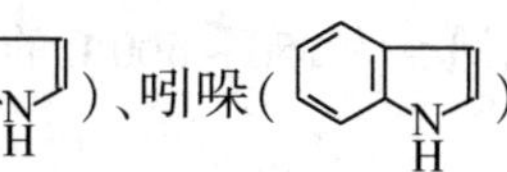）、吲哚（）等的同系物（统称为非碱性氮化物）。石油中另一类重要的非碱性氮化物是金属卟啉化合物，分子中有四个吡咯环，重金属原子与卟啉中的氮原子呈络合状态存在。

石油中氮含量虽少，但对石油加工、油品储存和使用的影响却很大。当油品中含有氮化物时，储存日期稍久，就会使颜色变深、气味发臭，这是因为不稳定的氮化物长期与空气接触氧化生成了胶质。氮化物也是某些二次加工催化剂的毒物。所以，油品中的氮化物要在精制过程中除去。

3. 含氧化合物

石油中的氧含量一般都很少，约千分之几，个别石油中氧含量高达 2% ~3%。石油中的含氧化合物大部分集中在胶质、沥青质中。因此，胶质、沥青质含量高的重质石油馏分，其含氧量一般比较高。这里讨论的是胶质、沥青质以外的含氧化合物。

石油中的氧均以有机物形式存在。这些含氧化合物分为酸性氧化物和中性氧化物两类。酸性氧化物中有环烷酸、脂肪酸和酚类，总称石油酸。中性氧化物有醛、酮和酯类，它们在石油中含量极少。含氧化合物中以环烷酸和酚类最重要，特别是环烷酸，约占石油酸总量的 90%，而且在石油中的分布也很特殊，主要集中在中间馏分中（馏程为 250 ~ 350℃），而在低沸馏分或高沸馏分中含量都比较低。

纯的环烷酸是一种油状液体，有特殊的臭味，具有腐蚀性，对油品使用性能有不良影响。但是环烷酸却是非常有用的化工产品或化工原料，常用作防腐剂、杀虫杀菌剂、农用助长剂、洗涤剂、颜料添加剂等。

酚类也有强烈的气味，具有腐蚀性，可作为消毒剂，还是合成纤维、医药、染料、炸药等的原料。油品中的含氧化合物也是通过精制手段除去。

4. 胶状沥青状物质

石油中的非烃化合物，大部分以胶状沥青状物质（胶质和沥青质）存在，都是由 C、H、S、N、O 以及一些金属元素组成的多环复杂化合物。它们在石油中的含量相当可观，从百分之几到百分之几十，绝大部分存在于石油的减压渣油馏分中。

胶质和沥青质的组成和分子结构都很复杂，两者有差别，但并没有严格的界限。胶质一般能溶于石油醚（低沸点烷烃）及苯，也能溶于一切石油馏分。胶质有很强的着色力，油品的颜色主要来自胶质。胶质受热或在常温下氧化可以转化为沥青质。沥青质是暗褐色或深黑色脆性的非晶体固体粉末，不溶于石油醚而溶于苯。胶质和沥青质在高温时易转化为焦炭。

油品中的胶质必须除去，而含有大量胶质沥青质的渣油可用于生产沥青，包括道路沥青、建筑沥青等。沥青是主要的石油产品之一。

四、石油的馏分组成

石油是一个多组分的复杂混合物，每个组分有其各自不同的沸点。石油加工的第一步——蒸馏（或分馏），就是根据各组分沸点的不同，用蒸馏的方法把石油“分割”成几个部分，每一部分称为馏分。从原油直接分馏得到的馏分称为直馏馏分,其产品称为直馏产品。通常把沸点小于200℃的馏分称为汽油馏分或低沸馏分,沸点为200~350℃的馏分称为煤油、柴油馏分或中间馏分,沸点为350~500℃的馏分称为减压馏分或高沸馏分,沸点大于500℃的馏分称为渣油馏分。

必须注意,石油馏分不是石油产品,石油产品必须满足油品规格的要求。通常馏分油要经过进一步的加工才能变成石油产品。此外,同一沸点范围的馏分也可以因目的不同而加工成不同产品。例如,航空煤油(喷气燃料)的馏分范围是150~280℃,灯用煤油是200~300℃,轻柴油是200~350℃。减压馏分油既可以加工成润滑油产品,也可作为裂化的原料。国内外部分原油直馏馏分和减压渣油的含量列于表1-6。

表1-6 国内外部分原油直馏馏分和减压渣油的含量(质量分数)

原油	相对密度(d_4^{20})	汽油馏分,%(<200℃)	煤柴油馏分,%(200~350℃)	减压馏分,%(350~500℃)	渣油,%(>500℃)
大庆原油	0.8635	10.78	24.02(200~360℃)	23.95(360~500℃)	41.25
胜利原油	0.8898	8.71	19.21	27.25	44.83
大港原油	0.8942	9.55	19.7(200~360℃)	29.8(360~500℃)	40.95
伊朗原油	0.8551	24.92	25.74	24.61	24.73
印度尼西亚米纳斯原油	0.8456	13.2	26.3	27.8(350~480℃)	32.7(>480℃)
阿曼原油	0.8488	20.08	34.4	8.45	37.07

从表1-6可以看出:与国外原油相比,我国一些主要油田原油中汽油馏分少(一般低于10%),渣油含量高,这是我国原油的主要特点之一。

第二节 石油及其产品的物理性质

石油及其产品的物理性质与其组成结构密切相关。由于石油及其产品都是复杂的混合物,所以它们的物理性质是所含各种成分的综合表现。与纯化合物的性质有所不同,石油及其产品的物理性质往往是条件性的,离开了一定的测定方法、仪器和条件,这些性质也就失去了意义。

石油及其产品的物理性质测定方法都有不同级别的统一标准,其中有国际标准(ISO)、国家标准(GB)和行业标准(SH)等。

一、蒸发性能

石油及其产品的蒸发性能是反映其汽化、蒸发难易的重要指标,可用蒸气压、馏程和平均沸点来描述。

(一)蒸气压

在一定温度下,液体与其液面上方蒸气呈平衡状态时,该蒸气所产生的压力称为饱和蒸气压,简称蒸气压(单位为Pa、kPa或atm)。蒸气压越高,说明液体越容易汽化。

纯烃和其他纯的液体一样,其蒸气压只随液体温度而变化,温度升高,蒸气压增大。

石油及石油馏分均为混合物，其蒸气压与纯物质有所不同，它不仅与温度有关，而且与汽化率（或液相组成）有关，在温度一定时，汽化量变化会引起蒸气压的变化。

油品的蒸气压通常有两种表示方法：一种是油品质量标准中的雷德（Reid）蒸气压，是在规定条件（温度为38℃、气相体积与液相体积之比为4∶1）下测定的；另一种是真实蒸气压，指汽化率为零时的蒸气压。

（二）馏程与平均沸点

纯物质在一定外压下，当加热到某一温度时，其饱和蒸气压等于外界压力，此液体就会沸腾，此温度称为沸点。在外压一定时，纯化合物的沸点是一个定值。

石油及其馏分或产品都是复杂的混合物，所含各组分的沸点不同，所以在一定外压下，油品的沸点不是一个温度点，而是一个温度范围。

将一定量的油品放入仪器中进行蒸馏，经过加热、汽化、冷凝等过程，油品中低沸点组分先蒸发出来，随着蒸馏温度的不断提高，较多的高沸点组分也相继蒸出。蒸馏时流出第一滴冷凝液时的气相温度叫初点（或初馏点），馏出物的体积依次达到10%、20%、30%、……、90%时的气相温度，分别称为10%点（或10%馏出温度）、30%点、……、90%点，蒸馏到最后达到的气体的最高温度叫干点（或终馏点）。从初点到干点这一温度范围称为馏程（也称沸程，检测方法：GB/T 255—1977《石油产品馏程测定法》），在此温度范围内蒸馏出的部分叫馏分。馏分与馏程或蒸馏温度与馏出量之间的关系叫原油或油品的馏分组成。

在生产和科研中常用的馏程测定方法有实沸点蒸馏与恩氏蒸馏，它们的不同之处是：前者蒸馏设备较精密，馏出时的气相温度较接近馏出物的沸点，温度与馏出物的质量分数呈正比关系；而后者蒸馏设备较简便，蒸馏方法简单，馏程数据容易得到，但馏程并不能代表油品的真实沸点范围。所以，实沸点蒸馏适用于原油评价及制订产品的切割方案，恩氏蒸馏馏程常用于生产控制、产品质量标准及工艺计算，例如工业上常把恩氏蒸馏馏程作为汽油、喷气燃料、柴油、灯用煤油、溶剂油等的重要质量指标。

馏程在油品评价和质量标准上用处很大，但无法直接用于工程计算，为此提出平均沸点的概念，用于设计计算及其他物性常数的求定。

平均沸点有五种表示方法，分别是：

（1）体积平均沸点 t_V：

$$t_V = \frac{t_{10} + t_{30} + t_{50} + t_{70} + t_{90}}{5}$$

体积平均沸点 t_V 由馏程测定过程中得到的10%、30%、50%、70%、90%这五个馏出温度（分别对应于 t_{10}、t_{30}、t_{50}、t_{70}、t_{90}）计算得到。

（2）质量平均沸点 t_w：

$$t_w = \sum_{i=1}^{n} w_i t_i$$

（3）立方平均沸点 T_{cu}：

$$T_{cu} = \left(\sum_{i=1}^{n} v_i T_i^{\frac{1}{2}}\right)^3$$

（4）实分子平均沸点 t_m：

$$t_m = \sum_{i=1}^{n} x_i t_i$$

(5)中平均沸点 t_{Me}：

$$t_{Me} = \frac{t_m + t_{cu}}{2}$$

上列各式中的 w_i、x_i、v_i 分别表示相应 i 组分的质量分数、摩尔分数和体积分数；t_i、T_i 分别表示 i 组分在常压下的摄氏温度沸点(℃)和热力学温度沸点(K)。

五种平均沸点的计算方法和用途各不相同，但都可以通过恩氏蒸馏馏程及平均沸点温度校正图求取。

二、密度、特性因数、平均相对分子质量

(一)密度

在规定温度下，单位体积内所含物质的质量称为密度，单位是 g/cm^3 或 kg/cm^3，检测方法为 GB/T 1884—2000《原油和液体石油产品密度实验室测定法(密度计法)》、GB/T 1885—1998《石油计量表》。密度是评价石油质量的主要指标，通过密度和其他性质可以判断原油的化学组成。

我国国家标准 GB/T 1884—2000 规定，20℃时密度为石油和液体石油产品的标准密度，以 ρ_{20} 表示。其他温度下测得的密度用 ρ_t 表示。

油品的密度与规定温度下水的密度之比称为油品的相对密度，用 d 表示，其量纲为 1。由于4℃时纯水的密度近似为 $1g/cm^3$，常以 4℃ 的水为比较标准。我国常用的相对密度为 d_4^{20}(即 20℃时油品的密度与 4℃时水的密度之比)，表 1－7 为各族烃类的相对密度(d_4^{20})。

表 1－7　各族烃类的相对密度(d_4^{20})

烃类	C_6	C_7	C_8	C_9	C_{10}
正构烷烃	0.6594	0.6837	0.7025	0.7161	0.7300
正构 α－烯烃	0.6732	0.6970	0.7149	0.7292	0.7408
正烷基环己烷	0.7785	0.7694	0.7879	0.7936	0.7992
正烷基苯	0.8789	0.8670	0.8670	0.8620	0.8601

欧美各国常用的为 $d_{15.6}^{15.6}$，即 15.6℃(或 60℉)时油品的密度与 15.6℃时水的密度之比，并常用 API 度表示液体的相对密度，单位为°API，它与 $d_{15.6}^{15.6}$的关系为

$$\text{API 度} = 141.5/d_{15.6}^{15.6} - 131.5$$

与通常密度的观念相反，API 度数值越大，表示密度越小。

油品的密度与其组成有关。同一原油的不同馏分油，随沸点范围升高密度增大。当沸点范围相同时，含芳烃越多，密度越大；含烷烃越多，密度越小。

(二)特性因数

特性因数(K)是反映石油或石油馏分化学组成特性的一种特性数据，对原油的分类、确定原油加工方案等十分有用。

特性因数为石油及其馏分平均沸点和相对密度的函数：

$$K = 1.216T^{1/3}/d_{15.6}^{15.6}$$

式中　T——烃类的沸点、石油或石油馏分的平均沸点，K。

对同一族烃类,沸点高,相对密度也大,所以同一族烃类的特性因数很接近,在平均沸点相近时,相对密度越大,特性因数越小。当相对分子质量相近时,相对密度大小的顺序为芳烃 > 环烷烃 > 烷烃。所以,特性因数的顺序为烷烃 > 环烷烃 > 芳烃:含烷烃多的石油馏分的特性因数较大,为 12.5 ~ 13;含芳烃多的石油馏分的较小,为 10 ~ 11;一般石油的特性因数为 9.7 ~ 13。大庆原油 K 值为 12.5,胜利原油 K 值为 12.1。

(三)平均相对分子质量

石油是多种化合物的复杂混合物,石油馏分的相对分子质量是其中各组分相对分子质量的平均值,称为平均相对分子质量(简称相对分子质量)。

石油馏分的平均相对分子质量随馏分馏程的升高而增大。汽油的平均相对分子质量为 100 ~ 120,煤油为 180 ~ 200,轻柴油为 210 ~ 240,低黏度润滑油为 300 ~ 360,高黏度润滑油为 370 ~ 500。

石油馏分的平均相对分子质量可以从《石油化工工艺计算图表》中查取,平均相对分子质量常用来计算油品的汽化热、石油蒸气的体积分压及石油馏分的某些化学性质等。

三、流动性能

石油和油品在处于牛顿流体状态时,其流动性可用黏度来描述;当处于低温状态时,则用多种条件性指标来评定其低温流动性。

(一)黏度

黏度是评价原油及其产品流动性能的指标,是喷气燃料、柴油、重油和润滑油的重要质量标准之一,特别是对各种润滑油的分级、质量鉴别和用途具有决定意义。黏度对油品流动和输送时的流量和压力降也有重要影响。

黏度是表示液体流动时分子间摩擦而产生阻力的大小。黏稠的液体比稀薄的液体流动得慢,因为黏稠液体在流动时产生的分子间的摩擦力较大。黏度的大小随液体组成、温度和压力不同而变化。

1. 黏度的表示方法

1)动力黏度

原油的黏度常用动力黏度(η)表示,动力黏度又称绝对黏度,它是由牛顿方程式所定义的。

在过去所用的 CGS 制中,动力黏度的单位是泊(P),其百分之一是厘泊(cP),在现用的 SI 制中它的单位是 Pa · s,这两者的关系是:1Pa · s = 1000cP。

2)运动黏度

在石油产品的质量标准中常用的黏度是运动黏度(ν),它是动力黏度 η 与相同温度和压力下该液体密度 ρ 之比,即 $\nu = \eta/\rho$。

在 CGS 制中运动黏度是斯(St),其百分之一为厘斯(cSt),现按 SI 制改以 mm^2/s 为单位,这两者的关系是:$1cSt = 1mm^2/s$。

国际标准化组织(ISO)规定统一采用运动黏度,其检测方法为 GB/T 265—1988《石油产品运动黏度测定法和动力黏度计算法》。

3）条件黏度

在石油产品质量标准中，还常能见到各种条件黏度指标。它们都是在一定温度下，在一定仪器下，使一定体积的油品流出，以其流出时间（s）或其流出时间与同体积水流出时间之比作为其黏度值。具体的条件黏度有以下几种：

（1）恩氏黏度（Engler viscosity）。它是以油品从恩氏黏度计中流出200mL的时间与同样体积的水在20℃时流出的时间之比（单位为°E）作为指标。恩氏黏度源于德国，目前我国的燃料油的质量指标中仍用恩氏黏度作为指标。

（2）赛氏黏度（Saybolt viscosity）。它是以60mL油品从赛氏黏度计中流出时间（s）作为指标。具体尚有赛氏通用黏度（单位为SUS）、赛氏重油黏度（单位为SFS）之别。美国习惯用赛氏通用黏度作为润滑油的指标。

（3）雷氏黏度（Redwood viscosity）。英国采用的是雷氏黏度（单位为RIS），它是以50mL油品从雷氏黏度计中流出的时间（s）作为指标的。

这几种黏度之间的关系见有关图表。它们之间的近似比值为：运动黏度（mm^2/s）：恩氏黏度（°E）：赛氏通用黏度（SUS）：雷氏黏度（RIS）=1：0.132：4.62：4.05。

2.黏度与温度的关系

油品的黏度是随其温度的升高而减小，而润滑油往往是在环境温度变化较大的条件下使用的，所以要求它的黏度随温度变化的幅度不要太大。

1）油品黏度随温度变化的关系式

油品黏度与温度的关系一般可用下列经验式关联：

$$\lg\lg(\nu + a) = b + m\lg T$$

式中 ν——运动黏度，mm^2/s；

T——热力学温度，K；

a,b,m——随油品性质而异的经验常数，对于我国的油品，常数a以取0.6较为适宜。

2）黏度—温度关系的表示方法

油品黏度随温度变化的性质称为黏温性质。黏温性质好的油品，其黏度随温度变化的幅度较小。黏温性质是润滑油的重要指标之一，为了使润滑油在温度变化的条件下能保证润滑作用，要求润滑油具有良好的黏温性质。油品黏温性质的表示方法常用的有两种，即黏度指数和黏度比。

（1）黏度指数（Viscosity Index，*VI*）。这是目前世界上通用的表征黏温性质的指标，我国也采用此指标。检测方法为GB/T 1995—1998《石油产品黏度指数计算法》。

（2）黏度比。黏度比通常指油品的50℃条件下运动黏度与其100℃条件下运动黏度之比，即ν_{50}/ν_{100}。对于黏度水平相当的油品，这个比值越小，表示该油品的黏温性质越好；但当黏度水平相差较大时，则不能用黏度比进行比较。

烃类中除正构烷烃的黏温性质最好外，带有少分支长烷基侧链的少环烃类和分支程度不大的异构烷烃的黏温性质也是比较好的，而多环短侧链的环状烃类的黏温性质是很差的。

3. 黏度与压力的关系

对于石油产品而言，只有当压力大到 20MPa 时对黏度才有显著的影响。如压力达到 35MPa 时，油品的黏度约为常压下的两倍。

4. 石油及石油馏分的黏度和黏温性质

石蜡基及中间基的原油均含有一定量的蜡，这样，它们在较低温度下往往呈现非牛顿流体的特性。所以，对于原油或其重馏分除测定其不同温度下的黏度外，往往还要测定其流变曲线，以便了解其黏度随剪切速率的变化情况，这对于原油和重质油的输送和利用都是很重要的。

数据表明，石油各馏分的黏度都是随其馏程的升高而增大的，这一方面是由于其相对分子质量增大，更重要的是由于随馏分馏程的升高，其中环状烃增多。当馏分的馏程相同时，石蜡基原油的黏度最小，环烷基的最大，中间基的居中。至于黏温性质，则以石蜡基原油分的最好，中间基的次之，环烷基的最差。这些显然是由其化学组成所决定的，也就是说在石蜡基原油中含有较多的黏度较小的黏温性质较好的烷烃和少环长侧链的环状烃，而在环烷基原油中则含较多的黏度较大而黏温性质不好的多环短侧链的环状烃。

（二）低温性能

燃料和润滑油通常需要在冬季、室外、高空等低温条件下使用，所以油品在低温时的流动性是评价油品使用性能的重要指标。原油和油品的低温流动性对输送也有重要意义。油品的低温流动性能包括浊点、冰点、结晶点、倾点、凝点和冷滤点等，都是在规定条件下测定的。

油品在低温下失去流动性的原因有两种：一种是对于含蜡很少或不含蜡的油品，随着温度降低，油品黏度迅速增大，当黏度增大到某一程度，油品就变成无定形的黏稠状物质而失去流动性，即所谓“黏温凝固”；另一种原因是对含蜡油品而言，油品中的固体蜡当温度适当时可溶解于油中，随着温度的降低，油中的蜡就会逐渐结晶出来，当温度进一步下降时，结晶大量析出，并连接成网状结构的结晶骨架，蜡的结晶骨架把此温度下还处于液态的油品包在其中，使整个油品失去流动性，即所谓“构造凝固”。

浊点是在规定条件下，清晰的液体油品由于出现蜡的微晶粒而呈雾状或浑浊时的最高温度。若油品继续冷却，直到油中出现肉眼能看得到的晶体，此时的温度就是结晶点。油品中出现结晶后，再使其升温，使原来形成的烃类结晶消失时的最低温度称为冰点。同一油品的冰点比结晶点稍高 1～3℃。浊点是灯用煤油的重要质量指标，而结晶点和冰点是航空汽油和喷气燃料的重要质量指标。

纯化合物在一定温度和压力下有固定的凝固点，而且与熔点数值相同。而油品是一种复杂的混合物，它没有固定的“凝固点”。所谓油品的凝点，是在规定条件下测得的油品刚刚失去流动性时的最高温度，完全是条件性的。

倾点是在标准条件下，被冷却的油品能流动的最低温度。冷滤点是表示柴油在低温下堵塞滤网可能性的指标，是在规定条件下测得的油品不能通过滤网时的最高温度。倾点检测方法为 GB/T 3535—2006《石油产品倾点测定法》。国内已开始逐渐采用倾点代替凝点、冷滤点代替柴油凝点作为油品低温性能的指标。

油品的低温流动性与其化学组成有密切关系。油品的沸点越高，特性因数越大或含蜡量越多，其倾点或凝点就越高，低温流动性越差。

四、燃烧性能

石油及其产品是众所周知的易燃品,又是重要燃料,因此研究其燃烧性能,对于燃料使用性能和安全均十分重要。油品的燃烧性能主要用爆炸极限、闪点、燃点和自燃点等来描述。

油品蒸气与空气的混合气在一定的浓度(体积分数)范围内遇到明火就会闪火或爆炸。混合气中油气的浓度低于这一范围,油气不足;而高于这一范围,空气不足,都不能发生闪火或爆炸。因此,这一浓度范围就称为爆炸极限,油气的下限浓度称为爆炸下限,上限浓度称为爆炸上限。

闪点是在规定条件下,加热油品所逸出的蒸气和空气组成的混合物与火焰接触发生瞬间闪火时的最低温度。由于测定仪器和条件的不同,油品的闪点又分为闭口闪点和开口闪点两种,两者的数值是不同的。通常轻质油品容易挥发,一般测定其闭口闪点,重质油和润滑油多测定其开口闪点。石油馏分的沸点越低,其闪点也越低。汽油的闪点为 -50 ~30℃,煤油的闪点为 28 ~60℃,润滑油的闪点为 130 ~325℃。

燃点是在规定条件下,当火焰靠近油品表面的油气和空气混合物即着火并持续燃烧至少 5s 以上时所需的最低温度。

测定闪点和燃点时,需要用外部火源引燃。如果预先将油品加热到很高的温度,然后使之与空气接触,则无须引火,油品因剧烈的氧化而产生火焰自行燃烧,称为油品的自燃。发生自燃的最低温度称为油品的自燃点。

闪点和燃点与烃类的蒸发性能有关,而自燃点却与其氧化性能有关。所以,油品的闪点、燃点和自燃点与其化学组成有关。油品的沸点越低,其闪点和燃点越低,而自燃点越高。含烷烃多的油品,其自燃点低,但闪点高。

闪点、燃点和自燃点对油品的储存、使用和安全生产都有重要意义,是油品安全保管、输送的重要指标,在储运过程中要避免火源与高温。

闪点和燃点的检测方法执行 GB/T 3536—2008《石油产品闪点和燃点的测定 克利夫兰开口杯法》。

五、热性质

在石油加工、储运、机械等工艺计算中,常需要油品的各种热性质,其中最常用的有比热容、汽化潜热、焓和燃烧热等。这些热性质的测定难度较大,一般采用图表或方程求定,详见《石油化工工艺计算图表》。

(一)比热容

单位质量的物质温度升高 1℃(或 1K)所需要的热量称为比热容(C),单位是 kJ/(kg·℃)或 kJ/(kg·K)。油品的比热容随密度增加而减小,随温度升高而增大。

(二)汽化潜热

在常压沸点下,单位质量的物质由液态转化为气态所需要的热量称为汽化潜热(LHV),单位是 kJ/kg。汽油的汽化潜热为 290 ~315kJ/kg,煤油为 250 ~270kJ/kg,柴油为 230 ~250kJ/kg,润滑油为 190 ~230kJ/kg。

（三）焓

焓（H）是热力学函数之一，其绝对值是不能测定的，但可测定过程始态和终态焓的变化值。为了方便起见，人为地规定某个状态下的焓值为零，该状态称为基准状态。物质基准状态变化到指定状态时发生的焓变作为物质在该状态下的焓值，单位是 kJ/kg。石油馏分的焓值可以从“石油馏分焓图”查取，详见《石油化工工艺计算图表》。

油品的焓与其化学组成有关。在相同温度下，油品的密度越小，特性因数越大，其焓值越高。

（四）燃烧热

单位质量燃料完全燃烧所发出的热量称为燃烧热（$\Delta_c H_m$）或热值，单位为 J/kg。热值有以下三种表示方法：

（1）标准热值：定义为在 25℃ 和 101.3kPa 标准状态时燃料完全燃烧所放出的热量。此时燃料燃烧的起始温度和燃烧产物的最终温度均为 25℃，燃烧产物中的水蒸气全部冷凝成水。

（2）高热值：与标准热值的差别仅在于起始和终了温度均为 15℃ 而不是 25℃，这个差别很小，通常可忽略不计。

（3）低热值：又称净热值，是燃料起始温度和燃烧产物的最终温度均为 15℃，但燃烧产物中的水蒸气为气态，此时完全燃烧所放出的热量。

实际燃烧时，燃烧产物中水蒸气并未冷凝，所以通常计算中均采用净热值。石油馏分的热值随其密度增大而下降，一般净热值为 40 ~ 44MJ/kg。净热值是航空燃料的重要质量指标。热值可以实验测定，也可以通过燃料的化学组成和物性进行计算或查《石油化工工艺计算图表》得到。

六、临界性质

由于石油是复杂的混合物，它在临界状态下的情况是比较复杂的，其临界温度 t_c、临界压力 p_c、苯胺点（aniline point）可用实验方法求得。实用上，还常可用各种经验关联式从其他物性参数近似计算石油馏分的临界参数。

汽油的 t_c 为 300℃ 左右，p_c 为 3.5MPa 左右；煤油的 t_c 约为 430℃，p_c 约为 2MPa；减压馏分的 t_c 大于 450℃，p_c 约为 1MPa。由此可见，油品越重，其临界温度越高，而其临界压力则越低。

苯胺点是指石油产品与等体积苯胺相溶为一体所需的最低温度。由于各种石油产品为不同烃的混合物，苯胺点只能定性说明结构变化趋向。苯胺点的检测方法为 GB/T 262—2010《石油产品和烃类溶剂苯胺点和混合苯胺点测定法》。

苯胺点的高低与化学组成有关。链烷烃最高，环烷烃次之，芳烃又次之。油料的苯胺点越高，其所含的芳烃越多；苯胺点越低，其所含的烷烃越多，浓度越高。测定轻质油品的苯胺点，可以估计油中的芳烃含量情况，也可用来定量计算油品的芳烃含量。利用苯胺点还可以计算柴油指数、航空燃料的净热值等。

七、其他物理性质

（一）折射率

严格地讲，光在真空中的速度（$2.9986\times10^8 m/s$）与光在物质中速度之比称为折射率（折光率），以 n 表示。通常用的折射率数据是光在空气中的速度与被空气饱和的物质中速度之比。

折射率的大小与光的波长、被光透过物质的化学组成以及密度、温度和压力有关。在其他条件相同的情况下，烷烃的折射率最低，芳烃的最高，烯烃和环烷烃的介于它们之间。对环烷和芳烃，分子中环数越多则折射率越高。常用的折射率是 n_D^{20}，即温度为 20℃、常压下钠的 D 线（波长为 589.26nm）的折射率。

油品的折射率常用于测定油品的烃类族组成，炼油厂的中间控制分析也采用折射率来求定残炭值。

（二）含硫量

如前所述，石油中的硫化物对石油加工及石油产品的使用性能影响较大。因此含硫量是评价石油及产品性质的一项重要指标，也是选择石油加工方案的依据。含硫量的测定方法有多种，如硫醇硫含量、硫含量（即总硫含量）、腐蚀等定量或定性方法。通常，含硫量是指油品中含硫元素的质量分数，其检测方法为 SH/T 0689—2000《轻质烃及发动机燃料和其他油品的总硫含量测定法（紫外荧光法）》。

（三）胶质、沥青质和蜡含量

原油中的胶质、沥青质和蜡含量对原油输送影响很大，特别是制订高含蜡、易凝原油的加热输送方案时，胶质与含蜡量之间的比例关系会显著影响热处理温度和热处理的效果。这三种物质的含量对制订原油的加工方案也至关重要。因此通常需要测定原油中胶质、沥青质和蜡含量，均以质量分数表示。

（四）残炭值

用特定的仪器，在规定的条件下，将油品在不通空气的情况下加热至高温，此时油品中的烃类即发生蒸发和分解反应，最终成为焦炭。此焦炭占实验用油的质量分数，叫作油品的残炭或残炭值。检测方法为 SH/T 0170—1992（2000）《石油产品残炭测定法（电炉法）》。

残炭与油品的化学组成有关。生成焦炭的主要物质是胶质、沥青质和芳烃，在芳烃中又以稠环芳烃的残炭最高。所以石油的残炭在一定程度上反映了其中胶质、沥青质和稠环芳烃的含量。这对于选择石油加工方案有一定的参考意义。此外，因为残炭的大小能够直接地表明油品在使用中积炭的倾向和结焦的多少，所以残炭还是润滑油和燃料油等重质油以及二次加工原料的质量指标。

（五）碘值

碘值指 100g 油品所能吸收碘的克数。碘值是反映油品不饱和程度的指标之一，碘值越大说明油品不饱和程度越高。其中不饱和烃的含量越高,油品安定性也就越差。其检测方法为SH/T 0234—1992《轻质石油产品碘值和不饱和烃含量测定法(碘—乙醇法)》,检测影响因素主要为油品的化学组成及其烃类的结构。

(六)灰分

油品在规定条件下灼烧后,所剩的不燃物质,即为灰分,以质量分数来表示。原油中通常含有几十种微量金属元素,其中一部分以有机酸盐和有机金属化合物的形态存在,一部分以无机盐的形态存在。石油中的这些有机酸盐、有机金属化合物和无机盐等经燃烧和高温灼烧后便形成灰分。这些灰分主要是金属化合物,通常在石油中的含量为万分之几或十万分之几。油品中的有机酸盐、有机金属化合物和无机盐等通常集中在渣油中,馏分油中这些盐类很少,通常是由外界混入的、发生腐蚀时进入的或加入添加剂时带入的。油品灰分的颜色由组成灰分的化合物决定,通常为白色、淡黄色或赤红色。

组成灰分的主要组分为下列元素的化合物,有硫、硅、钙、镁、铁、钠、铝、锰等,有些原油还发现有钒、磷、铜、镍等。油品灰分不能蒸馏出来,而留在残油中。通常重质含胶及酸性组分含量高的油品含灰分较多。其检测方法为GB 508—1985《石油产品灰分测定法》,检测影响因素有原料油中金属化合物的含量、操作过程的规范性(如加入添加剂或催化剂等时不能混入金属杂质)、输油输气管道的腐蚀状况等。

思考题及习题

一、填空题

1. 石油的一般性状主要表现在其颜色、(　　)、(　　)、(　　)等方面。

2. 石油的元素组成中主要含有(　　)元素和(　　)元素,这两种元素组成的化合物称为(　　)。

3. 石油中的主要化合物是烃类,天然石油中主要含烷烃、(　　)和环烷烃,一般不含(　　)。

4. 石油中的非烃化合物主要有(　　)、(　　)、(　　)和胶状沥青状物质。

5. 石油及其产品的条件黏度有(　　)、(　　)、(　　)三种。

6. 油品进行蒸馏时,从(　　)到(　　)这一温度范围叫馏程。

7. 绝大多数石油的相对密度在(　　)之间。

8. 油品的闪点是指(　　)。

二、判断题

1. 天然石油主要是由烷烃、烯烃、环烷烃和芳烃组成。(　　)

2. 石油馏分就是石油产品。(　　)

3. 对同一种原油,随其馏分馏程升高,烃类、非烃类及微量金属的含量将逐渐升高。(　　)

4. 油品的馏分越重,它的闪点越高,自燃点与燃点也越高。(　　)

5. 油品的黏温指数越高,表明油品的黏度随温度的变化越大。(　　)

6. 石油中的沥青质可溶解于胶质。 ( )

7. 汽油馏分中的环状烃几乎都是六元环。 ( )

8. 含硫、氮、氧的非烃化合物，对所有石油产品的使用性能均有不利影响，应在加工中除去。 ( )

9. 油品中不饱和烃含量越多，碘值越大，安定性就越差。 ( )

三、简答题

1. 简述石油的一般性状。

2. 简述石油的元素组成和烃类组成。

3. 石油中有哪些非烃化合物？它们在石油中分布情况如何？

4. 含硫化合物对石油加工及产品应用有哪些影响？

5. 什么叫闪点、燃点、自燃点？油品的组成与它们有什么关系？

6. 请分析一下油品的化学组成对相对密度、黏度、凝点、闪点、自燃点、比热容、蒸发潜热、焓有什么影响？

7. 请分析一下油品在低温下流动性能变差的原因。

8. 表 1－8 是我国某原油的某些性质及硫含量、氮含量，根据这些数据，你对这种原油能得到哪些主要印象？

表 1－8 我国某原油的某些性质及硫含量、氮含量

密度(20℃)，g/cm^3	运动黏度(70℃)，mm^2/s	凝点，℃	硫含量，%	氮含量，%
0.9746	1653.5	12	0.58	0.82

第二章　石油产品的分类和使用要求

(1)了解石油产品分类的基本方法;

(2)掌握汽油、柴油、喷气燃料的使用要求;

(3)熟悉煤油、重质燃料油、蜡、沥青、石油焦的使用要求。

(1)能进行实沸点蒸馏操作,能进行各馏分收率及总收率计算并绘制出实沸点蒸馏曲线;

(2)具备轻质石油产品馏程的测定及操作技能;

(3)具备石油产品性能指标测定的操作技能,并能进行分析和判断。

第一节　石油产品的分类

通常石油产品不包括以石油为原料合成的各种石油化工产品。现有石油产品种类繁多,有800余种,且用途各异。为了与国际标准相一致,我国参照ISO(国际标准化组织)发表的国际标准ISO/DIS 8681和ISO 6743/0,制定了GB/T 498—2014《石油产品及润滑剂 分类方法和类别的确定》(表2-1)和GB 7631.1—2008《润滑剂、工业用油和有关产品(L类)的分类 第1部分:总分组》(表2-2)。

表2-1　石油产品总分类

类别	类别含义
F	燃料,又分4组:气体燃料G,液体气体燃料L,馏分燃料D,残渣燃料R
S	溶剂和化工产品
L	润滑剂和有关产品
B	沥青
W	蜡

注:原来的第六类石油焦(C)归入到燃料类中。

表2-2　润滑剂、工业润滑油及有关产品(L类)分类

组别	应用场合	已制定的国家标准编号
A	全损耗系统	GB/T 7631.13
B	脱模	—
C	齿轮	GB/T 7631.7
D	压缩机(包括冷冻机和真空泵)	GB/T 7631.9
E	内燃机油	GB/T 7631.17

续表

组别	应用场合	已制定的国家标准编号
F	主轴、轴承和离合器	GB/T 7631.4
G	导轨	GB/T 7631.11
H	液压系统	GB/T 7631.2
M	金属加工	GB/T 7631.5
N	电器绝缘	GB/T 7631.15
P	气动工具	GB/T 7631.16
Q	热传导液	GB/T 7631.12
R	暂时保护防腐蚀	GB/T 7631.6
T	汽轮机	GB/T 7631.10
U	热处理	GB/T 7631.14
X	用润滑脂的场合	GB/T 7631.8
Y	其他应用场合	—
Z	蒸汽气缸	—

一、燃料

燃料包括汽油、喷气燃料、柴油等发动机燃料及灯用煤油、燃料油等。我国燃料占石油产品的85%，而其中约60%为各种发动机燃料，是用量最大的产品。GB 12692.1—2010《石油产品　燃料(F类)分类　第1部分:总则》将燃料分为五组，见表2-3。

表2-3　燃料(F类)分组

识别字母	燃料类型
G	气体燃料:主要由甲烷或乙烷或由它们组成的混合气体燃料
L	液化气燃料:主要由 C_3、C_4 烷烃或烯烃或其混合物组成，并且更高碳原子数的物质液体体积小于5%的气体燃料
D	馏分燃料:汽油、煤油、柴油，重馏分油可含少量残油
R	残渣燃料:主要由蒸馏残油组成的石油燃料
C	石油焦:由原油或原料深度加工所得，主要由碳组成、来源于石油的固体燃料

新制定的产品标准，把每种产品分为优级品、一级品和合格品三个质量等级，每个等级根据使用条件下同，还可以分为不同牌号。

二、润滑剂

润滑剂包括润滑油和润滑脂，主要用于降低机件之间的摩擦和防止磨损，以减少能耗和延长机械寿命。其产量不多，仅占石油产品总量的2%～5%，但却是品种和牌号最多的一大类产品。

三、石油沥青

石油沥青用于道路、建筑及防水等方面，其产品占石油产品总量2% ~3%。

四、石油蜡

石油蜡是从石油中分离出来的常温下为固态的烃类，是轻工、化工和食品等工业部门的原料，其产量约占石油产品总量的1%。

五、石油焦

石油焦可用以制作炼铝及炼钢用电极等，其产量为石油产品总量的1% ~2%。

六、溶剂和石油化工原料

约有10%的石油产品是用作石油化工原料和溶剂，其中包括制取乙烯的原料(轻油)以及石油芳烃和各种溶剂油。

本章重点讨论石油燃料的使用要求，对其他石油产品只作简要介绍。

第二节　石油燃料的使用要求

在石油燃料中，用量最大、最重要的是汽油、柴油、喷气燃料等。其用途包括：

(1)点燃式发动机燃料——汽油，主要用于各种汽车、摩托车和活塞式飞机发动机等；

(2)喷气发动机燃料——喷气燃料，主要用于各种民用和军用喷气发动机；

(3)压燃式发动机燃料——柴油，用于各种大功率载重汽车、坦克、拖拉机、内燃机车和船舰等。

不同使用场合对所用燃料提出相应质量要求。产品质量标准的制定是综合考虑产品使用要求、所加工原油的特点、加工技术水平及经济效益等因素，经一定标准化程序，对每一种产品制定出相应的质量标准(俗称规格)，作为生产、使用、运销等各部门必须遵循的具有法规性的统一指标。汽油和柴油的使用要求主要取决于汽油机和柴油机工作过程。汽油机和柴油机的工作过程以四冲程发动机为例，见图2-1，均包括进气、压缩、燃烧膨胀做功、排气四个过程，活塞在发动机气缸中往复运动两次，曲柄连杆机构带动飞轮在发动机中运行一周。但汽油机和柴油机的工作原理有两点本质的区别是：第一，汽油机中进气和压缩的介质是空气和汽油的混合气；柴油机中进气和压缩的只是空气，而不是空气和燃料的混合气。因此柴油发动机压缩比[1]的设计不受燃料性质的影响，可以设计得比汽油机高许多。一般柴油机的压缩比可达13 ~24，汽油机的压缩比受燃料质量的限制，一般只有6 ~8.5。第二，在汽油机中燃料是靠电火花点火燃烧的；而在柴油机中燃料则是由于喷散在高温高压的热空气中自燃的。因此汽油机称为点燃式发动机，柴油机则叫作压燃式发动机。表2-4列出了汽油机和柴油机工作过程

[1]所谓压缩比，是指活塞移动到下死点时气缸的容积与活塞移动到上死点时气缸容积的比值。

的比较。汽油机与柴油机的工作原理见视频 2－1。

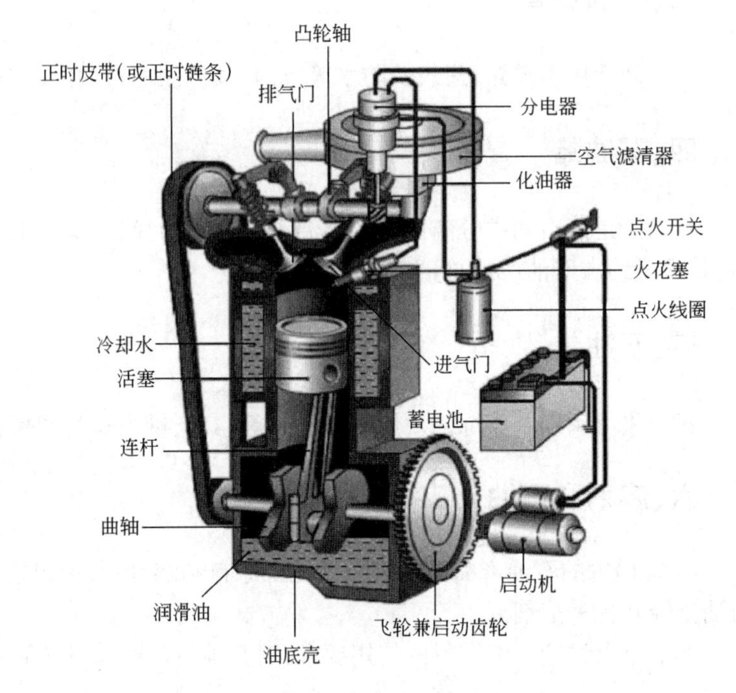

图 2－1 四冲程汽油发动机结构示意图

表 2－4 汽油机和柴油机工作过程比较

工作过程	汽油机	柴油机
进气	进气阀打开，活塞从气缸顶部往下运动。空气和汽油在混合室混合、汽化形成可燃性混合气后被吸入气缸，活塞运行到下死点时，进气阀关闭	进气阀打开，活塞从气缸顶部往下运动；空气经空气滤清器被吸入气缸，活塞运行到下死点时，进气阀关闭
压缩	活塞自下死点在飞轮惯性力的作用下转而上行，开始压缩过程；气缸中的可燃性混合气体逐渐被压缩，压力和温度随之升高；压缩过程终了时，可燃混合气的压力和温度分别上升到 0.7～1.5MPa 和 300～450℃	活塞自下死点在飞轮惯性力的作用下转而上行，开始压缩过程；空气受到压缩（压缩比可达 13～24）；压缩是在近于绝热的情况下进行的，因此空气温度和压力急剧上升，到压缩终了，温度可达 500～700℃，压力可达 3.5～4.5MPa
燃烧膨胀做功	当活塞运动到接近上死点时，火花塞闪火，可燃性混合气体被火花塞产生的电火花点燃，并以 20～50m/s 的速度燃烧；最高燃烧温度达 2000～2500℃，压力为 2.5～4.0MPa；燃烧产生的大量高温气体迅速膨胀，推动活塞向下运动做功；燃料燃烧时放出的热能转变为机械能；此时燃气温度、压力逐渐下降	当活塞快到上死点时燃料由雾化喷嘴喷入气缸；由于气缸内空气温度已超过燃料的自燃点，因此喷入的柴油迅速自燃燃烧，燃烧温度高达 1500～2000℃，压力可达 4.6～12.2MPa；燃烧产生的大量高温气体迅速膨胀，推动活塞向下运动做功；燃料燃烧时放出的热能转变为机械能；此时燃气温度、压力逐渐下降
排气	当活塞经过下死点靠惯性往上运动时，排气阀打开，燃烧产生的废气被排出，然后开始一个新的循环	当活塞经过下死点靠惯性往上运动时，排气阀打开，燃烧产生的废气被排出，然后开始一个新的循环

柴油发动机和汽油发动机相比，单位功率的金属耗量大，但热功效率高，耗油少，耗油率比汽油机低 30%～70%，并且使用来源多而成本低的较重馏分——柴油作为燃料，所以大功率的运输工具和一些固定式动力机械等都普遍采用柴油机。在我国除应用于拖拉机、大型载重汽车、排灌机械等外，在公路、铁路运输和轮船、军舰上也越来越广泛地采用柴油发动机。

一、汽油的使用要求

汽油是用作点燃式发动机燃料的石油轻质馏分。对汽油的使用要求主要有：

(1)在所有的工况下,具有足够的挥发性以形成可燃混合气。

(2)燃烧平稳,不产生爆震燃烧现象。

(3)储存安定性好,生成胶质的倾向小。

(4)对发动机没有腐蚀作用。

(5)排出的污染物少。

汽油按其用途分为车用汽油和航空汽油,各种汽油均按辛烷值划分牌号。

根据 GB 17930—2016,国Ⅳ车用汽油按研究法辛烷值(RON)分为 90 号、93 号和 97 号 3 个牌号,而国Ⅴ、国ⅥA、国ⅥB 车用汽油按研究法辛烷值分为 89 号、92 号、95 号和 98 号 4 个牌号,它们分别适用于压缩比不同的各型汽油机。我国车用汽油(Ⅴ)的质量标准见表 2-5(GB 17930—2016)。

航空汽油分为 100 号、95 号和 75 号 3 个牌号。100 号及 95 号航空汽油用于有增压器的大型活塞式航空发动机,75 号航空汽油用于无增压器的小型活塞式航空发动机。

表 2-5　车用汽油(Ⅴ)规格质量指标

项目			质量指标			试验方法
			89 号	92 号	95 号	
抗爆性	研究法辛烷值(RON)	不小于	89	92	95	GB/T 5487
	抗爆指数(RON+MON)/2	不小于	84	87	90	GB/T 503,GB/T 5487
馏程	10%蒸发温度,℃	不高于	70			GB/T 6536
	50%蒸发温度,℃	不高于	110			
	90%蒸发温度,℃	不高于	190			
	终馏点(干点)℃	不高于	205			
	残留量(体积分数),%	不大于	2			
蒸气压,kPa	从 11 月 1 日至 4 月 30 日		45~85			GB/T 8017
	从 5 月 1 日至 10 月 31 日		40~65			
胶质含量 mg/100mL	未洗胶质含量(加入清净剂前)	不大于	30			GB/T 8019
	溶剂洗胶质含量	不大于	5			
诱导期,min		不小于	480			GB/T 8018
硫含量,mg/kg		不大于	10			SH/T 0689
硫醇(博士试验)			通过			NB/SH/T 0174
铜片腐蚀(50℃,3h),级		不大于	1			GB/T 5096
水溶性酸或碱			无			GB/T 259
机械杂质及水分			无			目测
甲醇含量(质量分数),%			0.3			NB/SH/T 0663
氧含量(质量分数),%		不大于	2.7			NB/SH/T 0663

续表

项目		质量指标			试验方法
		89号	92号	95号	
锰含量,g/L	不大于	0.002			SH/T 0711
铁含量,g/L	不大于	0.01			SH/T 0712
苯含量(体积分数),%	不大于	0.8			SH/T 0713
烯烃含量(体积分数),%	不大于	18			GB/T 30519
芳烃含量(体积分数),%	不大于	35			GB/T 30519
密度(20℃),kg/m^3		720~775			GB/T 1884,GB/T 1885

注:车用汽油中,不得人为加入甲醇以及含铅、含铁和含锰的添加剂。

(一)抗爆性

汽油的抗爆性是表明汽油在气缸中的燃烧性能,是汽油最重要的使用指标之一。它说明汽油能否保证在具有相当压缩比的发动机中正常地工作,这对提高发动机的功率、降低汽油的消耗量等都有直接的关系。

汽油机的热功效率与它的压缩比直接有关。压缩比大,发动机的效率和经济性就好,但要求汽油有良好的抗爆性。抗爆性差的汽油在压缩比高的发动机中燃烧,则出现气缸壁温度猛烈升高,发出金属敲击声,排出大量黑烟,发动机功率下降耗油增加,即发生所谓爆震燃烧。所以,汽油机的压缩比与燃料的抗爆性要匹配,压缩比高,燃料的抗爆性就要好。

汽油机产生爆震的原因主要有两个:一是与燃料性质有关。如果燃料很容易氧化,形成的过氧化物不易分解,自燃点低,就很容易产生爆震现象。二是与发动机工作条件有关。如果发动机的压缩比过大,气缸壁温度过高,或操作不当,都易引起爆震现象。

汽油的抗爆性用辛烷值表示。汽油的辛烷值越高,其抗爆性越好。辛烷值分马达法和研究法两种。马达法辛烷值(MON)表示重负荷、高转速时汽油的抗爆性;研究法辛烷值(RON)表示低转速时汽油的抗爆性。同一汽油的 MON 低于 RON。除此之外,一些国家还采用抗爆指数来表示汽油的抗爆性,抗爆指数等于 MON 和 RON 的平均值。

在测定车用汽油的辛烷值时,人为选择了两种烃做标准物:一种是异辛烷(2,2,4-三甲基戊烷),它的抗爆性好,规定其辛烷值为100;另一种是正庚烷,它的抗爆性差,规定其辛烷值为0。在相同的发动机工作条件下,如果某汽油的抗爆性与含80%异辛烷和20%正庚烷的混合物的抗爆性相同,此汽油的辛烷值即为80。汽油的辛烷值需在专门的仪器中测定。

汽油的抗爆性与其化学组成和馏分组成有关。在各类烃中,正构烷烃的辛烷值最低,环烷烃、烯烃次之,高度分支的异构烷烃和芳烃的辛烷值最高。各族烃类的辛烷值随相对分子质量增大、沸点升高而减小。

提高汽油辛烷值的途径有以下几种:

(1)改变汽油的化学组成,增加异构烷烃和芳烃的含量。这是提高汽油辛烷值的根本方法,可以采用催化裂化、催化重整、异构化等加工过程来实现。

(2)加入少量提高辛烷值的添加剂,即抗爆剂,最常用的抗爆剂是四乙基铅。由于此抗爆剂有剧毒,所以此方法目前已禁止采用。

(3)调入其他的高辛烷值组分,如含氧有机化合物醚类及醇类等。这类化合物常用的有甲醇、乙醇、叔丁醇、甲基叔丁基醚等，其中甲基叔丁基醚（MTBE）在近些年来更加引起人们的重视。MTBE不仅单独使用时具有很高的辛烷值（RON为117，MON为101），在掺入其他汽油中可使其辛烷值大大提高，而且在不改变汽油基本性能的前提下，改善汽油的某些性质。

（二）蒸发性

车用汽油是点燃式发动机的燃料，它在进入发动机气缸之前必须在化油器中汽化并同空气形成可燃性混合气。汽油在化油器中蒸发得是否完全，同空气混合得是否均匀，是跟它的蒸发性有关的。

馏程和蒸气压是评价汽油蒸发性能的指标。汽油的馏程用恩氏蒸馏装置（图2－2）进行测定。要求测出汽油的初馏点，10%、50%、90%馏出温度和干点，各点温度与汽油使用性能关系十分密切。

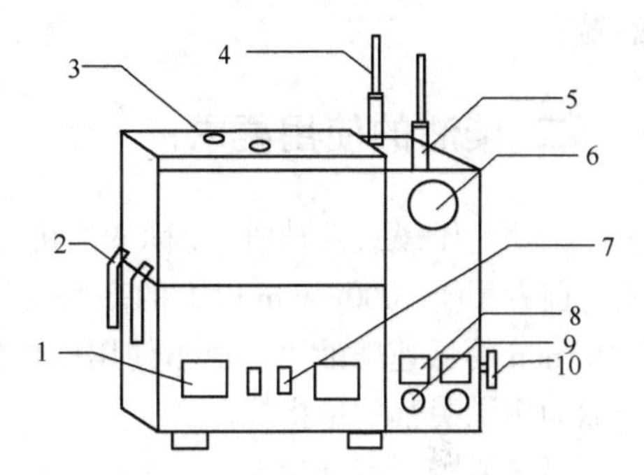

图2－2　BSY－103ⅡA石油产品蒸馏测定仪

1—温控仪表；2—冷凝管出口；3—注水孔；4—温度计；5—蒸馏烧瓶；6—观察窗；7—电源开关；8—电压表；9—调压器；10—电炉升降

汽油的初馏点和10%馏出温度反映汽油的启动性能，此温度过高，发动机不易启动。50%馏出温度反映发动机的加速性和平稳性，此温度过高，发动机不易加速。当行驶中需要加大油门时，汽油就会来不及完全燃烧，致使发动机不能发出应有的功率。90%馏出温度和干点反映汽油在汽缸中蒸发的完全程度，这个温度过高，说明汽油中重组分过多，使汽油汽化燃烧不完全。这不仅增大了汽油耗量，使发动机功率下降，而且会造成燃烧室中结焦和积炭，影响发动机正常工作，另外还会稀释、冲掉气缸壁上的润滑油，增加机件的磨损。

汽油的蒸气压也称饱和蒸气压，是指汽油在某一温度下形成饱和蒸气所具有的最高压力，需要在规定仪器中进行测定，汽油标准中规定了其最高值。汽油的蒸气压过大，说明汽油中轻组分太多，在输油管路中就会蒸发形成气阻，中断正常供油，致使发动机停止运行。

（三）安定性

汽油的安定性一般是指化学安定性，它表明汽油在储存中抵抗氧化的能力。安定性好的汽油储存几年都不会变质，安定性差的汽油储存很短的时间就会变质。

汽油的安定性与其化学组成有关，如果汽油中含有大量的不饱和烃，特别是二烯烃，在储存和使用过程中，这些不饱和烃极易被氧化，汽油颜色变深，生成黏稠胶状沉淀物即胶质。这些胶状物沉积在发动机的油箱、滤网、汽化器等部位，会堵塞油路，影响供油；沉积在火花塞上的胶质高温下形成积炭而引起短路；沉积在气缸盖、气缸壁上的胶质形成积炭使传热恶化，引起表面着火或爆震现象。总之，使用安定性差的汽油，会严重破坏发动机的正常工作。

改善汽油安定性的方法通常是在适当精制的基础上添加一些抗氧化添加剂。在车用汽油的规格指标中用实际胶质含量（在规定条件下测得的发动机燃料的蒸发残留物）和诱导期（在规定的加速氧化条件下，油品处于稳定状态所经历的时间周期）来评价汽油的安定性。一般地，实际胶质含量越少，诱导期越长，则汽油安定性越好。

（四）腐蚀性

汽油的腐蚀性说明汽油对金属的腐蚀能力。汽油的主要组分是烃类，任何烃对金属都无腐蚀作用。若汽油中含有一些非烃杂质，如硫及含硫化合物、水溶性酸碱、有机酸等，都对金属有腐蚀作用。

评定汽油腐蚀性的指标有酸度、硫含量、铜片腐蚀、水溶性酸碱等。酸度指中和100mL油品中酸性物质所需的氢氧化钾（KOH）毫克数，单位为mgKOH/100mL。铜片腐蚀是用铜片直接测定油品中是否存在活性硫的定性方法。水溶性酸碱是在油品用酸碱精制后，因水洗过程操作不良残留在汽油中的可溶于水的酸性或碱性物质。成品汽油中应不含水溶性酸碱。

二、柴油的使用要求

柴油是压燃式发动机（简称柴油机）的燃料，按照柴油机的类别，柴油分为轻柴油和重柴油。前者用于1000r/min以上的高速柴油机；后者用于500～1000r/min的中速柴油机和小于500r/min的低速柴油机。由于使用条件的不同，对轻柴油、重柴油制定了不同的标准，现以轻柴油为例说明其质量指标。

轻柴油按凝点分为5、0、-10、-20、-35、-50等六个牌号，对轻柴油的主要质量要求是：（1）具有良好的燃烧性能；（2）具有良好的低温性能；（3）具有合适的黏度。

（一）燃烧性能

柴油的燃烧性能用柴油的抗爆性和蒸发性来衡量。

柴油机在工作中也会发生类似汽油机的爆震现象，使发动机功率下降，机件损害，但产生爆震的原因与汽油机完全不同。汽油机的爆震是由于燃料太容易氧化，自燃点太低；而柴油机的爆震是由于燃料不易氧化，自燃点太高。因此，汽油机要求自燃点高的燃料，而柴油机要求自燃点低的燃料。

视频2-2　十六烷值怎样影响柴油燃烧性能

柴油的抗爆性用十六烷值表示。十六烷值高的柴油，其抗爆性好。同汽油类似，在测定柴油的十六烷值时，也人为地选择了两种标准物：一种是正十六烷，它的抗爆性好，将其十六烷值恒定为100；另一种是α-甲基萘，它的抗爆性差，将其十六烷值恒定为0。在相同的发动机工作条件下，如果某种柴油的抗爆性与含45%的正十六烷和55%的α-甲基萘的混合物相同，此柴油的十六烷值即为45。十六烷值怎样影响柴油燃烧性能见视频2-2。

柴油的抗爆性与所含烃类的自燃点有关，自燃点低不易发生爆震。在各类烃中，正构烷烃的自燃点最低，十六烷值最高，烯烃、异构烷烃和环烷烃居中，芳烃的自燃点最高，十六烷值最低。所以含烷烃多、芳烃少的柴油的抗爆性能好。各族烃类的十六烷值随分子中碳原子数增加而增加，这也是柴油通常要比汽油分子大（重）的原因之一。

柴油的十六烷值并不是越高越好，如果柴油的十六烷值很高（如60以上），由于自燃点太低，滞燃期太短，容易发生燃烧不完全，产生黑烟，使得耗油量增加，柴油机功率下降。不同转速的柴油机对柴油十六烷值要求不同，两者相应的关系见表2-6。

表 2-6　不同转速柴油机对柴油十六烷值的要求

转速,r/min	<1000	1000~1500	>1500
十六烷值	35~40	40~45	45~60

影响柴油燃烧性能的另一因素是柴油的蒸发性能。柴油的蒸发性能影响其燃烧性能和发动机的启动性能,其重要性不亚于十六烷值。馏分轻的柴油启动性好,易于蒸发和迅速燃烧,但馏分过轻,自燃点高,滞燃期长,会发生爆震现象。馏分过重的柴油,由于蒸发慢,会造成不完全燃烧,燃料消耗量增加。

柴油的蒸发性用馏程和残炭来评定。不同转速的柴油机对柴油馏程要求不同,高转速的柴油机,对柴油馏程要求比较严格,国家标准中严格规定了50%、90%和95%的馏出温度。对低转速的柴油机没有严格规定柴油的馏程,只限制了残炭量。

(二)低温性能

柴油的低温性能对于在露天作业,特别是在低温下工作的柴油机的供油性能有重要影响。当柴油的温度降到一定程度时,其流动性就会变差,可能有冰晶和蜡结晶析出,堵塞过滤器,减少供油,降低发动机功率,严重时会完全中断供油。低温也会导致柴油的输送、储存等发生困难。

国产柴油的低温性能主要以凝点来评定,并以此作为柴油的商品牌号,例如0号、-10号轻柴油,分别表示其凝点不高于0℃、-10℃,凝点低表示其低温性能好。国外采用浊点、倾点或冷滤点来表示柴油的低温流动性。通常使用柴油的浊点比使用温度低3~5℃,凝点比环境温度低5~10℃。

柴油的低温性取决于化学组成,馏分越重,其凝点越高。含环烷烃或芳烃多的柴油,其浊点和凝点都较低,但其十六烷值也低。含烷烃特别是正构烷烃多的柴油,浊点和凝点都较高,十六烷值也高。因此,从燃烧性能和低温性能上来看,有人认为柴油的理想组分是带一个或两个短烷基侧链的长链异构烷烃,它们具有较低的凝点和足够的十六烷值。

我国大部分原油含蜡量较多,其直馏柴油的凝点一般都较高。改善柴油低温流动性能的主要途径有三种:(1)脱蜡,柴油脱蜡成本高而且收率低,在特殊情况下才采用;(2)调入二次加工柴油;(3)向柴油中加入低温流动改进剂,可防止、延缓石蜡形成网状结构,从而使柴油凝点降低,此种方法较经济且简便,因此采用较多。

(三)黏度

柴油的供油量、雾化状态、燃烧情况和高压油泵的润滑等都与柴油黏度有关。柴油黏度过大,油泵抽油效率下降,减少供油量,同时喷出的油射程远,雾化不良,与空气混合不均匀,燃烧不完全,耗油量增加,机件上积炭增加,发动机功率下降。黏度过小,射程太近,射角宽,全部燃料在喷油嘴附近燃烧,易引起局部过热,且不能利用燃烧室的全部空气,同样燃烧不完全,发动机功率下降;另外,柴油也作为输送泵和高压油泵的润滑剂,润滑效果变差,造成机件磨损。因此,所要求柴油的黏度在合适的范围内,一般轻柴油要求运动黏度为2.5~8.0mm^2/s。

除上述几项质量要求外,对柴油也有安定性、腐蚀性等方面的要求,同汽油类似。表2-7为车用柴油(Ⅴ)的主要质量指标(GB 19147—2016)。

表 2-7　车用柴油(Ⅴ)的质量指标

项目	5号	0号	-10号	-20号	-35号	-50号	试验方法
氧化安定性(以总不溶物),mg/100mL　不大于	2.5						SH/T 0175
硫含量,mg/kg　不大于	10						SH/T 0689
酸度(以KOH计),mg/100mL　不大于	7						GB/T 258
10%蒸余物残炭(质量分数),%　不大于	0.3						GB/T 268
灰分(质量分数),%　不大于	0.01						GB/T 508
铜片腐蚀(50℃,3h),级　不大于	1						GB/T 5096
水含量(体积分数),%　不大于	痕迹						GB/T 260
机械杂质	无						GB/T 511
润滑性校正磨痕直径(60℃),μm　不大于	460						SH/T 0765
多环芳烃含量(质量分数),%　不大于	11						SH/T 0806
运动黏度(20℃),mm^2/s	3.0~8.0			2.5~8.0	1.8~7.0		GB/T 265
凝点,℃　不高于	5	0	-10	-20	-35	-50	GB/T 510
冷滤点,℃　不高于	8	4	-5	-14	-29	-44	SH/T 0248
闪点(闭口杯法),℃　不低于	60			50	45		GB/T 261
十六烷值　不小于	51			49	47		GB/T 386
十六烷指数	46			46	43		SH/T 0694
馏程							GB/T 6536
50%馏出温度,℃　不高于	300						
90%馏出温度,℃　不高于	355						
95%馏出温度,℃　不高于	365						
密度(20℃),kg/m^3	810~850			790~840			GB/T 1884 GB/T 1885
脂肪酸甲脂含量(体积分数),%　不大于	1.0						NB/SH/T 0916

三、喷气燃料的使用要求

喷气燃料又称航空煤油。由于喷气燃料是在高空使用,必须安全可靠,因此,对其质量有严格的要求。我国五种牌号喷气燃料介绍如下:

1号与2号喷气燃料(RP-1与RP-2)均为煤油型燃料,馏程约为150~250℃,不同的是RP-1结晶点为-60℃,而RP-2的结晶点为-50℃,两者均可用于军用飞机和民航飞机。

3号喷气燃料(RP-3)为较重煤油型燃料,馏程为180~280℃,冰点不高于-47℃,民航飞机、军用飞机通用,正逐步取代RP-1与RP-2。

4号喷气燃料(RP-4)为宽馏分型燃料,馏程为60~280℃,结晶点不高于-40℃,一般用于军用飞机,是备用燃料,平时不生产。

5号喷气燃料(RP-5)为重煤油型燃料,其馏程为180~290℃,冰点不高于-46℃,芳烃含量不高于25%,适宜于舰艇上的飞机使用。

图2-3所示是用喷气燃料作燃料的涡轮发动机,主要由离心式压缩器、燃烧室、燃气涡轮

和尾喷管等部分构成。

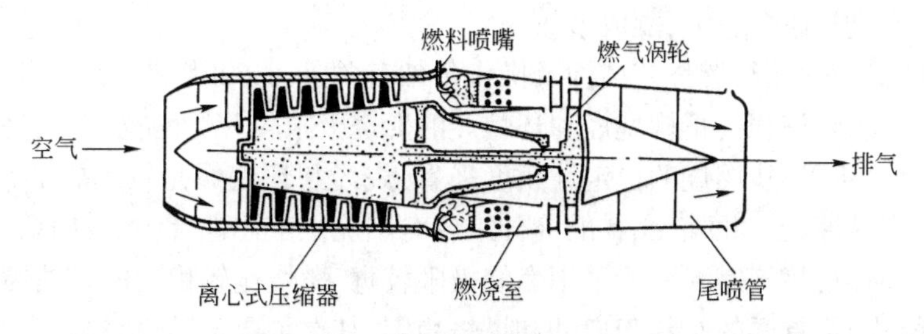

图 2-3　涡轮喷气发动机结构示意图

(1)离心式压缩器。因高空的空气稀薄,需将迎面进入发动机的空气用离心式压缩器压缩至0.3~0.5MPa,温度达150~200℃,然后再进入燃烧室。空气压力越高,燃料的热能利用程度也越高,从而可提高发动机的经济性,增强发动机的推力。

(2)燃烧室。在燃烧室中,经压缩的空气与燃料混合,形成混合气,在启动时需要用电点火,随后即可连续不断地进行燃烧。燃烧室中心温度可高达1900~2200℃,为防止因高温使涡轮中的叶片受损,需通入部分冷空气,使燃气的温度降至750~800℃。

(3)燃气涡轮。燃气推动燃气涡轮高速旋转,将热能转化为机械能。燃气涡轮在同一轴上带动离心式压缩器旋转,旋转的速度为8000~16000r/min。

(4)尾喷管。从燃气涡轮中排出的高温高压燃气在尾喷管中膨胀加速,尾气在500~600℃下高速喷出,由此产生反作用推动力以推动飞机前进。

由此可见,喷气发动机与活塞式发动机(汽油机及柴油机)有很大的区别,其特点如下:

首先,在喷气发动机中,燃料是与空气同时连续进入燃烧室的,一经点燃,其可燃混合气的燃烧过程是连续进行的。而活塞式发动机的燃料供给和燃烧则是周期性的。

其次,活塞式发动机燃料的燃烧是在密闭的空间进行的,而喷气发动机燃料的燃烧是在35~40m/s的高速气流中进行的,所以燃烧速度必须大于气流速度,否则会造成火焰中断。

喷气燃料的使用是在高空飞行条件下实现的,所以对燃料的质量要求非常严格,以求十分安全可靠。对喷气发动机燃料质量的主要要求包括:(1)良好的燃烧性能;(2)适当的蒸发性;(3)较高的热值;(4)良好的安定性;(5)良好的低温性;(6)无腐蚀性;(7)良好的洁净性;(8)较小的起电性;(9)适当的润滑性。

(一)燃烧性能

喷气燃料的燃烧性能良好,是指它的热值要高,燃烧要稳定,不因工作条件变化而熄火,一旦高空熄火后能容易再启动,燃烧要完全,产生积炭要少。

喷气发动机燃料不仅应保证发动机在严寒冬季能迅速启动,而且使发动机在高空一旦熄火时也能迅速再点燃,恢复正常燃烧,保证飞行安全。要保证发动机在高空低温下再次启动,须要求燃料能在0.01~0.02MPa和-55℃的低温下形成可燃混合气并能顺利点燃,而稳定地燃烧。燃料的启动性取决于燃料的自燃点、着火延滞期、燃烧极限、可燃混合气发火所需的最低点火能量、燃料的蒸发性大小和黏度等。在冷燃烧室中是否容易形成适当的可燃混合气,主要取决于燃料中的轻质成分,轻质成分多,则低温下容易形成可燃混合气,发动机即易于启动。合适的低温黏度,能保证在低温启动时燃料必需的雾化程度。

燃料在喷气发动机中连续而稳定地燃烧有重要的意义。如果燃烧不稳定,不仅会使发动机的功率降低,严重时还会熄火,酿成事故。

燃料燃烧的稳定性除与燃烧室结构及操作条件有关外,还和燃料的烃类组成及馏分轻重有密切关系。研究结果表明,正构烷烃和环烷烃的燃烧极限较芳烃的宽,特别是在温度较低的情况下更为明显。所以,从燃烧的稳定性角度来看,烷烃和环烷烃是较理想的组分,而芳烃的燃烧极限较窄,容易熄火。此外,燃料的馏分组成对燃烧稳定性也有影响,如果馏分太轻,燃烧极限也就太窄。所以,喷气燃料一般采用燃烧极限较宽、燃烧比较稳定的煤油馏分。

喷气燃料燃烧时,首要的是易于启动和燃烧稳定,其次是要求燃烧完全。它们直接影响到飞机的动力性能、航程远近和经济性能。

(二)安定性

喷气燃料的安定性包括储存安定性和热安定性。

1. 储存安定性

喷气燃料在储存过程中容易变化的质量指标有胶质、酸度及颜色等。胶质和酸度增加的原因是其中含有少量不安定的成分,如烯烃、带不饱和侧链的芳烃以及非烃等。国产喷气燃料规格中对实际胶质、碘值以及硫含量、硫醇含量都作了严格的规定。

储存条件对喷气燃料的质量变化有很大影响,其中最重要的是温度。当温度升高时,燃料氧化的速度加快,使胶质增多及酸度增大,同时也使燃料的颜色变深。此外,与空气的接触、与金属表面的接触以及水分的存在,都能促进喷气燃料氧化变质。

2. 热安定性

当飞行速度超过音速以后,由于与空气摩擦生热,使飞机表面温度上升,油箱内燃料的温度也上升,可达100℃以上。在这样高的温度下,燃料中的不安定组分更容易氧化而生成胶质和沉淀物。这些胶质沉积在热交换器表面上,导致冷却效率降低;沉积在过滤器和喷嘴上,会使过滤器和喷嘴堵塞,并使喷射的燃料分配不均,引起燃烧不完全等。因此,对长时间作超音速飞行的喷气燃料,要求具有良好的热安定性。

(三)低温性能

喷气燃料的低温性能,是指在低温下燃料在飞机燃料系统中能否顺利地泵送和过滤的性能,即不能因产生烃类结晶体或所含水分结冰而堵塞过滤器,影响供油。喷气燃料的低温性能是用结晶点或冰点来表示的,结晶点是燃料在低温下出现肉眼可辨的结晶时的最高温度;冰点是在燃料出现结晶后,再升高温度至原来的结晶消失时的最低温度(按照GB/T 2430—2008测定)。

对喷气燃料低温性能的要求,决定于地面的最低温度和在高空中油箱里燃料可能达到的最低温度。我国1号、2号、4号喷气燃料的结晶点相应要求不高于-60℃、-50℃和-40℃,3号喷气燃料则要求冰点不高于-47℃。

不同烃的结晶点相差悬殊,因此燃料的低温性能很大程度取决于其化学组成。相对分子质量较大的正构烷烃及某些芳烃的结晶点较高,而环烷烃和烯烃的结晶点则较低。在同族烃中,随相对分子质量增加,其结晶点升高。

燃料中含有的水分在低温下形成冰晶,也会造成过滤器堵塞、供油不畅等问题。水分在油中不仅可能以游离水形式存在，还可能以溶解状态存在。由图 2－4 可见，不同的烃类对水的溶解度是不同的，在相同温度下，芳烃特别是苯对水的溶解度最高。因而从降低燃料对水的溶解度的角度来看，也需要限制芳烃的含量。

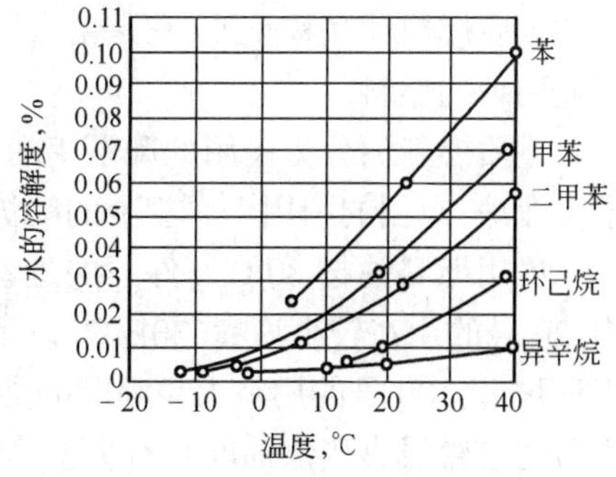

图 2－4　烃类对水的溶解度

（四）起电性

喷气发动机的耗油量很大，在机场往往采用高速加油。在泵送燃料时，燃料和管壁、阀门、过滤器等高速摩擦，油面就会产生和积累大量的静电荷，其电势可达到数千伏甚至上万伏。这样，达到一定程度就会产生火花放电，如果遇到可燃混合气，就会引起爆炸失火，往往酿成重大灾害。

影响静电荷积累的因素很多，其中之一是燃料本身的电导率。航空燃料的电导率很小，一般在 $1\times10^{-13}\sim1\times10^{-10}$S/m，电导率小的燃料，在相同的条件下，静电荷的消失慢而积累快；反之，电导率大的燃料，静电荷消失速度快而不易积累。据研究，当燃料的电导率大于 50×10^{-12}S/m 时，就足以保证安全。

（五）润滑性

在喷气发动机中，燃料泵的润滑依靠的是自身泵送的燃料。当燃料的润滑性能不足时，燃料泵的磨损增大，这不仅降低油泵的使用寿命，而且影响油泵的正常工作，引起发动机运转失常甚至停车等故障，威胁飞行安全。

燃料的润滑性是由它的化学组成决定的。据研究，燃料组分的润滑性能按照非烃化合物＞多环芳烃＞单环芳烃＞环烷烃＞烷烃的顺序依次降低。这是由于非烃化合物具有较强的极性，易被金属表面吸附，形成牢固的薄膜，可有效地降低金属间的摩擦和磨损。

喷气燃料的润滑性是在专用的试验机上，按规定条件以二甲苯为标准试样进行对比评定的。以抗磨指数 K_m 为指标，它是二甲苯所产生的试块磨痕和试油所产生的试块磨痕宽度之比，以百分数表示。当相对分子质量相近时，单体烃的抗磨指数烷烃的抗磨性最差，芳烃抗磨性最好，环烷烃居中。

第三节　其他石油产品的使用要求

一、煤油

煤油别名灯油、灯用煤油，主要由碳原子数 10～16 的烃类混合物组成，属轻质石油产品。煤油主要用于点煤油灯，也可用作喷灯、汽灯和煤油炉的燃料。为确保点灯时的安全，规定煤油的闪点不低于 40℃，并严禁掺入汽油。煤油还可用来洗涤机器零部件，用作杀虫剂的溶剂。

我国灯用煤油分为 1 号和 2 号两个牌号，1 号作为出口商品，2 号供国内消费。使用灯用煤油时，一般有两条要求：一是灯用煤油在点燃时要有足够的光度，光度降低的速度不应过快；二是灯用煤油无明显臭味和油烟，灯芯上积炭要少，单位烛光的耗油量较少。评定灯用煤油的主要使用指标有燃烧性（点灯试验）、无烟火焰高度、馏程、色度等。

二、重质燃料油

重质燃料油又称重油，它是由直馏渣油、减黏渣油或加柴油调合而成，用作锅炉以及其他工业用炉的燃料。

重质燃料油分为民用的和军用的两大类。民用燃料油用于船舶、工业锅炉、冶金工业及其他工业炉；军用的则用于军舰上的锅炉。

民用燃料油按 80℃ 条件下的运动黏度分为 20 号、60 号、100 号、200 号等 4 个牌号。其中，20 号的用在较小喷嘴（30kg/h 以下）的燃烧炉上；60 号的用在中等喷嘴的船用蒸汽锅炉或工业炉上；100 号的用在大型喷嘴的陆用炉或具有预热设备的炉上；200 号的则是用在从炼油厂可通过管线直接供油的具有大型喷嘴的加热炉上。

军用燃料油的质量要求比民用的更高。例如，在民用燃料油的质量标准中对其热值并未作规定，但在军用燃料油质量标准中则把热值作为一个指标。这是因为当热值较高时可以减少产生等量蒸汽的耗油量，这样便可使军舰在燃料油载量相同的前提下提高航程。

重质燃料油的主要使用指标包括黏度和低温性能。

（一）黏度

黏度是燃料油的重要指标。黏度过大会导致燃料的雾化性能恶化、喷出的油滴过大，造成燃烧不完全、锅炉热效率下降。所以，使用黏度较大的燃料油时必须经过预热，以保证喷嘴要求的适当黏度。

燃料油的黏度与其化学组成有关。从石蜡基原油生产的燃料油中含蜡较多，含胶质较少，当加热到凝点以上后其流动性较好、黏度较小。而从中间基尤其是环烷基原油生产的燃料油，含胶质较多，黏度也较高。

（二）低温性能

燃料油的低温性能一般用凝点来评定。质量标准中要求其凝点不能太高，以保证它在储运和使用中的流动性。燃料油的凝点与其含蜡量有关，石蜡基原油生产的燃料油因其含蜡较多而凝点较高。对于黏度较大的燃料油，其允许的凝点也相应较高，如 20 号燃料油的凝点规定不大于 36℃。

对于军用燃料油则要求比民用的具有更低的凝点。由于凝点的试验条件与燃料油的使用条件并不一致，有时还须测定其低温下的黏度，以保证在低温下有较好的泵送性。

燃料油中的含硫化合物在燃烧后均生成二氧化硫和三氧化硫，它们会污染环境，危害人体健康，同时遇水后变成的亚硫酸和硫酸会严重腐蚀金属设备。所以必须控制燃料油中的含硫量，对 20 号、60 号、100 号、200 号燃料油相应的含硫量要求不大于 1.0%、1.5%、2.0% 及 3.0%。当用于冶金或机械工业热处理加工时，各号燃料油的含硫量均须不大于 1.0%。对于从含硫量 0.5% 以上的原油制取燃料油时，其含硫量可适当放宽，允许不高于 3%。

三、石油沥青

石油沥青是以减压渣油为主要原料制成的一类石油产品，它是黑色固态或半固态黏稠状物质。石油沥青主要用于道路铺设和建筑工程上，也广泛用于水利工程、管道防腐、电器绝缘和油漆涂料等方面。我国的石油沥青产品按品种牌号计有44种,可分为4大类,即道路沥青、建筑沥青、专用沥青和乳化沥青。

石油沥青的性能指标主要有三个,即针入度、伸长度(简称延度)和软化点。表2-8列出了道路石油沥青质量指标(NB/SH/T 0522—2010)。

表2-8 道路石油沥青质量指标

项目		质量指标					试验方法
		200号	180号	140号	100号	60号	
针入度(25℃,100g,5s),1/10mm		200~300	150~200	110~150	80~110	50~80	GB/T 4509
延度①(25℃),cm	不小于	20	100	100	90	70	GB/T 4508
软化点,℃		30~48	35~48	38~51	42~55	45~58	GB/T 4507
溶解度,%	不小于	99.0					GB/T 11148
闪点(开口),℃	不低于	180	200	230			GB/T 267
密度(25℃),g/cm^3		报告					GB/T 8928
蜡含量,%	不大于	4.5					SH/T 0425
薄膜烘箱试验(163℃,5h)							
质量变化,%	不大于	1.3	1.3	1.3	1.2	1.0	GB/T 5304
针入度比,%		报告					GB/T 4509
延度(25℃),cm		报告					GB/T 4508

①如25℃延度达不到,15℃延度达到时,也认为是合格的,指标要求与25℃延度一致。

(一)针入度

石油沥青的针入度是以标准针在一定的荷重、时间及温度条件下垂直穿入沥青试样的深度来表示,单位为1/10mm。非经另行规定,其标准的荷重为100g,时间为5s,温度为25℃。为了考察沥青在较低温度下塑性变形的能力,有时还需要测定其在15℃、10℃或5℃下的针入度。针入度表示石油沥青的硬度,针入度越小表明沥青越稠硬。我国用25℃时的针入度来划分石油沥青的牌号。

(二)延度

石油沥青的延度是以规定的蜂腰形试件,在一定温度下以一定速度拉伸试样至断裂时的长度,以cm表示。非经特殊说明,试验温度为25℃,拉伸速度为5mm/min。为了考察沥青在低温下是否容易开裂,有时还需要测定其在15℃、10℃或5℃下的延度。延度表示沥青在应力作用下的稠性和流动性,也表示它拉伸到断裂前的伸展能力。延度大,表明沥青的塑性变形性能好,不易出现裂纹,即使出现裂纹也容易自愈。

(三)软化点

石油沥青的软化点是试样在测定条件下,因受热而下坠25.4mm时的温度,以℃表示。软化点表示沥青受热从固态转变为具有一定流动能力时的温度。软化点高,表示石油沥青的耐热性能好,受热后不致迅速软化,并在高温下有较高的黏滞性,所铺路面不易因受热而变形。软化点太高,则会因不易熔化而造成铺浇施工的困难。

除上述三项指标外，还有抗老化性。石油沥青在使用过程中，由于长期暴露在空气中，加上温度及日光等环境条件的影响，沥青会因氧化而变硬、变脆，即所谓老化，表现为针入度和延度减小、软化点增高。所以要求沥青有较好的抗老化性能，以延长其使用寿命。

四、石油蜡

石油蜡是石油加工的副产品之一，它具有良好的绝缘性和化学安定性，广泛用于国防、电气、化学和医药等工业。我国已形成由石蜡、微晶蜡（地蜡）、凡士林和特种蜡构成的石油产品系列，其中石蜡和微晶蜡是基本产品。表 2－9 为几种石蜡和微晶蜡的质量标准。

表 2－9　几种石蜡和微晶蜡的质量标准

项目		质量指标						
		全精炼石蜡 GB/T 446—2010		食品级石蜡 GB 7189—2010	粗石蜡 GB/T 1202—2016	微晶蜡		
						合格品	一级品	优级品
		58 号	70 号	58 号	58 号	85 号	85 号	85 号
熔点，℃	不小于	58	70	58	56	82	82	82①
	小于	60	72	60	58	87	87	87
含油量，%	不大于	0.8	0.8	0.5	2.0	实测	3	2
颜色，赛特波颜色号	不小于	+27	+25	+28	-5	4.5	2.0	1.0②
光安定性，号	不大于	4	5	4	—	—	—	—
针入度(25℃，100g)，1/10mm	不大于	19	17	18	—	18	16	14
嗅味，号	不大于	1	1	0	3	—	—	—
机械杂质和水分		无	无	无	无	—	—	—
水溶性酸碱		无	无	无	—	无	无	无
运动黏度(100℃)，mm^2/s		—	—	—	—	实测	实测	实测

①微晶蜡指标为滴熔点（GB/T 8026—2014），其余为熔点（GB/T 2539—2008）；
②微晶蜡色度为颜色（GB 6540—1986），其余为色度（GB/T 3555—1992）。

石蜡是从石油馏分中脱出的蜡，经脱油、精制而成。常温下为固体，因精制深度不同，颜色呈白色至淡黄色。主要由 C_{15} 以上正构烷烃、少量短侧链异构烷烃构成。按精制深度不同，石蜡分为粗石蜡、半精炼石蜡、全精炼石蜡三类。石蜡一般以熔点作为划分牌号的标准。

微晶蜡具有较高的熔点和细微的针状结晶，我国微晶蜡以产品颜色为分级指标，分为合格品、一级品和优级品；同时又按其滴熔点分为 70 号、75 号、80 号、85 号、95 号等 5 个牌号。微晶蜡的主要用途之一是作润滑脂的稠化剂。由于它的黏附性和防护性能好，可制造密封用的烃基润滑脂等。微晶蜡的质地细腻、柔润性好，经过深度精制的微晶蜡是优质的日用化工原料，可制成软膏及化妆品等。微晶蜡也是制造电子工业用蜡、橡胶防护蜡、调温器用蜡、军工用蜡、冶金工业用蜡等一系列特种蜡的基本材料。

微晶蜡还可作为石蜡的改质剂。向石蜡中添加少量微晶蜡，即可改变石蜡的晶型，提高其塑性和挠性，从而使石蜡更适用于防水、防潮、铸模、造纸等各领域。

五、石油焦

石油焦是渣油在 490～550℃高温下分解、缩合、焦炭化后生成的黑色或暗灰色固体焦炭，带有金属光泽,呈多孔性,是由微小石墨结晶形成粒状、柱状或针状结构的炭化物。其碳氢比高达18~24,灰分为0.1%~1.5%,挥发分3%~16%,并含有少量硫、氮、氧和金属化合物。灰分小于0.3%的为低灰焦,是冶金电极的良好原料;灰分含量小于0.1%的称为无灰焦,是原子能工业用的原料。

由延迟焦化装置生产的延迟石油焦,称为生焦或普通石油焦,其质量标准列于表2-10中(NB/SH/T 0527—2015)。生焦含挥发分多、强度小、粉末多,只能用于钢铁、炼铝工业,作制造碳化硅和碳化钙的原料。生焦经过1300℃以上高温煅烧,脱除挥发分和进行脱氢碳化反应,成为质地坚硬致密的煅烧焦,可作冶金电极原料。

表2-10　普通石油焦的质量标准

项目	质量标准				
	合格品				
	1号	2A	2B	3A	3B
硫含量(质量分数),%　不大于	0.5	1.0	1.5	2.0	3.0
挥发分(质量分数),%　不大于	12.0	12.0	12.0	14.0	14.0
灰分(质量分数),%　不大于	0.3	0.4	0.1	0.6	0.6
总水分(质量分数),%　不大于	报告	报告	报告	报告	报告
真密度,g/cm^3(1300℃以上煅烧,5h)	2.04	—	—	—	—
粉焦量(块粒8mm以下,质量分数),%　不大于	35	报告	报告	—	—
硅含量,μg/g　不大于	300	报告	—	—	—
钒含量,μg/g　不大于	150	报告	—	—	—

石油焦的关键指标是含硫量。石墨电极中的硫,在高于1500℃时,会分解出来,使电极晶体膨胀,冷却时收缩,造成电极破裂、报废。1号焦用于制造炼钢用普通石墨电极;2号焦作炼铝用阳极糊等原料,用量最大,约占国内用焦量的三分之一;3号焦用于化工中制造碳化物的原料。控制灰分是间接控制影响冶金产品质量的酸、钒、钙、钠等杂质含量,一级品已明确规定了硅、钒、铁的含量,以免影响电极合格率。

针状焦是一种优质焦,它具有低膨胀系数、低电阻、高结晶度、高纯度、高密度、低硫、低挥发分等特点,主要用作炼钢用高功率和超高功率石墨电极之原料。由针状焦制造的电极因石墨化程度高、机械强度大、热效率高,可提高冶炼效率和钢产量,降低电耗和原材料消耗,因此其价格比普通石油焦高很多,通常针状焦仅供生产炼钢用石墨电极之用。针状焦除控制硫含量、灰分和挥发分外,还需控制真密度,以保其致密度大;热膨胀系数是针状焦的重要指标,它是划分针状焦质量、用途和等级的主要指标,一般要求小于2.6。

【技能训练项目一】　实沸点蒸馏训练

一、训练目标

(1)初步掌握实沸点蒸馏原理及方法;

(2)掌握实沸点蒸馏操作方法,并了解其对生产实际的指导作用;

(3)能进行各馏分收率及总收率计算并绘制出实沸点蒸馏曲线。

二、训练准备

准备实沸点蒸馏装置(图 2－5),其主要部件可分为:

(1)容积为 5L 的蒸馏釜及 3kW 电炉。

(2)具有 1kW 的电热保温精馏柱。电热保温的目的是对精馏柱进行热补偿。柱内放有 6mm×6mm 的不锈钢多孔填料,这种填料的特点是不须先经过“预溢沸”就能充分发挥其精馏效果。填料表面上持留液量较少,适于切取窄馏分,并在减压操作时压力降较小。精馏柱以苯—四氯化碳二元混合物测定其性能时理论板为 17 块。

(3)回流冷凝器冷凝下来的油品的 1/5 作为馏出物,其余 4/5 自动回流。4∶1 的回流比是靠定比回流头实现的。回流内管下部制成五齿,其中一齿(馏出齿)正好对准精馏柱中液封馏出管只锥形头中央,使该齿的馏出液馏出柱外。若用阀减小馏出速度,则可使回流比大于 4。

(4)转盘式馏分接受器、温度记录仪器。

(5)真空系统部分。

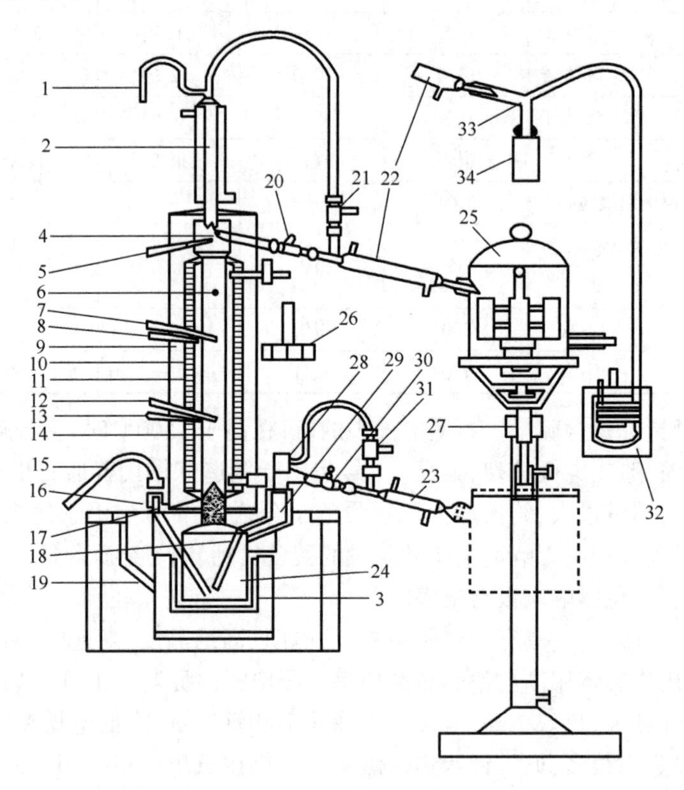

图 2－5 实沸点蒸馏装置

1—上测压管;2—定比器回流头;3—电炉;4—液封流出管;5—气相热电偶测温管;6—卷状多孔填料;7—上部塔内热电偶测温管;8—上部保温层热电偶测温管;9—保温层缠料;10—保温层电加热丝;11—保温套管;12—下部塔内热电偶测温管;13—下部保温层热电偶测温管;14—分馏塔塔柱;15—压油接管;16—压油管;17—伞状多孔筛;18—液相热电偶测温管;19—电炉升降机构;20、21—球形阀;22—冷凝管;23—冷凝管;24—蒸馏釜;25—真空接受器;26—下测压管;27—支架;28—釜侧流出头;29—釜测流出管;30、31—球形阀;32—冷凝水瓶;33—弯头;34—接液容器

三、训练方法

原油的实沸点蒸馏过程是间歇式的,也就是说,原油是一次加入的,而馏分则是随着馏出

温度的升高,一个接一个取出的,这种方法也称分批操作法。在进行实沸点蒸馏操作时,为了使取得的数据可靠,则必须注意控制分离程度,简称分馏精确度。对分馏精确度影响最大的因素是馏出速度,一般保持在 3 ~ 5mL/min。如馏出速度加快,则分馏精确度降低,致使轻组分尚未及时馏出而重组分却提前馏出。蒸得相同数量的馏分时馏出温度必然升高,馏分的组成与性质也不相同,这就是实验误差的主要来源。

其他影响因素有从开始加热到馏出这段时间(称为升温时间)、回流比、柱保温状态、馏出前是否采用全回流或平衡操作。

蒸馏过程可分为三段进行:第一段是常压蒸馏,切取初馏到 180℃ 的各个馏分;第二段残压为 10mmHg 左右的减压蒸馏,切取 180℃ 到 390℃ 的各个馏分;第三段是在 2mmHg 左右的残压下,不用精馏柱的减压蒸馏。通常称为克氏蒸馏,切取 390℃ 到 500℃ 的各个馏分;最后留下的是 500℃ 以上的渣油。在第二段、第三段之间还有冲洗精馏柱以回收其中的滞留液的操作。在放出渣油后尚必清洗蒸馏釜以回收其中附着的渣油。

(一)装置检查与试漏

为了确保实验顺利进行和减少油料的损失,在加入原油前循着各个系统检查并熟悉仪器的各个部分,并对空装置进行抽空试漏。先将装置放空阀关闭后,开动真空泵 15min 后,系统的残压较真空泵的极限残压大 2 ~ 3mmHg,这表明系统严密,可以装入原油。否则应分段检查找出漏气处,密封好,真到压力指示稳定达到要求为止。

(二)装入原油

原油应事先分析含水量。含水超过 0.5% 的原油在蒸馏时容易造成冲油事故,或使温度不准。所以含水较多的原油须经过适当的脱水才可蒸馏。

取含水量小于 0.5% 的原油(如原油凝固,则可以加热,但不能高于实验原油的凝点 10 ~ 15℃ 以上为宜),盛入铝壶中约 3500g,称准至 ±1g。向蒸馏釜加入 1200 ~ 1500g,装入量由减差法求得,并向釜内放入少量沸石。

(三)常压蒸馏

先检查馏出口是否确实已通大气,只有和大气相通才能保持常压。给冷凝器、冷却器通冷水,然后开始加热蒸馏釜和精馏柱保温。调节精馏柱的温度大致等于釜温和顶温的平均值。当釜升温至 100℃ 以上时,如果听到釜中噼啪作响,这说明原油中含有少量水分,汽化后进入精馏柱内,冷凝成水滴,回流滴入釜内引起爆沸。为了消除水分在精馏中的干扰,可将精馏柱保温较上述的平均值提高 20 ~ 30℃。

当冷凝器出口馏出第一滴液体时,记下精馏柱顶上温度作为初馏点。调节釜的加热,使馏出速度保持在 3 ~ 5mL/min。按下列温度收集馏分:初馏点 ~ 60℃,60 ~ 90℃,90 ~ 120℃,120 ~ 150℃,150 ~ 180℃。接受馏分的瓶子要先称量,以增重法求出馏分的重量。

原油受热分解的现象,在 350℃ 以上,开始明显加剧。所以,釜的温度接近 350℃ 时,必须改用减压蒸馏。当气相温度达到 180℃ 时常压蒸馏结束,切断加热电源,放下电炉,冷却蒸馏釜。

(四)减压蒸馏

常压蒸馏完毕后,釜温很高,不可减压。停止釜和精馏柱的加热后,待釜温和柱温都已冷至 150℃ 以下,才可开动真空泵。如釜温未降即行减压,将使原油在釜中猛烈汽化,造成黑油从馏出口冲出事故。黑油能使玻璃接受器受热破坏,产生爆炸着火事故。

开动真空泵 15min 以后,残压降至 10mmHg 左右,方可开始加热蒸馏釜。精馏柱的保温与常压的要求相同。蒸馏釜已经加热或已经馏出时，不可再将残压降低，因为残压突然下降会引起冲油事故。按下列温度切取馏分：180～210℃，210～240℃，240～270℃，270～300℃，300～330℃。这些温度都是常压下的沸点，需根据当时的残压用石油馏分在不同的压力的换算图查出减压时馏出的温度。馏出速度仍保持在3～5mL/min。对于含蜡原油，蒸至270～330℃馏分时，须停止冷却水并开始对冷凝器加热，使冷凝器中改为热水循环。以防冷凝器内馏出油结蜡凝固，堵塞抽气而使釜内残压升高，而当疏通时发生冲油事故。当釜温接近350℃时，这一段蒸馏即告结束。停止所有加热，卸下电炉，加速冷却。系统恢复常压的过程中要避免：(1)高温的渣油与空气接触引起闪火爆炸。(2)真空泵停泵后泵内润滑油被倒吸至系统去。(3)冲坏压力计、压差计等。系统恢复常压的具体步骤如下：待釜温降至150℃以下，慢慢地打开通大气旋钮，缓缓地放入空气，使残压上升，待系统放空至常压(此时蒸馏柱内仍保持减压)后，关闭真空泵。当釜温降至70～80℃时，将空气压缩机用橡皮管连接到冷凝器馏出口，开动空气压缩机，使釜内残油转移到已知重量的容器中。压净残油后称量残油。

(五)冲洗精馏柱及石油醚的回收

减压蒸馏结束后，精馏柱内填料上留有数十克馏分油，须用60～90℃石油醚500mL冲洗至釜内，与残余油渣合并。具体做法如下：

从柱顶测压管注入石油醚，如釜和精馏柱温度过高，石油醚受热汽化，使石油醚从注入口喷出。待釜温降至30℃以下注入石油醚为好。流入釜底的石油醚可由柱馏出口蒸出，此时分馏柱内温度低，回流量大，可以充分将蒸馏后留在填料上的馏分油和釜壁上的残油进入洗釜中，当馏出的石油醚达到加入量2/3时，洗塔完毕，切断加热电源卸下电炉，冷却蒸馏釜。待釜温冷至60℃以下时，压出釜内残油及溶剂于清洁的容器中待回收。集中到釜内和精馏柱填料上还有少量的石油醚，为了保护真空泵不吸入石油醚，压净釜内液体后从冷凝器馏出口倒吹入压缩空气，由压油管排出，并同时加热蒸馏釜和分馏柱，以进一步赶走残存的溶液气体，将蒸馏釜中压出的全部洗塔溶剂倒入1000mL的蒸馏烧瓶中，接上冷凝器，用电炉加热蒸出溶剂。最后留在瓶中的油样称附着量，把回收的油样倒入残油中，称量并计算收率。

四、试验注意事项

(1)常压蒸馏时，系统不可密闭，冷凝器一定要通大气。憋压的后果是油料喷溅、起火。

(2)真空泵严禁反转，防止真空泵停止后，润滑油被装置倒吸出来。

(3)蒸轻质馏分(如汽油、石油醚)不可忘记通冷却水。

(4)减压蒸馏结束时，或中途因停电和其他故障须暂停时，不可放空，须急速冷却蒸馏釜，待釜温降至低于150℃时，方可放空至常压(或缓缓放入天然气和惰性气体，恢复常压)，以免发生闪火爆炸。

(5)每段蒸馏应严格注意液相温度指示，最高不能超过350℃。

(6)含蜡原油300℃以上馏分凝点较高，提前加热冷凝器，防止堵塞，万一发生堵塞，应先冷却蒸馏釜，然后才可以加热融化蜡油。不然的话，堵塞一解除，随之而来的是冲油事故。严重时能使玻璃容器爆裂，碎片横飞，万万注意！

(7)电炉和柱保温调节旋钮在接通电源前应放置零位上。放空时应缓慢开启旋钮，以免冲坏真空压力针。

(8)防止渣油烫伤。

五、实沸点蒸馏记录表格

实沸点蒸馏记录表见表2－11。

表2-11 蒸馏记录表

原油产地________ 装入量________g 日期________ 操作者________

时间	馏出温度 ℃		残压	柱温	釜温	加热电流 A		油加瓶质量	瓶质量	馏出油质量	备注
	常压	减压	mmHg	℃	℃	釜	柱	g	g	g	

【技能训练项目二】 轻质石油产品馏程的测定

一、训练目标

(1)掌握轻质石油产品馏程的测定方法和操作技能;

(2)掌握轻质石油产品馏程的测定结果的修正与计算方法。

二、训练准备

(1)仪器:石油产品馏程测定仪(图2-2);秒表(1块);喷灯或用带自耦变压器的电炉;玻璃水银温度计(符合GB/T 514—2005《石油产品试验用液体温度计技术条件》中的规定);量筒(100mL,1个;10mL,1个)。

(2)试剂:90号车用无铅汽油、煤油或车用柴油。

(3)试样处理:若油品含水,试验前应先加入新煅烧并冷却的食盐或无水氯化钙进行脱水处理,沉淀后方可取样。取样后,用清洁、干燥的100mL量筒量取试样,注入蒸馏烧瓶中,不要让试样流入蒸馏烧瓶的支管内。

(4)安装实验装置:按图2-2正确安装实验装置,但要注意冷凝水槽温度必须保持0~5℃;温度计安装位置要注意使温度计水银球的上边缘与蒸馏烧瓶支管焊接处的下边缘处于同一水平面上;其他要求应严格按照GB/T 6536—2010进行。

三、训练步骤(要领)

(1)加热。装好仪器之后,先记录大气压力,然后开始对蒸馏烧瓶均匀加热升温,升温速度(从加热开始到初馏点之间的时间间隔)应严格控制,蒸馏汽油或溶剂油时为5~10min,蒸馏煤油时为7~8min,车用柴油为10~15min。

(2)观察和记录初馏点。如果没有使用接受器导向装置,则立即移动量筒,使冷凝管的尖端与量筒内壁接触。

(3)调整加热速度。使从初点到5%或10%回收体积的时间符合规程规定(如蒸馏汽油时为60~75min),记录各馏分组成温度;继续调整加热速度,从5%或10%回收体积到蒸馏烧瓶中5mL残留物的冷凝平均速率为4~5mL/min。记录数据体积(手工)精确到0.5mL,时间精确到0.5s。

(4)蒸馏终点的控制。当蒸馏烧瓶中的残留物体积5mL时,作加热的最后调整,要求3~5min内达到干点,按要求观察和记录终馏点或干点,并停止加热;在冷凝管继续有液体滴入量筒时,每隔2min观察一次冷凝液的体积,直至两次连续观察的体积一致为止。精确测量体积(精确至0.1mL),作为最大回收百分数。

(5)测定残留体积。待蒸馏烧瓶已冷却后,将其馏出物倒入5mL量筒中,并将蒸馏烧瓶悬垂于5mL量筒上，让蒸馏烧瓶排油，直至观察到5mL量筒中液体体积没有明显的增加为止。记录量筒中液体体积(精确至0.1mL)作为残留百分数。

(6)最大回收百分数和残留百分数之和为总回收百分数，从100%减去总回收百分数得出回收百分数。

(7)在温度计读数修正到101.3kPa(760mmHg)压力时，真实的(修正后的)损失 L_c 应该按下面的式子修正到101.3kPa(760mmHg)：

$$L_c = AL + B$$

式中 L——从试验数据计算得出的损失百分数，%；

A, B——常数(表2-12)。

表2-12 用于修正蒸馏损失的常数 *A* 和 *B* 的值

观察的大气压力		*A*	*B*
kPa	mmHg		
74.6	560	0.231	0.384
76.0	570	0.240	0.380
77.3	580	0.250	0.375
78.6	590	0.261	0.369
80.0	600	0.273	0.363
81.3	610	0.286	0.357
82.6	620	0.300	0.350
84.0	630	0.316	0.342
85.3	640	0.333	0.333
86.6	650	0.353	0.323
88.0	660	0.375	0.312
89.3	670	0.400	0.300
90.6	680	0.428	0.286
92.0	690	0.461	0.269
93.3	700	0.500	0.250
94.6	710	0.545	0.227
96.0	720	0.600	0.200
97.3	730	0.667	0.166
98.6	740	0.750	0.125
100.0	750	0.857	0.071
101.3	760	1.000	0.000

(8)修正后的最大回收百分数 R_c 按下列式计算：

$$R_c = R_{max} + (L - L_c)$$

式中 R_{max}——观察的最大回收百分数，%；

L——从试验数据计算得出的损失百分数，%；

L_c——修正后的损失百分数，%。

(9)在规定了温度计读数时报告蒸发百分数，应将每个规定的温度计读数的回收百分数加上观察的损失百分数。蒸发百分数 P_e 按下列式计算：

$$P_e = P_r + L$$

式中 P_r——回收百分数,%。

(10)大气压力对馏出温度影响的修正。当实际大气压力超出100.0~102.6kPa范围时，馏出温度受大气压力的影响需要按下式进行修正：

$$t_0 = t + C$$

$$C = 0.0009(101.3 - p)(273 + t)$$

式中 t_0——修正至101.3kPa时的温度计读数,℃；

t——观察到的温度计读数,℃；

C——温度计读数修正值,℃；

p——实际大气压力,kPa。

此外,温度修正系数也可以按下式计算：

$$C = 7.5k(101.3 - p)$$

式中 k——馏出温度修正常数,℃,查表2-13。

表2-13 馏出温度的修正常数表

馏出温度,℃	k	馏出温度,℃	k
11~20	0.035	191~200	0.056
21~30	0.036	201~210	0.057
31~40	0.037	211~220	0.059
41~50	0.038	221~230	0.060
51~60	0.039	231~240	0.061
61~70	0.041	241~250	0.062
71~80	0.042	251~260	0.036
81~90	0.043	261~270	0.065
91~100	0.044	271~280	0.066
101~110	0.045	281~290	0.067
111~120	0.047	291~300	0.068
121~130	0.048	301~310	0.069
131~140	0.049	311~320	0.071
141~150	0.050	321~330	0.072
151~160	0.051	331~340	0.073
161~170	0.053	341~350	0.074
171~180	0.054	351~360	0.075
181~190	0.055		

(11)计算与报告。试样馏程用各馏程规定的平行测定结果的算术平均值表示,平行测定的两个结果允许有如下误差:初馏点,4℃;干点,2℃;中间馏分,1mL;残留物,0.2mL。

四、试验注意事项

(1)保持规定的馏出速度是试验准确性的关键。到达初馏点的时间及馏出速度快慢均会影响馏出速度,必须严格按照方法规定的馏出速度进行实验。

(2)温度计安装。温度计与蒸馏烧瓶的轴心线相重合,并使温度计水银球的上边缘于支管的焊接处的下边缘在同一水平面上,烧瓶支管插入冷凝管内长度要达到25~40mm,但不能与壁接触。注意温度计斜插或插浅使读数偏低,插深会使读数偏高。

(3)取样和收集蒸馏残留物及馏出油时,均应保持油温为(20±3)℃。对于100mL汽油来说,17℃和23℃取样时,体积可相差0.2~0.3mL。

(4)经常检查仪器的严密程度,防止漏气。

(5)试油中有水,馏程测定前必进行脱水。若油样含水,一方面某些油品和水形成稳定的乳浊液,加热时乳浊液传热不均匀,分散在油中的水滴达到过热后会产生突沸冲油现象;蒸馏汽化后在温度计上冷凝并逐渐聚成水滴,水滴落入高温油中迅速汽化造成瓶内压力不稳也会产生冲油现象。另一方面油中含水会使测定结果产生误差。

(6)接受器安放时注意量筒的口部要用棉花塞好,方可进行蒸馏,主要是为了防止冷凝管上凝结的水分落入量筒内和减少馏出物的挥发。

(7)初馏点及蒸馏速度的控制。标准中规定蒸馏不同油品采用不同的加热速度:蒸馏汽油时从开始加热到初馏点5~10min,当量筒馏出液90%时,允许对加热强度做最后一次调整并要求3~5min内达到干点。煤油:7~8min。喷气燃料、煤油、车用柴油:10~15min。重质燃料油或其他重质油料:10~20min。所有油品中间馏出速度为4~5mL/min。

(8)蒸馏不同石油产品时选用不同孔径石棉垫,主要是为了控制蒸馏烧瓶下面来自热源的加热面。一方面基于油品的轻重,保证其升温使油品在规定时间内能沸腾达到应有的蒸馏速度;另一方面又考虑到最后被蒸馏的油品表面应高于加热面。

五、思考与分析

(1)对不同油品进行恩氏蒸馏时,为什么冷凝速度有不同的要求?

(2)进行恩氏蒸馏时,如果对加热速度和馏出速度控制不当,将会产生哪些后果?

(3)用恩氏蒸馏测定汽油馏程时,为什么要用棉花塞住接受器口部(量筒)?

(4)进行恩氏蒸馏时,温度计的安装有什么要求?

(5)试油含水对测定蒸馏有何影响?

六、附表:原始记录格式

馏程测定原始记录格式见表2-14。

表2-14 馏程测定原始记录格式

样品名称		样品编号	
取样日期		取样地点	
检测时间		仪器编号	
仪器名称		大气压,kPa	
环境温度,℃		试样温度,℃	
冷凝管温度,℃		执行标准	
样品颜色	无色□ 淡黄色□ 黄色□ 橙色□ 棕 色□ 褐色□	样品外观	透 明□ 无杂质□ 无明水□ 不透明□ 有杂质□ 有明水□

续表

检验编号	I					II					
温度计编号											
100mL 量筒编号											—
5mL 量筒编号											
烧瓶编号											
测定点	视温度	蒸馏时间	温度校正值	大气压校正值	结果	视温度	蒸馏时间	温度校正值	大气压校正值	结果	平均值
初馏点,℃		分 秒					分 秒				
5% 回收温度,℃		分 秒					分 秒				
10% 回收(蒸发)温度,℃		分 秒					分 秒				
40% 回收温度,℃		分 秒					分 秒				
50% 回收(蒸发)温度,℃		分 秒					分 秒				
60% 回收温度,℃		分 秒					分 秒				
85% 回收温度,℃		分 秒					分 秒				
90% 回收(蒸发)温度,℃		分 秒					分 秒				
终馏点,℃		分 秒					分 秒				
最大回收百分数(体积分数),%											
残留量(体积分数),%											
损失量(体积分数),%											

注:大气压修正,$0.0009\times(101.3-p_k)\times(273+t)$,$p_k$ 为试验时的大气压力,t 为观察到的温度计读数;
结果栏除汽油为蒸发温度外,其余产品均为回收温度。

【技能训练项目三】 石油产品闪点测定方法(闭口杯法)

一、训练目标

(1)通过训练加深对油品闪火现象的认识,了解影响闪火的条件;

(2)学会测定闭口杯闪点的方法,掌握按规定速度加热升温的技能;

(3)会进行柴油闭口闪点的测定结果的修正与计算。

二、训练准备

(一)仪器准备

(1)仪器:闭口杯闪点测定器符合 GB/T 261—2008,如图 2-6 所示。

(2)防护屏:用镀锌铁皮制成,高度为 550mm,宽度为 650mm,以适用为度,内壁涂成黑色。

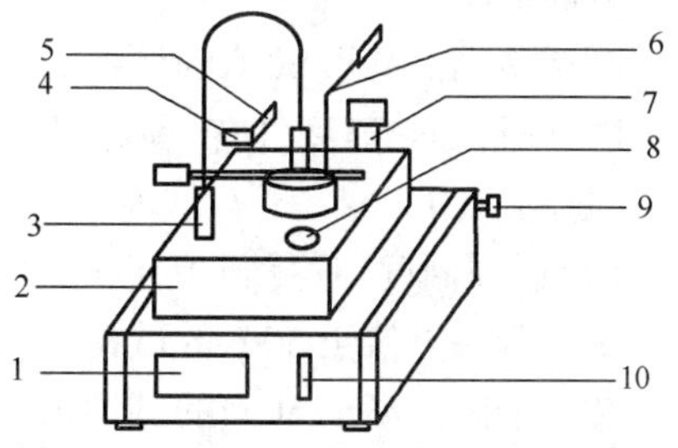

图 2-6 BSY-101A 半自动闭口闪点测定仪
1—温控仪表;2—加热电炉;3—搅拌电动机;
4—点火器;5—气源管;6—传感器;
7—点火快门;8—搅拌器;
9—长明火阀;10—电源开关

仪器应安装在无空气流的房间内,并放置在平稳的台面上,若不能避免空气流,最好用防护屏挡在仪器周围。若样品产生有毒蒸气,应将仪器放置在能单独控制空气流的通风柜中,通过调节使蒸气可以被抽走,但空气流不能影响试验杯上方的蒸气。

(二)试验杯的清洗

先用清洗溶剂冲洗试验杯、试验杯盖及其他附件,以除去上次试验留下的所有胶质或残渣痕迹。再用清洁的空气吹干试验杯,确保除去所用溶剂。

(三)仪器组装

检查试验杯、试验杯盖及其附件,确保无损坏和无样品沉积,组装好仪器。

(四)仪器校验

用有证标准样品(GRM)按照步骤每年至少校准仪器一次。

(五)取样

除非另有规定,取样应按照 GB/T 4756—2015、GB/T 27867—2011 或 GB/T 3186—2006 进行。将所取样品装入合适的密封容器中,为了安全,样品只能充满容器容积的 85%~95%。将样品储存在合适的条件下,以最大限度地减少样品的蒸发损失和压力升高。样品储存温度避免超过 30℃。

(六)样品处理

(1)在低于预期闪点至少 28℃下进行分样。如果等分样品是在试验前储存的,应确保样品充满至容器容积的 50% 以上。

(2)含未溶解水的样品:如果样品中含有未溶解的水,在样品混匀前应将水分离出来,因为水的存在会影响闪点的测定结果。但某些残渣燃料油和润滑剂中的游离水可能会分离不出来,这种情况下,在样品混匀前应用物理方法除去水。

(3)室温下为液体的样品:取样前应先轻轻地摇动混匀样品,再小心地取样,应尽可能避免挥发性组分损失,然后按操作要领进行操作。

(4)室温下为固体或半固体的样品:将装有样品的容器放入加热浴或烘箱中,在 30℃ ± 5℃或不超过预期闪点 28℃的温度(两者选择较高温度)下加热 30min,如果样品未全部液化,再加热 30min。但要避免样品过热造成挥发性组分损失,轻轻摇动混匀样品后,按操作要领进行操作。

三、训练步骤

(1)用带变压器的电炉进行加热,加热时需注意:先根据试油质量标准,估计试油大致闪点,然后进行加热。

①试验闪点低于 50℃的试样时,从试验开始到结束要不断地进行搅拌,并使试样温度每分钟升高 1℃。

②试验闪点高于 50℃的试样时,开始加热速度要均匀上升,并进行搅拌。到预期闪点前 40℃时,调整加热速度,使在预计闪点前 20℃时,升温速度能控制在每分钟升高 2~3℃并不断进行搅拌。

(2)试样温度到达预期闪点前 10℃时:

①对于闪点低于 50℃的试样,每经过 1℃进行一次点火试验。

②对于闪点高于 50℃的试样,每经过 2℃进行一次点火试验。试样在整个试验期间都要进行搅拌,只有在点火时才停止搅拌。点火时打开盖孔 1s。如果看不到闪火,就继续搅拌试油,每升高 2℃(对闪点低于 50℃的试油为每升高 1℃),重复进行点火试验。

(3)当试油液面上方第一次出现蓝色火焰时,立即从温度计读出温度,作为闪点的测定结果。得到最初闪点后,须继续进行点火试验,如果升高 2℃(或 1℃)点火时不闪火,应更换试油重新试验。只有平行试验的结果完全一样时，认为测定有效，如果第一次闪火后升高2℃（或1℃）点火时试油继续闪火，测定结果有效。试验时应记录升温时间、点火温度与时间、闪点及大气压力等。更换试油，进行平行试验。平行试验开始时，如加热器温度比第一次高，则开始加热时应注意加热强度应小于第一次。

四、数据处理及精确度

（1）大气压力对闭口闪点影响的修正。

闪点修正公式（仅限大气压在98.0～104.7kPa范围内）如下：

$$t = t_0 + 0.25(101.3 - p)$$

式中 t——标准压力下的闪点，℃；

t_0——实测闪点，℃；

p——环境大气压力，kPa。

（2）精密度。用以下规定来判断结果的可靠性（95%置信水平）。

重复性：同一操作者重复测定两个结果之差，不应超过表2－15所示数值。

表2－15 重复性

闪点范围，℃	允许差数，℃
104或低于104	2
高于104	6

再现性：由两个实验室提出两个结果之差，不应超过表2－16所示数值。

表2－16 再现性

闪点范围，℃	允许差数，℃
104或低于104	4
高于104	8

（3）取重复测定两个结果的算数平均值，作为试样的闪点。

五、试验注意事项

（1）试油含水的影响：当含水试油加热时，油中少量水分汽化，使油面上方混合气中油蒸气浓度变小，导致闪点增高；有时水蒸气形成泡覆盖在油面上，推迟了油蒸气与周围空气形成爆炸性气体的时间，也使测定结果偏高。水分较多的重油测定开口杯闪点时，加热至一定温度，水蒸气形成的气泡很易溢出，导致实验无法进行，所以闪点测定规定了试油的含水量，超出规定范围，必须先进行脱水。

（2）试油加入量必须严格按方法规定，如加入量过多，则油面上放空间容积相对减少，一定温度下，油蒸气与空气混合物的浓度更易达到爆炸范围，使闪点偏低；如装油量过少，结果偏高。

（3）点火器火焰大小、点火时离油面高低及停留时间长短均会影响结果。如点火器火焰比规定的大或点火时离油面近或停留时间比规定长，均导致结果偏低；反之使结果偏高。

（4）升温速度影响甚大：升温速度快，单位时间给予试油的热量多，试油蒸发量大，与空气组成的混合气体浓度容易达到爆炸范围使结果偏低；升温速度过慢，测定时间长，点火次数多，损耗了部分油蒸气，使油气混合浓度不容易达到爆炸范围，从而使结果偏高。

（5）闪点测定器要放在避风或较暗的地点，利于观察闪光；为有效避免气流和光线影响，闪点测定器应围着防护屏。

(6)油杯要用溶剂油洗涤,再用空气吹干。

六、附表:原始记录格式

闪点测定原始记录格式见表2-17。

表2-17　闪点测定原始记录格式

<table>
<tr><td>取样日期</td><td></td><td colspan="2">取样地点</td><td></td></tr>
<tr><td>样品名称</td><td></td><td colspan="2">大气压,kPa</td><td></td></tr>
<tr><td>序号</td><td colspan="2">1</td><td colspan="2">2</td></tr>
<tr><td>温度计编号</td><td colspan="2"></td><td colspan="2"></td></tr>
<tr><td>闪点视温度,℃</td><td colspan="2"></td><td colspan="2"></td></tr>
<tr><td>温度计视值校正值,℃</td><td colspan="2"></td><td colspan="2"></td></tr>
<tr><td>大气压修正公式</td><td colspan="4"></td></tr>
<tr><td>闪点大气压校正值,℃</td><td colspan="2"></td><td colspan="2"></td></tr>
<tr><td>校正后温度,℃</td><td colspan="2"></td><td colspan="2"></td></tr>
<tr><td>平均值,℃</td><td colspan="4"></td></tr>
<tr><td>备注</td><td colspan="4"></td></tr>
</table>

思考题及习题

一、填空题

1. 石油产品分为(　　)、溶剂和化工产品、(　　)和有关产品、蜡、沥青五大类。

2. 汽油机和柴油机的工作过程以四冲程发动机为例,均包括(　　)、(　　)、燃烧膨胀做功、排气四个过程。

3. 柴油机与汽油机的区别:(1)柴油机比汽油机的压缩比(　　);(2)柴油机是压燃(自燃),汽油机是(　　)。

4. 评定柴油的抗爆性能用(　　)表示的,就燃料的质量而言,爆震是由于燃料不易氧化,(　　)高的缘故。

5. 在测定车用汽油的辛烷值时,人为选择了两种烃做标准物:一种是(　　),它的抗爆性好,规定其辛烷值为(　　);另一种是(　　),它的抗爆性差,规定其辛烷值为(　　)。

6. 轻柴油的主要质量要求是:(1)具有良好的(　　);(2)具有良好的(　　);(3)具有合适的(　　)。

7. 在GB 1922—2006中,溶剂油按其馏程的(　　)馏出温度或干点分为(　　)牌号,牌号不同其用途不同。

8. 我国的石油沥青产品按品种牌号可分为4大类,即道路沥青、(　　)、专用沥青和(　　)。

9. 石油沥青的性能指标主要有三个,即(　　)、伸长度和(　　)。

二、判断题

1. 车用汽油中,如含烷烃越多,它的抗爆性能就越差。 ( )

2. 柴油的十六烷值为50时,表明柴油中含有正十六烷50%,α-甲基萘50%。 ( )

3. 汽油的诱导期越长,汽油的性质越稳定,生胶倾向越小,抗氧化安定性越好。 ( )

4. 催化裂化汽油、柴油的抗爆性均比相应的直馏产品的抗爆性好。 ( )

5. 异构烷烃是汽油的理想组分,同时也是航空煤油的理想组分。 ( )

三、简答题

1. 为什么说汽油机的压缩比不能设计太高,而柴油机的压缩比可以设计很高?

2. 什么是辛烷值?测定方法有几种?提高汽油的辛烷值的途径有哪些?

3. 为什么说含烷烃多的石油馏分,是轻柴油的良好组分,但为什么在柴油中又要含有适量的芳烃?

4. 为什么对轻柴油的馏程要有一定的要求?轻柴油的十六烷值是否越高越好?为什么?

5. 汽油、轻柴油、重质燃料油、石蜡、微晶蜡、沥青的商品牌号分别依据哪种质量指标来划分的?

6. 请从燃料燃烧的角度分析汽油机和柴油机产生爆震的原因;为了提高抗爆性,对燃料的组成各有什么要求?

第三章　原油的分类及评价

知识目标

(1)了解原油评价的内容和方法、实沸点蒸馏过程、原油分类方法;
(2)了解中比曲线的定义及局限性;
(3)了解我国原油的主要性质。

能力目标

能根据原油评价数据,分析大庆原油、胜利原油的主要特点,初步确定原油的加工方案。

第一节　原油的分类方法

我国原油资源分布广泛,各产地原油的性质差别很大。为了合理利用原油,需要按照原油的性质来加以分类,常用的有化学分类和商品分类(工业分类法)。

一、化学分类

化学分类应以化学组成为基础,由于原油的化学组成十分复杂,所以通常用原油某几个与化学组成直接关联的物理性质进行分类。最常用的有特性因数分类和关键馏分特性分类。

(一)特性因数分类

按照特性因数(K值)的大小可以把原油分为以下三类:
(1)特性因数$K>12.1$为石蜡基原油;
(2)特性因数K介于11.5~12.1为中间基原油;
(3)特性因数K介于10.5~11.5为环烷基原油。

石蜡基原油烷烃含量一般超过50%,特点是含蜡量较高,相对密度较小,凝点高,含硫、含胶质量低;用这类原油生产的汽油辛烷值较低,柴油的十六烷值较高,润滑油黏温性能好。大庆原油就是典型的石蜡基原油。

环烷基原油的相对密度较大,凝点低;汽油馏分中的环烷烃含量高达50%以上,辛烷值较高;航空煤油的相对密度大,凝点低,燃烧性能中质量发热值与体积发热值都较高;柴油的十六烷值低;润滑油的黏温性能差;环烷基原油中的重质原油,含有大量的胶质和沥青质,故又称沥青基原油,可以生产各种高质量的沥青,例如我国的孤岛原油。

中间基原油的性质介于上述两者之间。

(二)关键馏分特性分类

关键馏分特性分类是以原油两个关键馏分的相对密度作为分类标准。用原油简易蒸馏装置,在常压下蒸馏取得250~275℃的馏分作为第一关键馏分;残油用不带填料的蒸馏瓶,在5.33kPa(40mmHg)的减压下蒸馏,取得275~300℃(相当于常压395~425℃)馏分作为第二关键馏分。测定以上两个关键馏分的相对密度,对照表3-1中的相对密度分类标准,决定两个关键馏分的类别为石蜡基、中间基还是环烷基。最后按表3-2确定该原油所属类型。

表3-1 关键馏分的分类指标

关键馏分	石蜡基	中间基	环烷基
第一关键馏分(250~275℃)	$d_4^{20}<0.8210$ API度>40 ($K>11.9$)	$d_4^{20}=0.8210\sim0.8562$ API度=33~40 ($K=11.5\sim11.9$)	$d_4^{20}>0.8562$ API度<33 ($K<11.5$)
第二关键馏分(395~425℃)	$d_4^{20}<0.8723$ API度>30 ($K>12.2$)	$d_4^{20}=0.8723\sim0.9305$ API度=20~30 ($K=11.5\sim12.2$)	$d_4^{20}>0.9305$ API度<20 ($K<11.5$)

表3-2 关键馏分的分类类别

序号	第一关键馏分的属性	第二关键馏分的属性	原油类别
1	石蜡基	石蜡基	石蜡基
2	石蜡基	中间基	石蜡—中间基
3	中间基	石蜡基	中间—石蜡基
4	中间基	中间基	中间基
5	中间基	环烷基	中间—环烷基
6	环烷基	中间基	环烷—中间基
7	环烷基	环烷基	环烷基

关键组分的取得,也可以取实沸点蒸馏装置蒸出的250~275℃和395~425℃馏分分别作为第一和第二关键馏分。

表3-1中括号内的K值是根据关键馏分的中平均沸点和API度查图求得的,它不是分类的标准,仅供参考。

二、商品分类

原油商品分类又称工业分类,可作为化学分类的补充,在工业上有一定的参考价值。分类可按相对密度、含硫量、含蜡量、含胶质量来分。

(一)按原油的相对密度分类

轻质原油:$d_4^{20}<0.830$。

中质原油:d_4^{20}介于0.830~0.904。

重质原油:d_4^{20}介于0.904~0.966。

特重质原油:$d_4^{20}>0.966$。

这种分类虽然比较粗略,但也能反映各种原油的共性。

轻质原油中,一般含汽油、煤油、柴油等轻质馏分较多,含硫和含胶质较少,如青海原油和克拉玛依原油。还有一类轻质原油轻馏分含量不高,但烷烃含量高,相对密度较小,如大庆原油。

重质原油中,一般含轻馏分和蜡都较少,而含硫、氮、氧及胶质、沥青质较多,如孤岛原油。

(二)按原油的含硫量分类

低硫原油:含硫量<0.5%(质量分数)。

含硫原油:含硫量在0.5%~2.0%(质量分数)。

高硫原油:含硫量>2.0%(质量分数)。

大庆原油为低硫原油,胜利原油为含硫原油,孤岛原油为高硫原油。在世界原油总产量中,含硫原油和高硫原油约占75%,我国含硫原油产量也在逐渐增长。

(三)按含蜡量分类

低蜡原油:含蜡量在0.5%~2.5%(质量分数)。

含蜡原油:含蜡量在2.5%~10%(质量分数)。

高蜡原油:含蜡量>10%(质量分数)。

(四)按含胶质量分类

低胶原油:原油中胶质含量不超过5%(质量分数)。

含胶原油:原油中胶质含量在5%~15%(质量分数)。

多胶原油:原油中胶质含量在15%以上(质量分数)。

石油的分类方法很多,但每一种分类方法大多从某一方面进行分类,都有其局限性,因此,要比较全面、确切地说明一种原油的属性,常需要根据分类指标来说明。

第二节　原油评价

所谓原油评价,就是在实验室采用蒸馏和分析的方法,对原油进行全面的分析。原油评价的目的是根据原油性质确定某一原油应如何炼制,从而制订合理的加工方案,为新炼厂设计确定生产流程提供基本数据,并为现有炼厂指出改进方向。

原油评价分为以下四种类型:原油性质分析、简单评价、常规评价和综合评价。图3-1是原油综合评价流程。

一、原油性质分析

原油脱水后,进行一般性质分析,包括密度、黏度、凝点、含蜡量、沥青质、胶质、残炭、水分、含盐量、灰分、机械杂质、元素分析、微量金属及馏程,并根据需要和条件,测定闪点及平均相对分子质量等。

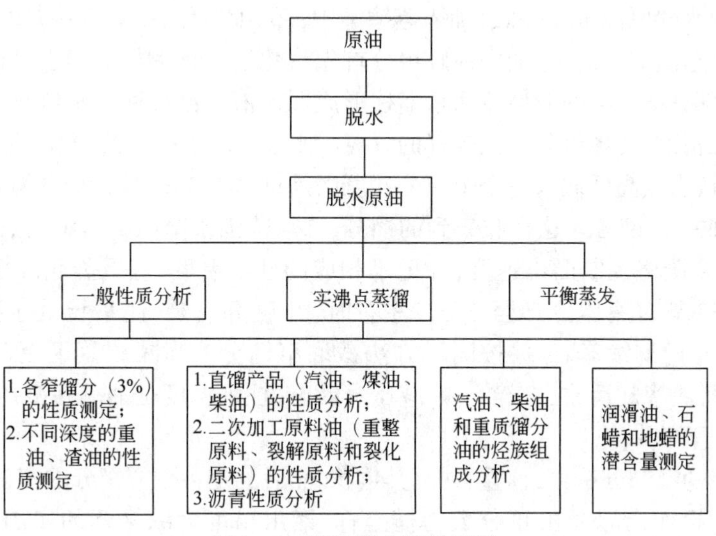

图 3－1　原油综合评价流程

二、原油的实沸点蒸馏

原油实沸点蒸馏是在实验室中，用分离精确度比工业上更好的精馏装置，对原油进行常减压蒸馏，按沸点高低将原油分割成若干窄馏分。之所以称为实沸点蒸馏（真沸点蒸馏）是因为其馏出温度和馏出物的沸点相接近，但它远不能分离出单体烃来，馏出温度也不是馏出物的沸点。

原油实沸点蒸馏设备由蒸馏釜和相当于一定理论塔板数的（一般为 17 块）精馏柱组成，如图 3－2 所示。

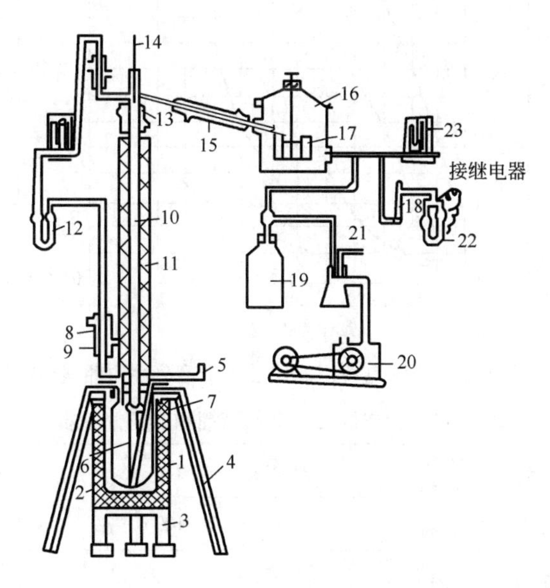

图 3－2　实沸点蒸馏装置

1—蒸馏釜；2—电炉；3—电炉架；4—蒸馏釜架；5—装油及抽油管；6—热电偶管；7—填充物支网；8—铜管；9—冷凝器；10—蒸馏柱；11—保温层；12—压差计；13—部分冷凝器；14—温度计；15—冷凝器；16—接受器；17—接受管；18—吸收器；19—压力缓冲器；20—真空泵；21—放气管；22—恒压调节器；23—压力计

操作时将脱水的原油试样(3kg)加入蒸馏釜中,部分冷凝器中通入冷却水,然后开始用电炉加热升温。随釜温的升高,原油中最轻组分首先汽化进入精馏柱。当上升的油蒸气通过部分冷凝器时,大部分被冷凝的液体流回精馏柱形成回流液。液相回流和继续上升的蒸气在填料层上进行接触精馏,使各组分得到较好的分离。未被冷凝下来的油蒸气,通过外部的冷凝器进入接受系统,按沸点高低截取一个个馏分。可以是每馏出3%(质量分数)取一个馏分,也可以是每隔10℃取一个馏分。这样收集到的馏分,沸点范围很窄(10~20℃),故称窄馏分。在收集窄馏分时,要严格控制馏出速度,并记录相应的柱顶温度,直至釜底温度达350℃为止。此时停止加热,待釜内液体冷却至140℃左右时,开启真空泵,使系统处于减压下[残压约1.33kPa(10mmHg)]继续蒸馏,并按同样方法截取窄馏分。当减压蒸馏至釜内残液温度达350℃时,停止蒸馏,冷却后放出残油。在减压蒸馏时,柱顶温度是油品在减压下的沸点温度,必须换算为常压下的沸点。

最后将所得的窄馏分编号、称重、并测其体积,然后测定各个窄馏分的密度、黏度、凝点、闪点和折射率等。再作出以馏出百分数为横坐标,馏出温度为纵坐标的实沸点蒸馏曲线,如图3-3所示。表3-3为大庆原油实沸点蒸馏和窄馏分性质数据。

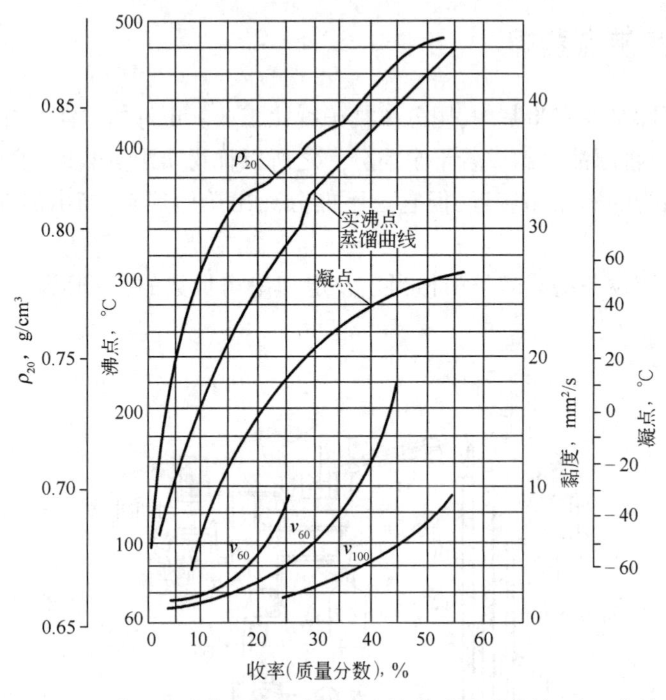

图3-3 大庆原油实沸点蒸馏曲线及各窄馏分性质曲线(中比曲线)

表3-3 大庆原油实沸点蒸馏和窄馏分性质

馏分号	沸点范围 ℃	占原油质量分数,%		密度(20℃) g/cm³	运动黏度,mm²/s			凝点 ℃	闪点(开) ℃	折射率	
		每馏分	累计		20℃	50℃	100℃			n_D^{20}	n_D^{70}
1	初馏点~112	2.98	2.98	0.7108	—	—	—	—	—	1.3995	—
2	112~156	3.15	6.13	0.7461	0.89	0.64	—	—	—	1.4172	—
3	156~195	3.22	9.35	0.7699	1.27	0.89	—	-65	—	1.4350	—
4	195~225	3.25	12.60	0.7958	2.03	1.26	—	-41	78	1.4445	—

续表

馏分号	沸点范围℃	占原油质量分数,%		密度(20℃)g/cm³	运动黏度,mm²/s			凝点℃	闪点(开)℃	折射率	
		每馏分	累计		20℃	50℃	100℃			n_D^{20}	n_D^{70}
5	225~257	3.40	16.00	0.8092	2.81	1.63	—	-24		1.4502	—
6	257~289	3.40	19.46	0.8161	4.14	2.26	—	-9	125	1.4560	—
7	289~313	3.44	22.90	0.8173	5.93	3.01	—	4		1.4565	—
8	313~335	3.37	26.27	0.8264	8.33	3.84	1.73	13	157	1.4612	—
9	335~355	3.45	29.72	0.8348	—	4.99	2.07	22		—	1.4450
10	355~374	3.43	33.15	0.8363	—	6.24	2.61	29	184	—	1.4455
11	374~394	3.35	36.50	0.8396	—	7.70	2.86	34		—	1.4472
12	394~415	3.55	40.05	0.8479	—	9.51	3.33	38	206	—	1.4515
13	415~435	3.39	43.44	0.8536	—	13.3	4.22	43		—	1.4560
14	435~456	3.88	47.32	0.8686	—	21.9	5.86	45	238	—	1.4641
15	456~475	4.05	51.37	0.8732	—	—	7.05	48		—	1.4675
16	475~500	4.52	55.89	0.8786	—	—	8.92	52	282	—	1.4697
17	500~525	4.15	60.04	0.8832	—	—	11.5	55	—	—	1.4730
渣油	>525	38.5	98.54	0.9375	—	—	—	41①	—	—	—
损失	—	1.46	100	—	—	—	—	—	—	—	—

①软化点。

三、原油及其窄馏分的性质曲线(中比曲线)

由上述实验可知,每一个窄馏分是在一定的沸点范围内收集的一个较复杂的混合物,而对该窄馏分所测得的性质如密度、黏度等是将各馏分全部收集后进行测定的结果,它只表示该窄馏分性质的平均值。所以,在作原油的性质曲线时,就假定这平均值相当于该馏分馏出一半时的性质,所得的曲线称为中比曲线。例如上述第六个馏分是从馏出物占原油总收率的16.00%开始到19.46%完成的,因此,这一馏分测得的$\rho_{20}=0.8161g/cm^3$、黏度$\nu_{20}=4.14mm^2/s$等就认为是相当于馏出量为(16.00+19.46)/2=17.73%时的数值。图3-3中的一些性质曲线都是中比曲线。

中比曲线有一定的局限性,因为原油的性质除相对密度外,其他性质都没有可加性,故预测宽馏分时所得数据不可靠,即中比性质曲线不能用作制订原油加工方案的依据。

四、直馏产品的产率曲线(产品产率—性质曲线)

制订原油的加工方案时,比较可靠的方法是作出原油各种产品的产率曲线。

产率曲线的做法是先通过实沸点蒸馏将原油切割成多个窄馏分和残油,根据产品的需要,按含量比例逐个混对窄馏分并依次测定混合油品的性质,然后,以收率为横坐标,以性质为纵坐标作图,所得曲线即为产品产率曲线。以汽油为例,将蒸馏出的一个最轻馏分(初馏点~130℃)为基本馏分,测定密度、馏程、含硫量等性质,再按比例依次加入后面的窄馏分,并分别测得混合物的性质,将产率、性质列表据此可得汽油的产率—性质曲线。用同样的方法可以制得煤油、柴油和重油等产率—性质曲线。产率性质曲线表示产品的累积性质。图3-4和图3-5分别是大庆原油汽油馏分和重油馏分的产率曲线。

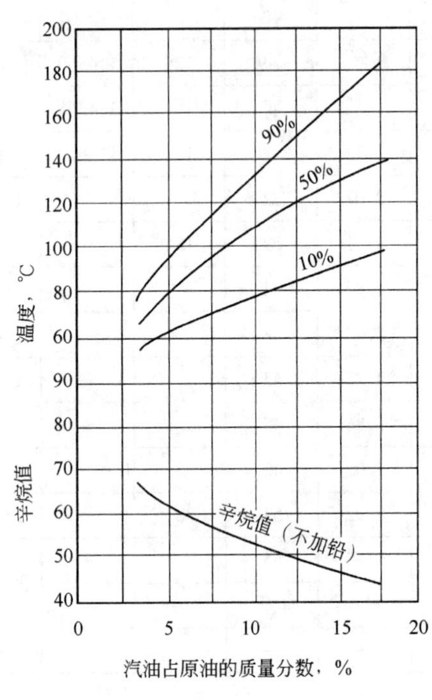

图3-4　大庆原油汽油馏分产率性质曲线

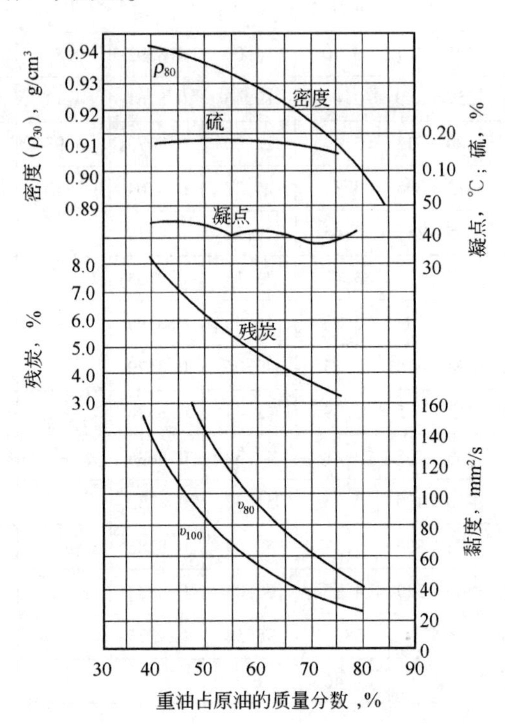

图3-5　大庆原油重油馏分产率性质曲线

在得到了原油的实沸点蒸馏曲线和数据、中比性质曲线以及产率—性质数据和曲线以后,就完成了原油的初步评价,据此可制订原油蒸馏方案(分割方案)。表3-4至表3-6分别为大庆原油直馏汽油和重整原料油的性质、大庆原油直馏柴油的性质和大庆原油重油的性质。

表3-4　大庆原油直馏汽油和重整原料油的性质

沸点范围 ℃	占原油质量分数 %	密度(20℃) g/cm³	馏程,℃			硫含量 %	砷含量 μg/g	辛烷值 (MON)	族组成,%		
			10%	50%	90%				烷烃	环烷烃	芳烃
60~130	4.07	0.7241	92	—	126	—	—	52	51.19	45.44	3.37
初馏点~130	4.26	0.7109	75	0.009	136①	0.009	0.163	40	56.2	41.7	2.1
初馏点~200	9.38	0.7439	94	0.02	196①	0.02	—	37	—	—	—

①干点。

表3-5　大庆原油直馏柴油的性质

沸点范围 ℃	占原油质量分数 %	密度(20℃) g/cm³	馏程,℃			苯胺点 ℃	柴油指数	凝点 ℃	硫含量 %	闪点 ℃	酸度 mgKOH/100mL
			初馏点	50%	终馏点						
180~300	13.2	0.8072	203	246	—	—	—	—	0.028	81	—
180~330	21.0	0.8142	207	271	331	80.1	72.9	-5	0.048	93	2.0
180~350	18.9	0.8169	232	278	330	81.0	72.6	-2	0.064	105	2.0

表 3-6 大庆原油重油的性质

项目	>350℃重油	>400℃重油	>500℃重油
占原油质量分数,%	67.6	59.9	40.38
ρ_{20},g/cm^3	0.8974	0.9019	0.9209
凝点,℃	35	42	45
残炭,%	4.6	5.3	7.8
灰分,%	0.0015	0.0029	0.0041
Ni 含量,μg/g	3.75	4.5	7.0
V 含量,μg/g	0.03	0.04	—
Fe 含量,μg/g	0.60	1.15	1.10
Cu 含量,μg/g	1.27	1.15	0.85
ν_{100},mm^2/s	26.79	40.76	111.45
硫含量,%	0.31	0.35	0.27
闪点(开),℃	231	262	324
恩氏黏度(100℃),mm^2/s	3.64	5.50	15.04

五、平衡蒸发(或称平衡汽化)

在原油评价时,还需取得平衡蒸发数据,因为在生产中,如原油经过换热后进入初馏塔的蒸发,初馏塔底拔头油经过常压加热炉加热后进入常压塔的蒸发等都属于平衡蒸发。

根据需要也可以测定减压下的平衡蒸发,分别将馏出百分率为横坐标、馏出温度为纵坐标作图,即可得出原油及其他油品的平衡蒸发曲线。

第三节 原油加工方案的基本类型

一、我国主要原油性质

(一)大庆原油

大庆原油是典型的低硫石蜡基原油,由于烷烃含量多,生产汽油抗爆性较差,小于 180℃馏分的马达辛烷值只有 40 左右。喷气燃料的密度较小,结晶点较高,只能生产 2 号喷气燃料。由于硫含量较低,加工过程设备腐蚀问题不大,轻质燃料油不需要精制。润滑油馏分黏温特性好,但凝点高,加工时需要脱蜡。

(二)胜利原油

胜利原油是含硫中间基原油,密度较大,含硫较多,胶质、沥青质含量也较多。与大庆原油相比,汽油辛烷值较高,重整原料的芳烃潜含量较大,喷气燃料相对密度大,结晶点低。由于含硫多,直馏产品、二次加工产品都需要进行精制,加工过程设备腐蚀严重,需要采取必要的防腐措施。润滑油馏分脱蜡后黏度指数较大庆润滑油馏分的低。减压馏分金属镍含量较大庆的高10倍左右,所以拔出深度受到限制。

(三)中原混合原油

中原混合原油是低硫石蜡基原油,密度、黏度都较小,胶质、硫、氮含量均较低。350℃前馏分占原油的47.9%,柴油馏分十六烷值较高,可达55~56,安定性好,但酸度较高,需要进一步精制。与大庆原油、胜利原油相比,中原混合原油350~500℃馏分油中饱和烃含量较多,芳烃含量较少,是很好的裂化原料。大于500℃的渣油中饱和烃和芳烃含量高,金属含量较低,是深度加工的好原料。

(四)辽河曙光原油

辽河曙光原油是低硫环烷—中间基原油,含蜡量低,密度、黏度较大,催化裂化原料油中饱和烃含量不高,裂化性能不好且酸值较高,润滑油馏分适于深度精制浅度脱蜡,对生产润滑油有利。

(五)克拉玛依原油

克拉玛依原油是低硫中间基原油,硫含量为0.04%~0.07%,含蜡少,凝点低,是生产喷气燃料和低凝点轻柴油的良好原料,但直馏馏分的酸度较高,需碱洗。

(六)孤岛原油

孤岛原油是环烷—中间基原油,含硫、氮、胶质较高,酸值大、黏度高,凝点较低。孤岛原油的馏分较重,500℃以前的总拔出率为45.8%,初馏点~130℃馏分环烷烃含量约为60%,但因硫、氮化合物含量高,精制后方可作为重整原料。喷气燃料相对密度大,结晶点低,体积热值高。直馏柴油凝点低,十六烷值为41~43,但实际胶质太高。减压馏分中润滑油组分黏度指数为50~70,500℃以上馏分中含有大量胶质、沥青质,可以直接作为道路沥青。

二、原油加工方案

原油加工方案制订的基本内容是用原油生产什么产品,用什么样的加工过程来生产这些产品。原油加工方案大致可分为三种类型:(1)燃料型,主要生产各种轻质燃料油和重质燃料油。(2)燃料—润滑油型,除了生产各种轻质燃料油之外,还生产润滑油产品。(3)燃料—化工型,除了生产各种轻质燃料油之外,还生产化工原料及化工产品。根据原油性质的差别选择合适的加工方案,既会得到高质量的产品又会收到理想的经济效益。

(一)燃料型

燃料型方案的主要产品是燃料油,同时用一部分汽油馏分进行铂重整生产芳烃。这种流程称为简易流程型,多用于配合钢铁厂和发电厂的生产。常压重油还可以进行热解制气,以满足石油化工综合利用的需要。原油燃料型加工方案如图3-6所示。

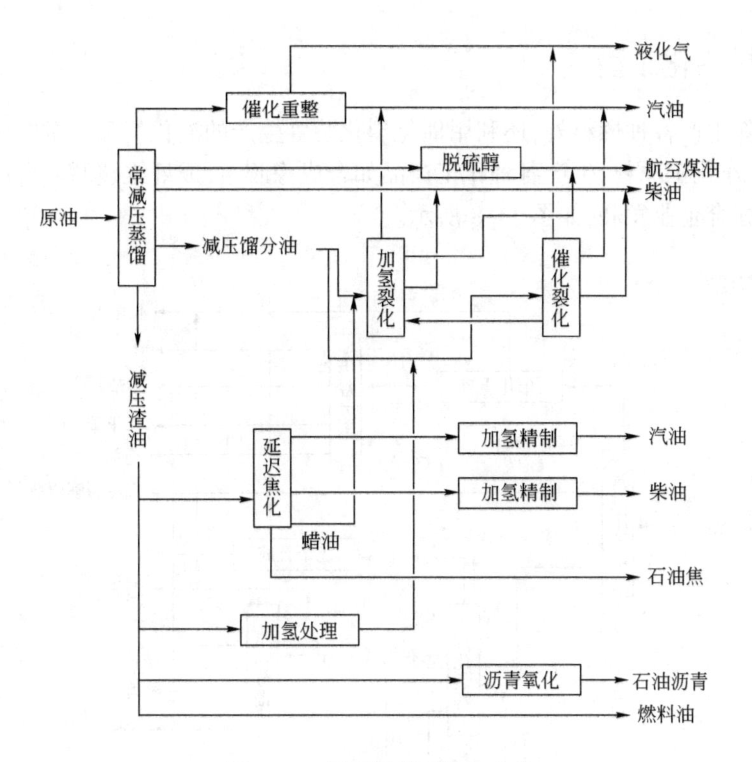

图 3－6　原油燃料型加工方案

(二)燃料—润滑油型

如图 3－7 所示,此类炼厂除了生产燃料外,还生产润滑油,由于一部分原料油用来生产润滑油,燃料和石油化工原料的产率就相应地降低了。

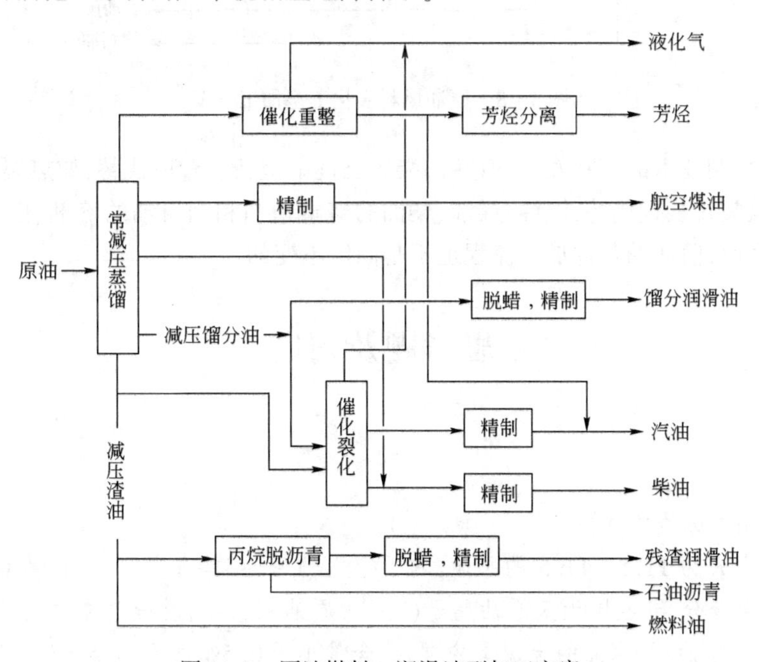

图 3－7　原油燃料—润滑油型加工方案

（三）燃料—化工型

这类炼厂除生产各种燃料外，还利用催化裂化装置生产的液化气和铂重整装置生产的苯、甲苯、二甲苯等作化工原料，生产各种化工产品如合成橡胶、合成纤维、塑料、合成氨等，使炼厂向炼油—化工综合企业发展，如图3－8所示。

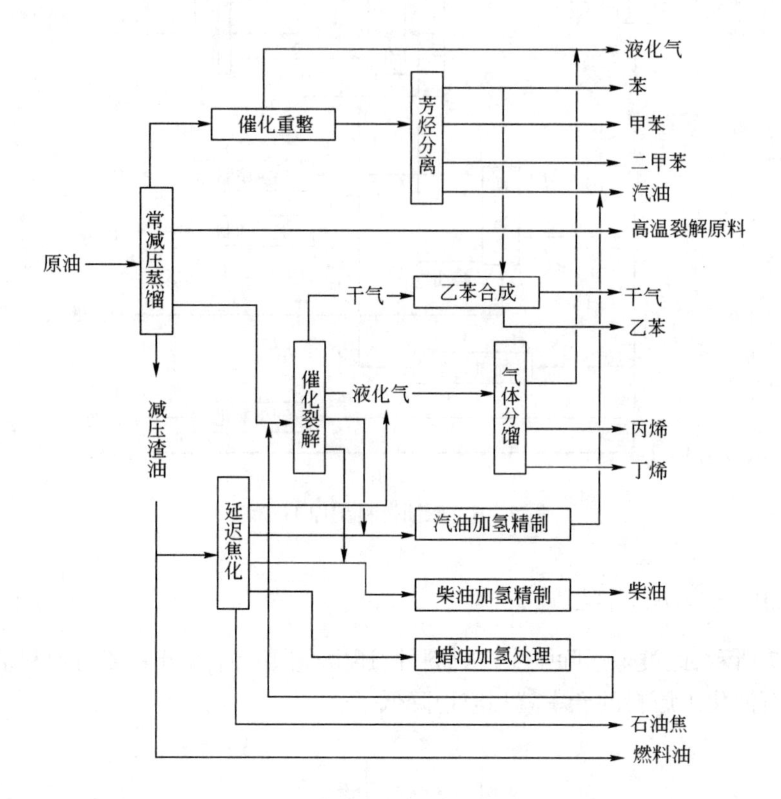

图3－8　原油燃料—化工型加工方案

随着石油炼制技术的不断发展，有些旧装置已逐渐被新装置所代替，如热裂化装置逐渐被催化裂化、加氢裂化装置代替，汽油、煤油、柴油的酸碱精制和润滑油的溶剂、白土精制用加氢精制所代替，因此，前述的各种加工流程也不是固定不变的。

思考题及习题

一、填空题

1. 原油常用的分类方法有（　　）、（　　）。

2. 特性因素 K 为11.5～11.5的原油，属于（　　）原油，其密度（　　），凝点（　　）。

3. 按关键馏分分类，我国大庆原油属于（　　）原油；按照两种分类方法的综合分类，胜利原油属于（　　）原油；按原油的含硫量分类，硫含量小于0.5%的原油属于（　　）原油。

4. 原油加工方案一般分（　　）、（　　）、（　　）三类。

二、简答题

1. 原油按硫含量分为几种？各是什么？原油按特性因数 K 分为几种？各是什么？
2. 原油评价的目的是什么？
3. 实际操作中，在塔的哪些部位发生平衡汽化过程？
4. 什么叫中比曲线？
5. 原油加工方案有几种？各是什么？调查本地炼厂是哪种加工方案。
6. 从加工角度分析，大庆原油和胜利原油有哪些主要特点？分别可采用何种加工方案？

第四章　原油蒸馏

知识目标

(1)熟练掌握原油预处理的原理、方法及工艺流程；

(2)掌握三段汽化蒸馏流程、主要工艺条件及原油蒸馏塔的工艺特点，设备腐蚀原因及防腐措施；

(3)理解原油蒸馏的原理和方法，常减压蒸馏的操作因素分析及基本操作方法；

(4)理解实沸点蒸馏曲线、性质曲线和产率曲线的标绘和应用；

(5)了解原油蒸馏装置能耗分析及节能途径。

能力目标

(1)能对影响蒸馏生产过程的因素进行分析和判断，进而能对实际生产过程进行操作和控制；

(2)能根据原油的组成、加工方案、工艺过程、操作条件对蒸馏产品的组成和特点进行分析；

(3)能正确识读、绘制原油蒸馏装置工艺流程图；

(4)能熟练对常减压蒸馏工段进行仿真操作。

第一节　原油的预处理工艺

原油预处理就是对原油进行脱盐脱水的过程。因为从地下开采出来的原油，一般都含有相当数量的水分，这些水分中都溶解有不同数量的无机盐。原油虽在油田经沉降等简单处理，但不符合炼厂加工的要求，为此炼厂设有脱盐脱水装置，对原油进行预处理。

一、原油含盐含水的危害

进入常减压蒸馏装置的原油，要求含水率小于0.2%，含盐率小于5mg/L。对原油含盐含水要求如此严格，是因为原油含盐含水太高，会给原油加工过程带来如下危害。

(一)影响塔的正常操作

原油含水量太多，水汽化后，水蒸气体积比同样重量的油体积大十几倍至几十倍。这样会造成塔内气相负荷过大，空塔气速过高，使操作不稳定，严重时会引起塔内超压和冲塔事故发生。

(二)增加能量消耗

正常生产时蒸馏塔顶温度高于水的沸点温度，所以水在塔内是以气相形式存在的，这样不仅会使原油的入塔热负荷增大，也会使塔顶冷凝冷却器负荷增加，这必然会增加燃料消耗和冷却水用量，降低装置的处理能力。同时，原油通过换热器、加热炉时溶解在水中的盐类在管壁上析出形成盐垢，不仅降低传热效率，也会增加流动阻力，使原油泵出口压力增大，动力消耗增加。

（三）腐蚀设备

原油中含的无机盐有氯化钙、氯化钠、氯化镁等，这些盐类一般溶于原油所含的水中，也有一部分以微小的颗粒悬浮在油中。原油中含盐对炼油装置危害极大：首先盐类水解生成 HCl，严重腐蚀设备（详见本章第三节），同时原油在加热炉和换热器中，盐类在管壁上沉积形成盐垢，不仅影响传热效果，增加燃料消耗，严重时会堵塞炉管和换热器，甚至烧穿炉管而被迫停工。

（四）影响二次加工原料质量

原油含盐多，会使重油、渣油中金属含量高，加剧污染二次加工催化剂，影响二次加工产品质量。例如，催化裂化、加氢脱硫过程都要控制钠离子含量，否则会使催化剂中毒。用含盐量高的渣油作延迟焦化原料时，会使石油焦灰分含量增高而降低产品质量。

由此可见原油的预处理，对装置的平稳操作、减轻设备腐蚀、保证安全生产、延长开工周期和提高二次加工产品质量等方面都是十分重要的。

二、原油脱盐脱水的原理

要分离油和水，可以利用两种液体的密度不同，用沉降的方法进行油水分离。在进行沉降分离时，基本符合球形粒子在静止流体中自由沉降规律，因为沉降的速度与水滴直径的平方成正比，增大水滴直径就能大大增加沉降速度。所以，脱盐脱水之前向原油中注入一定量的软化水，充分混合，使水滴直径增大，以加速其沉降分离速度。由于原油中含有天然乳化剂（如环烷酸、胶质、沥青质）等，使水和油形成了乳化液，水以极细的颗粒分散在油中不易脱除，所以在注水的同时还要注入破乳剂，然后在高压电场的作用下进行沉降分离。目前，炼油厂通常采用电化学方法进行脱盐脱水操作。

三、原油脱盐脱水的工艺流程

原油的二级脱盐脱水工艺流程如图 4-1 所示。原油经换热后注入破乳剂、软化水，经静态混合器充分混合后从底部进入一级电脱盐罐，一级脱盐率在 90%～95%，脱后原油从顶部排出经二次注水后进入混合器充分混合，从底部进入二级电脱盐罐，在高压电场的作用下进行脱盐脱水，脱盐脱水后原油从顶部引出，经换热后送入蒸馏系统，含盐废水从底部排出。经二级脱盐后脱盐率可达 99%。

四、脱盐脱水的影响因素

（一）温度

原油加热升温后油的黏度减小，水和油的密度差增大，乳化液的稳定性降低，水的沉降速

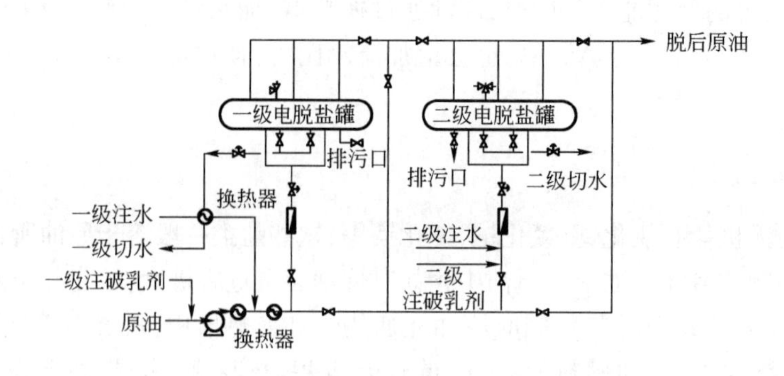

图 4－1　原油的二级脱盐脱水工艺流程

度增加。但温度过高(>140℃),水和油的密度差反而减小,油的导电率随温度升高而增大,不但不会提高脱盐脱水效果,还会因电流过大而跳闸,所以,原油脱盐脱水的适宜温度为 120 ~140℃。

(二)压力

电脱盐罐要在一定的压力下操作,以免原油中的轻组分汽化引起油层搅动而影响沉降效果。一般的操作压力保持在 0.8 ~2.0MPa。

(三)注水量

原油在脱盐脱水过程中,还需加入一定量的软化水,因为原油中常有一些固体盐类分散在油中,需要注水将其溶解,同时适当增加原油中的含水量,可以增大水滴聚集能力,促进破乳,提高脱盐效果。注水太多,会在电极间出现短路,破坏电场平稳操作。所以一般注水量为 5% ~8%。

(四)破乳剂

破乳剂是影响脱盐率的最关键因素之一。破乳剂是一种水包油型表面活性剂,其性质与原油中存在的乳化剂(如环烷酸等)性能相反,加入原油中,能很快聚集在油水界面上,减弱、破坏原来稳定的油包水型保护膜,便于小水滴集聚,进行沉降分离。

常用的破乳剂有离子型和非离子型两种,用量一般为 10 ~30μg/g。

(五)电场强度

由于乳化原油在交流或直流电场中,都能由于感应使水的微滴两端带上不同极性电荷,使微滴两端受到方向相反、大小相等的两个吸引力作用,微滴被拉长成椭圆形,但并不发生位移,而是按电场方向排列整齐。每行相邻微滴之间由于相邻端的电荷相反而具有相互吸引力,这种引力使外层乳化膜受到削弱而破坏,使水的微滴聚集成大水滴而沉降,从而提高脱水效率。

电场强度一般是弱电场区的强度为 300 ~400V/cm,强电场区的强度为 700 ~1000V/cm,原油在电场中停留时间为 2min 比较适宜。

第二节　原油蒸馏的基础知识

一、三种蒸馏曲线

(一)恩氏蒸馏曲线

用恩氏蒸馏设备,在规定的试验条件下进行蒸馏,将馏出温度(气相温度)对馏出体积(%)作图,将得到恩氏蒸馏曲线,如图4-2(a)所示。

恩氏蒸馏是一种简单蒸馏,简便易行,属渐次汽化蒸馏。它基本上没有精馏作用,因而不能反映油品中各组分的真实沸点,但它能反映油品在一定条件下的汽化性能。恩氏蒸馏数据是油品的主要物性数据之一,通过它可以计算油品的一部分性质参数。

(二)实沸点蒸馏曲线

用实沸点蒸馏设备,在规定的试验条件下进行蒸馏,将馏出温度(气相温度)对馏出体积分数(%)作图,将得到实沸点蒸馏曲线,如图4-2(a)所示。图4-2(b)中曲线是八元混合物理想的实沸点蒸馏曲线图,从图中可以看出8个组分有8个转折,它大致反映出各个组分沸点的变化情况。

实沸点蒸馏是渐次汽化蒸馏。它有相当于一定数量理论板的精馏柱,分馏精确度高,馏出温度与馏出物沸点相接近,但还达不到分离出单体烃的程度。

(三)平衡汽化曲线

在实验室中,用平衡汽化设备将油品加热汽化,让气液两相在恒定的压力和温度下,密切接触一段时间后迅速分离,在恒定压力下进行一系列试验(至少5次以上),即可测得油品在不同温度下的汽化率。然后以温度为纵坐标,以汽化率为横坐标作图即得平衡汽化曲线,如图4-2(c)所示。

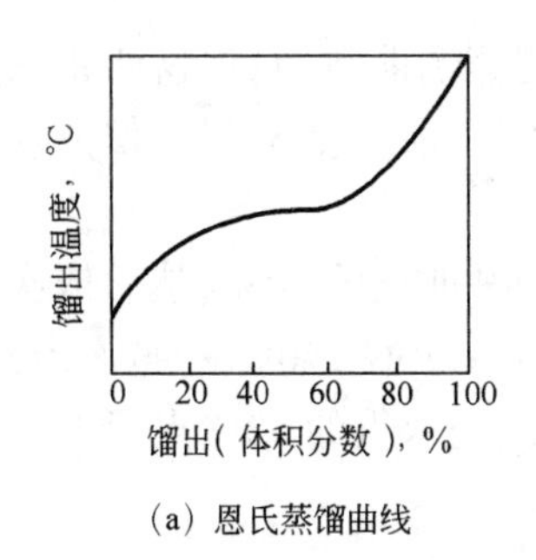

(a)恩氏蒸馏曲线

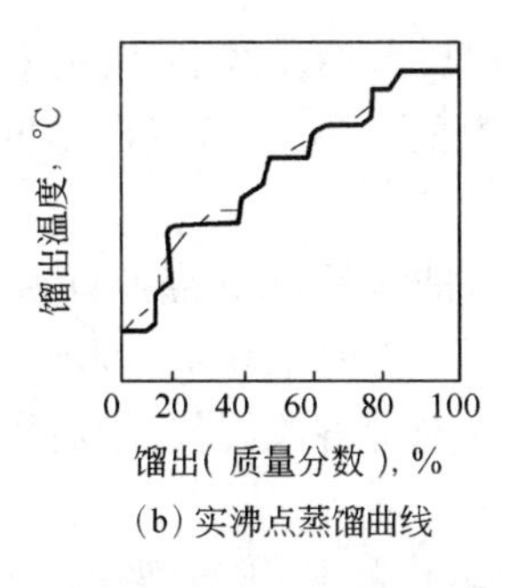

(b)实沸点蒸馏曲线

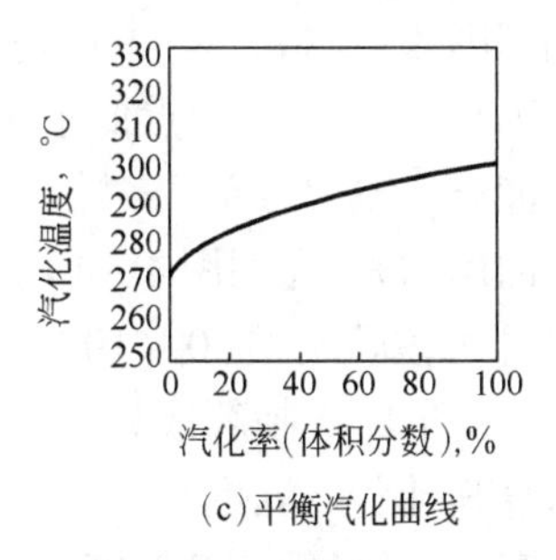

(c)平衡汽化曲线

图4-2　蒸馏曲线

根据平衡汽化曲线,可以确定油品在不同汽化率时的温度(如精馏塔进料段温度)、泡点温度(如精馏塔侧线温度和塔底温度)和露点温度(如精馏塔塔顶温度)等。

二、三种蒸馏曲线的比较

将同一种油品的三种蒸馏(恩氏蒸馏、实沸点蒸馏和平衡汽化)曲线画在同一张图上进行比较,由图4-3可以看出:

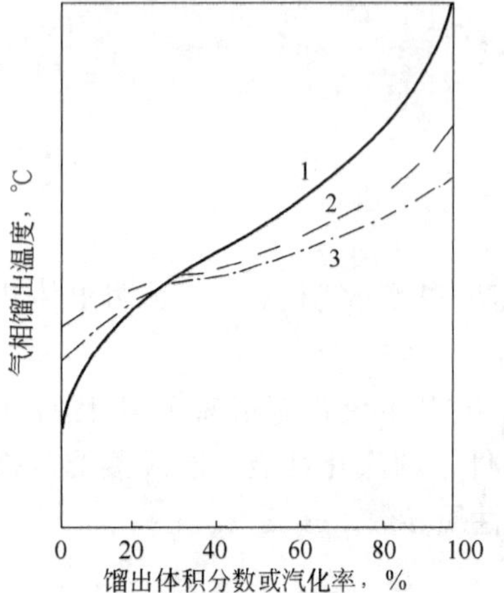

图4-3　三种蒸馏曲线的比较

1—实沸点蒸馏曲线;2—恩氏蒸馏曲线;3—平衡汽化曲线

(1)就曲线的斜率而言,平衡汽化曲线最平缓,恩氏蒸馏曲线斜率较大,实沸点蒸馏曲线斜率最大。

(2)平衡汽化曲线初馏点和终馏点之差最小,恩氏蒸馏的次之,实沸点的最大。

这是由三种蒸馏的本质决定的,即实沸点蒸馏是精馏过程,塔顶气相温度与塔釜液相温度之差多达数十度,分离精确度最高。恩氏蒸馏基本是渐次汽化过程,但由于蒸馏瓶颈散热产生少量回流,多少有一定的精馏作用,所以气相馏出温度与瓶中液相温度之差为几度至十几度,分离精确度次之。平衡汽化气液相温度相同,分离效果最差。虽然平衡汽化分离精确度很低,但在相同温度下汽化率大,所以在生产过程中广泛应用,如蒸发塔和精馏塔的进料段都属于平衡汽化过程。

三、蒸馏曲线的相互换算

在炼油工艺计算中常常遇到平衡汽化问题,如计算加热炉和转油线的汽化率、精馏塔进料段和其他各点温度等,这些都要用到原油及石油馏分的平衡汽化数据。但是通过实验方法取得平衡汽化数据相当困难,所以,在要求精确度不高的情况下,可以通过恩氏蒸馏或实沸点蒸馏数据换算得到。

三种蒸馏曲线的换算,目前主要用经验方法。通过大量数据处理,找出各种曲线之间的关系,制成若干经验图表以供换算。由于石油及石油馏分性质差别很大,不可能对所有馏分进行试验,所以,换算图表具有一定的局限性。下面仅介绍常压下蒸馏曲线的相互换算。

(一)恩氏蒸馏曲线和实沸点蒸馏曲线的换算

利用图4-4和图4-5可进行恩氏蒸馏曲线和实沸点蒸馏蒸馏曲线换算,这两张图适用于特性因数$K=11.8$、沸点低于427℃的油品,计算馏出温度与实验值相差5.5℃,偏离规定条件时可能产生重大误差。

图的用法是:先用图4-4将一种曲线的50%点换算为另一种曲线的50%,然后依次求出已知曲线的各段温差(0~10%,10%~30%,30%~50%,50%~70%,70%~90%,90%~100%),用图4-5换算成另一种曲线对应各段温差,最后利用已经求得的50%点温度依次向两端求算其他各点温度。

换算时,凡恩氏蒸馏温度高于246℃者,要进行裂化校正:

$$\lg D = 0.00852t - 1.693$$

式中　D——温度校正值(加到t上),℃;

t——超过246℃的恩氏蒸馏温度,℃。

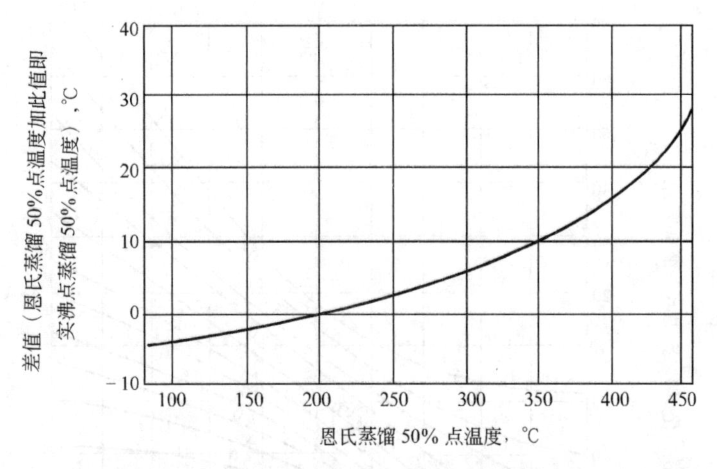

图4－4　常压恩氏蒸馏50%馏出温度与实沸点蒸馏50%馏出温度换算图

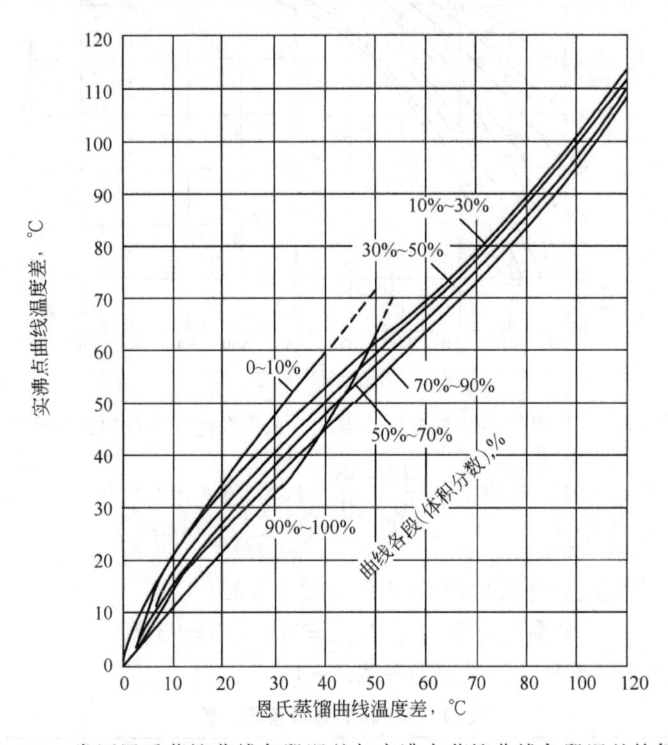

图4－5　常压恩氏蒸馏曲线各段温差与实沸点蒸馏曲线各段温差换算图

(二)恩氏蒸馏曲线和平衡汽化曲线的换算

利用图4－6及图4－7可进行恩氏蒸馏曲线和平衡汽化曲线换算，这两张图适用于特性因数$K=11.8$、沸点低于427℃的油品，通过与若干实验数据核对，计算值与实验值之间偏差在8.3℃之内。换算方法同上，只是在换算50%点时要用到恩氏蒸馏曲线10%～70%点的斜率。

【例4－1】　已知某汽油馏分常压恩氏蒸馏数据如下：

馏出体积(体积分数),%	0	10	30	50	70	90	100
馏出温度,℃	17	48	84	116	142	172	204

将其换算成常压下的平衡汽化数据。

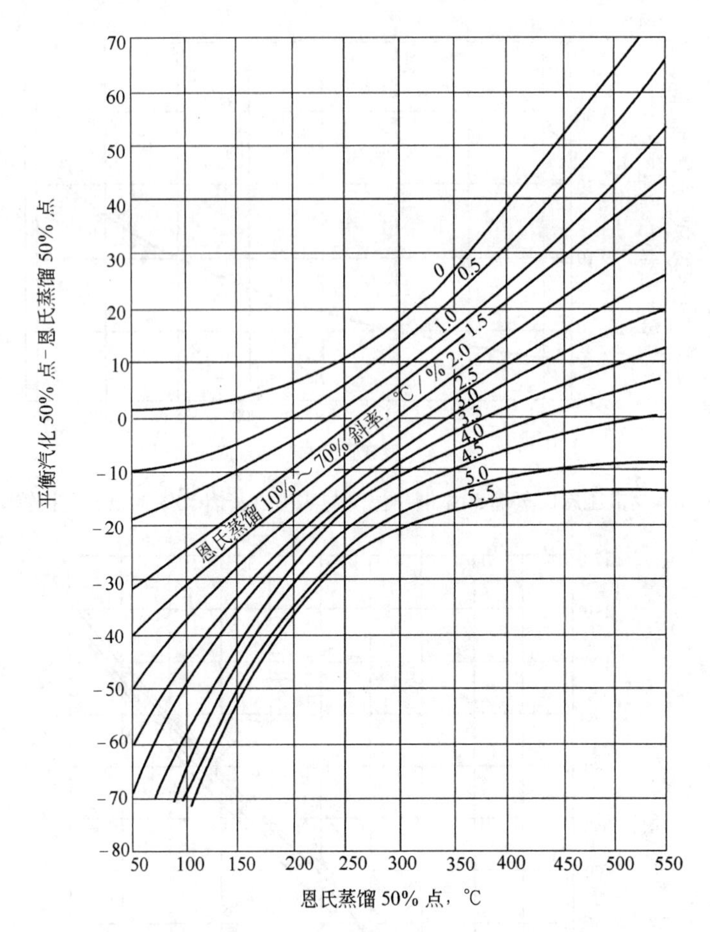

图 4－6　常压恩氏蒸馏 50% 馏出温度与平衡汽化 50% 馏出温度换算图

解：恩氏蒸馏 10%～70% 点斜率 $=\frac{142-48}{70-10}=1.57$（℃/%）

查图 4－6 得

平衡汽化 50% 点温度－恩氏蒸馏 50% 点温度 ＝ －23（℃）

故　　平衡汽化 50% 点温度 ＝116－23＝93（℃）

再由图 4－7 查得蒸馏曲线各段温差见表 4－1。

表 4－1　蒸馏曲线各段温差

曲线线段	恩氏蒸馏温差，℃	平衡汽化温差，℃	曲线线段	恩氏蒸馏温差，℃	平衡汽化温差，℃
0～10%	31	14	50%～70%	26	12.5
10%～30%	36	23	70%～90%	30	16
30%～50%	32	18.5	90%～100%	32	12

由平衡汽化 50% 点（93℃）温度推算得其他温度。

平衡汽化数据：

30% 点 ＝93－18.5＝74.5（℃）

10% 点 ＝74.5－23＝51.5（℃）

0% 点 ＝51.5－14＝37.5（℃）

70% 点 ＝93＋12.5＝105.5（℃）

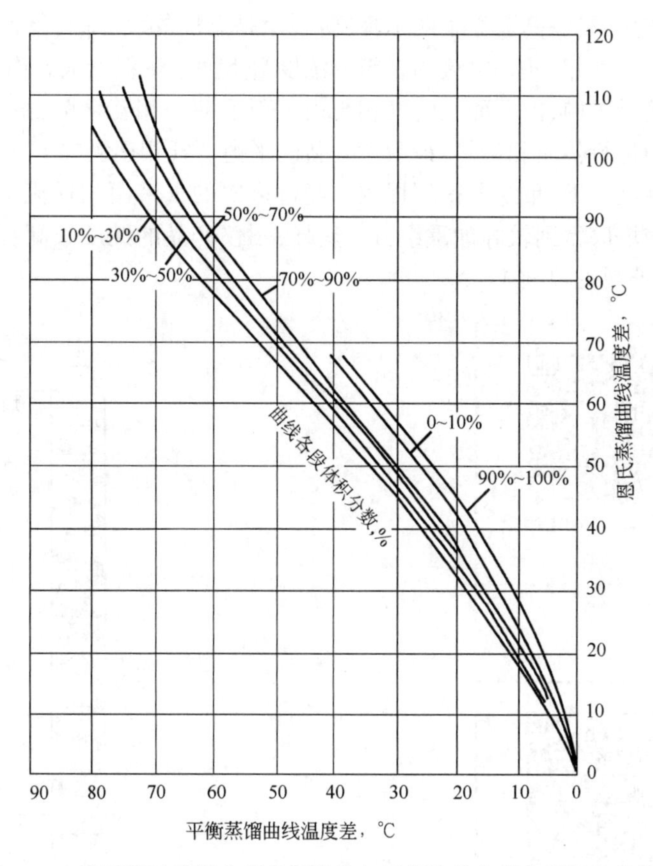

图4－7　常压恩氏蒸馏曲线各段温差与平衡汽化曲线各段温差换算图

90%点＝105.5＋16＝121.5(℃)

100%点＝121.5＋12＝133.5(℃)

第三节　原油常减压蒸馏装置的工艺流程

一、原油蒸馏原理

(一)精馏原理

精馏是利用各组分间挥发度的差异来分离液相均相混合物的单元操作。精馏分连续和间歇两种,现代石油加工装置都采用连续精馏;间歇精馏只用于小型装置和实验室内(如实沸点蒸馏等)。连续精馏原理见视频4－1。

图4－8是连续精馏塔示意图,进料板以上的塔段称为精馏段,进料板以下(含进料板)的塔段称为提馏段,它是一个完整精馏塔。精馏塔内装有供气液两相接触的塔板或填料。塔顶有冷凝器,馏出物经冷凝后一部分作为塔顶液相回流,另一部分作为塔顶产品。塔底有再沸器,加热塔底流出的液体,产生的气相返回塔内作为气相回流,液相作为塔底产品。塔底气相回流是轻组分含量很低而温度较高的蒸气,塔顶液相回流是轻组分含量很高而温度较低的液

体,由于气液回流作用,沿塔高建立了两个梯度:一个是温度梯度,即自下而上温度逐级下降;另一个是浓度梯度,即气相、液相物流的轻组分浓度自下而上逐级增大。由于这两个梯度的存在,在每一个气液接触级内,由下而上的气相与由上而下液相相互接触,由于温度和组成都不平衡,在接触过程中进行传质和传热,最后达到新的平衡。气相逐级向上,轻组分得到精制,浓度逐渐增大;液相逐级向下,重组分得到提浓。经过多次的气液两相逆流接触,最后在塔顶得到较纯的轻组分,在塔底得到较纯的重组分。这样,不仅产品的纯度较高,而且产品的收率也高。原油蒸馏塔的外观见视频4-2。

视频4-1　连续精馏原理

视频4-2　原油蒸馏塔的外观

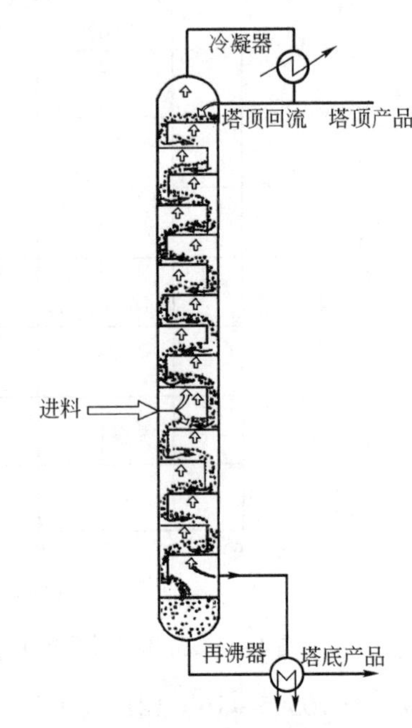

图4-8　连续精馏塔

由此可归纳出精馏过程的前提条件:一个是相互接触气液两相不平衡,存在浓度差,这是传质的推动力;另一个是相互接触气液两相温度不相等,存在温度梯度,这是传热的推动力。

精馏过程的实质是不平衡的气液两相,经过热交换,气相多次部分冷凝与液相多次部分汽化相结合的过程,从而使气相中轻组分和液相中的重组分分别得到提浓,最后达到预期的分离效果。

为了使精馏过程能够进行,必须具备以下条件:(1)精馏塔内必须有气液两相接触的场所——塔板或填料;(2)塔顶必须有液相回流;(3)塔底必须有气相回流;(4)各板间必须有温度差;(5)各板间必须有浓度差。

利用精馏过程,既可以得到一定馏程的馏分,也可以得到纯度很高的产品。对于石油精馏而言,只要求产品有规定的馏程,并不是纯度很高的产品,所以,在炼油厂中,有些精馏塔常常在精馏段抽出一个或几个侧线产品,也有一些精馏塔只有精馏段或提馏段,前者称为复合塔,而后者称为不完全塔。例如原油常压蒸馏塔,除塔顶出汽油馏分外,在精馏段还抽出煤油、轻柴油和重柴油馏分(侧线产品)。原油常压蒸馏塔进料板以下的塔段虽然也称为提馏段,但它并不符合前述提馏段的要求,在塔底没有再沸器,只是通入一定量的过热水蒸气,来降低塔内油气分压,使下流液相中一部分轻馏分汽化,回到精馏段。由于过热水蒸气提供的热量有限,轻馏分汽化时所需的热量主要依靠物流本身降温放热而获得,所以在提馏段内,由上往下塔内温度是逐步下降的。可见,原油常压蒸馏塔是一个复合塔,同时也是一个不完全塔。

(二)回流的作用和方式

1. 回流的作用

回流是精馏的必要条件之一,它的作用一个是提供塔板上的液相,创造气液两相充分接触的条件,达到传热、传质的目的;另一个是取走塔内多余的热量,维持全塔热平衡,以利于控制产品质量。

回流比增加,塔板的分离效率提高;当产品分离精确度一定时,增大回流比,可适当减少塔板数。但是增大回流比是有限度的,因为回流比的多少是由全塔热平衡决定的。塔内的气液负荷沿塔高是变化的,由于这些特点,石油精馏塔的回流方式除塔顶冷回流和塔顶热回流之外,还常常采用其他回流方式。

2. 回流的方式

1)塔顶冷回流

塔顶油气经冷凝冷却后,成为过冷液体,其中一部分打回塔内作回流,称为塔顶冷回流。塔顶冷回流是控制塔顶温度、保证产品质量的重要手段。塔顶回流热一定时,冷回流温度越低,需要的冷回流量就越少。但冷回流的温度受冷却介质温度限制,当用水作冷却介质时,常用的汽油冷回流温度一般为30~45℃。

2)塔顶热回流

在塔顶装有部分冷凝器,将塔顶气相馏分冷凝到露点温度后,用饱和液体作回流称为热回流。它只吸收汽化潜热,所以,取走同样的热量,热回流量比冷回流量大。塔内各板上的液相回流都是热回流,又称内回流。热回流也能有效地控制塔顶温度,调节产品质量,但由于分凝器安装困难、易腐蚀、不易检修等,所以炼油厂很少采用,常用于小型化工生产上。

3)循环回流

循环回流是将从塔内抽出的液相冷却到某个温度后再送回塔中,物流在整个循环过程中不发生相态变化,只在塔内外循环流动,借助于换热器取走回流热。循环回流分两种:

(1)塔顶循环回流。如果塔顶产品的不凝气很多(如催化裂化分馏塔)或者塔顶冷凝冷却负荷相当大,为了避免使用庞大的冷凝冷却器,又希望利用一部分回流热;或者为了减小塔顶冷凝冷却系统的压力降,保证塔内有较高的真空度(如减压塔),都可以采用塔顶循环回流。但采用塔顶循环回流,降低了塔的分离能力,在保证分馏精确度的情况下,需要适当增加塔板数,同时也增加了动力(回流泵)消耗。塔顶循环回流如图4-9所示。

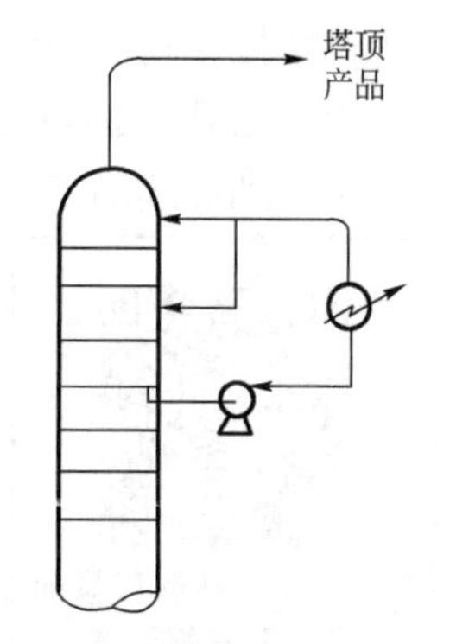

图4-9 塔顶循环回流

在某些情况下,也可以同时采用塔顶冷回流和塔顶循环回流两种形式的回流方案。

(2)中段循环回流。循环回流如果设在精馏塔的中部,就称为中段循环回流。它的主要作用是均匀塔内气液相负荷,缩小塔径;同时由于石油精馏塔沿塔高的温度梯度较大,从塔的中部取走的回流热的温位明显比从塔顶取走的回流热的温位高,有利于热量的回收利用,减少燃料消耗和冷却水用量。

大、中型石油精馏塔几乎都采用中段循环回流。当然,采用中段循环回流也有不利之处:中段循环回流上方塔板上的回流比相应降低,塔板效率有所下降(一块板的精馏作用与三块换热板的精馏作用相当);中段循环回流的出入口之间要增设换热塔板,使塔板数和塔高均增加,相应地需增设泵和换热器,使工艺流程变得复杂等。由于上述原因,常压精馏塔中段回流取热量一般占全塔回流热的40%~60%。中段回流进出口温差国外常采用60~80℃,国内则多用80~120℃。对于有三个、四个侧线的精馏塔,设两个中段回流比较适宜;对只有一个、两个侧线的塔设一个中段回流为宜。中段回流在两个侧线之间,进塔口一般在抽出口的上部,换热塔板一般采用2~3块即可。

4)塔顶二级冷凝冷却

原油常减压装置的处理量较大,冷凝冷却负荷也很大。一个年处理量250×10^4t的常减压装置,常压塔顶冷凝冷却面积可达2000~3000m^2。为了减少换热面积,在某些条件下采用二级冷凝冷却方案。所谓二级冷凝冷却,是将塔顶油气和水蒸气(例如110℃)冷到基本全部冷凝(一般冷到55~90℃),即将冷凝液大部分送回塔顶作回流,只有出装置的产品部分才进一步冷却到40℃左右。塔顶二级冷凝冷却如图4-10所示。

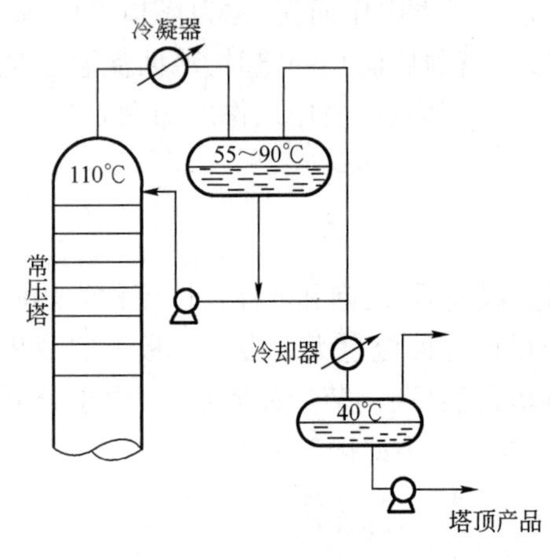

图4-10 塔顶二级冷凝冷却

采用二级冷凝冷却的优点是:一级冷凝时,由于油气和水蒸气基本全部冷凝,集中了大部分热负荷,此时传热温差较大,传热系数较高,所需传热面积就相应较小。到二级冷却时,虽然传热温差较小,但需要冷却的产品也少,热负荷大为减少,所需传热面积也较小,因此,总的传热面积要比一级冷凝冷却方案小得多,不论采用哪种方案,因为回流热是相同的,且二级冷凝冷却方案的塔顶回流是热回流,所以回流量比冷回流量大,消耗动力也相应增加,流程也较复杂。一般大型装置采用二级冷凝冷却方案比较有利。

二、原油蒸馏装置的工艺流程

原油蒸馏装置的工艺流程是利用工艺管线及控制仪表将用于蒸馏过程的炉、塔、泵、换热器等设备按原料流向和生产技术要求形成的有机组合,是原油的一次加工过程,除小部分馏分可作为产品外,大部分为半成品,还要进行二次加工。所以,原油蒸馏的收率高低和质量好坏,将会影响到后续加工过程及产品质量,必须根据原油特性和对产品种类和数量的需要,合理选择加工流程。

原油蒸馏过程中常采用三段汽化流程,原油的汽化段数是指原油在蒸馏过程中,经过加热汽化的次数,即用几个塔进行蒸馏。

彩图4-1 某炼厂原油常减压蒸馏装置

下面以原油常减压蒸馏装置(润滑油型)的三段汽化流程为例,对原油蒸馏的工艺流程加以说明,如图4-11所示。某炼厂原油常减压蒸馏装置如彩图4-1所示。脱盐脱水后的原油经泵抽出换热至210~250℃,进入初馏塔,从初馏塔顶拔出轻汽油馏分或铂重整原料,其中一部分打回塔顶作回流，另一部分作为重整原料出装置。初馏塔若开一侧线也不出产品，而是将抽出的侧线馏分经换热后一部分打入常压塔一、二侧线之间（在此流程图中未标出），这样可以减少常压炉和常压塔的热负荷。另一部分送回初馏塔作顶循环回流。初馏塔底的油称为拔头原油，经一系列换热器换热至290℃左右进入常压炉，加热至360～370℃进入常压塔。塔顶汽油馏分，经冷凝冷却后，一部分送回塔顶作回流，一部分为汽油馏分出装置。塔侧一般有3～5个侧线，分别引出煤油和轻、重柴油等馏分，经汽提塔汽提后，吹出其中轻组分，再经换热回收部分热量后出装置。塔底常压重油用泵送入减压炉。

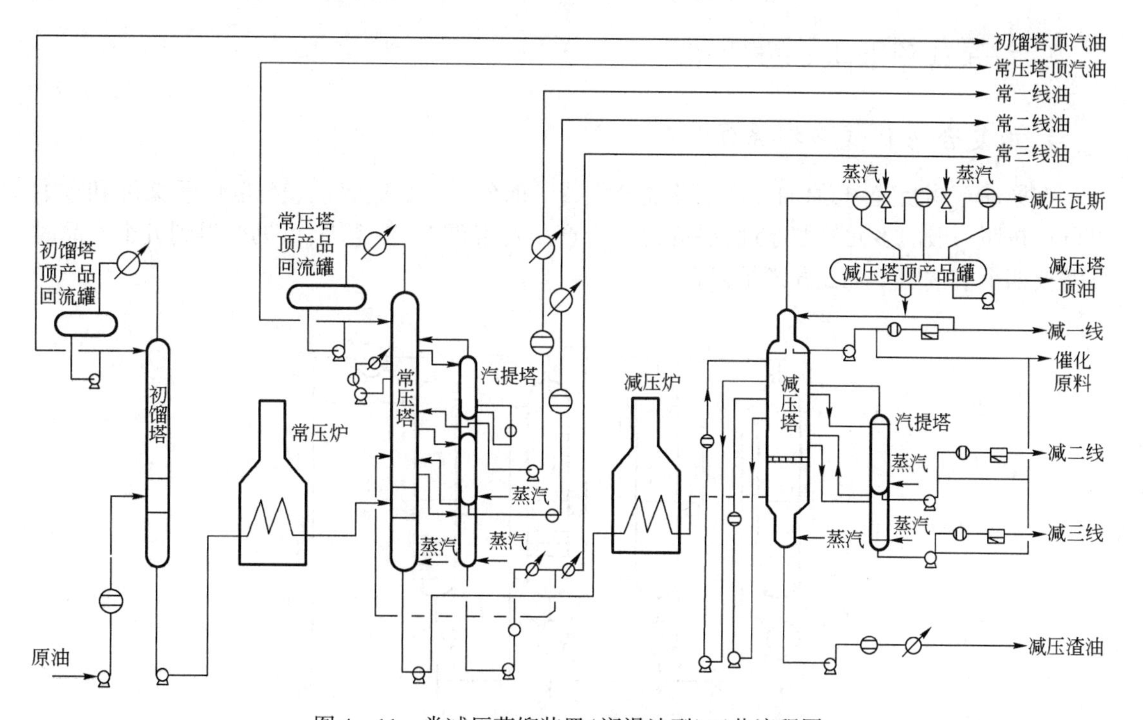

图4－11　常减压蒸馏装置（润滑油型）工艺流程图

在常压塔顶打入冷回流以控制塔顶温度（90～130℃），以保证塔顶产品质量。为使塔内气液相负荷分布均匀，充分利用热能，一般在塔各侧线抽出口之间设2～3个中段循环回流，为尽量回收热量，降低塔顶冷凝器负荷，有的厂还增设了塔顶循环回流（图中未标出）。

侧线馏分进入各自的汽提塔上部，塔底吹入过热水蒸气，被汽提出的油气和水蒸气由汽提塔顶出来，从侧线抽出板上方进入常压塔。当常压一线和二线作航煤馏分时，为了严格控制航煤的含水量，不用水蒸气汽提，而采用热虹吸式再沸器加热，蒸出其中轻组分。

常压塔底吹入过热水蒸气以吹出重油中轻组分，塔底温度为350～360℃，经汽提后的常压重油自塔底抽出送到减压加热炉，加热至400℃左右进减压塔。

减压塔顶不出产品，塔顶出的不凝气和水蒸气（干式减压蒸馏无水蒸气）进入大气冷凝器，经冷凝冷却后，由蒸汽喷射抽空器抽出不凝气，维持塔内残压在1.33～8.0kPa（10～60mmHg）。减压一线油抽出经冷却后，一部分打回塔内作塔顶循环回流以取走塔顶热量，另一部分作为产品出装置。减压塔侧开有3～4个侧线和对应的汽提塔，抽出轻重不同的润滑油（如各种机械油、气缸油等）或裂化原料，经汽提（裂化原料不汽提）、换热、冷却后作为产品出装置。塔侧并配有2～3个中段循环回流。塔底渣油用泵抽出后，经与原油换热，冷却后出装置，可作为焦化、氧化沥青、丙烷脱沥青等装置的原料或作燃料用油。

三、原油蒸馏装置的工艺特征

由于原油蒸馏分离的是组成及其复杂的混合物，所以与二元物系精馏有明显的不同，首先是原料组成复杂，组分数目难以测定；其次是精馏产品也是组成复杂的石油馏分，不需要分离成纯度很高的单体烃；第三是处理量大。这些特殊性决定了石油精馏塔具有自己的特点，下面分别讨论常压塔、减压塔的工艺特征。

（一）常压塔的工艺特征

1. 用复合塔代替多塔系统

在原油蒸馏装置中，原油经常压蒸馏分成若干馏分，如汽油、煤油、轻柴油、重柴油和重油馏分。按照一般的多元精馏原理，要得到 N 个产品就需要 $N-1$ 个塔，可见要得到五个产品时就需要四个塔按图 4－12 方式排列。

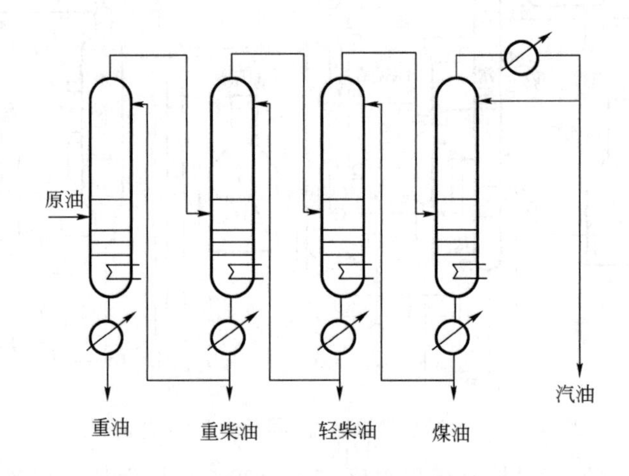

图 4－12　原油蒸馏多塔系统

在多塔系统中，每一个塔都是一个完整精馏塔。这种分离方案设备过于复杂，在工业生产中，只有产品纯度要求很高的情况下才采用，如铂重整装置的混芳（苯、甲苯、二甲苯）分离，催化裂化的液化气分离等。而原油蒸馏所得各种产品仍然是组成复杂的混合物，分离精确度要求不高，两种产品之间需要的塔板数也不多，若按图 4－12 所示流程分离，则需要多个矮而粗的精馏塔，这种方案投资高、耗能大、占地面积又多。因此，通常把几个塔结合成一个如图 4－13所示的塔，这种塔相当于把四个简单塔叠合起来，它的精馏段由四个简单塔的精馏段组合而成，其下段相当于一个提馏段，这样的塔称为复合塔。最轻产品（汽油）在塔顶引出，最重产品（重油）在塔底引出，其间的煤油、柴油等则从塔侧线取出。

2. 设汽提塔代替提馏段

在复合塔中，汽油、煤油、柴油各产品之间的分离只有精馏段，没有提馏段，这样各侧线馏分中必然会含有相当数量的轻组分，使产品质量受到影响（如煤油和柴油闪点不合格等），而且还会降低前一馏分的收率。因此，在常压精馏塔的外侧，设立侧线产品汽提塔，汽提塔内装有 4～6 块塔板，从塔下部通入过热水蒸气进行汽提，通过降低油气分压的方式使侧线产品中轻组分汽提出来，从汽提塔顶返回常压精馏塔内，这样既保证了本侧线的产品质量，也保证了上一侧线产品的收率。近年来，常压侧线采用再沸器提馏的方式日益增加，其原因是：(1)用水蒸气汽提使产品中溶解微量水分，影响低冰点的航空煤油的质量。(2)水蒸气体积相当于同质量油品蒸气体积的十几倍，这样就会增加塔的气相负荷而降低塔的处理能力。(3)水的冷凝潜热很大，采用再沸器提馏有利于降低塔顶冷凝冷却器的负荷，同时也会降低含油污水排放量。

可见，常压塔不是一个完整的精馏塔，它不具备真正的提馏段。

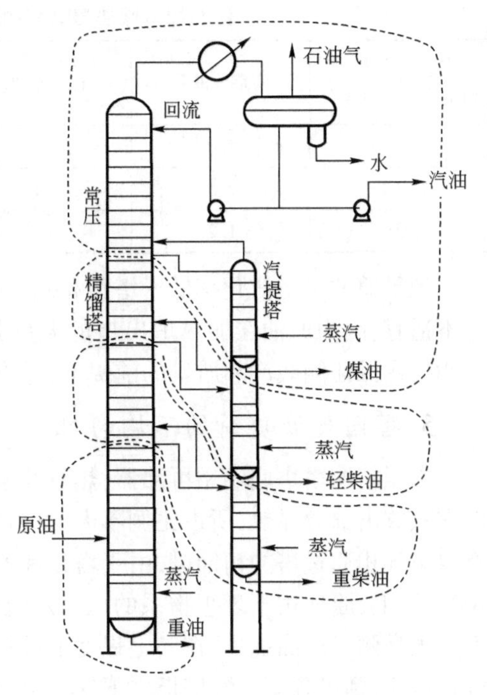

图4-13 原油蒸馏的复合塔

3. 塔底水蒸气汽提代替塔底再沸器

在二元精馏塔的操作中，塔底设再沸器，向塔内提供气相回流，保证精馏过程顺利进行。为气液两相接触提供热量，使塔底产品中轻组分被汽化出来，以保证塔底产品质量。而在原油精馏塔中，常压塔底温度已经很高，一般常压塔塔底温度为330～350℃，减压塔底温度为390℃左右，如果使用再沸器，很难找到合适的热载体；若通过加热炉加热，不仅设备复杂，同时由于温度过高也会使油品分解、结焦。但是常压塔塔底重油中350℃以前的轻质馏分有时高达10%～15%，减压塔底渣油中500℃以前的馏分可达10%左右，为了把原油中的轻组分汽化出来，在原油精馏塔中普遍采用向塔底吹入过热水蒸气的办法，以降低油气分压，使塔底重油中轻组分汽化，从而提高轻油拨出率，减轻减压炉和塔的负荷。因此，原油精馏塔的下部也称汽提段，它的精馏作用不显著，分离效果不如精馏段。

塔底通入过热水蒸气来汽提轻组分的方法有一定的局限性，因为水的相对分子质量比油的小得多，通入水蒸气量较大时，会使塔内上升蒸气的体积过大。在塔径一定的条件下，很容易使空塔气速超过泛点气速而造成冲塔事故。同时由于水蒸气潜热很大，过多的水蒸气会使塔顶冷凝冷却负荷增加。因此，塔底吹入水蒸气不宜过大，一般常压塔汽提蒸气量为3%(质量分数)左右，减压塔最多为5%左右。

4. 原料入塔要有适当的过汽化度

为了不向塔内通入过多的水蒸气，同时又要防止塔底产品带走过多的轻组分，这就需要原油在入塔前，将在精馏段取出的产品都汽化成气相，并能在精馏段分离。为保证最低侧线产品质量，就要使精馏段最低侧线以下的几层塔板上有一定的液相回流，这样原油入塔的汽化率应该比塔精馏段各产品的总收率略高一些。高出的这部分称为过汽化量，过汽化量占进料的百分数称为过汽化度(也称过汽化率)。原油精馏塔的过汽化度一般推荐常压塔为进料2%～4%(质量分数)，减压塔为3%～6%(质量分数)。国内一些炼油厂过汽化率数据见表4-2。

表 4-2 原油精馏塔的过汽化率(占进料的质量分数,%)

塔的类型＼炼油厂	南京炼油厂	上海炼油厂	胜利炼油厂	大庆炼油厂	推荐值
初馏塔	5.3	2	—	—	2~5
常压塔	2.5	2.14	2	2.85	2~4
减压塔	1.2	—	2	—	3~6

如果原油进塔汽化率低于塔顶和侧线产品总收率,则轻质油收率降低。过高的过汽化率也不适宜,因为原油在加热炉出口的温度是油品不发生严重分解的最高温度,通常为 360~370℃,在保证侧线产品质量的前提下,过汽化率应尽量低一些。

5. 塔内气液负荷的不均匀性

常压精馏塔塔底不用再沸器,热量几乎完全由进料带入,汽提蒸汽虽然也带入一些热量,但它只放出部分显热,所占比例不大。进料的汽化率略大于塔顶和各侧线产品产率之和,这些物料呈气相通过塔的精馏段,由于塔顶和各侧线产品的摩尔汽化潜热相差很大,馏出温度相差 200℃以上,原适用于理想物系的恒摩尔流假设不再成立,气液负荷沿塔高(自下而上)逐渐增大。虽有侧线产品抽出,在一定程度上缓解了液相负荷的分布,但不均匀性仍很突出,尤其是气相负荷,到塔顶第一块塔板之下气相负荷最大,经过第一块塔板后显著减少。从塔顶送入的过冷状态的液相回流,自上而下流经第一块板后,由冷回流变成热回流,使回流量达到最大值,以后在沿塔向下流动时逐渐减少,且每经过一层侧线抽出板,液相负荷均突然下降,减少量相当于侧线抽出量。到了汽化段时,相当于过汽化部分的液相回流和进料的液相部分一起向下流入汽提段。精馏塔精馏段的气液相负荷的分布规律如图 4-14 所示。

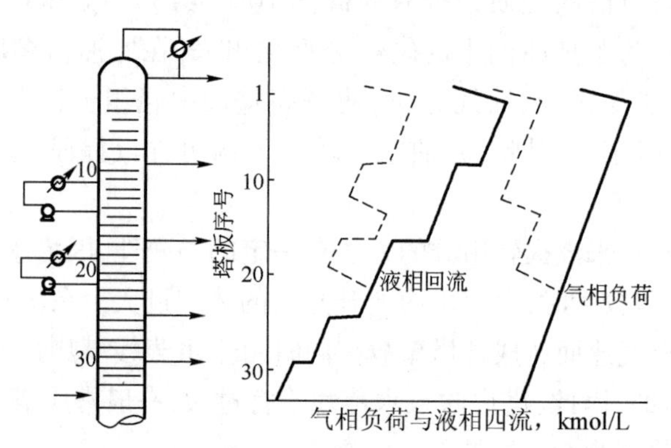

图 4-14 常压塔精馏段气液相负荷分布图

——无中段循环; ---有中段循环回流(不包括循环量在内)

自下而上气液相负荷增大的原因是:越往塔顶温度越低,塔内需要取走的热量越多,需要的回流量也就越大,同时各侧线产品进塔时是温度较高的气相,而在塔侧抽出时是温度较低的液相,要放出大量冷凝热,这些热量逐渐转移到塔顶,而塔上部油品密度小,它的汽化潜热也小,因此,内回流量逐渐增大以取走大量冷凝热。

在产品蒸气、水蒸气量不变情况下,蒸气量随回流量增加而增加;同时由于塔上部油品的相对分子质量又小,所以越往塔顶蒸气体积就越大;塔顶打入的冷回流是过冷液体,入塔后先要吸收显热,使温度升至泡点温度,然后再吸收汽化潜热变成蒸气。而第一层塔板往下的内回流(热回流)为饱和液相,在汽化时只吸收汽化潜热,所以在取走总热量大致相等的情况下,供给的冷回流量要比热回流量小。因此第一层塔板之下的液相负荷最大，汽化后相应的蒸气量也最大。

由于无中段循环回流时，气液相负荷沿塔高分布不均匀，塔的处理量受到最大蒸气负荷的限制，图4－14中虚线部分为采用了中段循环回流后的气液相负荷分布。由于采用了中段回流后，从塔中部取走了一部分热量，减少了抽出板上方的回流热，则需要的液相回流就少了，相应的气相负荷也减少了，此时沿塔高负荷就变得比较均匀。随着中段回流取出回流热的多少不同，塔内最大蒸气负荷可能在中段回流抽出板附近，也可能在第一、第二层塔板之间。

（二）减压塔的工艺特征

原油中350℃以上的高沸点馏分是润滑油和催化裂化、加氢裂化的原料，因为油品在高温下会发生分解反应，所以在常压操作条件下不能获得这些馏分，只能在减压和降温条件下通过减压蒸馏获得。在现代炼油技术条件下，通过减压蒸馏可以获得350～550℃的馏分油。减压蒸馏的核心设备是减压精馏塔和它的抽真空系统，根据生产任务不同，减压塔分为润滑油型和燃料型两种，见图4－15和图4－16。

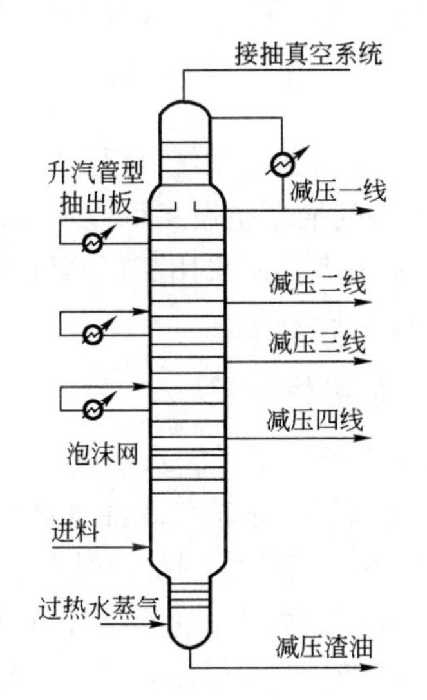

图4－15　润滑油型减压分馏塔

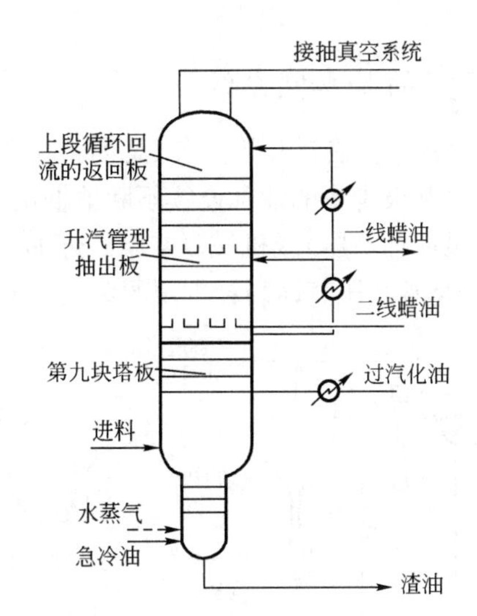

图4－16　燃料型减压分馏塔

1.减压塔的一般工艺特征

减压塔不出成品，主要为原油二次加工提供原料，润滑油型减压塔提供润滑油原料，要求馏分的馏程较窄、黏度合适、残炭值低、色度好；燃料型减压塔提供催化裂化和加氢裂化原料，要求残炭值低、金属含量低，对馏分组成的要求并不严格。无论哪种类型的减压塔，都要求有尽可能高的拔出率。拔出率高低取决于汽化段处真空度大小，为了提高汽化段的真空度，除了需要有一套良好的塔顶抽真空系统外，一般还要采取以下几种措施：

（1）降低从汽化段到塔顶的流动压降。这一点主要依靠减少塔板数和降低气相通过每层塔板的压降来实现。因为在减压条件下，各组分间的相对挥发度较大，易于分离，再有减压馏分的分离精确度要求较低，所以两侧线间只要3～5块塔板就能满足分离要求。为降低每块塔板压降，减压塔常采用压降较低的舌型塔板、筛板等，有些装置还采用填料来进一步降低压降。

（2）降低塔顶油气馏出管线的流动压降。为此，塔顶管线只供抽真空设备抽出不凝气用，不出产品,塔顶采用循环回流而不采用塔顶冷回流,以减少塔顶馏出管线的气体量。

(3)减压塔塔底汽提蒸汽用量比常压塔大,目的是降低汽化段的油气分压。

(4)降低转油线压降。通过降低转油线中的油气流速来实现。减压塔汽化段温度并不是常压重油在减压蒸馏系统中所经受的最高温度,最高温度部位应在减压炉出口处。为了避免油品分解,对减压炉出口温度要加以限制,当生产润滑油原料时炉出口温度不得超过395℃,当生产裂化原料时不得超过400~420℃,同时在高温炉管内采用较高的油气流速以减少停留时间。

(5)缩短渣油在减压塔内的停留时间。塔底减压渣油是原油中最重的物料,如果在高温下停留时间过长,分解、缩合等反应进行得就比较明显。一方面生成较多的不凝气,使减压塔的真空度下降;另一方面会造成塔内结焦。所以,减压塔底部通常采用缩径,以缩短渣油在塔内的停留时间。此外,有的减压塔还在塔底打入急冷油以降低塔底温度,减少渣油分解、结焦的倾向。

由于上述工艺特征,减压塔塔径比常压塔大,塔高度较常压塔矮。此外,减压塔的群座较高,塔底液面与塔底油抽出泵入口之间的位差在10m左右,为塔底热油泵提供了足够的灌注头。

2. 减压塔的抽真空系统

减压塔之所以能在减压下操作,是因为在塔顶设置了抽真空系统,将塔内产生的不凝气、注入的水蒸气和极少量的油气连续不断地抽走。减压塔的抽真空设备可以用蒸汽喷射器(也称蒸汽喷射泵或抽空器)或机械真空泵。炼油厂中的减压塔普遍采用高压蒸汽喷射器产生真空,图4-17是常减压蒸馏装置常用的蒸汽喷射器抽真空系统流程。

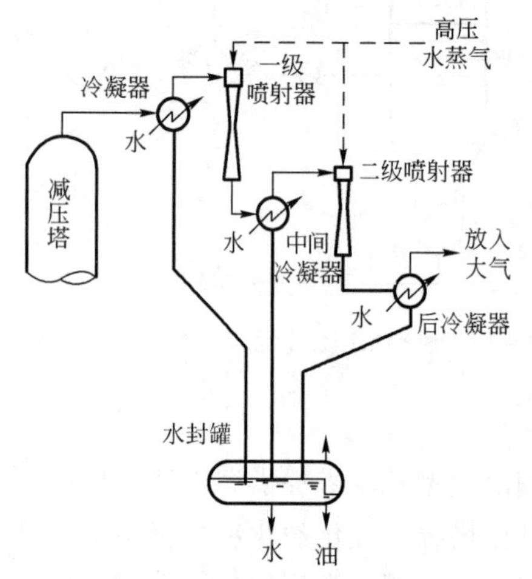

图4-17 抽真空系统流程

1)抽真空系统的流程

减压塔顶出来的不凝气、水蒸气和少量油气先进入一个管壳式冷凝器。水蒸气和油气被冷凝后排入水封池,不凝气则由一级喷射器抽出从而在冷凝中形成真空。由一级喷射器抽出来的不凝气再排入一个中间冷凝器,将一级喷射器排出的水蒸气冷凝。不凝器再由二级喷射器抽走而排入大气。为了消除因排放二级喷射器的蒸汽所产生的噪音及避免排出的蒸汽凝结水洒落在装置平台上,通常再设一个后冷器将水蒸气、油气冷凝排入水阱,不凝气排入大气。

冷凝器是在真空下操作的。为了使冷凝水顺利地排出,排出管内水柱的高度应足以克服大气压力与冷凝器内残压之间的压差以及管内的流动阻力。通常此排液管的高度至少应在10m以上,在炼油厂俗称此排液管为大气腿。

2)冷凝器

抽真空系统所用的冷凝器有水冷式和空冷式两种。

(1)水冷式多用浮头式管壳冷凝器。气体走壳程,冷却水走管程,它可以减少炼厂含油、含硫污水,并便于操作,但冷却最终温度较高,特别是夏季因水温高,真空度受到较大限制,比直冷式设备多,占地面积大,对水质要求高。

(2)空冷式冷凝器也称间接冷凝器,由翅片管束和风机组成。它既可以减少装置用水量,消除含油、含硫污水,又可以保持较高的真空度。目前全国各炼厂都在逐步改为空冷式冷凝器。

冷凝器的作用是使可凝的水蒸气和油气冷凝而排出,从而减轻喷射器的负荷。冷凝器本身并不形成真空,因为系统中还有不凝气存在。另外,最后一级冷凝器排放的不凝气中,气体烃(裂解气)占80%以上,并有含硫气体,直接排放会造成大气污染和可燃气体的损失。国内外炼油厂都开始回收这部分气体,可作加热炉燃料,这样即增加了燃料来源,又减少了对空气的污染。

3)蒸汽喷射器

如图4-18所示,蒸汽喷射器由喷嘴、扩张器和混合室构成。高压工作蒸汽进入喷射器中,在喷嘴出口处蒸汽速度可达(1000~1400m/s),此时高压蒸汽的静压能转变成数值极大的动能,因而在喷嘴处形成高度真空。不凝气从进口处被抽吸进来,在混合室内与驱动蒸汽混合并一起进入扩张器,扩张器中混合气体的动能又转变为静压能,使压力略高于大气压从出口排出。

4)增压喷射器

在抽真空系统中,无论使用哪种冷凝器,都会有水存在。水本身具有一定的饱和蒸气压,所以,理论上冷凝器中所能达的残压最低极限值是该处温度下水的饱和蒸气压。

减压塔顶所能达到的残压应在上述的理论极限值上加上不凝气的分压、塔顶馏出管线的压降、冷凝器的压降,所以减压塔顶残压要比冷凝器中水的饱和蒸气压高。当水温为20℃,冷凝器所能达到的最低残压为0.0023MPa,此时减压塔顶的残压就可能高于0.004MPa。

实际上,冷凝器内的水温是不容易降到20℃的,所以二级或三级蒸汽喷射抽真空系统,很难使减压塔顶的残压达到0.004MPa以下。如果要求更高的真空度,就必须打破水的饱和蒸气压的限制。因此,在塔顶馏出气体进入一级冷凝器之前,再安装一个增压喷射器,使馏出气体升压,如图4-19所示。

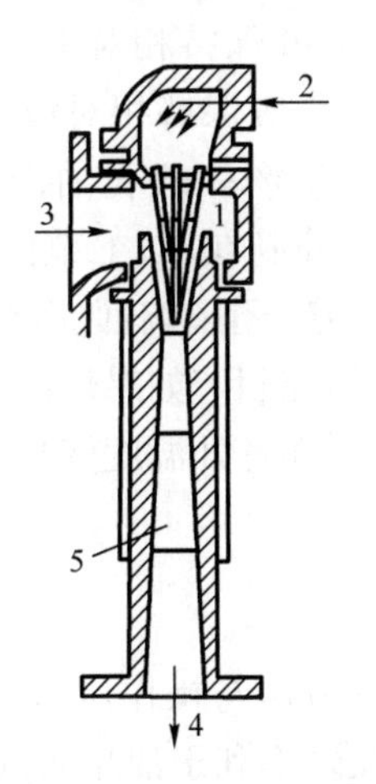

图4-18 蒸汽喷射器

1—喷嘴;2—蒸汽入门;3—气体入口;4—混合出气口;5—扩张器

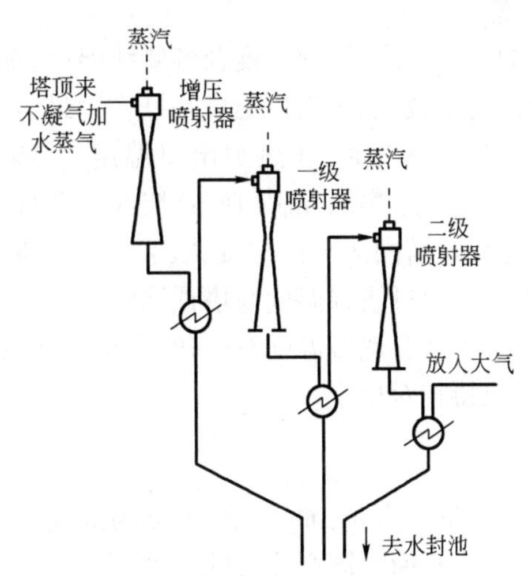

图4-19 增压喷射器

由于增压喷射器前面没有冷凝器,所以塔顶真空度就能摆脱水温限制,而相当于增压喷射器所能造成的残压加上馏出管线压力降,使塔内真空度达到较高程度。但是,由于增压喷射器消耗的水蒸气往往是一级蒸汽喷射器消耗蒸汽量的四倍左右,故一般只有在夏季、水温高、冷却效果差、真空度很难达到要求的情况下以及干式蒸馏使用中才使用增压喷射器。

第四节　原油常减压蒸馏装置的操作与控制

常减压蒸馏塔的操作是原油蒸馏装置正常生产的重要环节。操作水平高低直接影响产品质量好坏、拔出率的高低和操作成本的大小。常减压蒸馏操作主要包括装置平稳运行、各参数的控制、原料物性和环境变化的操作调节、生产方案和产品质量的调整及异常事故的处理等。具体而言,就是严格控制装置的四大调整参数,尤其是各塔的塔顶温度、侧线温度、塔顶压力、侧线抽出量和塔底液面的控制。

一、原油蒸馏操作因素分析

影响蒸馏装置平稳操作的因素很多,但是必须抓住对蒸馏操作起决定性作用的关键因素。对蒸馏塔来说就是全塔的物料平衡和热平衡。操作中主要体现在各工艺参数(包括温度、压力、流量、液面等)保持相对平稳。

(一)常压系统

常压系统主要设备是常压塔,任务是生产各种燃料油。要求严格控制各馏分组成,以提高分馏精确度。

分馏精确度的高低除与分馏塔的结构有关外,还和塔的操作分不开。影响塔的操作因素有温度、压力、回流比、蒸汽速度、水蒸气用量和塔底液面等。

1. 温度

加热炉出口温度、塔顶温度及各侧线温度,都要严格控制,并保持相对平稳。在原油处理量恒定的情况下,加热炉出口温度是操作中最为关键的温度,一般保持相对恒定,不作为调节手段。生产喷气燃料时,加热炉出口温度为 360 ~ 365℃,而生产一般石油产品时可放宽至 370℃。生产中通过集散控制(DCS)技术实现自动控制,温度控制在 ±1℃范围内。塔顶温度可以灵敏地反映塔内热平衡的变化,它不仅影响塔顶产品质量,还影响回流温度及各侧线温度,所以生产中通过塔顶温度与塔顶回流量串级调节方式严格控制。如果炉出口温度不变,回流量、回流温度和各侧线温度有变化,也会破坏塔内热平衡,引起各处温度变化,所以生产中要及时调整,保持相对稳定。

2. 压力

汽提蒸汽量一定时,油品汽化温度与油气分压有关,油气分压与操作压力(总压)成正比。操作压力越低,蒸馏出同样馏分的油品所需要的温度越低,反之不利于油品的汽化和分馏。常压塔的压力一般受塔顶回流罐压力制约,常顶压力不设压力调节系统,常压塔一般在 20 ~ 50kPa 表压下进行操作。

操作中如发现初馏塔和常压塔压力升高,通常是因为原油含水多、塔顶回流带水或原油处理量增大,导致塔内蒸汽量增大,而引起的塔压升高。当塔顶压力变化时,应及时查找原因,采取措施首先稳定塔顶压力,并对操作进行相应调整,保证塔顶产品质量。塔顶压力能够灵敏地反映塔内气液相负荷的变化,是控制产品质量的重要参数,操作中要密切注意塔顶压力的变化。

3. 回流比

回流是精馏操作的必要条件,通过回流创造气液两相充分接触的条件,实现传热、传质,同时回流也可以取走多余热量,维持全塔热平衡,所以调节回流量是常压塔操作的重要手段之一。塔顶回流比的大小直接影响分馏效果的好坏。在蒸馏操作中,适当调节回流比(回流量),是维持塔顶温度平稳的重要手段,回流比增大,可以改善分馏效果,但是要控制适当,太大会使塔内气相量过大,空塔气速增加,造成雾沫夹带,不利于分馏。

中段回流对调节塔内气相负荷分布起着重要作用,其抽出位置和抽出量,影响附近侧线产品质量,中段回流的控制一般倾向于大流率小温差,回流取热量采用中段回流流量控制。

4. 蒸汽速度

蒸馏塔的操作线速应控制在一定范围内。若气相线速过高,雾沫夹带严重,引起液相返混,影响分离效果。若气相线度过低,不仅处理量下降,而且会产生漏塔现象,严重影响分馏作用。所以,操作中在不超过允许线速度的前提下,尽量提高蒸汽速度。

影响塔内蒸汽速度的因素很多,如处理量、回流量、汽提蒸汽量等,应注意观察及时调节。

5. 水蒸气用量

常压塔内汽提蒸汽的作用是降低油气分压,提高轻油拔出率,有利于产品分离。改变汽提蒸汽用量,可以调节产品质量。但调节量不能过大,一般水蒸气汽提用量见表4-3。

表4-3 汽提蒸汽用量

操作方法	油品名称	蒸汽用量(质量分数),%
常压塔	溶剂油	1.5~2
	煤油	2~3.2
	轻柴油	2~3
	重柴油	2~4
	轻润滑油	2~4
	塔底重油	2~4
初馏塔	塔底油	1.2~1.5
减压塔	中、重润滑油	2~4
	残渣燃料油	2~4
	残油、气缸油	2~5

6. 塔底液面

在常减压蒸馏过程中有比较多的液位和界位控制,例如回流罐液位、汽提塔液位等,在众多液位中,塔底液位控制最为重要,它直接反映了塔内物料平衡变化,而物料平衡又取决于温度、流量、压力的稳定,即直接影响平稳操作。一般塔底液面波动主要原因有:进料量与进料性质的变化;塔顶馏出量的变化;侧线抽出量的变化;塔底抽出量的变化;炉出口温度的变化;塔顶压力的变化;汽提蒸汽量的变化;仪表失灵等。要经常注意这些变化,分析原因及时调节。实际生产中,常通过控制塔底抽出量控制塔底液位,允许液面在一定范围内变化,而保持塔底液面相对稳定和变化平稳。

(二)减压系统

减压系统生产裂化原料或润滑油馏分,对分馏精确度要求不高,在馏出油残炭合格前提下,尽量提高拔出率。因为提高真空度就可增加拔出率,所以减压塔的操作主要以提高真空度为主,其他因素大致与常压系统相同。

减压塔顶压力越低,汽化段的汽化率越高。在相同炉出口温度条件下,汽化段压力降低5mmHg,汽化段的汽化率可提高0.6%,但减压塔顶的压力过低,会使抽真空蒸汽消耗大幅增加,装置能耗反而上升。所以,比较适宜的塔顶压力应控制在20~25mmHg。

影响真空度的因素除在设计上应考虑增加抽真空设备,采用干式减压蒸馏,用填料代替塔板,减少塔内压降以减少转油线压力降等措施外,操作上应从以下方面考虑:

(1)增加抽真空喷射器的效能:喷射器的级数确定后,塔顶压力的稳定主要通过稳定的蒸汽压力作保证,蒸汽压力波动是造成真空度波动的主要原因,蒸汽压力越高,形成的真空度越大。通常蒸汽压力为0.8~1.1MPa。

(2)降低塔顶气体流出管线压力降:减压塔顶一般不出产品,而是利用减一线油打循环回流的方式来控制塔顶温度,以减少塔内气体抽出量,提高真空度。

(3)塔顶冷凝冷却效果、炉出口温度及塔底液面的变化也会影响汽化段真空度。

从以上常减压装置操作因素中可以看出,只要控制好装置的物料平衡和热平衡,就能达到平稳操作。在正常操作中,不能在产品质量出现不合格后再进行调节。必须密切注意操作中出现的不平稳倾向,及时进行调节,才能维持平稳操作,保证产品质量。正常操作调节手段多以物料平衡为基础。由于蒸馏过程是物理变化过程,当原油性质确定后,各产品的量就定了,操作中必须遵循客观规律。如果某一油品的馏出量高于它在原油中的潜含量,不仅本产品质量不合格,还要影响其他产品的收率,所以操作人员要掌握原料性质,依据物料平衡关系来进行分析判断,以实现平稳操作。

在常减压蒸馏装置中有几个关键参数要求严格控制,不能轻易作为调节手段,因为它们的变化对装置的平稳操作影响很大。

(1)炉出口温度。炉出口温度是决定汽化率和全塔物料平衡、热平衡的关键参数。它的波动对全塔操作产生很大影响,若炉出口温度降低,汽化量减小,塔底液面上升,各侧线及塔顶温度降低。为了保持塔顶温度不变,使产品质量合格,应减小塔顶回流,这样各侧线温度也会逐渐恢复正常。调节及时可能影响不大,否则将使产品质量不合格。因此,炉出口温度必须采用自动控制仪表严格控制,波动范围仅在±1℃范围内。

(2)塔顶温度。塔顶温度为塔顶产品在该油气分压下平衡汽化100%点(即露点)温度。当塔的总压不变,油气分压也不变时,塔顶温度升高,油品将变重,会使干点升高。相反塔顶温度降低,油品将变轻,收率下降。同时由于塔顶温度的改变,侧线温度也会相应改变,侧线产品也会受到影响。所以必须采用自动控制仪表,严格控制。

(3)塔底液面。液面波动会引起塔内压力随之波动,若减压塔底液面上升,塔内真空度增大,减压塔拔出率增大。若液面降低是由于蒸发量大造成的,则塔内压力会随液面降低而升高,若由于其他原因引起液面下降,液体在塔内停留时间缩短,使蒸发量减少,压力就会因此降低。所以液面变化而引起压力的改变将会影响产品质量。可见影响塔底液面变化的因素很多,必须具体情况具体分析,分析液面变化的原因,采取相应的处理办法。

(4)塔顶压力及真空度。常压塔顶压力反映整个精馏塔操作压力的大小,对产品质量有直接影响,塔顶压力除受液面影响外,还与塔底吹气量及塔顶馏出物的冷却情况等因素有关,例如塔顶冷凝冷却温度不够,塔顶压力将会上升。减压塔操作的关键是保持较高而且稳定的真空度。影响真空度的因素很多,操作中必须根据具体情况采取相应措施。

(5)蒸汽压力。常减压蒸馏装置各塔底及侧线吹入的过热蒸汽量与蒸汽压力有关。当蒸汽压力改变时,虽然吹气开度未变,但蒸汽量会改变,导致油气分压改变,影响产品质量。所以维持平稳的蒸汽压力,是稳定操作的先决条件。通常采用294kPa($3kgf/cm^2$)、400℃过热水蒸气进行直接汽提。

二、原油蒸馏装置的操作调节

从前面的讨论可知影响常减压装置的操作因素不是孤立的,而是互相影响的。在实际生产中由于原料油性质、处理量、设备状况、公用工程等条件的变化,会产生操作波动,造成油品质量偏离指标。所以,要平稳操作,必须充分发挥操作人员的作用,全面观察分析,抓住关键参数,掌握变化的一般规律,适当进行调节,尽快平稳操作。下面对调节方法作一些原则性说明。

(一)根据原油性质变化调节操作

原油性质变化包括原油含水量的变化和原油品种的变化。

(1)原油含水量的变化。原油含水量对蒸馏系统操作影响很大,因为水的汽化潜热很大,原油含水增加,会使换热终温下降;同时由于水的摩尔质量较油品的小得多,使水的汽化体积很大,导致原油泵出口压力升高;换热系统压力增大,严重时会造成换热器憋漏;初馏塔内压力增高、塔顶油水分离罐脱水量增大,造成初馏塔操作困难,严重时会造成冲塔或塔底油泵抽空。因此,当含水量增高时,要及时补充热源,保证原油进塔温度在200℃以上。

(2)原油品种的变化。当原油品种变化时,操作指标应重新确定。如新换原油轻组分含量增加,则初馏塔塔顶压力上升,塔顶不凝气量增加,塔顶冷却负荷增大,初馏塔底液面下降,初顶汽油产量增大,产品干点下降。此时可适当降低入塔温度。但原则上必须保证轻组分充分蒸发。这样既有利于产品产率,而且也不影响常压塔、减压塔的操作。如果原油变重时,常压塔重油增多,使减压系统负荷增大,这时需要适当提高常压炉出口温度,或加大常压塔水蒸气吹入量,尽可能提高常压拔出率。原油变重时减压渣油也增多,操作中要注意减压塔底液面控制,防止渣油泵抽出不及时而造成冲塔。

(二)根据产品质量变化调节操作

常压产品主要控制石脑油的干点,煤油的闪点、冰点、密度和馏程等以及柴油的凝点、馏程的95%点等。减压润滑油馏分的主要质量指标是残炭、黏度、闪点和馏程范围等。燃料型减压塔减压部分产品质量要求低,操作调节更多的是提高拔出率。这些都和分馏效果的好坏有关。所以,在蒸馏操作中出现的产品质量问题,不外乎头轻、尾轻、头重和尾重等情况。

(1)头轻:初馏点低、闪点低(对润滑油馏分是闪点低、黏度低)。说明前一馏分未充分蒸出,这样不仅影响本侧线的产品质量,还影响上一侧线产品的收率。调节方法是提高上一侧线油品的抽出量,使塔内下降回流量减少,温度升高;或者加大本侧线汽提蒸汽量,均可使轻组分含量降低,解决头轻问题。

(2)尾轻:干点偏低,使本侧线馏分产品收率降低。调节方法是增大本侧线馏出量或开侧线下流阀,使本侧线馏分完全抽出。

(3)头重:初馏点偏高,是上一侧线抽出量过多所致,调节方法是适当减少上一侧线抽出量。

(4)尾重:即馏分干点高,凝点和冰点高(对润滑油馏分是残炭高)。说明与下一侧线馏分分割不清,重组分被携带上来了。这样不仅本侧线产品质量不合格,还影响下一侧线油品的收率。调节方法是降低本侧线馏分抽出量,使下一层塔板内回流量增大,温度降低,或者减少下一侧线汽提蒸汽量,均可减少重组分上升的可能性,解决馏分尾重的问题。

(三)根据产品方案改变调节操作

原油加工方案改变,操作条件必须随之而变。例如常压一线由生产灯用煤油改为生产喷气燃料,质量指标差别见表4-4。

表4-4 灯用煤油与喷气燃料质量指标差别

项目	初馏点,℃	98%馏出温度,℃	闪点,℃	密度 ρ_{20},g/cm³
喷气燃料	≤150	≤245	≥28	≤0.775
灯用煤油	—	≤310	≥40	≤0.840

以上差别,决定了生产喷气燃料时,塔顶温度不能过高,否则,重组分大量进入塔顶,喷气燃料的初馏点就会超过150℃。一侧线和二侧线温度也不能过高,否则干点就会超过250℃。

不同产品的质量指标不同,同一产品的质量要求又是多方面的,改变操作条件满足一项质量要求的同时,要兼顾其他各项质量指标。例如,提高塔顶温度,可以提高喷气燃料的闪点和相对密度,但要注意初馏点小于或等于150℃。

(四)根据处理量变化调节操作

在原油性质和加工方案不变情况下,处理量变化,全装置的负荷都要相应变化。在维持产品收率和确保产品质量的前提下,必须改变操作条件,使装置内各设备重新建立物料平衡和热量平衡。

当处理量增加时,首先升高炉出口温度,泵流量按比例提高,增大侧线抽出阀开度,各塔液面维持在较低位置,做好增加负荷的准备工作。在提量过程中,随时注意各设备和设备间的物料平衡和热平衡,设法控制炉出口温度相对稳定,以利于调整其他操作。

当处理量变化时,塔顶和各侧线等温度也要相应调整改变。例如,当处理量增大时,塔的操作压力必然上升,油气分压也要相应增大,此时塔顶和侧线温度要相应升高,否则,产品就会变轻。总之,要根据具体情况进行分析,采取对应的调节办法。

三、原油蒸馏装置开工、停工操作方案

(一)装置开工操作方案

1. 开工前的准备工作

(1)组织有关人员认真讨论开工方案,严格执行操作规程;联系好生产管理、分析化验等

相关部门配合开工;检查验收运行设备、工艺管道、仪表、消防器材等。

(2)对新增机泵进行单机试运。

(3)水联运冲洗和试压。对新上机泵、塔、换热器、管线、阀门及仪表的安装质量和运行性能进行定量考核。

(4)工艺流程蒸汽贯通试压。对系统用蒸汽进行贯通、试漏,扫除管道内杂物,检查流程是否畅通。

(5)减压塔系统抽真空试验。检查抽空器的性能,检查减压系统的气密性。

(6)柴油冲洗。清除管道和设备内存水、焊渣和杂物,校验部分仪表的使用效果。

2.装置开工

1)收油置换、建立循环

(1)改好冷循环流程,实施班组操作人员、班长、车间三级检查无误后,启动原油泵引原油至初馏塔。

(2)原油泵启动后,在塔底进行放水,待初底见液面后,立即启动初底泵,控制初底泵流量,维持初底液面平稳。

(3)常压塔底有液面后,立即启动常底泵,维持常底液面和流量平稳。

(4)减压塔底有液面后启动减底泵,走减底油换热流程、减底循环线至原油泵入口,建立三塔冷油循环。

(5)进油过程中可根据各装置实际情况,在各低点放空排水,尽量将设备内存水脱除,脱水见油时立即关闭放空阀,防止跑油。

(6)冷油循环时,常压炉和减压炉可分别点燃1~2个火嘴,循环油温保持在70~80℃。

(7)在冷油循环过程中,严格控制三塔液面,避免满塔跑油事故发生。

2)恒温脱水

(1)按原油冷循环流程,常压炉、减压炉点火升温,以20℃/h的速度,将炉出口温度提高到150℃,进行恒温脱水约12h。每2h对塔底备用泵进行预热切换顶水。

(2)电脱盐罐注破乳剂、注水、送电,加强脱盐脱水。

(3)加强三塔塔底切水,加强塔顶回流罐切水,保证塔顶回流用油。

(4)启用初顶、常顶冷却系统,控制初顶、常顶油冷后温度不大于45℃。调节渣油冷却器,控制渣油冷后温度80~100℃。

(5)通过"一听、二看、三观察"的方法,保证脱水过程顺利完成。

3)恒温热紧

(1)常压炉和减压炉以20℃/h速度升温至250℃,升温过程适时投用并建立塔顶回流,控制初顶、常顶温度。

(2)常压炉出口达250℃时恒温6h,全面进行管道及设备检查,对一些高温油线法兰、设备、管道、法兰连接处、螺栓进行热紧,并对塔、容器、加热炉、冷换设备进行全面检查。

(3)对常压塔、初馏塔各侧线机泵全面检查,做好开泵准备工作,改通各侧线流程,达到投用要求。

(4)改通各中段抽出流程,并在流程低点加强切水,防止中段回流带水,达到循环投用要求。

(5)将过热蒸汽引进加热炉,并放空。

4)循环升温、切换原油

(1)常压炉出口温度以40~50℃/h速度升温至300℃,维持减压炉出口温度在300℃左右,切换原油,投用电脱盐罐,将常底油、减底油外甩至罐区。

(2)切换原油后,常压炉继续以40~50℃/h速度升温,常压塔逐渐开启侧线,建立一中、二中循环,炉出口温度按规定指标控制。常压炉出口温度达到300℃时,由上至下依次开侧线和循环回流,做好物料平衡,尽快使操作稳定。

(3)常压塔及各汽提塔吹汽,引汽前必须放尽管线内冷凝水,严防水击或汽提水蒸气。

5)减压抽真空、开侧线

(1)常压各侧线开启后,减压炉开始增点火嘴升温,减压炉出口温度升温速度按20℃/h进行。

(2)当减顶温度达到70℃时,通过外借催化裂化柴油或常压侧线及时打回流,控制顶温。通过引外回流,建立减一中循环。

(3)炉出口温度升至330℃时,开抽真空系统,逐渐建立真空度。

(4)当减一线集油箱液面高时,先不要向外排放,通过内回流,建立减二线集油箱液面,建立二中循环回流,从上到下,逐渐开启减压塔各中段回流和侧线。

6)调整阶段

(1)开侧线时,开始先入污油罐,待化验合格后改入成品罐。

(2)调节各侧线的冷却系统,控制出装置温度在指标内。

(3)常减压基本稳定后,逐渐提量至规定要求。

(4)各温度、压力、流量按工艺指标调整,保证操作平稳,质量合格。仪表由手动改自动。

(5)投用加热炉烟气能量回收系统。

(二)装置停工操作方案

1.停工前的准备工作

明确设备管线吹扫的具体要求,做好停工时油罐安排、扫线蒸汽的安排;停工线路及扫线的准备工作;检查消防器材是否齐全,把各区域污油放空管线扫通备用。明确停工注意事项,防止着火爆炸及人身伤亡事故发生。

2.停工前的操作调整

(1)在加热炉熄火、装置停工前,可提前将电脱盐罐切除。

(2)切除蒸汽发生器,引入外供蒸汽替代自产蒸汽。

(3)停加热炉连锁系统。

(4)停工前将三顶气体引入放空罐。

3.停工步骤和方法

1)原油降量

(1)原油以30~50t/h的速度降量,将处理量降到下限。

(2)降量的同时,降低各侧线的抽出量,控制好各侧线、塔顶产品的温度以保证产品质量,适当减少各汽提蒸汽量,确保三塔液面平稳。

(3)降量的同时降低各中段回流量。

(4)降量过程中,逐步熄灭火嘴,控制好加热炉出口温度,火嘴灭火后,及时扫线以防凝线。

(5)降量过程中注意渣油和各侧线产品的冷后温度,并做好相关单位的联系工作。

(6)注意对各容器界面和液面的检查,防止跑油事故发生。

2)减压系统降温停侧线

(1)当处理量降至下限后,减压炉开始以30~40℃/h速度降温。

(2)减压炉出口温度降至300℃时,开始破坏真空度,首先关闭末级冷却器放空阀、水封罐顶放空阀,再逐渐关闭一级、二级抽空器,减压塔逐步恢复正压。操作中控制破坏真空速度,不大于26kPa/h。

(3)当减压炉熄火后应及时扫线,并焖炉。

(4)在降温过程中减一线打全回流,防止减压塔顶温度太高。

(5)当减压塔顶真空度小于80kPa时,停减二线中回流及相应的侧线抽出,集油箱液面抽空后停泵,关闭塔壁抽出阀进行系统扫线。

(6)当减顶温度低于50℃,真空度小于26kPa时,停减顶或减一线回流,并进行扫线。

(7)停回流后,减顶分水罐液面及时调整,防止跑油。

(8)减压塔恢复正压后,要及时打开水封罐顶部及末级放空阀,严防超压。

3)常压系统降温停侧线

(1)停减二线后,常压炉开始降温,控制降温速度30~40℃/h,逐步熄灭火嘴,保持温度下降平稳。

(2)降温的同时,逐步降低常压塔进料量,关掉常压塔底汽提蒸汽,并降低各液位,塔底液位降至20%~30%。

(3)适当调节控制参数和回流取热量,保证产品质量,炉出口温度降至300℃左右时,依次停掉二中、一中循环。泵出入口给汽,将存油赶至塔内。

(4)常压炉出口温度降至250℃左右时,降低侧线汽提塔界位,直至侧线泵抽空。

(5)当常压炉出口温度降至250℃时,常压炉熄燃料油火嘴并及时扫线,最后熄燃料气火嘴,焖炉。

(6)停初底泵、原油泵。

(7)当常三线停掉后,联系生产管理部门将重油改进重油接受罐。

(8)联系生产管理部门和油品罐区,做好退油准备工作。

4)退油

(1)加热炉熄火后,可通入蒸汽,或保留1~2个火嘴不熄,主要是控制炉膛温度适宜,以利于加热炉退油和吹扫。

(2)分别在原油泵和初底泵出口给汽,将原油赶至塔内,通过初底泵、常底泵和渣油泵退油。

(3)反复启动初底泵、常底泵和减底泵,将初馏塔、常压塔及减压塔底液位抽空,直至将存油退至渣油系统。

(4)退油时,适时调节冷却器循环水量,控制重油外甩温度小于或等于90℃,逐步退出装置内存油。

(5)保持初顶、常顶塔顶回流,控制塔顶温度小于或等于130℃,清洗两塔塔板。当两塔塔顶温度降至80℃时,停掉顶回流,将初顶、常顶回流罐、成品罐存油抽尽后再停泵。

5)停工吹扫

(1)装置全面扫线之前与有关单位联系好,做好分工,明确责任,扫线必须在油抽尽之后进行,扫线要集中用汽,先扫重油线,后扫轻油线。

(2)扫线过程中,塔、压力容器不得超过试压压力。

(3)常压塔、初馏塔系统吹扫,要看好塔顶压力,适时打开两塔顶部放空,保持压力正常。

(4)蒸塔时,初馏塔与初顶空冷、初顶回流罐、初顶产品罐一起蒸;常压塔、减压塔亦如此。

(5)在观察塔底介质无油时,蒸塔结束。

(6)装置清洗分柴油冲洗和化学清洗:柴油冲洗主要是对减压塔的填料进行清洗,使污油或固体颗粒离开填料溶入柴油而达到清洗的目的。化学清洗是传统清洗与钝化法的结合,即在化学清洗剂中适当地添加了钝化剂成分,化学清洗分阶段进行,以达到清除污垢的作用。

四、原油蒸馏操作故障分析及处理

常减压蒸馏装置在操作过程中的常见事故及处理方法见表4-5。

表4-5 原油常减压蒸馏装置常见事故及处理方法

事故名称	事故原因	事故现象	事故处理方法
瞬时停电	电网电压突然波动,电压突然下降同时又恢复	(1)低压泵停; (2)原油泵、初底泵,常底泵三台高压泵由于电磁作用自动恢复; (3)初、常空冷停,两塔压力上升	(1)到泵房重新启动电动机; (2)到汽油泵房内启动空冷风机; (3)重新启动加热炉引风机; (4)对外联系
装置外供蒸汽突然中断	外供蒸汽出现故障	(1)减压塔真空度急剧下降; (2)减一中泵抽空	(1)减底外送保持最大量; (2)如真空度下降,将减顶瓦斯去炉阀关闭; (3)减压借常三线、常四线打减顶回流; (4)降低加工量; (5)降减压炉炉温; (6)关闭一级、二级真空泵蒸汽阀
加热炉点天灯	初顶、常顶汽油外送送不出去,造成液面高,窜入炉膛内引起	炉子冒黑烟且有火苗	(1)将三顶瓦斯(初顶、常顶、减顶)排空; (2)将三顶瓦斯去加热炉的阀门关闭; (3)按紧急停工处理,降量降温,重质油先进行吹扫; (4)往炉膛吹汽灭火; (5)关闭塔底吹汽阀; (6)降低回流罐油水界面
蒸发塔顶汽油外送送不出去	阀本身故障	回流罐液面升高,造成跑油或加热炉点天灯	(1)控制阀改走侧线; (2)酌情关闭去炉瓦斯线阀门,防止油窜入炉内; (3)蒸顶瓦斯放空; (4)降低回流罐油水界面

续表

事故名称	事故原因	事故现象	事故处理方法
加热炉炉管破裂着火	年久腐蚀	炉膛发暗,烟囱冒黑烟,炉膛温度高	(1)降量操作; (2)加热炉熄火; (3)加热炉停止进料; (4)向炉膛吹汽; (5)关小烟道挡板; (6)停引风机
原油严重带水	原油罐未切水或切水未切尽	初馏塔进料温度下降,初顶压力上升,初顶回流罐水位上升,初顶回流量增加,塔底液面降低,原油泵流量下降等	(1)加强电脱盐切水,停止脱盐注水; (2)加强回流罐切水; (3)增开空冷风机或降低处理量; (4)回流罐放空; (5)适当提高初馏塔塔顶温度; (6)关小或关闭初底吹汽量
常压塔顶回流带水	回流罐油水界位控制阀不好或失灵,原油含水量高脱盐效果不好	水界位高过正常范围,温度急剧下降,压力大幅上升,常一线温度下降,塔上部过冷,一线油带水	(1)如自动切水控制阀失灵,打开侧线切水阀; (2)启动塔顶空冷风机,降低塔顶压力; (3)关小塔底汽提蒸汽阀,降低塔内吹汽量; (4)适当降低塔顶冷回流量,提高塔顶温度; (5)后冷冷却水全开; (6)常顶回流罐放空打开; (7)降量操作; (8)若脱盐效果差、停止脱盐罐注水

第五节　原油蒸馏设备的腐蚀与防腐

随着国民经济的迅猛发展,对石油产品的需求量不断增加,炼油厂加工原油种类日趋复杂、原油性质变差,硫含量和酸值均有所增加,设备腐蚀问题日趋严重。因此研究腐蚀原因,采取有效的防腐措施是一个重要课题。

一、原油蒸馏设备的腐蚀

原油蒸馏装置按其腐蚀部位不同,通常分为以下两种腐蚀。

(一)高温重油部位对金属的硫腐蚀

原油中的硫可按对金属的作用分为活性硫化物和非活性硫化物。高温重油部位腐蚀的主要原因是由活性硫化物引起的,温度越高、活性硫化物含量越多,腐蚀越严重。活性硫化物包括硫化氢、硫醇和单质硫。

硫化氢和铁能直接作用,生成硫化亚铁。硫醇与铁接触也产生腐蚀。反应方程式如下:

$$H_2S + Fe \longrightarrow FeS + H_2 \uparrow$$

$$2RSH + Fe \longrightarrow (RS)_2Fe + H_2 \uparrow$$

$$R—CH_2—CH_2—SH + Fe \longrightarrow RCH=CH_2 + FeS + H_2 \uparrow$$

中性硫化物本身对金属无腐蚀作用,但有些硫化物热稳定性很差,如硫醚、二硫化物等,在加工过程中很易分解成活性硫化物。同时在高温下还能分解生成单质硫,单质硫可直接与铁作用,生成硫化亚铁而腐蚀设备。

$$S + Fe \longrightarrow FeS$$

活性硫化物腐蚀后生成的硫化亚铁,能在金属表面形成保护膜,对金属有保护作用。但机械强度较差,在高速流体的冲击下,腐蚀层就会被破坏而脱落,新的金属表面重新暴露在腐蚀介质中,形成恶性循环引起局部严重腐蚀,称为冲蚀。

高温重油部位的腐蚀常发生在常压、减压加热炉管、转油线,蒸馏塔进料部位、塔底、热油泵的叶轮等高温重油部位。

相应的防腐措施是采用防腐蚀材质,如 Cr5Mo、12CrMo 合金钢,或采用涂料、衬里等。

(二)低温轻油部位对金属的腐蚀

低温轻油部位腐蚀的主要原因是原油脱盐不彻底仍含盐,在有液相水存在的情况下形成酸腐蚀,按其腐蚀机理分主要有下面两类腐蚀。

1. 化学腐蚀

原油虽经脱盐脱水,但仍含一定数量的无机盐和水,其中氯盐在 120℃以上易水解生成氯化氢。

$$MgCl_2 + 2H_2O \rightleftharpoons Mg(OH)_2 + 2HCl$$

$$CaCl_2 + 2H_2O \rightleftharpoons Ca(OH)_2 + 2HCl$$

水解生成的氯化氢随轻馏分和水蒸气经由塔顶馏出进入冷凝冷却系统后,由于温度降低水蒸气冷凝,氯化氢便溶于冷凝水中生成盐酸,形成 $HCl—H_2O$ 型严重腐蚀,即

$$Fe + 2HCl \longrightarrow FeCl_2 + H_2$$

加工含硫原油时塔内存在硫化氢,硫化氢腐蚀金属生成硫化亚铁,即

$$Fe + H_2S \rightleftharpoons FeS + H_2$$

在盐酸存在时,硫化亚铁与盐酸作用又生成氯化亚铁和 H_2S,即

$$FeS + 2HCl \longrightarrow FeCl_2 + H_2S$$

氯化亚铁溶于水,破坏硫化亚铁形成的保护膜,又放出硫化氢,再次腐蚀金属,这类腐蚀称为 $H_2S—HCl—H_2O$ 型腐蚀。腐蚀部位集中在冷凝水出现的相变区内,如分馏塔顶及塔顶冷凝冷却系统。

2. 电化学腐蚀

所谓电化学腐蚀,就是可以导电的电解质溶液与金属表面接触形成的微电池所引起的腐蚀。

塔顶冷凝的水蒸气溶解了氯化氢,形成盐酸溶液。盐酸溶液是电解质溶液,此时在金属表面形成无数微电池。氯化氢在水分子作用下,提供了 H^+,即

$$HCl \longrightarrow H^+ + Cl^-$$

在电解质溶液中(氯化氢溶液),进行氧化还原反应。其中电极电位低的铁为负极,发生氧化过程,金属铁不断被腐蚀,亚铁离子不断溶入液相,电极电位高的碳化铁 Fe_3C 或焊渣等杂质为正极,正极上进行还原过程,溶液中的氢离子得到电子生成氢气,即

$$负极(Fe)Fe-2e \longrightarrow Fe^{2+}(氧化)$$

$$正极(Fe_3C)2H^+ +2e \longrightarrow H_2\uparrow(还原)$$

发生电化学腐蚀的部位集中在相变区内,如分馏塔顶及塔顶冷凝冷却系统;还有以燃烧含硫燃料的烟道内及暴露在大气中的金属表面。

这种电化学腐蚀的速度比化学腐蚀快得多,金属表面越不光滑(焊缝处),电化学腐蚀就越严重。

二、原油蒸馏设备的防腐措施

我国各炼厂普遍采取的防腐措施是"一脱四注",即原油脱盐脱水、原油注碱、塔顶馏出线注氨、注缓蚀剂和碱性水。实践证明,这是一种行之有效的防腐措施,基本消除了氯化氢的产生,抑制了常减压蒸馏装置的腐蚀。"一脱四注"位置图如图4-20所示。

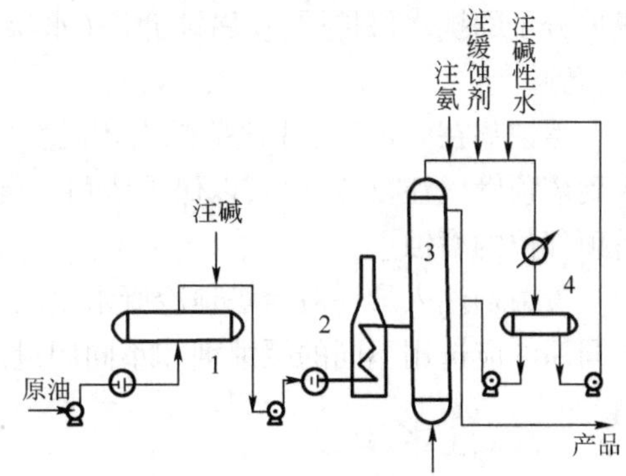

图4-20 "一脱四注"位置图

1—电脱水脱盐罐;2—常压加热炉;3—常压蒸馏塔;4—常压蒸馏塔顶回流罐

(一)原油脱盐脱水

原油脱盐脱水能充分脱除原油中的盐类,降低容易水解的氯化镁、氯化钙的含量,减少水解产生氯化氢,是减少三塔塔顶及冷凝冷却系统腐蚀的根本措施。

(二)原油注碱

原油脱盐后注入纯碱(Na_2CO_3)或烧碱(NaOH)溶液可以起到以下两方面作用:

(1)使原油中残留的容易水解的氯化镁、氯化钙转变为不易水解的氯化钠,即

$$MgCl_2 + Na_2CO_3 \longrightarrow 2NaCl + MgCO_3$$

(2)中和已生成的氯化氢和原油中含有的硫化氢、环烷酸等,即

$$Na_2CO_3 + 2HCl \longrightarrow 2NaCl + H_2O + CO_2$$

国内注碱液一般为纯碱(Na_2CO_3)溶液,国外一般为烧碱(NaOH)溶液。注入量一般为中和脱盐后原油中腐蚀性物质所需理论量的100%~150%。对国产原油(脱盐后原油含盐量约10mg/L)的碱液注入量为10g纯碱/t原油,碱液浓度约为5%。

从防腐方面来说,注碱将获得良好的效果,但从工艺和产品质量来衡量,由于钠盐残留在渣油中,对渣油的进一步加工或作为燃料油组分,都有一定影响。由于钠盐带入减压侧线馏分中,对溶剂精制装置也产生不良影响,并且注碱(特别是烧碱)可能引起高温部位(如辐射炉管)钢材的碱脆以及加速炉管结垢。所以,一般对装置按燃料型方案设计时应予注碱,按润滑油方案设计时不宜注碱,对深度脱盐后原油含盐量小于5mg/L时可不注碱。

(三)塔顶馏出线注氨

原油脱盐和注碱后,系统腐蚀可以大为减轻。但是,残余的氯化氢和硫化氢,仍能引起严

重腐蚀。注入氨水来中和这些酸性物质,可进一步抑制腐蚀作用。同时还可以更好的发挥缓蚀剂的保护作用。反应方程式如下:

$$NH_3 + HCl \longrightarrow NH_4Cl$$

注入位置在塔顶馏出管线上水的露点以前,这样氨与氯化氢气体充分作用而生成氯化铵,氯化铵经水洗后被带出冷凝系统。

氨的注入量用塔顶馏出系统冷凝水的 pH 值来控制,一般 pH 值在 7.5~8.5。可以注入浓度 10%~20% 的氨水,也可以注入气态氨。

(四)塔顶馏出线注缓蚀剂

缓蚀剂是一种表面活性剂有保护金属表面不被腐蚀的作用。它能吸附在金属表面上,形成单分子的抗水保护层,使腐蚀介质(水层)不能与金属面直接接触,从而保护了金属表面不受腐蚀。

缓蚀剂在一定的 pH 值范围内才能发挥保护金属的作用,收到较好的效果,所以常将其注入到塔顶管线注氨点之后,以保护塔顶冷凝冷却系统;另一部分注入塔顶回流管线内,以防止塔顶部位的腐蚀。

缓蚀剂注入量一般为塔顶冷凝水量的 10~15μg/g,或为塔顶总馏出物的 0.5μg/g。通常不同原油应选用不同的缓蚀剂和不同用量。

(五)注水

塔顶管线内注氨后生成的氯化铵沉积在管线及冷凝器管壁上,既增大介质流动阻力又影响传热效果,同时还会产生垢下腐蚀。注水的作用一方面是使氯化铵溶解于水中而洗去;另一方面,注入适量水后,可使塔顶相变区移至冷凝器之前,降低冷凝液中腐蚀性物质的浓度,从而减少设备和管线的腐蚀。

注入部位在塔顶冷凝器或换热器入口管线前,注水量必须保证能除去生成的全部氯化铵,国内一般为塔顶馏出量的 5%~10%。

上述"四注"措施的作用不一,因而实际生产中可根据原油的性质及装置的具体要求而定,也可以采用"两注"或"三注"。例如,大庆炼厂常减压蒸馏装置在处理大庆原油时,采用注氨和注水的"两注"措施,不但能防止塔顶系统的腐蚀,而且还可以省去汽油碱洗过程,节省了相应的碱洗设备。近年来在深度脱盐的前提下,调整好注氨、注缓蚀剂量,停止注碱,也能控制塔顶低温部位腐蚀,也可将"一脱四注"改为"一脱三注"。

第六节　原油常减压装置的能耗与节能

常减压蒸馏装置是炼厂的龙头装置,在生产能源的同时又消耗能源,装置的能耗一般占到全厂总能耗的 14%~15%。自 20 世纪 80 年代开始,我国开展了大规模的节能降耗活动,成绩显著。据统计,2002 年中石化所属炼厂常减压装置平均能耗约为 495.72MJ/t 原油[11.84kgEO(标准油)/t 原油],国外先进水平已达 419MJ/t 原油[10.02kgEO(标准油)/t 原油],相比之下我国常减压蒸馏装置的能耗偏高,节能降耗潜力较大。如果实现全面节能降耗,能为炼厂带来良好的经济效益。

一、原油蒸馏装置的能耗分析

(一)常减压蒸馏装置能耗组成

装置能耗主要是工艺过程所必须消耗的燃料、蒸汽、电力及水等所产生的能量消耗。其中燃料能耗占整个装置能耗的60% ~85%,蒸汽和电分别占整个装置能耗的10% ~15%,水等占整个装置能耗的4%左右。因此在保证产品质量和收率的前提下,如何降低燃料消耗对常减压装置节能降耗是至关重要的。

(二)影响装置能耗的主要因素分析

1.原油性质影响

原油性质对蒸馏装置能耗的影响是比较复杂的。原油性质主要包括原油的特性因数、相对密度(或API度)、轻质油收率和总拔出率以及原油硫含量和酸含量等。

1)原油特性因数的影响

原油的特性因数对能耗有一定的影响,但基本可以忽略不计。因为冷热物流吸放热量随特性因数变化基本一致,基本可以抵消特性因数差异对能耗的影响。

2)原油相对密度及拔出率的影响

一般地原油相对密度越小,API度越大,原油越轻,汽化率也越大,拔出率越高,装置工艺用能也就越多;工艺总用能多,可回收的绝对热量也大。能耗与拔出率存在一定的线性关系。

表4-6列出了典型的进口原油和国内原油相对密度、减压拔至530℃的总拔出率和能耗。

表4-6 几种典型原油的能耗计算结果汇总表

序号	原油名称	相对密度 d_4^{20}	总拔出率 %	基准能耗 MJ/t 原油	基准能耗 kgEO/t 原油
1	俄罗斯原油	0.8379	85.37	503.67	12.03
2	利比亚原油	0.8614	80.26	495.30	11.83
3	伊朗轻油	0.8560	78.47	479.39	11.45
4	沙特阿拉伯轻油	0.8565	76.90	484.83	11.58
5	伊拉克轻油	0.8511	76.44	474.78	11.34
6	卡宾达原油	0.8706	72.46	455.94	10.89
7	沙特阿拉伯中质油	0.8664	72.40	454.26	10.85
8	阿曼原油	0.8518	71.90	456.78	10.91
9	大庆原油	0.8563	63.29	431.66	10.31
10	胜利原油	0.8808	61.99	424.96	10.15

3)原油硫含量或酸含量的影响

虽然原油中硫含量或酸含量并不直接对装置能耗产生影响,但是加工高硫原油(主要是进口原油)、高酸原油或高硫高酸原油时,与装置热回收率和装置换热设备的一次投资及投资回收期有关,在考虑投资因素的情况下,换热终温将有所降低,能耗也将提高。所以硫含量、酸含量对装置能耗的影响需要通过综合技术分析确定。

2. 减压拔出深度的影响

国内减压拔至530℃,国外一些常减压装置拔至565℃作为标准操作条件。随拔出深度增加,工艺用能相应增加,当然可回收热量也会随之增加,但这部分热量不能100%回收,仍使装置总能耗有所增加。但其能耗的增加最终体现在总拔出率的增加上面。

3. 回收轻烃的影响

进口原油相对密度较小,轻烃含量普遍较高,对于加工规模较大的常减压蒸馏装置,通常对进口原油中的轻烃予以回收,常采用脱丁烷→脱乙烷→脱戊烷三塔流程。这也将消耗一定的能耗,其能耗比例与原油中液化石油气收率有着一定的线性关系,通常随原油中液化石油气收率不同,其能耗为165~25MJ/t原油,即约占装置能耗的3%~5%。

4. 产品方案的影响

装置能耗由于产品方案不同,存在一定的差异。减压系统生产润滑油原料时的能耗同生产催化或加氢裂化原料时相比,能耗增加。因为润滑油原料对产品分割要求严格,需要较高的分离精确度,这就要求进料有较高的过汽化率,以确保一定的塔内回流量。此外,要保证产品质量,所需的汽提蒸汽增加,减顶冷凝冷却系统的冷却负荷增大。所以,减压蒸馏系统生产润滑油方案时能耗大约增加20.0MJ/t原油。

5. 装置负荷率的影响

装置负荷率为加工量相对于设计满负荷时的相对百分数,通常规定负荷率的上限为120%,下限为60%。装置负荷率越低单位能耗就越高。装置的能耗可以划分为两部分:一部分是“可变能耗”,它随负荷的变化成正比例变化;另一部分是“固定能耗”,它基本不随负荷的变化而变化。尽管装置负荷率对能耗的影响原因很多,但基本均可以用装置的“固定能耗”所占百分率对其分析。固定能耗增大,负荷率降低对能耗的影响就大。对常减压蒸馏装置来说,固定能耗的主要分布为:设备及管线的散热损失、部分机泵及电脱盐的电耗、抽空器蒸汽耗量,以及一些在负荷变化时一般不加调整的耗能设施所耗的水、电、汽等,如冷却器用水、燃烧器的雾化蒸汽等。随着负荷率下降,有些设备因效率降低也可能引起能耗增加,如加热炉过剩空气系数在低负荷时需要高一些,换热器因流速低结垢速率增加而影响回收换热量等。

通过对常减压蒸馏装置能耗的分析,并考虑到常减压装置的日趋大型化,一般固定能耗大约占总能耗的25%。

6. 装置规模对能耗的影响

加工规模越小,装置能耗越高,这是因为小设备、小机泵本身效率较低,更主要的是散热损失大。

7. 其他因素的影响

诸如季节、气温条件、公用工程条件、同其他装置(或单元)间的互供条件、地区条件、运转周期(初期和末期)、开停工次数等因素对装置的能耗都产生一定影响。

二、原油蒸馏装置的节能途径

（一）采用新型工艺流程

采用新的节能型工艺流程，在初馏塔之前增加一个闪蒸塔，原油换热至180℃进入闪蒸塔，塔顶油气进入初馏塔，闪蒸塔底油进一步换热进入初馏塔，称为前置闪蒸。在现有初馏塔之后再增加一个闪蒸塔，初底油再进一步闪蒸后进入初底油换热系统，称为后置闪蒸。该技术较适于加工国外进口原油常减压蒸馏装置改造，采用二级闪蒸技术，可以降低能耗0.15kg EO/t原油。

在原油三段汽化流程基础上，增加一个蒸馏塔，形成初馏—常压——级减压—二级减压的四级蒸馏。采用四级蒸馏技术，燃料消耗可降低0.66kg EO/t原油。扬子石化5Mt/a常减压装置改造即采用四级蒸馏技术。

（二）优化塔的设计

减压塔采用全规整填料及高效分布器等，能够提高塔的分离效率，降低能耗。此外，适当增加塔盘数，减小回流比或取消塔顶冷回流，用塔顶循环回流代替冷回流，有利于换热，降低了塔顶冷凝冷却器负荷等都能够降低装置能耗。

（三）应用“窄点技术”优化换热网络

“窄点技术”是指在冷、热物流的热回收过程中，有一最小传热温差处，即窄点。窄点决定了最小加热和冷却公用工程用量，应用窄点技术指导换热，能够优化设计目标，其换热的匹配原则是窄点以上不能有冷却公用工程，窄点以下不能有热公用工程，不能跨越窄点换热。

在常减压蒸馏装置的换热网络设计中，应用窄点技术求出窄点位置，并求得不同窄点温差下的原油换热终温与换热面积的关系，通过计算求出操作费用与设备费用之和最小的定量设计，从而得到优化的换热网络。采用这种技术设计比传统方法节能30%～50%，节省投资10%左右；对老厂改造也可节能20%～35%，且可在3年之内收回投资。

（四）优化塔的取热比例，合理利用热源

常压塔和减压塔过剩热量（回流热），是通过塔顶回流和各中段循环回流取出的，以此形成塔内回流，从而保证塔的传热和传质。采取不同的方式、在不同部位、按不同的取出比例取热对最终装置的能量消耗将会产生较大的影响。为此应尽量多地取出下部高温位热量，从而提高能量的利用品质，获得更高的热利用率。当各塔的中段回流取热分配确定后，另一个优化问题就是返塔温差，当抽出温度高于窄点温度时，返塔温度也要高于窄点温度，小温差、大流率有助于提高取热温位，强化换热。

（五）优化加热炉操作，提高加热炉效率

在炉子所需热负荷确定的条件下，如何提高加热炉效率则是进一步降低能耗的关键。提高加热炉效率主要措施如下：

(1)优化余热回收系统,降低排烟温度以减少排烟损失。应用高效率空气预热器,可使燃料消耗降低10%以上。

(2)降低过剩空气系数,减少排烟损失。首先选用性能良好的燃烧器,确保燃料在较低的过剩空气系数下完全燃烧;其次,操作中管好“三门一板”(油门、气门、风门和烟道挡板),确保管式炉在合理的过剩空气系数下运转;再有就是做好堵漏工作,因为炉子通常情况下是在负压下操作的,若看火门、人孔门和弯头箱门关闭不严或炉墙处有泄漏,就会从这些地方漏入空气,这些空气不仅不参加燃烧,还会带走热量。

(3)减少不完全燃烧的措施是选用高效燃烧器,并及时、定期维护,使燃烧器长期在良好状态下运行,再有就是精心调节“三门一板”,使过剩空气量既不多,也不少。

(六)优化装置操作,减少蒸汽用量

蒸汽耗能一般占装置总能耗的10% ~15%,所以减少蒸汽用量对装置的节能也很重要,通常采取以下措施:

(1)提高汽提蒸汽量可有效降低塔内油气分压,降低各组分沸点;提高组分间的相对挥发度,有利于产品分离,是一项节能措施。但过大将加大塔顶冷却负荷。

(2)采用高效抽空器,降低蒸汽耗量。同时用机械真空泵取代或部分取代蒸汽抽空器,则可以较大幅度节约蒸汽,同时减少减顶冷凝冷却器负荷。

(3)采用大型高效燃烧器,减少雾化蒸汽用量。

(4)合理使用伴热,可考虑采用低温位热源伴热或采用电伴热。经比较,高凝点重油采用电伴热更经济合理。

(七)合理平衡装置动力,减少用电消耗

装置用电一般占到装置总能耗的10% ~15%,降低用电量对装置节能同样重要,通常采取以下措施:

(1)尽量采用高效机泵,因为常减压装置机泵数量多、流量大,电耗仅次于燃料消耗,影响耗电量的主要因素是泵的效率、电动机效率和泵的运行是否在高效区等。另外就是采用变频调速技术,该技术已较普遍采用。

(2)采用先进的电脱盐技术,如交直流电脱盐、高速电脱盐技术,其电耗均相对较低。

(3)采用调角风机等措施降低空冷电耗。

(八)采用高效换热器,提高换热效率

高效换热器可在较小压力损失情况下,获得较高的传热系数,且不易结垢,有利于长周期运行,如使用双弓板、折流杆、螺旋折流板式换热器等。采用高效换热器,是投资少、见效快,能提高原油换热终温的措施。

(九)回收低温余热,降低能耗

(1)用塔顶油气与原油深度换热。

(2)充分利用产品低温热能,如电脱盐排水预热其注水等。

(3)产品低温热纳入全厂统一考虑,如集中发电、生活区供暖等。

(十)采用先进自动控制优化操作

采用先进的计算机控制系统,甚至在 DCS 基础上采用先进控制(APC),在保证产品收率和质量的同时获得较低的操作能耗。

第七节 原油蒸馏塔的工艺计算

原油蒸馏塔的工艺计算分两种:一是蒸馏塔工艺设计计算,二是蒸馏塔的工艺核算。前者是根据油品性质数据及工艺要求,设计一个合适的蒸馏塔,并确定有关操作参数;后者是在现有蒸馏塔结构、操作条件和油品性质等数据已知的条件下,核算现有设备是否符合生产要求,为蒸馏的操作、改造提供依据。本节重点讨论工艺设计计算。

一、原油蒸馏塔工艺计算所需的基础数据和设计计算步骤

(一)计算所需的基础数据

(1)原料油性质,其中主要包括实沸点蒸馏数据、密度、特性因数、相对分子质量、含水量、黏度和平衡汽化数据等;

(2)原料油处理量,包括最大和最小可能的处理量;

(3)根据正常生产和检修情况确定的年开工天数;

(4)产品方案及产品性质;

(5)汽提水蒸气的温度和压力。

上述基本数据通常由设计任务给定。此外,应尽量收集同类型生产装置和生产方案的实际操作数据以供参考。

(二)设计计算步骤

(1)根据原料油性质及产品方案确定产品收率,作物料平衡;

(2)列出(有的需通过计算求得)相关各油品的性质;

(3)决定汽提方式,并确定汽提蒸汽用量;

(4)选择塔板形式,并按经验数据确定各塔段的塔板数;

(5)画出精馏塔草图,包括进料及侧线抽出的位置、中段回流位置等;

(6)确定塔内各部位的压力和加热炉出口压力;

(7)决定进料过汽化度,计算汽化段温度;

(8)确定塔底温度;

(9)假设塔顶及各侧线抽出温度,作全塔热平衡,求出全塔回流热,选定回流方式及中段回流的数量和位置,并合理分配回流热;

(10)校核各侧线及塔顶温度,若与假设值不符,应重新假设并计算;

(11)画出全塔气液相负荷分布图,并将上述工艺计算结果填在草图上;

(12)计算塔径和塔高;

(13)作塔板水力学校核。

二、原油蒸馏塔的物料平衡与热平衡

(一)原油蒸馏塔的物料平衡

原油蒸馏塔的物料平衡是设计计算蒸馏塔尺寸、确定操作条件的主要依据,是分析、解决生产中存在问题的重要手段。

原油蒸馏塔的物料平衡,分全塔和局部两种。全塔的物料平衡如图 4-21 所示。

作物料衡算首先要画好草图,然后确定衡算范围(即作隔离体系),如图 4-21 中的虚线范围为全塔物料平衡时的隔离体系。再确定衡算基准,常以每小时的流量作为基准。图中的塔顶回流和汽提塔汽提出的油气属于塔内部循环,其流量大小不计入物料平衡范围内。

根据质量守恒定律,进入系统的物料量应该等于离开系统的物料量,即入方 = 出方,即

$$G + G_{BW} + G_{B1} + G_{B2} = G_D + G_1 + G_2 + G_W + G_{BD}$$

式中 进入系统的物料(入方)有:

G——原油进塔量,kg/h;

G_{BW}——塔底汽提水蒸气量,kg/h;

G_{B1}——一侧线汽提水蒸气量,kg/h;

G_{B2}——二侧线汽提水蒸气量,kg/h。

离开系统的物料(出方)有:

G_D——塔顶产品量,kg/h;

G_1——一侧线产品量,kg/h;

G_2——二侧线产品量,kg/h;

G_W——塔底产品量,kg/h;

G_{BD}——塔顶冷凝水量,kg/h。

蒸馏塔的局部物料衡算方法同上。

(二)原油蒸馏塔的热平衡

蒸馏塔的热平衡,分为全塔热平衡和局部热平衡。下面以全塔热平衡为例(图 4-22),介绍确定热平衡的方法。

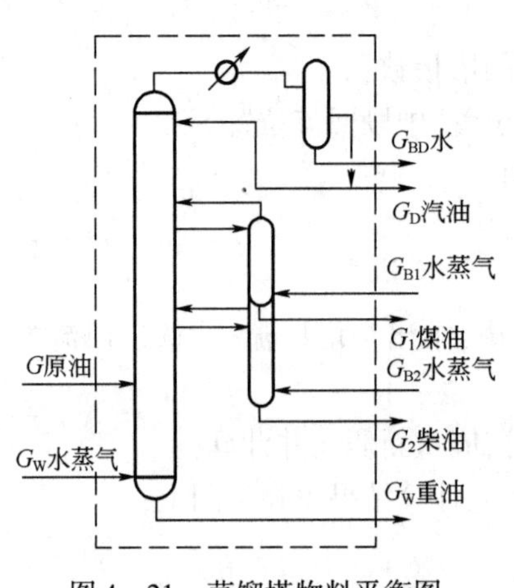

图 4-21 蒸馏塔物料平衡图

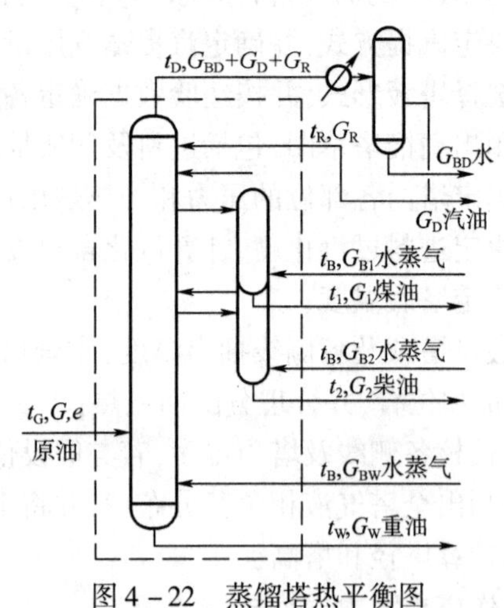

图 4-22 蒸馏塔热平衡图

热平衡计算步骤与物料平衡计算步骤基本相同。先画出草图,选取一个适宜的隔离体系,如图4-22所示的虚线范围。在图上标出进、出物料量、物流的温度、压力等已知或未知条件,然后列出热平衡方程,若不考虑塔的散热损失,则 $Q_{入}=Q_{出}$。

其中,入塔热量:

$$Q_{入}=Geh_{t_G}^{V}+G(1-e)h_{t_G}^{L}+G_{BD}h_{t_B}^{V}+G_{R}h_{t_R}^{L}$$

式中 $Q_{入}$——进入蒸馏塔的总热量,kJ/h;

G——原油进塔量,kg/h;

e——原油在进料处的汽化率;

$h_{t_G}^{V}$——进塔原油中气相的焓,kJ/kg;

t_G——原油进塔温度,℃;

$h_{t_G}^{L}$——进塔原油中液相的焓,kJ/kg;

G_{BD}——进入蒸馏塔的水蒸气量,kg/h;

$h_{t_B}^{V}$——水蒸气的焓,kJ/kg;

t_B——水蒸气的温度,℃;

G_R——塔顶回流量,kg/h;

$h_{t_R}^{L}$——冷回流的焓,kJ/kg。

出塔热量:

$$Q_{出}=G_{D}h_{t_D}^{V}+G_{R}h_{t_D}^{V}+G_{1}h_{t_1}^{L}+G_{2}h_{t_2}^{L}+G_{W}h_{t_W}^{L}+G_{DB}h_{t_B}^{V}$$

式中 $Q_{出}$——出蒸馏塔的总热量,kJ/h;

G_D——塔顶汽油量,kg/h;

$h_{t_D}^{V}$——塔顶汽油的气相焓,kJ/kg;

t_D——汽油馏出温度,℃;

G_1——一侧线产品量,kg/h;

$h_{t_1}^{L}$——一侧线油的液相焓,kJ/kg;

t_1——一侧线的温度,℃;

G_2——二侧线产品量,kg/h;

$h_{t_2}^{L}$——二侧线油的液相焓,kJ/kg;

t_2——二侧线的温度,℃;

G_W——塔底产品量,kg/h;

$h_{t_W}^{L}$——塔底油的液相焓,kJ/kg;

t_w——塔底油温度,℃;

$h_{t_B}^{V}$——塔顶水蒸气的焓,kJ/kg。

整理后得:

$$Geh_{t_G}^{V}+G(1-e)h_{t_G}^{L}+G_{BD}h_{t_B}^{V}-(G_{D}h_{t_D}^{V}+G_{1}h_{t_1}^{L}+G_{2}h_{t_2}^{V}+G_{W}h_{t_W}^{L}+G_{DB}h_{t_D}^{V})$$
$$=G_{R}(h_{t_D}^{V}-h_{t_R}^{L})$$

式中,$G_R(h_{t_D}^{V}-h_{t_R}^{L})$为全塔剩余的热量,即全塔回流热。回流热大致按以下比例分配:塔顶回流取热为40%~50%(包括顶循环回流),中段循环回流取热为50%~60%。

三、原油蒸馏塔主要工艺条件的确定

(一)经验塔板数

原油的组成相当复杂,目前还不能用分析法计算塔板数,一般选用生产中的经验数据,表4-7是国内外常压塔板数的参考值。

表4-7 国内外常压塔塔板数①

被分离的馏分	国内			国外
	燕山石化Ⅱ套	金陵石化Ⅰ套	上海石化	
汽油—煤油	8	10	9	6~8
煤油—轻柴油	9	9	6	4~6
轻柴油—重柴油	7	4	6	4~6
重柴油—裂化原料	8	4	6	—
最低侧线—进料	4	4	3	3~6②
进料—塔底	4	6	4	—

①表中塔板数均未包括循环回流的换热塔板。

②也可用填料代替。

(二)汽提水蒸气用量

石油精馏塔的汽提蒸汽一般都用温度为400~450℃的过热水蒸气(压力约为0.3MPa),用过热水蒸气的原因主要是防止冷凝水带入塔内。侧线汽提的目的是提馏其中的低沸点组分,提高产品的闪点、改善分馏精确度;常压塔底汽提的目的是降低塔底重油中350℃以前馏分的含量,提高轻质油收率,减轻减压塔的负荷;减压塔底汽提的目的是降低汽化段的油气分压,在允许的最高温度和所能达到的真空度下尽量提高减压塔的拔出率。

汽提蒸汽用量与轻组分含量有关,在设计计算中可参考表4-3进行选择。

由于原料不同,操作情况多变,适宜的汽提蒸汽用量还应当通过实际情况进行调整。近年来,由于对节能的重视,在保证产品质量前提下,倾向于减少汽提蒸汽用量。

(三)过汽化油量

当原料油是以部分汽化状态进入塔内,而气体部分的量仅等于塔顶及各侧线产品的量时,最低侧线至汽化段之间的塔板将没有液相回流而出现“干板”现象,此处几块塔板会失去精馏作用。所以,要求进料的汽化量,除塔顶和各侧线的产品量外,还应有一部分多余的量,这部分就是过汽化油量。过汽化油量过小影响分离效果;过大将增大加热炉负荷,所以过汽化率要适度。表4-2是国内某些炼厂原油蒸馏的过汽化率。

(四)操作压力

原油常压塔的操作压力受塔顶产品接受罐的压力制约,常压塔顶产品通常是汽油馏分或重整原料,当用水作为冷却介质时,塔顶产品冷至40℃左右,塔顶产品能基本上全部冷凝,不凝气很少。产品接受罐(在不使用二级冷凝冷却流程时也就是回流罐)的压力在0.1~

0.25MPa,为了克服塔顶馏出物流经管线和设备的流动阻力,常压塔顶的压力应稍高于产品接受罐的压力,或者说稍高于常压。

塔顶产品接受罐(或回流罐)的最低压力是塔顶产品冷却后对应温度下的泡点压力。当接受罐压力确定后,加上塔顶馏出物流经管线、管件和冷凝冷却设备的压降即可计算出塔顶的操作压力。根据经验,通过冷凝器或换热器壳程(包括连接管线在内)的压降一般为0.02MPa,使用空冷器时的压降可能稍低些。国内多数常压塔的塔顶操作压力在0.13~0.16MPa。

塔顶操作压力确定后,塔各部位的操作压力也可计算得到。各部位压力与油气流经塔板时所产生的压降有关。油气自下而上流动,压力逐渐降低。常压塔采用的各种塔板的压降见表4-8。

表4-8　各种塔板的压降

塔板形式	泡罩	浮阀	筛板	舌型	金属破沫网
压降,kPa	0.5~0.8	0.4~0.65	0.25~0.5	0.25~0.4	0.1~0.25

由加热炉出口经转油线到精馏塔汽化段的压降通常为0.034MPa,由精馏塔汽化段的压力即可推算炉出口压力。

(五)操作温度

当精馏塔各部位的操作压力确定后,就可以求定各点的操作温度。

从理论上来讲,在连续稳定操作条件下,可以把精馏塔内离开任一块塔板的或汽化段的气液两相都看成平衡的两相。则气相温度就是该处油气分压下的露点温度,而液相温度则是其泡点温度。虽然在实际生产中塔板上的气液两相未能达到平衡状态而使气相温度稍稍偏高或液相的温度稍稍偏低,但是在设计计算中,仍按上述理论假设来计算各点温度。

用热平衡和相平衡方法通过试差确定各点温度,具体算法是:先假设某处温度为t,作热平衡以求得该处的回流量和油气分压,再利用相平衡关系——平衡汽化曲线,求得相应的温度t'(泡点、露点或一定汽化率的温度)。t'与t的误差若小于1%,假设温度正确,否则重新假设计算直至达到要求的精度为止。

为了减少试差计算的工作量,应尽可能地参照炼油厂同类设备的操作数据来假设各点的温度数值。如果缺乏可靠的经验数据,或为作方案比较而只须作粗略的热平衡时,可以根据以下经验来假设温度的初值:(1)在塔内有水蒸气存在的情况下,常压塔顶汽油蒸气的温度可以大致定为该油品的恩氏蒸馏60%点温度;(2)当全塔汽提水蒸气用量不超过进料量的12%时,侧线抽出板温度大致相当于该油品的恩氏蒸馏5%点温度。

下面分别讨论各点温度的求定方法。

1. 汽化段温度

汽化段温度是进料的绝热闪蒸温度。当汽化段、炉出口的操作压力已定,且产品总收率或常压塔拔出率、过汽化度和汽提蒸汽量等也已确定时,可以算出汽化段的油气分压;进而作出进料(在常压塔的情况下即为原油)在常压下、在汽化段油气分压下以及炉出口压力下的三条平衡汽化曲线,如图4-23所示。根据预定的汽化段中的总汽化率e_F,由该图查得汽化段温度t_F,由e_F和t_F可算出汽化段内进料的焓值。

从炉出口到汽化段进行的是绝热闪蒸过程。如果忽略转油线的热损失,则加热炉出口处

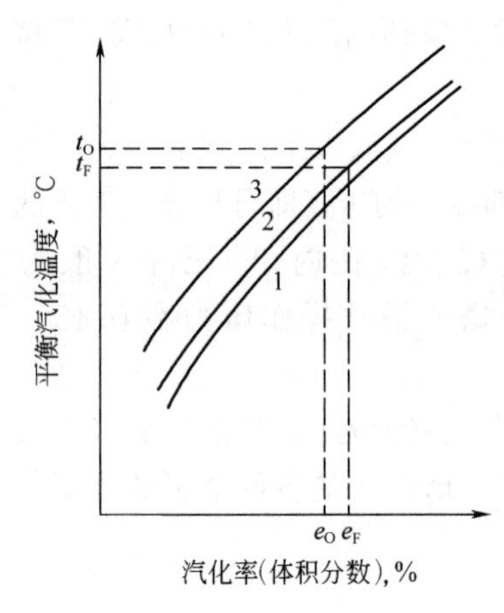

图4-23　进料的平衡汽化曲线
1—常压下平衡汽化曲线;2—汽化段油气分压下的平衡汽化曲线;3—炉出口压力下的平衡汽化曲线

进料的焓 h_0 应等于汽化段内进料的焓 h_F。加热炉出口温度 t_0 必定高于汽化段温度 t_F,而炉出口处汽化率 e_0 则必然低于 e_F。

为了防止进料中不安定组分在高温下发生显著的化学反应,进料被加热的最高温度(即加热炉出口温度)应有所限制。

生产航空煤油(喷气燃料)时,原油的最高加热温度一般为360～365℃,生产一般石油产品时则可放宽至约370℃。如果由前面求得的 t_F、e_F 推算出的 t_0 超出允许的最高加热温度,则应对所规定的操作条件进行适当的调整。在设计计算时可以根据此要求选择一个合适的炉出口温度 t_0,并在图4-18上查得炉出口的汽化率 e_F,进而求出炉出口处油料的焓值 h_0。考虑到转油线上的热损失,此 h_0 值应稍大于由汽化段的 t_F、e_F 推算出的 h_F 值。如果 h_0 值高出 h_F 值甚多,说明进料在塔内的汽化率还可以提高;反之,若 h_0 值低于 h_F 值而炉出口温度又不允许再提高,则可以调整汽提水蒸气量或过汽化度使汽化段的油气分压适当降低以保证所要求的拔出率。

2. 塔底温度

进料在汽化段闪蒸形成的液相部分,汇同精馏段流下的液相回流(相当于过汽化部分),向下流至汽提段,与塔底通入的过热水蒸气逆流接触,将油料中的轻馏分不断地汽提出去。轻馏分汽化所需的热量一部分由过热水蒸气供给,一部分由液相油料本身的显热提供。由于过热水蒸气提供的热量有限,加之又有散热损失,因此油料的温度由上而下逐板下降,故塔底温度比汽化段温度低。根据经验数据,原油蒸馏装置的初馏塔、常压塔和减压塔的塔底温度一般比汽化段温度低5～10℃。

3. 侧线温度

严格地说,侧线抽出温度应该是未经汽提的侧线产品,在该处油气分压下的泡点温度,它比汽提后的产品在同样条件下的泡点温度略低一点。但能够得到的却是经汽提后的侧线产品的平衡汽化数据。考虑到在同样条件下汽提前后的侧线产品的泡点温度相差不多,为简化起见,通常都是按经汽提后的侧线产品在该处油气分压下的泡点温度来计算的。

侧线温度的计算要用试差法,即先假设侧线温度 t_m,取适当的隔离体系作热平衡,求出回流量,算出油气分压,再求出该油气分压下的泡点温度 t'_m。若 t'_m 与假设的 t_m 误差在1%以内,则假设正确,否则重新假设 t_m,直至达到要求的精度为止。这里说明两点:

(1)计算侧线温度时,最好从最低的侧线开始,因为进料段和塔底温度可以先行确定,则自下而上作隔离体系和热平衡时,每次只有一个侧线温度是未知数便于试差计算。

(2)为了计算油气分压,需分析一下侧线抽出板上气相的组成情况。该汽相由下列物料组成:通过该层塔板上升的塔顶产品和该侧线上方所有侧线产品的蒸气,还有在该层抽出板上汽化的内回流蒸气以及汽提水蒸气。可以认为内回流的组成与该塔板抽出的侧线产品组成基本相同,所以,侧线产品的油气分压即是指该处内回流蒸气的分压。国内一般采用以下处理方法:一方面把除回流蒸气以外的所有油气和水蒸气一样都看作惰性气体,只起降低油汽分压的作用;另一方面按汽提后侧线产品的平衡汽化数据来计算泡点温度。

4. 塔顶温度

塔顶温度是塔顶产品在其油气分压下的露点温度。塔顶馏出物包括塔顶产品、塔顶回流(其组成与塔顶产品相同)蒸气、不凝气(气体烃)和水蒸气。塔顶回流量需通过假设塔顶温度作全塔热平衡才能求定。算出油气分压后,求出塔顶产品在此油气分压下的露点温度,以此校核所假设的塔顶温度。

原油初馏塔和常压塔的塔顶不凝气量很少,忽略不凝气以后求得的塔顶温度较实际塔顶温度约高出3%,可将计算所得的塔顶温度乘以系数0.97作为采用的塔顶温度。

在确定塔顶温度时,应校核水蒸气是否会在塔顶冷凝。若水蒸气的分压高于塔顶温度下水的饱和蒸气压,则水蒸气会冷凝。遇到这种情况应考虑减少水蒸气用量或降低塔的操作压力,重新进行全部计算。对于一般的原油常压精馏塔,只要汽提水蒸气用量不是过大,则只有当塔顶温度约低于90℃时才会出现水蒸气冷凝的可能性。

5. 侧线汽提塔塔底温度

当用水蒸气汽提时,汽提塔塔底温度比侧线抽出温度低8~10℃,有的也可能低得更多些。当需要严格计算时,可以根据汽提出的轻组分的量通过热平衡计算求取。

当用再沸器提馏时,其温度为该处压力下侧线产品的泡点温度,此温度有时可高出该侧线抽出板温度十几摄氏度。

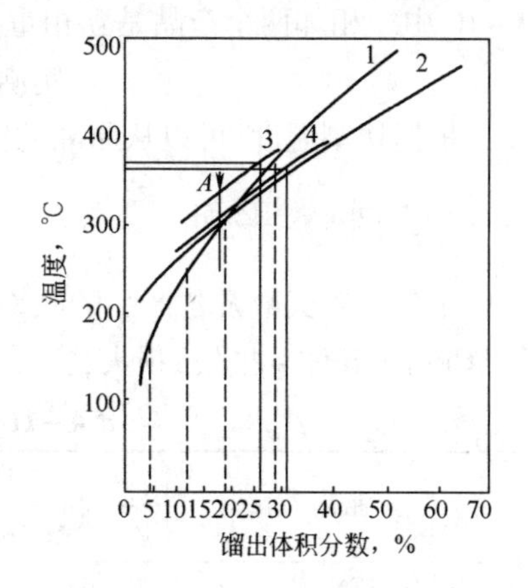

图4-24 原油的实沸点蒸馏曲线与平衡汽化曲线

1—原油在常压下的实沸点蒸馏曲线;2—原油在常压下的平衡汽化曲线;3—原油在炉出口压力下的平衡汽化曲线;4—原油在汽化段油气分压下的平衡汽化曲线

四、原油常压蒸馏塔工艺计算实例

【例4-2】 以胜利原油为原料,设计一处理量为250×10^4t(年开工日按330天计算)的常压蒸馏塔。原油的实沸点蒸馏数据及平衡汽化数据由实验室提供,见图4-24,产品规格见表4-9。

表4-9 产品规格

产品	密度 kg/m^3	恩氏蒸馏数据,℃						
		0%点	10%点	30%点	50%点	70%点	90%点	100%点
汽油	702.7	34	60	81	96	109	126	141
煤油	799.4	159	171	179	194	208	225	239
轻柴油	828.6	239	258	267	274	283	296	306
重柴油	848.4	289	316	328	341	350	368	376
重油	941.6	344	—	—	—	—	—	—

工艺设计计算过程及结果如下。

(一)原油切割方案

根据设计任务及原油、产品性质数据,确定切割方案,见表4-10。

表 4－10　胜利原油常压切割方案

产品	实沸点切割点,℃	实沸点馏程,℃	收率,%	
			体积分数	质量分数
汽油	—	初馏点～154.8	4.3	3.51
煤油	145	131.6～258	7.2	6.67
轻柴油	239.6	220.8～339.2	7.2	6.91
重柴油	301.6	274.9～409.3	9.8	9.64
重油	360	312.5～终馏点	71.5	73.27

当产品方案已经确定,同时具备产品的馏分组成和原油的实沸点蒸馏曲线时,可以根据各产品的恩氏蒸馏数据换算得到它们的实沸点蒸馏的0%点和100%点,例如在本例中已列于表4－10中。相邻两个产品是互相重叠的,即实沸点蒸馏$(t_0^H - t_{100}^L)$是负值,则

$$实沸点切割温度 = (t_0^H + t_{100}^L)/2$$

根据切割温度,可以从原油的实沸点蒸馏曲线上查出各产品的收率。

(二)物料平衡

由年开工天数及各产品的收率,即可作出常压塔的物料平衡,见表4－11。表中的物料平衡忽略了(气体＋损失)损失,实际生产中常压塔的损失约占原油的0.5%。

表 4－11　物料平衡(年开工日按330天计算)

油品		产率		处理量或产量			
		体积分数,%	质量分数,%	10^4t/a	t/d	kg/h	kmol/h
原油		100	100	250	7576	315700	
产品	汽油	4.3	3.51	8.77	266	11100	117
	煤油	7.2	6.67	16.69	505	21040	139
	轻柴油	7.2	6.91	17.30	524	21800	100
	重柴油	9.8	9.64	24.10	730	30400	105
	重油	71.5	73.27	183.14	5551	231360	—

(三)产品的有关性质参数

以汽油为例详细列出计算、换算过程,其他产品仅将计算、换算结果列于表4－12中。计算时,所用到的恩氏蒸馏温度未作裂化校正,这在工程计算上是允许的。

表 4－12　计算结果汇总

油品	密度 kg/m³	API度 °API	特性因数 K	相对分子质量 M	平衡汽化温度,℃		临界参数		焦点参数	
					0%点	100%点	温度,℃	压力,MPa	温度,℃	压力,MPa
汽油	702.7	68.1	12.27	95	—	100	267.5	3.34	328.5	5.91
煤油	799.4	44.5	11.74	152	185.6	—	383.4	2.5	413.4	3.26
轻柴油	828.6	38.8	11.97	218	273.6	—	461.6	1.84	475.2	2.17
重柴油	848.4	34.4	12.1	290	339.6	—	516.6	1.62	529.6	1.89
塔底重油	941.6	18.2	11.9	—	—	—	—	—	—	—
原油	860.4	32	—	—	—	—	—	—	—	—

(1)体积平均沸点 $t_{体}$：

$$t_{体} = \frac{60 + 81 + 96 + 109 + 126}{5} = 94.5(℃)$$

(2)恩氏蒸馏90% ~10%斜率：

$$90\% \sim 10\% 斜率 = \frac{126 - 60}{90 - 10} = 0.825(℃/\%)$$

(3)立方平均沸点：

由图查得校正值为 -2.5℃， $t_{立} = 94.5 - 2.5 = 92(℃)$

(4)中平均沸点：

由图查得校正值为 -5℃， $t_{中} = 94.5 - 5 = 89.5(℃)$

(5)API度：

由汽油密度查表得　　API度 = 68.1

(6)特性因数 K：

由图查得　　$K = 12.27$

(7)相对分子质量：

由图查得　　$M = 95$

(8)平衡汽化温度：

由图求得汽油平衡汽化100%点温度为108.9℃。

恩氏蒸馏(体积分数),%	10		30		50		70		90		100
馏出温度,℃	60		81		96		109		126		141
恩氏蒸馏温差,℃		21		15		13		17		15	
平衡汽化温差,℃						5		7		4	

平衡汽化50%点温度,℃　96 - 12 = 84(℃)

平衡汽化温度,℃　　89　96　100

(9)临界温度：

由图查得　　临界温度 = 173 + 94.5 = 267.5(℃)

(10)临界压力：

由图查得　　临界压力 = 3.27(MPa)

(11)焦点压力：

由图查得　　焦点压力 = 57.9(MPa)

(12)焦点温度：

由图查得　　焦点温度 = 61 + 267.5 = 328.5(℃)

(13)实沸点切割范围：

由图查得

恩氏蒸馏(体积分数),%	50		70		90		100
馏出温度,℃	96		109		126		141
恩氏蒸馏温差,℃		13		17		15	
实沸点温差,℃		19		22		16.5	

实沸点50%点温度,℃　96 + 0.2 = 96.2(℃)

实沸点温度,℃	96.2	115.2	137.2	153.7

塔顶汽油产品,只需查出它的实沸点100%点温度;塔底重油只需查出它的实沸点0%点温度,但塔底重油很重,缺乏常压恩氏蒸馏数据时,可由实验室直接提供该点温度。其他各侧线产品均应求0%及100%点的实沸点温度,即可决定产品切割方案中有关数据,详见表4-10。

(四)汽提蒸汽用量

侧线产品及塔底重油均采用420℃、0.3MPa的过热水蒸气汽提,参考表4-3取汽提蒸汽量,见表4-13。

表4-13 汽提水蒸气用量

油品	质量分数(对馏分),%	kg/h	kmol/h
一线煤油	3	631	35.0
二线轻柴油	3	654	36.3
三线重柴油	2.8	851	47.3
塔底重油	2	4627	257
合计	10.8	6763	375.6

(五)塔板形式和塔板数

塔板形式选用浮阀塔板。参照表4-7选定塔板数如下:

汽油—煤油段　　9层(考虑一线生产航煤)

煤油—轻柴油段　　6层

轻柴油—重柴油段　　6层

重柴油—汽化段　　3层

塔底汽提段　　4层

采用两个中段循环回流,每个中段循环回流用3层换热塔板,共6层。全塔总计34层塔板。

(六)操作压力

取塔顶产品接受罐压力为0.13MPa,塔顶采用两级冷凝冷却流程。取塔顶空冷器压力降为0.01MPa,使用一个管壳式后冷器,取壳程压力降为0.017MPa,故

$$塔顶压力=0.13+0.01+0.017=0.157(MPa)(绝)$$

取每层浮阀塔板压力降为0.5kPa(4mmHg),则推算得常压塔各关键部位的压力如下(单位为MPa):

塔顶压力0.157MPa

一线抽出板(第9层)上压力　　0.1615MPa

二线抽出板(第18层)上压力　　0.166MPa

三线抽出板(第27层)上压力　　0.170MPa

汽化段压力(第30层下)　　0.172MPa

取转油线压力降为0.035MPa,则

$$加热炉出口压力=0.172+0.035=0.207(MPa)$$

（七）精馏塔计算草图

将塔体、塔板，进料及产品的进出口，中段循环回流进出口，汽提返塔口位置，塔底汽提点等绘成草图，如图 4－25 所示。以后的计算结果，如操作条件、物料流量等可以陆续填入图中。这样的计算草图可使设计计算对象一目了然，避免漏算或重算。

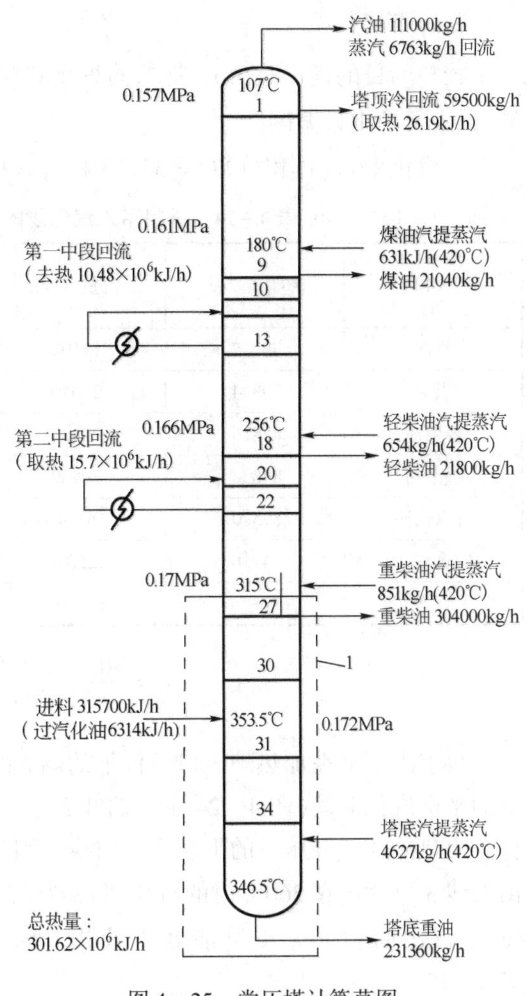

图 4－25　常压塔计算草图

（八）汽化段温度

1. 汽化段中进料的汽化率与过汽化度

取过汽化度为进料的 2%（质量分数）或 2.03%（体积分数），则进料在汽化段中的汽化率 e_F 为

$$e_F(\text{体积分数}) = (4.3\% + 7.2\% + 7.2\% + 9.8\% + 2.03\%) = 30.53\%$$

2. 汽化段油气分压

汽化段中各物料的流量如下：

汽油	117kmol/h
煤油	139kmol/h
轻柴油	100kmol/h
重柴油	105kmol/h
过汽化油	21kmol/h
油气量合计	482kmol/h

其中过汽化油的相对分子质量取 300，水蒸气流量取 257kmol/h（塔底汽提）。由此计算得汽化段的油气分压为

$$0.172 \times \frac{482}{482+257} = 0.112(\text{MPa})$$

3. 汽化段温度的初步求定

汽化段温度应该是 0.112MPa 油气分压下汽化 30.53%（体积分数）的温度，为此需要作出在 0.112MPa 下的原油平衡汽化曲线，见图 4－19 中的曲线 4。

在不具备原油的临界参数和焦点参数而无法作出原油 p—t—e 相图的情况下，曲线 4 可用以下的简化法求定：由图 4－19 可得到原油在常压下的实沸点曲线与平衡汽化曲线的交点为 291℃。利用烃类与石油窄馏分的蒸气压图，将此交点温度 291℃换算为 0.112MPa 下的温度，得 299℃。从该交点作垂直于横坐标的直线 A，在 A 线上找得 299℃点，过此点作原油常压平衡汽化曲线 2 的平行线 4，即原油在 0.112MPa 下的平衡汽化曲线。

由曲线 4 可以查得 e_F 为 30.53%（体）时的温度为 353.5℃，该温度即汽化段温度 t_F。

4. t_F 的校核

校核的目的是检验由 t_F 要求的炉出口温度是否合理，方法按绝热闪蒸过程作热平衡计算，以求得炉出口温度。

当汽化率 e_F（体积分数）=30.53%，t_F = 353.3℃时，进料在汽化段中的焓 h_F 见表 4－14。

表 4－14　进料带入汽化段的热量（p = 0.172MPa，t = 353.5℃）

油料	密度，kg/m³	流量，kg/h	焓，kJ/kg		热量，kJ/h
			气相	液相	
汽油	702.7	11100	1176	—	13.05×10^6
煤油	799.4	21040	1147	—	22.94×10^6
轻柴油	828.6	21800	1130	—	24.63×10^6
重柴油	848.4	30400	1122	—	34.11×10^6
过汽化油	895.0	6314	1118	—	7.05×10^6
重油	941.6	225046	—	888	199.84×10^6
合计	—	315700	—	—	301.62×10^6

所以

$$h_F=\frac{301.62\times10^6}{315700}=955.4(\text{kJ/kg})$$

再求出原油在加热炉出口条件下的焓 h_0。按前述方法作出原油在炉出口压力 0.207MPa 下的平衡汽化曲线（图 4－24 中的曲线 3）。这里没有考虑原油中所含水分，若原油含水，则应作炉出口处油气分压下的平衡汽化曲线。因生产航空煤油，限定炉出口温度不能超过 360℃。由曲线 3 可读出在 360℃时的汽化率 e_0 为 25.5%（体积分数）。显然 $e_0<e_F$，即在炉出口条件下，过汽化油和部分重柴油处于液相。据此可算出进料在炉出口条件下的焓值 h_0，见表 4－15。

表 4－15　进料在炉出口处携带的热量（p = 0.207MPa，t = 360℃）

油料	密度，kg/m³	流量，kg/h	焓，kJ/kg		热量，kJ/h
			气相	液相	
汽油	702.7	11100	1201	—	13.33×10^6
煤油	799.4	21040	1164	—	24.49×10^6
轻柴油	828.6	21800	1151	—	25.09×10^6
重柴油（汽相）	837.5	21100	1143	—	24.12×10^6
重柴油（液相）	895.0	9300	—	971	9.03×10^6
重油	941.6	231360	—	904	209.15×10^6
合计	—	315700	—	—	305.21×10^6

所以

$$h_0=\frac{305.21\times10^6}{315700}=966.77(\text{kJ/kg})$$

可见 h_0 略高于 h_F，说明在设计的汽化段温度 353.5℃下，既能保证所需的拔出率 30.53%（体积分数），又不至于使炉出口温度超过允许值。

(九)塔底温度

取塔底温度比汽化段温度低7℃,即　353.35 - 7 = 346.5(℃)

(十)塔顶及侧线温度的假设与回流热分配

1. 假设塔顶及各侧线温度

参考同类装置的经验数据,假设塔顶及各侧线温度如下:

塔顶温度　107℃
煤油抽出板温度　180℃
轻柴油抽出板温度　256℃
重柴油抽出板温度　315℃

2. 全塔回流热

按上述假设的温度条件作全塔热平衡,见表4-16。

表4-16　全塔热平衡

物料		流量,kg/h	密度 kg/m³	操作条件		焓,kJ/kg		热量,kJ/h
				压力,MPa	温度,℃	气相	液相	
入方	进料	315700	860.4	0.172	353.5	—	—	301.62×10^6
	汽提蒸汽	6763	—	0.3	420	3316	—	22.43×10^6
	合计	322463	—	—	—	—	—	324.05×10^6
出方	汽油	11100	703.7	0.157	107	611	—	6.78×10^6
	煤油	21040	799.4	0.161	180	—	444	9.34×10^6
	轻柴油	21800	862.5	0.166	256	—	645	14.06×10^6
	重柴油	30400	848.4	0.170	315	—	820	24.93×10^6
	重油	231360	941.6	0.175	346.5	—	858	198.5×10^6
	水蒸气	6763	—	0.157	107	2700	—	18.26×10^6
	合计	322463	—	—	—	—	—	271.87×10^6

全塔回流热 $Q = (324.05 - 271.87) \times 10^6 = 52.38 \times 10^6$(kJ/h)

3. 回流方式及回流热分配

塔顶采用二级冷凝冷却流程,塔顶回流温度定为60℃。采用两个中段循环回流,第一中段回流位于煤油侧线与轻柴油侧线之间(第11~13层),第二中段回流位于轻柴油侧线与重柴油侧线之间(第20~22层)。

回流热分配如下:

塔顶回流取热50%　$Q_0 = 26.19 \times 10^6$(kJ/h)
一中回流取热20%　$Q_{c_1} = 10.48 \times 10^6$(kJ/h)
二中回流取热30%　$Q_{c_2} = 15.71 \times 10^6$(kJ/h)

(十一)侧线及塔顶温度的校核

校核应自下而上进行。

1. 重柴油抽出板(第 27 层)温度

按图 4－26 中的隔离体系Ⅰ作第 27 层以下塔段的热平衡,见表 4－17。

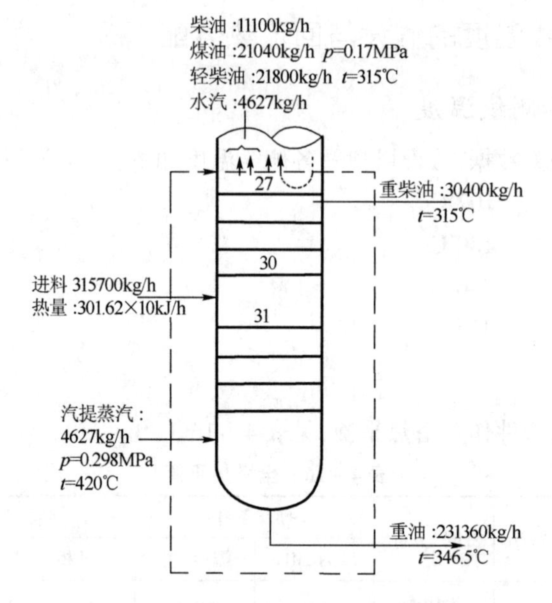

图 4－26　重柴油抽出板以下塔段热平衡

表 4－17　第 27 层以下塔段热平衡

物料		流量,kg/h	密度,kg/m³	操作条件		焓,kJ/kg		热量,kJ/h
				压力,MPa	温度,℃	气相	液相	
入方	进料	315700	860.4	0.172	353.5	—	—	301.62×10^6
	汽提蒸汽	4627	—	0.3	420	3316	—	15.34×10^6
	内回流	L	~846	0.17	~308.5	—	795	$795L$
	合计	$320327+L$	—	—	—	—	—	$316.96\times10^6+795L$
出方	汽油	11100	703.7	0.17	315	1080	—	11.99×10^6
	煤油	21040	799.4	0.17	315	1055	—	22.20×10^6
	轻柴油	21800	862.5	0.17	315	1034	—	22.54×10^6
	重柴油	30400	848.4	0.17	315	—	820	24.93×10^6
	重油	231360	941.6	0.175	346.5	—	858	197.65×10^6
	水蒸气	4627	—	0.17	315	3107	—	14.37×10^6
	内回流	L	~846	0.17	315	1026	—	$1026L$
	合计	$320327+L$	—	—	—	—	—	$293.68\times10^6+1026L$

由热平衡得

$$316.96\times10^6+795L=293.68\times10^6+1026L$$

所以,内回流　　　　　　$L=100779(\mathrm{kg/h})$

或 $$100779/282 = 357(\text{kmol/h})$$

重柴油抽出板上方气相总量为

$$117 + 139 + 100 + 357 + 257 = 970(\text{kmol/h})$$

重柴油蒸气(即内回流)分压为

$$0.17 \times \frac{357}{970} = 0.0626(\text{MPa})$$

由重柴油常压恩氏蒸馏数据换算0.0626MPa下平衡汽化0%点温度。先用常压下恩氏蒸馏数据换算得常压下平衡汽化数据,再将常压平衡汽化数据换算成0.0626MPa下的平衡汽化数据。其结果如下:

恩氏蒸馏,%(体)	0	10	30	50
馏出温度,℃	289	316	328	341
恩氏蒸馏温差,℃	27	12	13	
平衡汽化温差,℃	9.5	6.4	6.6	
平衡汽化温度,℃	336.5	346	352.4	359
0.01336MPa平衡汽化温度,℃	177.5	187	193.4	200
0.0626MPa平衡汽化温度,℃	315.5	325	331.4	338

由上求得的在0.0626MPa下重柴油的泡点温度为315.5℃,与原假设的315℃很接近,可认为原假设温度是正确的。

2. 轻柴油抽出板和煤油抽出板温度

校核方法与重柴油抽出板温度的校核方法相同,分别作第18层板以下和第9层板以下塔段的热平衡来计算(过程略)。计算结果如下:

轻柴油抽出层温度　256℃

煤油抽出层温度　181℃

结果与假设值相符,故认为原假设值正确。

3. 塔顶温度

塔顶冷回流温度 $t_0 = 60℃$,其焓值 $h^{L}_{L_0,t_0}$ 为163.3kJ/kg。

塔顶温度 $t_1 = 107℃$,回流(汽油)蒸气的焓 $h^{V}_{L_0,t_1} = 611\text{kJ/kg}$。故塔顶冷回流量为

$$L_0 = Q/(h^{V}_{L_0,t_1} - h^{L}_{L_0,t_0}) = 26.19 \times 10^6/(611 - 163.3) = 58500(\text{kg/h})$$

塔顶油汽量(汽油+内回流蒸汽)为

$$(58500 + 11100)/95 = 733(\text{kmol/h})$$

塔顶水蒸气流量为:$6763/18 = 376(\text{kmol/h})$

塔顶油气分压为:$0.157 \times \frac{733}{733 + 376} = 0.1038(\text{MPa})$

塔顶温度应该是汽油在塔顶油气分压下的露点温度。由恩氏蒸馏数据换算得汽油常压露点温度为108.9℃。已知其焦点温度和压力分别为328.5℃和5.91MPa,据此可在平衡汽化坐

标纸上作出汽油平衡汽化100%点的 p—t 线，如图4－27所示。

由该图可读得油气分压为0.1038MPa时的露点温度为110℃。考虑到不凝气的存在，该温度乘以系数0.97，则塔顶温度为

$$110\times0.97=106.8(℃)$$

与假设的107℃很接近，故原假设温度正确。

最后验证一下在塔顶条件下，水蒸气是否会冷凝。塔顶水蒸气分压为

$$0.157-0.1038=0.0532(\mathrm{MPa})$$

对应压力下的饱和水蒸气温度为83℃，远低于塔顶温度107℃，故在塔顶水蒸气处于过热状态，不会冷凝。

(十二)全塔气液负荷分布图

选择塔内几个有代表性的部位(如塔顶、第一层板下方、各侧线抽出板上下方、中段回流进出口处、汽化段及塔底汽提段等)，分别求出这些部位的气液相负荷，就可以作出全塔气液相负荷分布图。图4－28就是通过计算第1、8、9、10、13、17、18、19、22、26、27、30各层塔板及塔底汽提段的气液负荷绘制而成的，此图的横坐标也可以用kmol/h表示。由图4－28可见，第19层塔板以上塔段的气液相负荷是比较均匀的。第二中段循环回流抽出板处的气相负荷和液相回流量最大。请注意该图中精馏段的液相负荷分布曲线仅指内回流，并未包括中段循环回流量在内。如果要使各塔段的负荷更均匀些，可以适当增加塔顶和第一中段循环回流的取热量，减少第二中段循环回流的取热量。不过第二中段循环回流的温度较高，对换热更为有利，从能量回收的角度来看，第二中段回流的取热比例稍大些是合理的。这里存在着一次投资与长期操作费用之间的关系。从图中还可以看出，汽提段的液相负荷很大，气相负荷却很小，所以在塔板选型和设计时要注意。在中段回流换热板上，若把循环回流量计算在内的液相负荷也是相当可观的，它比其他精馏塔板上的液相负荷要高出很多。所以石油精馏塔的精馏段、汽提段和中段回流换热板往往选用不同的塔板形式，板面布置也各不相同。

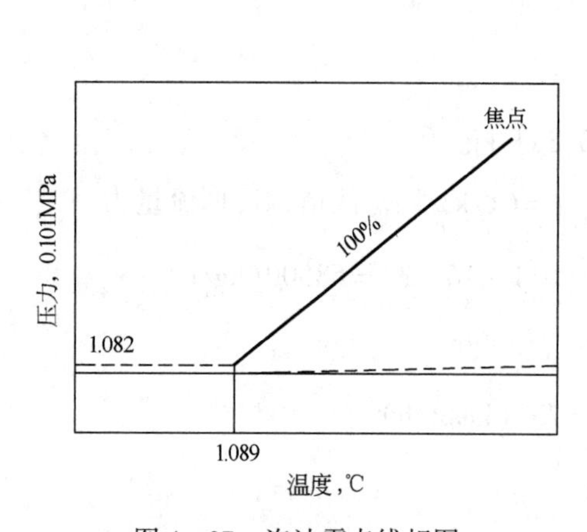

图4－27　汽油露点线相图

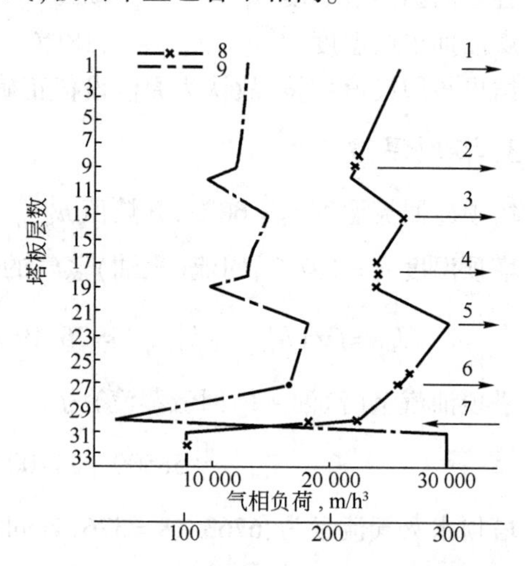

图4－28　常压塔全塔气液负荷分布图

1—第一层下；2—煤油抽出板；3—第一中段抽出口；4—轻柴油抽出板；5—第二中段流出口；6—重柴油抽出板；7—进料；8—气相负荷；9—液相负荷(不包括中段回流)

【技能训练项目】 常减压蒸馏工段DCS仿真操作

一、训练目标

(1)了解常减压蒸馏装置的典型工艺流程及蒸馏原理;

(2)了解常减压装置的仪表控制方案及调节方法;

(3)掌握常减压操作中的基本原则、主要步骤;

(4)掌握常减压操作中,产品质量的调节和控制方法;

(5)掌握常减压操作中事故发生的原因及排除方法。

二、训练准备

(1)读懂常减压蒸馏装置的工艺流程;

(2)熟悉常减压蒸馏装置设备、仪表及控制阀;

(3)阅读常减压蒸馏装置仿真操作手册。

三、训练内容

(一)实训方案

实训方案见表4-18。

表4-18 实训方案

序号	项目名称	教学目的及重点
1	系统冷态开车操作规程	掌握装置的常规开车操作
2	系统正常操作规程	掌握装置的常规操作
3	系统正常停车操作规程	掌握装置的常规停车操作
4	系统紧急停车操作规程	掌握装置的紧急停车操作
5	蒸发塔顶汽油外送送不出去	分析原因、掌握事故处理方法
6	加热炉炉管破裂着火	分析原因、掌握事故处理方法
7	原油严重带水	分析原因、掌握事故处理方法
8	常压塔顶回流带水	分析原因、掌握事故处理方法

(二)操作步骤(要领)

1. 开车操作

(1)进油冷循环操作;(2)加热炉点火升温操作;(3)常压转入正常操作;(4)减压转入正常操作;(5)电脱盐系统投入。

2. 停车操作

(1)停电脱盐系统;(2)降量降温操作;(3)减压关侧线操作;(4)常压关侧线操作;(5)炉子熄火,停泵过程操作。

3. 提量操作

(1)提量过程中的质量控制操作;(2)一次提量过程操作;(3)二次提量过程操作;(4)三次提量过程操作。

4. 降量操作

(1)降量过程中的质量控制操作;(2)一次降量过程操作;(3)二次降量过程操作;(4)三次降量过程操作。

5. 蒸发塔顶汽油外送不出去

(1)降低回流罐油水界面;(2)关闭蒸发塔顶瓦斯去炉阀门;(3)蒸发塔顶瓦斯放空。

6. 加热炉管破裂着火

(1)原油降量;(2)加热炉熄火;(3)停止向加热炉进料;(4)向炉膛吹汽;(5)关小烟道挡板;(6)停引风机。

7. 原油严重带水

(1)加强电脱盐罐切水;(2)加强蒸馏塔塔顶回流罐切水;(3)降低原油流量;(4)蒸馏塔塔顶回流罐放空;(5)关小蒸馏塔塔底吹汽量。

8. 常压塔顶回流带水

(1)打开侧线切水阀;(2)关小常压塔塔底吹汽量,降低塔内吹汽;(3)适当降低冷回流量,提高塔顶温度;(4)水冷器冷却水全开;(5)打开常压塔顶回流罐放空。

思考题及习题

一、填空题

1. 典型三段汽化原油蒸馏工艺过程中采用蒸馏塔为(　　)、(　　)、(　　)。
2. 原油脱盐脱水常用方法有(　　)、(　　)、(　　)。
3. 塔顶打回流的作用是提供(　　),取走塔内部分(　　)。
4. 常压塔塔底汽提蒸气压力(　　),汽提效果越好,但塔压会(　　)。
5. 从热量利用率来看,提高分馏塔精馏段下部(　　)的取热比例,可以提高装置(　　)。
6. 原油蒸馏常用三种蒸馏曲线分别是(　　)、(　　)、(　　)。

二、简答题

1. 原油预处理的目的是什么?
2. 原油中所含盐的种类有哪些?存在形式有哪些?
3. 原油含盐对加工过程有哪些危害?对产品质量有何影响?
4. 原油中所含水的存在形式有哪些?原油含水对原油加工有哪些危害性?
5. 原油在脱盐之前为什么要先注水?脱后原油的含水、含盐指标应达到多少?
6. 脱盐、脱水原理是什么?
7. 三种蒸馏曲线的区别是什么?
8. 回流的方式有哪些?炼油厂常用的回流有几种?回流的作用是什么?
9. 在常压蒸馏塔中,为何越往塔顶内回流量及蒸汽量都越大?
10. 在塔顶采用冷回流时,为什么在第一、第二层塔板间气液相负荷达最大?
11. 中段循环回流有何作用?为什么在油品分馏塔上经常采用,而在一般化工厂精馏塔上并不使用?
12. 一个完整的精馏塔由几部分构成?精馏操作的必要条件是什么?
13. 在原油精馏中,为什么采用复合塔代替多塔系统?
14. 原油精馏塔底为什么要吹入过热水蒸气?它有何作用及局限性?
15. 原油入塔前为何要有一定的过汽化度?

16. 何谓“过汽化度”？它有何作用？其数值范围为多少？为什么要尽量降低“过汽化度”？

17. 原油蒸馏装置的设备腐蚀分几种？常用的防腐措施有哪些？

18. 减压塔的真空度是怎样产生的？

19. 原油常减压蒸馏的类型有哪几种？

20. 什么叫原油的汽化段数？

21. 简述常压蒸馏塔的工艺特征。

22. 简述减压蒸馏塔的工艺特征。

23. 常压、减压系统的操作目的有何不同？它们各自的操作因素有哪些？

24. 当某侧线馏出油出现下列质量情况时，应如何进行操作调节：(1)头轻(初馏点低或闪点低)；(2)尾重(干点高、凝点高或残炭值高)；(3)头轻尾重(馏程范围过宽)。

25. 加热炉炉管破裂着火应如何处理？

26. 原油严重带水，应如何处理？

27. 若常压塔顶回流带水，应采取哪些措施？

28. 影响常减压蒸馏的能耗因素有哪些？节能途径是什么？

29. 仿真操作的目的是什么？

第五章　热破坏加工

知识目标

(1)了解热破坏加工过程的原理、目的和方法;

(2)熟悉延迟焦化原料来源和产品特点;

(3)能熟练绘制延迟焦化工艺流程图;

(4)熟悉热加工反应原理。

能力目标

(1)能够运用热加工原理判断热加工反应条件;

(2)能够对热加工过程异常现象作出准确判断;

(3)能够绘制热加工工艺流程图。

第一节　热加工概述

石油炼制中的热破坏加工技术,是指利用热的作用,使油料起化学反应达到加工目的的工艺方法,简称热加工。热加工工艺主要靠热的作用,将重质原料油转化成气体、轻质油、燃料油或焦炭。

在炼油工艺中,主要有以下三种热加工方法:

(1)以减压馏分油为原料,生产汽油、柴油和燃料油的热裂化;

(2)以常压重油或减压渣油为原料,生产以燃料油为主的减黏裂化;

(3)以减压渣油为原料,生产汽油、柴油、馏分油和焦炭的焦炭化(简称焦化)。

热裂化工艺是以常压重油、减压馏分油或焦化蜡油等重质油为原料,以生产汽油、柴油、燃料油以及裂化气为目的的工艺过程。热裂化在我国石油炼制技术的发展过程中,曾起过重要作用。但由于其产品质量欠佳,开工周期较短,因此,20 世纪 60 年代后期以来,热裂化逐渐被催化裂化所取代。

减黏裂化是一种降低渣油黏度的轻度热裂化加工方法,其主要目的是使重质燃料达到使用或进一步加工的要求。

焦化工艺是一种成熟的重油深度加工方法,其主要目的是使渣油进行深度热裂化,生产焦化汽油、柴油、催化裂化原料和石油焦。本章在讨论热加工原理的基础上只对焦化过程作些简单介绍。

石油热加工中的减黏裂化和延迟焦化,由于其产品有特殊用途,因而目前仍为重油深度加工的重要手段。近年来又有新的进展,其作用在不断扩大。

第二节　热加工化学反应

热裂化、减黏裂化及焦化等热加工过程的共同特点是原料油在高温下进行一系列化学反应。这些反应中最主要的有两大类：一类是裂解反应，使大分子烃类裂解成小分产烃类，因此可以从重质原料油得到裂解气、汽油和中间馏分；另一类是缩合反应，即原料以及反应生成的中间产物中的不饱和烃和某些芳烃缩合成比原料分子还大的重质产物，例如裂化残油和焦炭等。

由于石油馏分是由多种烃类组成的混合物，为研究石油馏分在热加工条件下的反应结果，首先研究各单体烃的化学反应，然后再根据单体烃在高温作用下的反应行为，考虑到各组分间的互相影响及其他的因素，就可以对某一原料在一定条件下所得的结果作出科学判断。

一、热加工过程中的裂解反应

（一）烷烃

烷烃在高温下主要发生裂解反应。裂解反应实质是烃分子 C—C 链断裂，裂解产物是小分子的烷烃和烯烃，反应式如下：

$$C_nH_{2n+2} \longrightarrow C_mH_{2m} + C_qH_{2q+2}$$

以十六烷为例，

$$C_{16}H_{34} \longrightarrow C_7H_{14} + C_9H_{20}$$

生成的小分子烃还可进一步反应，生成更小的烷烃和烯烃，甚至生成低分子气态烃。

在相同的反应条件下，大分子烷烃比小分子烷烃更容易裂化。

温度和压力对烷烃的裂解反应有重大影响。温度在 500℃ 以下，压力很高时，烷烃断链位置一般在碳链中央，这时气体产率低；温度在 500℃ 以上，压力较低时，断链位置移到碳链一端，此时气体产率增加。

正构烷烃裂解时，容易生成甲烷、乙烷、乙烯、丙烯等低分子烃。

（二）环烷烃

环烷烃热稳定性较高，在高温（500～600℃）下可发生下列反应：

（1）单环环烷烃断环生成两个烯烃分子，如：

$$\text{(环戊烷)} \longrightarrow C_2H_4 + C_3H_6$$

$$\text{(环己烷)} \longrightarrow C_2H_4 + C_4H_8$$

环己烷在更高的温度（700～800℃）下，也可裂解成烯烃和二烯烃，如：

$$\text{(环己烷)} \longrightarrow CH_2{=}CH_2 + CH_2{=}\overset{H}{\overset{|}{C}}{-}\overset{H}{\overset{|}{C}}{=}CH_2$$

（2）环烷烃在高温下发生脱氢反应生成芳烃，如：

$$\text{cyclohexane} \xrightarrow[-H_2]{} \text{cyclohexene} \xrightarrow[-H_2]{} \text{cyclohexadiene} \xrightarrow[-H_2]{} \text{benzene}$$

低压对反应有利,双环环烷烃在高温下脱氢可生成四氢萘。

(3)带长侧链的环烷烃在裂化条件下,首先侧链断裂,然后才是开环。侧链越长越容易断裂,如:

$$\text{环己基}-C_{10}H_{21} \longrightarrow \text{环己基}-C_5H_{11} + C_5H_{10}$$

烃类裂化顺序为:烷烃 > 烯烃 > 环烷烃。

二、热加工过程中的缩合反应

石油烃类在热的作用下,除了裂解反应之外,还同时进行缩合反应。缩合反应主要是在芳烃、烷基芳烃、环烷芳烃以及烯烃中进行。

芳烃缩合生成大分子芳烃及稠环芳烃;烯烃之间缩合生成大分子烷烃或烯烃;芳烃和烯烃缩合成大分子芳烃。

在热加工过程中裂解反应和缩合反应往往是同时进行的。实验证明,芳烃单独进行裂化时,不仅裂解反应速度低,而且生焦速度也低。如果将芳烃和烷烃或烯烃混合后再进行反应,则生焦速度大大提高。另外,烃类的热反应是复杂的平行顺序反应。

根据大量实验结果,热反应中焦炭的生成过程大致如下:

芳烃 → 缩合产物 → 胶质、沥青质 → 炭青质 → 焦炭

烷烃 → 烯烃 → 缩合产物

第三节　减黏裂化

减黏裂化是以常压重油或减压渣油为原料进行浅度热裂化反应的一种热加工过程。减黏裂化的主要目的是减小高黏度燃料油的黏度和倾点,改善其运输和燃烧性能。在减黏的同时也生产一些其他产品,主要有气体、石脑油、瓦斯油和减黏渣油。现代减黏裂化也有一些其他目的,如生产裂化原料油,把渣油转化为馏分油用作催化裂化装置的原料。

减黏裂化具有投资少、工艺简单、效益高的特点。

一、减黏裂化原料和产品

(一)原料油

常用的减黏裂化原料油有常压重油、减压渣油和脱沥青油。原料油的组成和性质对减黏裂化过程的操作和产品分布与质量都有影响,主要影响指标有原料的沥青质含量、残炭值、特性因数、黏度、硫含量、氮含量及金属含量等。

（二）产品

减黏裂化的产品主要有裂化气体、减黏石脑油、减黏柴油、减黏重瓦斯油及减黏渣油。

减黏裂化气体产率较低，约为2%，一般不再分出液化气，经过脱除 H_2S 后送至燃料气系统。

减黏石脑油组分的烯烃含量较高，安定性差，辛烷值约为80，经过脱硫后可直接用作汽油调合组分；重石脑油组分经过加氢处理脱除硫及烯烃后，可作为催化重整原料；也可将全部减黏石脑油送至催化裂化装置，经过再加工后可以改善稳定性，然后再脱硫醇。

减黏柴油含有烯烃和双烯烃，故安定性差，需加氢处理才能作为柴油调合组分。

减黏重瓦斯油性质主要与原料油性质有关，介于直馏减压柴油和焦化重瓦斯油的性质之间，其芳烃含量一般比直馏减压柴油高。

减黏渣油可直接作为重燃料油组分，也可通过减压闪蒸拔出重瓦斯油作为催化裂化原料。

二、减黏裂化工艺流程

热破坏加工可以分为下流式减黏工艺与上流式减黏工艺。早期采用的下流式减黏工艺，反应物料在反应塔自上向下流动，进行气液两相反应，反应温度高、停留时间长、开工周期短。后来发展的炉管式减黏裂化是下流式减黏的改进，停留时间很短、开工周期稍长。再后来开发的上流式减黏裂化，主要反应仍在反应塔内进行，但反应物料进行的是液相反应，返混少、反应均匀。同时它的反应温度低、结焦很少、装置运转周期长。图5-1为上流式减黏裂化工艺原理流程，这一工艺已在我国大多数炼油厂采用。

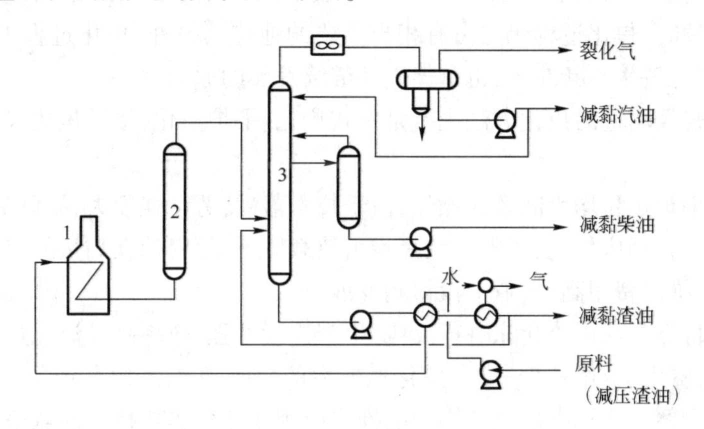

图5-1　上流式减黏裂化工艺原理流程

1—加热炉；2—反应塔；3—分馏塔

原料油（常压或减压渣油）从罐中用泵抽出送入加热炉（或相继进入加热炉和反应塔），进行裂化反应后的混合物送入分馏塔。为尽快终止反应，避免结焦，必须在进分馏塔之前的混合物和分馏塔底打进急冷油。从分馏塔分出气体、汽油、柴油、蜡油及减黏渣油。

根据热加工过程的原理，减黏裂化是将重质原料裂化为轻质产品，从而降低黏度；但同时又发生缩合反应，生成焦炭，焦炭会沉积在炉管上，影响开工周期，且所产燃料油安定性差。因此，必须控制一定的转化率。

为了达到要求的转化率，可以采用低温长反应时间，也可以采用高温短反应时间。反应温度与停留时间的关系见表5－1。

表5－1　反应温度与停留时间的关系

反应温度,℃	停留时间,min	反应温度,℃	停留时间,min
410	32	470	2
425	16(塔式减黏)	485	1(炉管式减黏)
440	8	500	0.5
455	4		

目前,国内减黏裂化装置的主要任务是最大限度地降低燃料油黏度,节省燃料油调合时所需的轻质油,从而增产轻质油,即不是以生产轻质油品为主要目的,所以对反应深度要求不高,适宜采用上流式减黏工艺。

第四节　焦化过程

焦化是深度热裂化过程,也是处理渣油的手段之一。它又是唯一能生产石油焦的工艺过程,是任何其他过程所无法代替的。要从原油中得到更多的轻质油,炼油工业采用的是加氢和脱碳两类工艺过程,加氢过程如加氢裂化,而焦化过程则属于脱碳过程。

焦化是以贫氢的重质油料(如减压渣油、裂化渣油等)为原料,在高温下进行深度热裂化反应。在此过程中使渣油的一部分转化为焦化气体、汽油、柴油和蜡油,另一部分热缩合反应生成工业上大量需求的石油焦。也正是由于这个原因,在现代炼油工业中,当有些热加工过程被催化过程所代替时,焦化过程仍然占有相当重要的地位。另外,焦化过程工艺简单,对设备要求不是很高;焦化技术不断改进,也是促进其继续发展的原因之一。

炼油工业中曾经用过的焦化方法主要是釜式焦化、平炉焦化、接触焦化、流化焦化、灵活焦化和延迟焦化等。

釜式焦化及平炉焦化均为间歇式操作,由于技术落后,劳动强度大,早已被淘汰。

接触焦化也叫移动床焦化,以颗粒状焦炭为热载体,使原料油在灼热的焦炭表面结焦。接触焦化设备复杂,维修费用高,工业上没得到发展。

流化焦化的特点是采用流化床进行反应,生产连续性强,效率高。流化焦化技术的过程较复杂,新建装置投资大,应用较少,仅占焦化总能力的20%左右。但所产的石油焦可流化,用于流化床锅炉较方便。近年来流化床锅炉的推广应用使流化焦化技术的竞争力有所增强。

灵活焦化在工艺上与流化焦化相似,只是多设了一个流化床的汽化器。在汽化器中,生成的焦炭与空气在高温(800～950℃)下反应产生空气煤气。因此灵活焦化过程除生产焦化气体、液体外,还生产空气煤气,但不生产石油焦。灵活焦化过程虽解决了焦炭问题,但因其技术和操作复杂、投资高,且大量低热值的空气煤气出路不畅,近年来并未获得广泛应用。

延迟焦化应用最广泛,是炼油厂提高轻质油收率和生产石油焦的主要手段,目前延迟焦化装置占全世界焦化装置的85%以上。延迟焦化的特点是:将重质渣油以很高的流速,在高热强度条件下通过加热炉管,在短时间内达到反应温度后,迅速离开加热炉,进入焦炭塔的反应空间,使裂化缩合反应“延迟”到焦炭塔内进行,由此得名“延迟焦化”。本节主要介绍延迟焦化生产过程。

一、延迟焦化的原料和产品

（一）延迟焦化的原料

延迟焦化的原料来源比较广泛，大致分为两类：一类是减压渣油；另一类是二次加工渣油，如裂化渣油、裂解焦油等。选择焦化原料时主要参考原料的组成性质，如密度、特性因数、残炭值、硫含量、金属含量等指标，以预测焦化产品的分布与质量。我国大庆和胜利两种原油的延迟焦化原料性质见表5-2。

表5-2 延迟焦化原料主要性质

原料性质	密度(20℃) g/cm^3	凝点 ℃	残炭(质量分数),%	硫含量(质量分数) %	H/C原子比	饱和烃含量(质量分数) %	芳烃含量(质量分数) %	胶质、沥青质(质量分数) %
大庆减压渣油(>500℃)	0.992	40 (软化点)	7.2	0.17	1.7	36.7	33.4	29.9
胜利减压渣油(>500℃)	0.9698	>51	13.9	1.26	1.6	21.4	31.3	47.3

（二）延迟焦化的产品

延迟焦化过程的产品包括气体、汽油、柴油、蜡油和石油焦，产品分布与原料油的性质有关。表5-3是大庆和胜利减压渣油的焦化产品分布（质量分数）。由于焦化属深度热裂化过程，其产品性质具有明显的热加工特性。

表5-3 焦化产品分布 单位：%

产品	气体	汽油	柴油	蜡油	石油焦	尾油+损失
大庆减压渣油	6.6	15.4	28	32	16	2
胜利减压渣油	7.58	10.9	30.3	25.5	23.7	2.02

（1）气体。焦化气体含有较多的甲烷、乙烷和少量烯烃，也含有一定量的H_2S，可作为燃料，也可作为制氢及其他化工过程的原料。

（2）汽油。焦化汽油中不饱和烃含量（如烯烃）较高，且含有较多的硫、氮等非烃化合物，因此其安定性较差。其辛烷值随原料及操作条件不同而异，一般为50~60，常需经加氢精制后，才可作为车用汽油组分。焦化重汽油馏分经过加氢处理后可作为催化重整原料。

（3）柴油。焦化柴油和焦化汽油有相同的特点，安定性差，且残炭较高，以石蜡基原油的减压渣油为原料时所得焦化柴油的十六烷值较高。焦化柴油也需经加氢精制后才能成为合格产品。

由于在焦化过程中，转化为焦炭的烃类所释放的氢转移至蜡油、柴油和气体中，且原料中的氢转移方向不同于催化裂化，因此焦化柴油的质量明显好于催化柴油。

（4）蜡油。焦化瓦斯油（CGO）一般指350~500℃的焦化馏出油，国内通常称为焦化蜡油。焦化蜡油与同一原油的直馏减压瓦斯油（VGO，也叫直馏蜡油）相比，主要区别是重金属含量较低，硫、氮、芳烃、胶质含量和残炭值均高于VGO，而饱和烃含量却较低，多环芳烃含量较高，可以作为催化裂化或加氢裂化装置的原料。但是，用焦化蜡油作为催化裂化的原料时，由于碱性化物含量较高而引起催化剂严重失活，降低催化裂化的转化率并恶化产品分布。因此只能作为催化裂化的掺兑原料,一般只能掺兑20%左右。

(5)石油焦。石油焦是延迟焦化过程的特有产品,由于我国的原油以石蜡基原油为主,渣油中的沥青质和硫含量均较低,因此延迟焦化生产的石油焦属于低硫的普通焦,一般含硫量都低于2%。从焦炭塔出来的生焦含有8%~12%的挥发分,经1300℃煅烧成为熟焦,挥发分可降至0.5%以下,应用于冶炼工业和化学工业。前已述及,具有重要应用价值的针状焦也属焦化产品。

二、延迟焦化的工艺流程

延迟焦化的特点是原料油在管式加热炉中被急速加热,达到约500℃高温后迅速进入焦炭塔内,停留足够的时间进行深度裂化反应,使得原料的生焦过程不在炉管内而延迟到塔内进行。这样可避免炉管内结焦,延长运转周期。延迟焦化装置的生产工艺分焦化和除焦两部分,焦化为连续操作,除焦为间歇操作。由于工业装置一般设有两个或四个焦炭塔,所以整个生产过程仍为连续操作。图5-2是典型的延迟焦化工艺流程。彩图5-1为某炼厂一炉两塔延迟焦化装置。

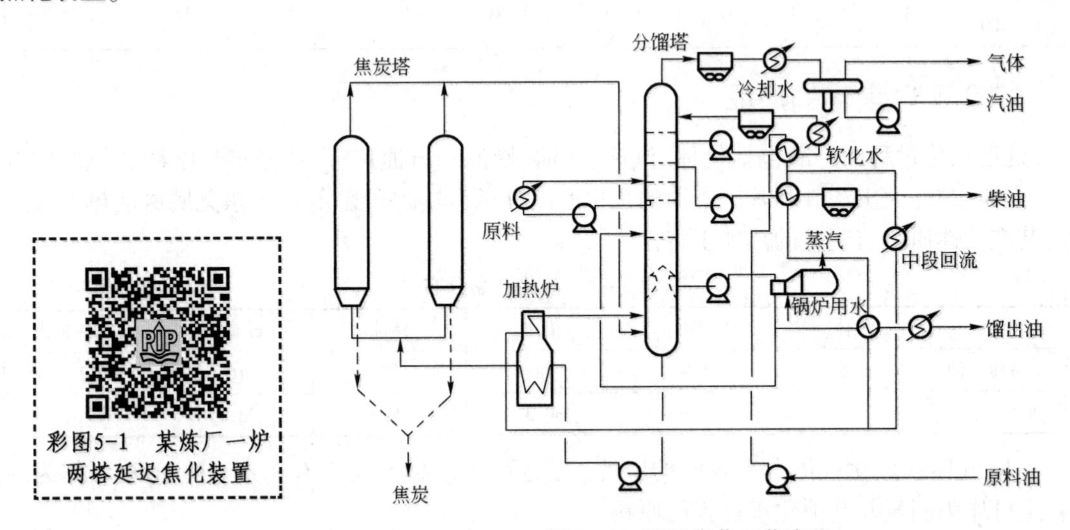

图5-2　延迟焦化工艺流程

原料经预热后,先进入分馏塔下部,与焦化塔塔顶过来的焦化油气在塔内接触换热,一是使原料被加热,二是将过热的焦化油气降温到可进行分馏的温度(一般分馏塔底温度不宜超过400℃),同时把原料中的轻组分蒸发出来。焦化油气中相当于原料油馏程的部分称为循环油,随原料一起从分馏塔底抽出,打入加热炉辐射室,加热到500℃左右通过四通阀从底部进入焦炭塔,进行焦化反应。为了防止油在炉管内反应结焦,需向炉管内注水,以加大管内流速(一般为2m/s以上),缩短油在管内的停留时间,注水量约为原料油的2%。

进入焦炭塔的高温渣油,需在塔内停留足够时间,以便充分进行反应。反应生成的油气从焦炭塔顶引出进分馏塔,分出焦化气体、汽油、柴油和蜡油,塔底循环油与原料一起再进行焦化反应。焦化生成的焦炭留在焦炭塔内,通过水力除焦从塔内排出。

焦炭塔采用间歇式操作,至少要有两个塔切换使用,以保证装置连续操作。每个塔的切换周期,包括生焦、除焦及各辅助操作过程所需的全部时间。对两炉四塔的焦化装置,一个周期约48h,其中生焦过程约占一半。生焦时间的长短取决于原料性质以及对焦炭质量的要求。

三、影响延迟焦化的主要因素

(1)反应温度。焦化过程的反应温度一般指的是加热炉出口温度,它是焦化装置的重要操作指标。这一温度的变化直接影响到焦炭塔内的温度和反应深度,从而影响焦化产品的分布和质量。温度太低,焦化反应不足,焦炭成熟不够,其挥发分太高,除焦困难。温度太高,焦化反应过深,气体、汽油的产率增大,蜡油产率减少,焦炭中的挥发分降低使焦炭变软,也会造成除焦困难。另外,温度过高,炉管容易结焦,开工周期缩短。因此,加热炉出口温度通常为495~505℃。

(2)反应压力。反应压力指的是焦炭塔顶的操作压力。反应压力直接影响油品在焦炭塔内的停留时间,从而对焦化的产品分布也有一定的影响。压力高,油品在塔中的停留时间长,反应深度加大,气体和焦炭产率增加,液体收率下降,焦炭中的挥发分也会有所增加;压力太低,反应时间缩短,反应深度不够,更重要的是不能克服后路分馏塔及其他系统的阻力。因此,在保证一定的反应深度和克服系统阻力的前提下,采用较低的反应压力较好,通常为0.15~0.17MPa。

(3)循环比。焦化过程的循环比是指焦化分馏塔中比焦化蜡油重的(塔底)循环油与新鲜原料油量的比值;也有用加热炉进料量与原料油量的比值称作联合循环比来表示循环量的大小。循环比或联合循环比对焦化装置的加工量、产量、焦化产品的分布和性质都有较大的影响。一般循环比增加,焦化汽油、柴油的收率也增加,而焦化蜡油的收率减少,焦炭和焦化气体的收率增加。另外,提高循环比,会使焦化装置的加工能力下降。因此采用小循环比操作,减少汽油、柴油馏分的收率,提高焦化蜡油的产量以增加催化裂化或加氢裂化的原料,同时扩大装置的处理能力,已成为我国近年来焦化工艺的发展方向。值得一提的是:小循环比操作的汽油、柴油馏分收率虽然较低,但由于处理量的提高,汽油、柴油馏分的产量非但不减少,而且还会有所增加。延迟焦化的主要操作条件列于表5-4中。

表5-4　延迟焦化的主要操作条件

操作条件		普通焦
操作温度,℃	加热炉出口	495~505
	焦炭塔顶	420~440
	分馏塔顶	110~120
	分馏塔底	380~400
焦炭塔顶操作压力,MPa		0.15~0.17
联合循环比		1.3~1.5

四、延迟焦化的主要设备

延迟焦化装置主要设备包括:加热炉、焦炭塔、水力除焦系统、焦化分馏塔等。焦化分馏塔的特点与催化裂化分馏塔的很相似,在此仅对其他设备作简单介绍。

(1)加热炉。焦化加热炉是延迟焦化装置的核心设备,它为整个装置提供热量。由于要把重质渣油加热至500℃左右的高温,必须使油料在炉管内具有较高的线速,缩短在炉管内的停留时间;同时要提供均匀的热场,消除局部过热,以防止炉管短期结焦,保证稳定操作和长周期运转。采用在加热炉辐射段入口处,注入1%左右水的措施可提高流速和改善流体的传热性能。目前延迟焦化装置常采用立式炉和无焰燃烧炉(图5-3)。

(2)焦炭塔。焦炭塔实际上只是一个空的容器,是焦化反应主要进行的场所,生成的焦炭也积存在此塔内。焦炭塔(图5-4)的顶部设有油气出口、除焦口、放空口;塔侧的不同高度装有料位计,监测焦炭的高度;塔的底部为锥形,底端有进料口和排焦口,正常生产时用法兰盖封死,排焦时打开。

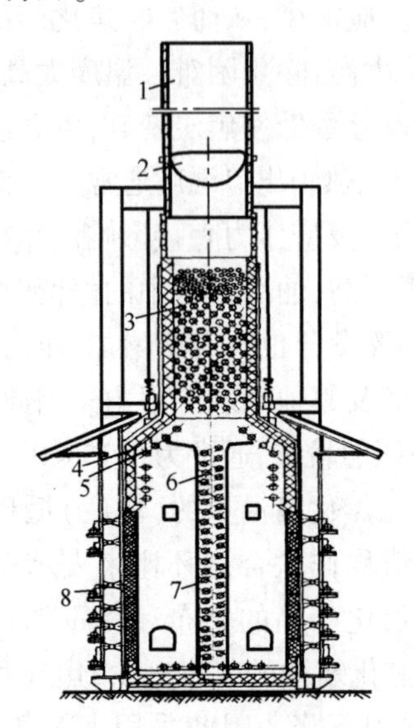

图5-3　无焰燃烧炉

1—烟囱;2—烟道挡板;3—对流管;4—炉墙;5—吊架;6—花板;7—辐射管,8—无焰燃烧器

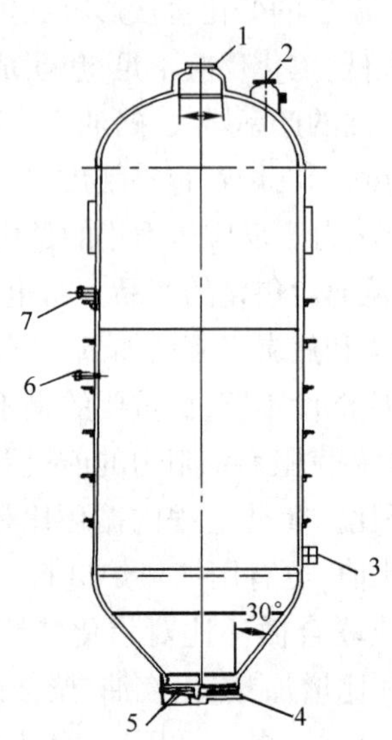

图5-4　焦炭塔结构示意图

1—除焦口;2—泡沫油气出口;3—预热油气出口;4—进料管;5—排焦口;6、7—钴60料位计口

(3)水力除焦系统。水力除焦系统有两种形式,即有井架水力除焦和无井架水力除焦,如图5-5和图5-6所示。有井架除焦装置钢材用量较多,投资较大,但设备固定在钢架上,结构坚固,操作稳便,水龙带等材料消耗少,操作费用较低。无井架除焦因省去了井架,钢材用量较少,减少了投资,但高压水胶管容易破裂,而且在焦质硬时,除焦时间长。因此两种方法各有利弊。

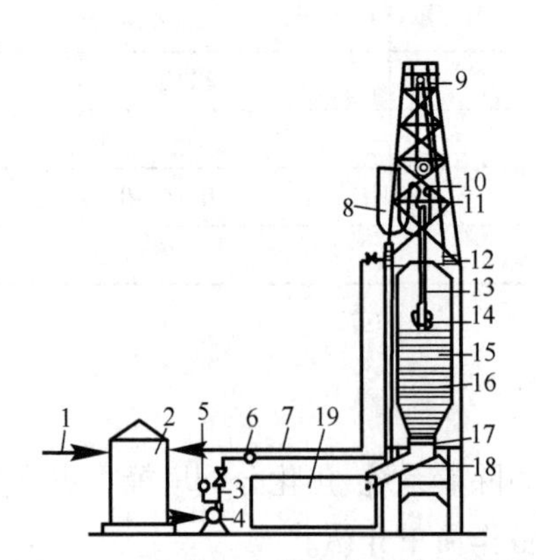

图5-5　有井架水力除焦系统示意图

1—进水管;2—高位贮水罐;3—泵出口管;4—高压水泵;5—压力表;6—水流量表;7—回水管;8—水龙带;9—天车;10—水龙头;11—风动马达;12—绞车;13—钻杆;14—水力切焦器;15—焦炭塔;16—焦炭;17—保护筒;18—28°溜槽;19—贮焦场

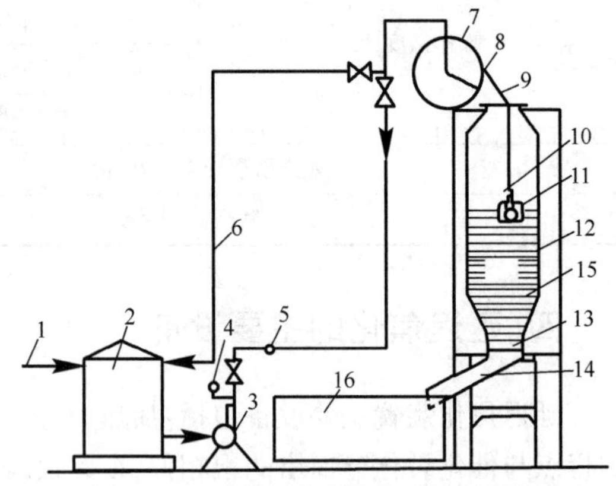

图5-6　无井架水力除焦系统示意图

1—进水管;2—高位贮水罐;3—高压水泵;4—压力表;5—水流量表;6—回水管;7—滚筒;8—高压水龙带;9—水龙带导向装置;10—水力涡轮旋转器;11—水力切焦器;12—焦炭塔;13—保护筒;14—28°溜槽;15—焦炭;16—贮焦场

第五节　溶剂脱沥青

在减压蒸馏的条件下，石蜡基或中间基原油中的一些宝贵的高黏度组分，由于沸点很高不能汽化而残留在减压渣油中，工业上是利用它们与其他物质（胶质和沥青质）在溶剂中的溶解度差别而进行分离的。溶剂脱沥青是加工重质油的一种石油炼制工艺，其过程是以减压渣油等重质油为原料，利用丙烷、丁烷等烃类作为溶剂进行萃取，萃取物脱沥青油，可作重质润滑油原料或裂化原料，萃余物脱油沥青可作道路沥青或其他用途。

一、工艺简介

原油经常减压蒸馏蒸出常压馏分和减压馏分，但总是有一部分油在减压蒸馏的条件下不能汽化而残留在减压渣油中，这部分油是宝贵的高黏度润滑油组分，是制造某些油品所不可缺少的原料。减压渣油中除了高分子烃类外，主要是胶状沥青状物质，脱沥青过程就是除去这些胶状沥青状物质的过程。沥青并不是沥青质，它包括沥青质、胶质、某些大分子烃类，以及含有硫、氮的某些化合物，甚至还含有镍、钒等金属的有机化合物。在生产残渣润滑油时，进行溶剂精制和脱蜡等加工过程之前必须先进行脱沥青。

渣油脱沥青是采用萃取的方法，从原油蒸馏所得的减压渣油（有时也从常压渣油）中，除去沥青，以制取脱沥青油同时生产石油沥青的一种石油产品精制过程。脱沥青油可通过溶剂精制、溶剂脱蜡和加氢精制（或白土精制）制取高黏度润滑油基础油（残渣润滑油）；也可作为催化裂化和加氢裂化的原料。

第一套润滑油丙烷脱沥青装置建立于 1934 年，萃取过程在混合器、沉降罐内完成。以后建立的装置则改用逆流萃取操作。萃取塔以往采用填充塔，近年来则多采用转盘塔。中国的第一套丙烷脱沥青装置于 1958 年建成。

常用的溶剂为丙烷、丁烷、戊烷、己烷或丙烷与丁烷的混合物。制取高黏度润滑油的基础油时，常用丙烷作溶剂。中国的丙烷脱沥青装置通常可生产两种脱沥青油，即残炭值较低的轻脱沥青油和残炭值较高的重脱沥青油，后者可作为润滑油料或催化裂化原料。采用丁烷或戊烷作为溶剂的脱沥青过程，用于生产催化裂化原料，所得的脱油沥青软化点更高。

二、工作原理

作为脱沥青的溶剂有若干种，这里以丙烷为例来说明溶剂脱沥青的原理。

丙烷脱沥青的操作温度是在靠近丙烷临界温度的范围内。一种物质在有机溶剂中溶解度变化的一般规律是：在低温时，溶解度较小，升高温度则溶解度增大，当温度升高到一定程度后，二者完全互溶。但是可以预计，当温度升高至临界温度时，溶剂已经具有气体的性质，这时它将不溶解溶质而是把溶质全部析出。这个变化并不是突然发生的，在靠近临界温度而还未到临界温度的某个区域内，溶解度就随温度的升高而降低，等到临界温度时，溶解度等于零。从零下若干度到稍高于 20℃的范围内，分离出的不溶物质量随温度升高而减少，即溶解度增大；到温度稍高于 20℃时，两相变为完全互溶的一相；当温度升高至 40℃后，又开始有不溶物析出，而且随着温度的升高，析出物质增加，至丙烷的临界温度 97℃时，油全部析出。由此可见，从40℃到97℃又出现第二个两相区，丙烷脱沥青过程就是在第二个两相区温度范围内操作。在这个区域内，溶解度随温度变化的规律与在第一个两相区时是相反的，在讨论丙烷脱沥青时必须记住这一点。在这个温度范围内，油—沥青—丙烷的溶解度是比较复杂的，丙烷对油的溶解度随温度升高而降低，若以丙烷的密度来表示，则对油的溶解度与丙烷的密度呈直线关系，随着丙烷密度的减小，对油的溶解度降低。

丙烷对渣油中各组分的溶解度是不同的，按其大小顺序排列依次为：烷烃 > 环状烃类 > 高分子多环烃类 > 胶状物质。丙烷对胶状物质和高分子多环烃类的溶解度很小，并且温度越高，其溶解度越小。

渣油中的烃类和胶状物质本来是互溶的，或者是有些呈溶胶均匀地分散在油中。当丙烷加入到渣油中，在温度不变时，由于丙烷对烃类的溶解度还很大，于是丙烷与烃类形成均匀的溶液。丙烷对胶状物质的溶解度很小，因此，溶液对胶质的溶解度比烃类的要小得多，所以当加入的丙烷量增加时，溶液对胶状物质的溶解度就会下降，当下降至不能溶解全部胶状物质时，它们就会从溶液中析出，并且随着溶剂比的继续增大，胶状物质的析出量也增大。但这种情况并不是无限制的，因为丙烷毕竟对胶状物质还有一定的溶解度，当加入的丙烷量增大至一定数量时，溶液的溶解度就接近丙烷的溶解度，此时若再加入丙烷，溶液的溶解度降低得很少。但是由于溶液的总量增加了，因此，总还能溶解一些胶状物质，于是表现出来的现象是析出的胶状物质随着溶剂用量的增加而减小。

温度升高时，油和丙烷之间的溶解度大为减小，油中只能溶解少量丙烷，这时，或者只能析出少量胶状物质，形成分别以沥青、油、丙烷为主的三个液相共存；或者油中溶入的丙烷量较小，还不足以使胶状物质析出，于是形成油—沥青和丙烷—油两个液相。前一种情况只是在较狭窄的条件范围内发生。当后一种情况出现时，增加溶剂比能从油—胶状物质中提取出更多的油，成为一个纯提取过程。此时，随着溶剂比的增大，脱炭程度降低。

综上所述，可以得到以下几点有用的结论：

(1)较低温度时，丙烷比对收率和质量的关系中有一最低点和最优点；

(2)提高温度可以改进油的质量，但收率将会减小；

(3)当温度较高时，由于油—丙烷溶解度的减小，丙烷脱沥青成为纯提取过程，增加丙烷比，使提取出的油随之增多，但残炭值也随之增大。

三、工艺流程

如图5－7所示，溶剂脱沥青工艺主要包括萃取和溶剂回收。

萃取部分一般采取一段萃取流程，也可采取二段萃取流程。以丙烷脱沥青为例，萃取塔顶压力一般为2.8～3.9MPa，塔顶温度54～82℃，溶剂比(体积)为(6～10):1，最大为13:1。

溶剂回收部分：沥青与重脱沥青油溶液中含丙烷少，采用中压蒸发及低压汽提回收丙烷；轻脱沥青油溶液中含丙烷较多，采用多效蒸发及汽提，或临界回收及汽提回收丙烷，以减少能耗。临界回收过程是利用丙烷在接近临界温度和稍高于临界压力(丙烷的临界温度96.8℃、临界压力4.2MPa)的条件下，对油的溶解度接近于最小以及其密度也接近于最小的性质，使轻脱沥青油与大部分丙烷在临界塔内沉降、分离，从而避免了大量丙烷采用蒸发回收，减少了蒸发和冷凝过程造成的能耗。超临界状态下溶剂回收过程没有蒸发所需要的大量潜热，所以大大降低了能耗。新的溶剂脱沥青过程已经普遍采用了超临界回收工艺。

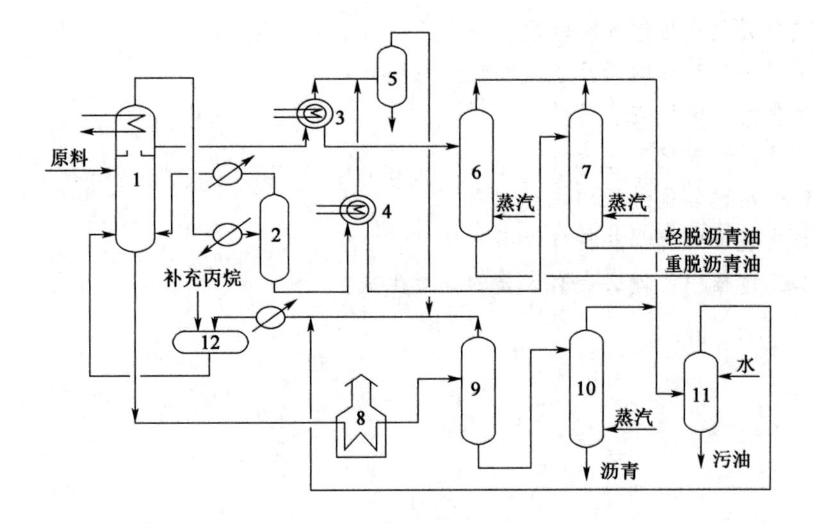

图 5－7 丙烷脱沥青工艺流程

1—萃取塔;2—临界塔;3、4—丙烷蒸发塔;5—泡沫分离塔;6—重脱沥青油汽提塔;
7—轻脱沥青油汽提塔;8—加热炉;9—沥青蒸发塔;10—沥青汽提塔;
11—混合冷凝塔;12—丙烷贮罐

近年来,各国致力于提高萃取效果,如改进溶剂回收流程和操作条件,并开展超临界萃取的研究。

思考题及习题

一、填空题

1. 热破坏加工主要方法有(　　)、(　　)、(　　)。

2. 热破坏加工涉及的主要反应主要有(　　)、(　　)。

3. 减黏裂化是以(　　)为原料进行浅度热裂化反应的一种热加工过程。

4. 炼油工业中曾经用过的焦化方法主要是(　　)、(　　)、(　　)、(　　)、(　　)和(　　)等。

二、判断题

1. 焦化反应速度随温度升高而加快。(　　)

2. 焦炭塔的出焦,都是用水力除焦。(　　)

3. 焦化分馏塔顶在温度不变的情况下,系统压力升高,汽油的干点降低。(　　)

4. 焦化分馏塔蒸发段的温度越高,循环比越大。(　　)

5. 为防止延迟焦化加热的原料油在炉管中结焦,通常在炉管内注水或通蒸汽。(　　)

6. 延迟焦化装置是以吸热反应为主的热加工装置。(　　)

7. 焦化装置的加热炉辐射出口温度越高,则焦炭的挥发份越低。(　　)

8. 延迟焦化蒸馏塔的热量过剩,常用塔底热油循环的方法,取走热量。(　　)

三、简答题

1. 分析减黏裂化产品组成和性质。
2. 分析延迟焦化过程的产品组成和性质。
3. 延迟焦化的化学反应有哪些？
4. 绘出典型延迟焦化工艺流程。
5. 分析影响延迟焦化过程的主要因素。
6. 延迟焦化装置中有哪些特殊设备？
7. 石油加工过程中为什么会有大量的焦炭生成？

第六章　催化裂化

知识目标

(1)了解催化裂化在炼油生产中的地位和作用、发展概况及发展方向；
(2)了解催化裂化催化剂的种类、组成、物理性质、使用性质及催化剂再生；
(3)理解固体流态化原理、密相输送原理和方法；
(4)熟悉催化裂化反应器、再生器、专业设备、特殊阀门的工艺结构及使用情况。

能力目标

(1)能利用催化裂化反应机理及反应特点分析催化裂化反应过程及产品的主要特点；
(2)掌握反应—再生系统、分馏系统、吸收稳定系统、烟气能量回收系统的工艺流程；
(3)会分析影响反应—再生系统操作的因素；
(4)能按操作规程进行岗位正常操作与产品质量调节；
(5)会对催化裂化过程主要操作的典型故障分析及处理；
(6)能熟练对催化裂化反应—再生系统进行仿真操作。

第一节　催化裂化概述

催化裂化是炼油工业中最重要的一种二次加工过程，在炼油工业中占有重要的地位。

石油加工的根本目的是将重质油轻质化，提高原油的加工深度，得到更多的轻质油产品，增加产品的品种，提高产品的质量。而原油经过一次加工（即常减压蒸馏）后只能得到10%～40%的汽油、煤油及柴油等轻质产品，其余的是重质馏分和残渣油，而且某些轻质油品的质量也不高，例如直馏汽油的马达法辛烷值一般只有40～60。随着国民经济和国防工业的发展，内燃机不断改进，机动车保有量不断提高，对轻质油品的数量和质量提出了更高的要求。这种供求矛盾促使了催化裂化过程的产生和发展，当然也促进了整个炼油工业的发展。

催化裂化过程是原料在催化剂存在之下，在470～530℃和0.1～0.3MPa的条件下，发生裂解等一系列化学反应，转化成气体、汽油、柴油等轻质产品和焦炭的工艺过程。

催化裂化的原料一般是重质馏分油，如减压馏分油（减压蜡油）和焦化重馏分油等，随着催化裂化技术和催化剂的不断发展，进一步扩大了原料来源，部分或全部渣油也可作为催化裂化的原料。

催化裂化过程有以下几个特点：

(1)轻质油收率高，可达70%～80%；

(2)催化裂化汽油的辛烷值较高，研究法辛烷值可达85以上（马达法辛烷值达78～80），汽油的安定性也较好；

（3）催化裂化柴油的十六烷值较低，常需与直馏柴油调合后才能使用，或者经过加氢精制以满足规格要求；

（4）催化裂化气体产品中，80% 左右是 C_3 和 C_4 烃类（称为液化石油气 LPG），其中丙烯和丁烯占一半以上，因此这部分产品是优良的石油化工和生产高辛烷值汽油组分的原料。

根据原料、催化剂和操作条件的不同，催化裂化各产品的产率、组成和性质略有不同。一般，气体产率为 10% ~20%，汽油产率为 30% ~50%，柴油产率不超过 40%，焦炭产率为 5% ~7%，掺炼渣油时焦炭产率会更高些。

由此可见，催化裂化是最重要的重质油轻质化转化过程之一，催化裂化过程投资较少、操作费用较低、原料适应性强，轻质产品收率高，技术成熟。从经济效益而言，炼油企业中一半以上的效益是靠催化裂化取得的。因此，催化裂化工艺在石油加工的总流程中占据十分重要的地位，成为当今石油炼制的核心工艺之一，并将继续发挥举足轻重的作用。

第二节　催化裂化的化学反应

催化裂化过程是将原料在适宜的操作条件下，通过催化剂作用转化成各种产品，而每种产品的数量和质量则决定于组成原料的各类烃在催化剂上所进行的化学反应。为了更好地控制生产达到高产优质的目的，就必须了解催化裂化反应的实质和特点。

一、催化裂化条件下可能进行的化学反应

（1）烷烃裂化为较小分子的烯烃和烷烃，反应式如下：

$$\underset{\text{烷烃}}{C_nH_{2n+2}} \longrightarrow \underset{\text{烯烃}}{C_mH_{2m}} + \underset{\text{烷烃}}{C_pH_{2p+2}} \qquad n = m + p$$

（2）烯烃裂化为较小分子的烯烃，反应式如下：

$$\underset{\text{烯烃}}{C_nH_{2n}} \longrightarrow \underset{\text{烯烃}}{C_mH_{2m}} + \underset{\text{烯烃}}{C_pH_{2p}} \qquad n = m + p$$

（3）烷基芳烃脱烷基反应，反应式如下：

$$\underset{\text{烷基芳烃}}{A_rC_nH_{2n+1}} \longrightarrow \underset{\text{芳烃}}{A_rH} + \underset{\text{烯烃}}{C_nH_{2n}}$$

（4）烷基芳烃侧链断裂，反应式如下：

$$\underset{\text{烷基芳烃}}{A_rC_nH_{2n+1}} \longrightarrow \underset{\text{烯基芳烃}}{A_rC_mH_{2m-1}} + \underset{\text{烷烃}}{C_pH_{2p+2}} \qquad n = m + p$$

（5）环烷烃裂化为生成烯烃，如：

```
C－C－C－C－C
|  |
C  C              ———→  C－C－C－C=C－C－C－C
 \/
 C
```

（6）氢转移反应，如环烷烃 + 烯烃 ⟶ 芳烃 + 烷烃。

（7）异构化反应，如：

烷烃 ⟶ 异构烷烃

烯烃 ⟶ 异构烯烃

(8)芳构化反应,烯烃环化脱氢生成芳烃的反应如下:

$$C—C—C—C—C=C—C \longrightarrow C_6H_5—C + 3H_2$$

烯烃　　　　　　芳烃

(9)缩合反应。单环芳烃可缩合成稠环芳烃,最后可缩合成焦炭,并放出氢气,使烯烃饱和,反应如下:

$$C_6H_5—CH=CH_2 + R_1HC=CHR_2 \longrightarrow (\text{1-}R_1\text{-2-}R_2\text{-萘}) + 2H_2$$

上述化学反应中,裂化反应、氢转移反应以及缩合反应是催化裂化的特征反应。由以上列举的反应可见,在烃类的催化裂化反应过程中,裂化反应的进行,使大分子分解为小分子的烃类,这是催化裂化工艺成为重质油轻质化重要手段的根本依据;而氢转移反应使催化汽油饱和度提高、安定性好;异构化、芳构化反应是催化汽油辛烷值高的重要原因。

在催化裂化条件下,主要反应的平衡常数很大,可视为不可逆反应,因而不受化学平衡的限制;最主要的反应——裂解反应是吸热反应,其他一些反应,有的虽属放热反应,但不是主要反应,或者其热效应较小,因此,就整个催化裂化过程而言是吸热过程。欲使反应在一定条件下进行下去,必须不断向反应系统提供足够的热量。

二、石油馏分的催化裂化

(一)各烃类之间的竞争吸附和反应的阻滞作用

石油馏分的催化裂化反应结果,并非各族烃类单独反应的综合结果,而是各反应之间相互影响的综合体现。更加重要的是,石油馏分的催化裂化反应是在固体催化剂表面上进行的,某种烃类的反应速度,不仅与化学反应本身的速度有关,而且与它们的吸附和脱附性能有关,烃类分子必须被吸附在催化剂表面上才能进行反应。如果某一烃类尽管本身的反应速度很快,但吸附速度很慢,那么该烃类的最终反应速度也不会很快,换言之,某种烃类催化裂化反应的总速度是由吸附速度和反应速度共同决定的。

大量实验证明,不同烃类分子在催化剂表面上的吸附能力不同,其顺序如下:

稠环芳烃 > 稠环环烷烃 > 烯烃 > 单烷基单环芳烃 > 单环环烷烃 > 烷烃同类分子

相对分子质量越大越容易被吸附。按烃类化学反应速度顺序排列,大致如下:

烯烃 > 大分子单烷基侧链的单环芳烃 > 异构烷烃和环烷烃 > 小分子单烷基侧链的单环芳烃 > 正构烷烃 > 稠环芳烃

综合上述两个排列顺序可知,石油馏分中芳烃虽然吸附能力强,但反应能力弱,吸附在催化剂表面上占据了相当的表面积,阻碍了其他烃类的吸附和反应,使整个石油馏分的反应速度变慢。对于烷烃,虽然反应速度快,但吸附能力弱,从而对原料反应的总效应不利。从而可得出结论:环烷烃有一定的吸附能力,又具适宜的反应速度,因此可以认为,富含环烷烃的石油馏分应是催化裂化的理想原料。实际生产中,这类原料并不多见。

(二)石油馏分烃类催化裂化是复杂的平行—顺序反应

石油馏分的催化裂化反应是复杂反应,这是它的另一个特点。反应可同时向几个方向进行,中间产物又可继续反应,从反应工程观点来看,这种反应属于平行—顺序反应。原料油可直接裂化为汽油或气体,属于一次反应,汽油又可进一步裂化生成气体,这就是二次反应,如图6-1所示。

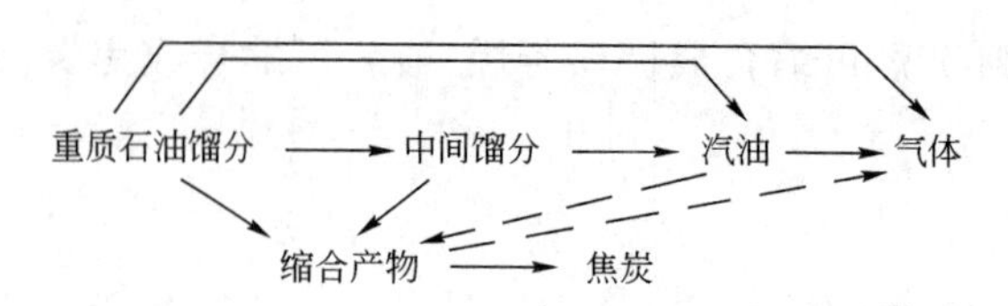

图6-1　石油馏分的催化裂化反应
(虚线表示不重要的反应)

平行—顺序反应的一个重要特点是反应深度对产品产率分布有重大影响。如图6-2所示,随着反应时间的增长,转化率提高,气体和焦炭产率一直增加,而汽油产率开始增加,经过一最高点后又下降。这是因为到一定反应深度后,汽油分解为气体的速度超过了汽油的生成速度,亦即二次反应速度超过了一次反应速度。催化裂化的二次反应是多种多样的,有些二次反应是有利的,有些则不利。例如,烯烃和环烷烃氢转移生成稳定的烷烃和芳烃是我们所希望的,中间馏分缩合生成焦炭则是不希望的。因此,在催化裂化工业生产中,对二次反应进行有效的控制是重要的。另外,要根据原料的特点选择合适的转化率,这一转化率应选择在汽油产率最高点附近。如果希望有更多的原料转化成产品,则应将反应产物中的馏程与原料油馏程相似的馏分与新鲜原料混合,重新送回反应器进一步反应。这里所说的沸点范围与原料相当的那一部分馏分,工业上称为回炼油或循环油。

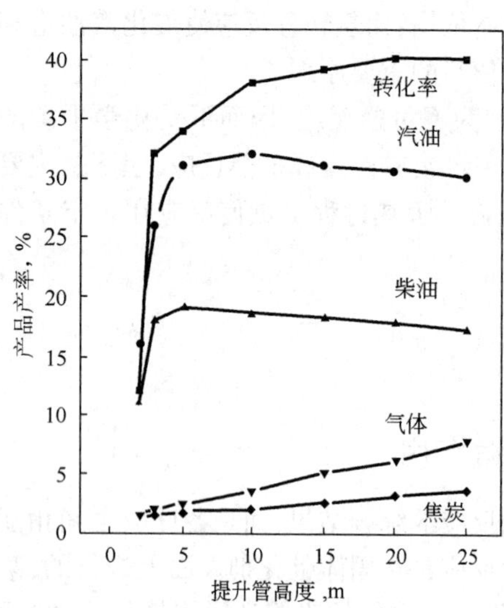

图6-2　某馏分催化裂化的结果(转化率为气体、汽油、焦炭产率之和)

三、催化裂化反应机理

烃类在催化剂上所发生的各种反应的机理为正碳离子学说。

所谓正碳离子,是烃分子中有一个碳原子的外围缺少一对电子,因而形成带正电的离子,如:

$$
\begin{array}{c}
\mathrm{H} \\
\cdot\cdot \\
\mathrm{R : \overset{}{C} : CH_3} \\
+
\end{array}
$$

催化裂化中各种类型的反应都是经过原料烃分子变成正碳离子的阶段,所以催化裂化反应实际上就是各种正碳离子的反应。

(一)正碳离子的形成过程

烯烃的双键中有一个被断开同时加上一个质子,而质子是加在原来含氢多的碳原子一边,这样就使含氢少的另一个碳原子缺少一对电子而成为正碳离子。

（二）正碳离子的形成条件

中性分子最初形成正碳离子的条件：一要有烯烃；二要有质子。

（1）烯烃：如果原料中含有二次加工产物，如焦化蜡油等，则可提供烯烃。如原料中本来不含烯烃，也会由饱和烃在催化温度下因热反应而产生烯烃。

（2）质子：可由催化剂的酸性中心提供，质子是氢原子失去电子后的状态，因而带正电以 H^+ 表示。这里不把它叫作氢离子，因为它存在于催化剂的活性中心上，并不能离开催化剂表面而自由行动，当烯烃吸附在催化剂表面时，在一定温度下就与质子化合形成正碳离子。

（三）正碳离子的反应机理

下面以正十六烯的催化裂化反应为例来说明正碳离子机理：

（1）正十六烯从催化剂表面或已生成的正碳离子处获得一个 H^+ 而生成正碳离子。

（2）大的正碳离子不稳定，容易在 β 位断裂，称为"β 断裂"，生成一个烯烃和一个小正碳离子，这就是裂化反应。只有主链中碳数大于 5 时才容易断裂，裂化后生成的产物至少是 C_3 以上的分子，所以催化产品中 C_1、C_2 含量较少（但催化反应下难免伴有热裂化反应发生，因此总有部分 C_1、C_2 生成）。

（3）生成的正碳离子是伯正碳离子，很不稳定，易于变成仲正碳离子，然后进行"β 断裂"甚至继续异构化为叔正碳离子后再进行"β 断裂"，因此催化裂化产品中异构烃很多，如正碳离子的稳定程度是叔碳 > 仲碳 > 伯碳。

（4）较小的正碳离子与烯烃、烷烃、环烷烃之间的氢转移反应，使小正碳离子变成小分子烷烃，而中性烃分子变成新的正碳离子，接着再进行各种反应，从而使原料不断变成产品。

（5）正碳离子和烯烃接合在一起生成大分子的正碳离子，即叠合反应。

（6）各种反应最后都由正碳离子放出质子还给催化剂而自己变成烯烃，使反应终止。

因为伯正碳离子极易转变成仲正碳离子，放出质子后就形成 β 烯烃，所以催化裂化产品中很少有 α 烯烃。

四、影响催化裂化反应的主要因素

影响催化裂化反应的主要因素有反应温度、反应时间、剂油比、反应压力。掌握操作因素对各方面的影响以便根据不同的要求处理好这些矛盾。

（一）反应温度

反应温度对反应速度、产品分布、产品质量都有极大的影响。

温度高则反应速度加快，能提高转化率。由于催化裂化为平行—顺序反应，而反应温度又对各种反应速度有不同的影响，因而改变反应温度会影响产品分布和产品质量。如转化率不变，提高反应温度，汽油及焦炭产率降低，而气体产率增加。

由于提高温度对促进分解反应（生成烯烃）和芳构化反应速度提高的程度高于氢转移反应，因而使汽油中的烯烃和芳烃含量有所增加，故汽油辛烷值提高，一般工业生产装置的反应温度常根据生产方案的不同采用 460 ~ 520℃。

(二)反应时间

在床层反应中,用空间速度(简称空速)来表明原料与催化剂接触时间的长短。

1. 空速

由于催化裂化反应是在催化剂表面上进行的,所以空速越高就意味着反应时间越短,反之反应时间越长。在流化催化裂化中多用质量空速,即

空速 = (总进料量,t/h)/(反应器分布板以上催化剂量,t)

2. 假反应时间

空速的倒数称为假反应时间,单位为 h^{-1}。

3. 工业中提升管反应器的反应时间

在提升管反应器内,催化剂密度很低,几乎呈活塞式流动通过反应器,空速很高且不易测定,所以提升管催化裂化的反应时间是以油气在提升管内的停留时间表示。由于提升管催化裂化采用了高活性的分子筛催化剂,故所需反应时间很短,一般只有 1 ~4s 即可使进料中的非芳烃全部转化,特别是在反应开始时速度最快,1s 以后转化率增长便趋于缓和。反应时间过长会引起汽油、柴油的再次分解导致轻油收率降低。

(三)剂油比

1. 剂油比的概念

催化剂循环量与总进料量之比称为剂油比,用 C/O 表示,即

C/O = (催化剂循环量,t/h)/(总进料量,t/h)

2. 剂油比对产品的影响

(1)增加剂油比,可以提高转化率,因为在焦炭产率一定时,剂油比增加就意味着反应器内催化剂上的平均炭含剂油比量降低,即实际活性增高。

(2)提高剂油比,会使焦炭产率升高,这主要是由于提高了转化率。另外进料量不变,剂油比增加就说明催化剂循环量加大,因而使汽提段负荷增大,汽提效率降低,也相当于提高低焦炭产率。

3. 工业常用的剂油比

工业上一般剂油比为 5 ~10。生产上常用催化剂循环量调节反应温度,实际是通过剂油比调节焦炭产率,从而达到调节装置热平衡的目的。

(四)反应压力

1. 油气分压的影响

反应压力对催化裂化过程的影响主要是通过油气分压来体现的。实验数据表明,当其他条件不变时,提高反应器的油气分压,可提高转化率,但同时焦炭产率增加,汽油产率下降,液态烃中的丁烯产率也相对减少。

2. 系统压力的影响

催化裂化两器压力是一致的,系统压力高可以提高烧焦速度,减少再生器藏量,提高烟气能量回收系统的效率。同时也可以节省富气压缩机的功率。

因此,从总体来看希望适当提高系统压力。但为了不使油气分压增加可适当提高雾化蒸汽量,特别是处理重质原料乃至渣油时,降低油气分压尤其显得重要。

3. 工业常用的压力

提升管催化裂化沉降器顶部压力根据压力平衡的需要一般为0.12~0.2MPa(表)。

第三节　催化裂化催化剂

催化裂化技术的发展密切依赖于催化剂的发展。例如,有了微球催化剂,才出现了流化床催化裂化装置;沸石催化剂的诞生,才发展了提升管催化裂化;CO助燃催化剂使高效再生技术得到普遍推广;抗重金属污染催化剂使用后,渣油催化裂化技术的发展才有了可靠的基础。选用适宜的催化剂对于催化裂化过程的产品产率、产品质量以及经济效益具有重大影响。

一、催化剂及催化作用

能够改变化学反应速度而自身不发生化学变化的物质称为催化剂。这种改变化学反应速度的作用叫作催化作用。催化剂可以加快某些反应进行的速度,也可以抑制另一些反应的进行。加快反应速度称正催化作用,减慢反应速度称负催化作用。不同的催化剂对化学反应的作用情况会大不相同。催化剂的催化作用具有以下特征:

(1)催化剂积极参与化学反应,改变化学反应速度(加快或减慢),但反应前后其本身并不发生化学变化;

(2)催化剂不能促进那些热力学看来不能进行的化学反应;对可逆反应,能促进正反应也能促进逆反应,即不能改变化学平衡;

(3)催化剂能有选择性地加速某些化学反应,从而改变产品的分布;

(4)在反应过程中,催化剂基本上不消耗(从设备中跑损除外)。

二、催化剂的种类

工业上广泛采用的催化裂化催化剂分为两大类:无定形硅酸铝催化剂和结晶形硅酸铝催化剂。前者通常叫普通硅酸铝催化剂(简称硅酸铝催化剂),后者称沸石催化剂(通常叫分子筛催化剂)。

(一)普通硅酸铝催化剂

普通硅酸铝催化剂的主要成分是氧化硅和氧化铝(SiO_2,Al_2O_3)。按Al_2O_3含量的多少又分为低铝和高铝催化剂,低铝催化剂Al_2O_3含量在12%~13%;Al_2O_3含量超过25%称高铝催化剂。高铝催化剂活性较高。

普通硅酸铝催化剂是一种多孔性物质,具有很大的表面积,每克新鲜催化剂的表面积(称为比表面)可达500 ~700m^2。这些表面就是进行化学反应的场所,催化剂表面具有酸性,并形成许多酸性中心,催化剂的活性来源于这些酸性中心。

普通硅酸铝催化剂用于早期的床层反应器流化催化裂化装置。

(二)沸石催化剂

沸石(又称分子筛)催化剂是一种新型的高活性催化剂,它是一种具有结晶结构的硅铝酸盐。与无定形硅酸铝催化剂相似,沸石催化剂也是一种多孔性物质,具有很大的内表面积。所不同的是它是一种具有规则晶体结构的硅铝酸盐,它的晶格结构中排列着整齐均匀、孔径大小一定的微孔,只有直径小于孔径的分子才能进入其中,而直径大于孔径的分子则无法进入。由于它能像筛子一样将不同直径的分子分开,因而形象地称为分子筛。按其组成及晶体结构的差异,沸石催化剂可分为A型、X型、Y型和丝光沸石等几种类型。目前工业上常用的是X型和Y型。X型和Y型的晶体结构是相同的,其主要差别是硅铝比不同。X型和Y型沸石的初型含有钠离子,这时催化剂并不具多少活性,必须用多价阳离子置换出钠离子后才具有很高的活性。目前催化裂化装置上常用的催化剂包括:H-Y型、RE-Y型和BE-H—Y型(分别用氢离子、稀土金属离子和二者兼用置换得到)。

沸石催化剂表面也具有酸性,单位表面上的活性中心数目约为硅酸铝催化剂的100倍,其活性也相应高出100倍左右。如此高的活性,在目前的生产工艺中还难以应用,因此,工业上所用的沸石催化剂实际上仅含5% ~20%的沸石,其余是起稀释作用的载体(低铝或高铝硅酸铝)。

沸石催化剂与无定型硅酸铝催化剂相比,大幅度提高了汽油产率和装置处理能力。这种催化剂主要用于提升管催化裂化装置。

三、催化剂的使用性能及要求

催化裂化工艺对所用催化剂有诸多的使用要求。催化剂的活性、选择性、稳定性、抗重金属污染性能、流化性能和抗磨性能是评定催化剂性能的重要指标。

(一)活性

活性是指催化剂促进化学反应进行的能力。对不同类型的催化剂,实验室评定和表示方法有所不同。对无定形硅酸铝催化剂,采用$D+L$指数法,它是以待定催化剂和标准原料在标准裂化条件下进行化学反应,以反应所得干点小于204℃的汽油加上蒸馏损失占原料油的质量分数,即$(D+L)\%$来表示。工业上经常采用更为简便的间接测定方法:硅酸铝催化剂带有酸性,而酸性的强弱和活性有直接关系,因此,以过量的KOH滴定,再以HCl滴定过量的KOH根据滴定结果算出KOH指数,然后再用图表查出相应的$D+L$活性,称为$D+L$指数法。新鲜微球硅酸铝催化剂的活性约为55。

对沸石催化剂,由于活性很高,对吸附在催化剂上的焦炭量很敏感。在实际使用时,反应时间很短,而$D+L$试验方法的反应时间过长,会使焦炭产率增加,用$D+L$法不能显示分子筛催化剂的真实活性。目前,对分子筛催化剂,采用反应时间短、催化剂用量少的微活性测定法,所得活性称为微活性。

新鲜催化剂在开始投用时,一段时间内,活性急剧下降,降到一定程度后则缓慢下降。另外，由于生产过程中不可避免地损失一部分催化剂而需要定期补充相应数量的新鲜催化剂，因此，在实际生产过程中，反应器内的催化剂活性可保持在一个稳定的水平上，此时催化剂的活性称为平衡活性。显然，平衡活性低于新鲜催化剂的活性。平衡活性的高低取决于催化剂的稳定性和新鲜剂的补充量。普通硅酸铝催化剂的平衡活性一般在20～30（$D+L$活性），沸石催化剂的平衡活性为60～70（微活性）。

（二）选择性

将进料转化为目的产品的能力称为选择性，一般采用目的产物产率与转化率之比，或以目的产物与非目的产物产率之比来表示。对于以生产汽油为主要目的的裂化催化剂，常常用"汽油产率/焦炭产率"或"汽油产率/转化率"表示其选择性。选择性好的催化剂可使原料生成较多的汽油，而较少生成气体和焦炭。

沸石催化剂的选择性优于无定形硅酸铝催化剂，当焦炭产率相同时，使用分子筛催化剂可提高汽油产率15%～20%。

（三）稳定性

催化剂在使用过程中保持其活性和选择性的性能称为稳定性。高温和水蒸气可使催化剂的孔径扩大、比表面减小而导致性能下降，活性下降的现象称为老化。稳定性高表示催化剂经高温和水蒸气作用时活性下降少、催化剂使用寿命长。

（四）抗重金属污染性能

原料中的镍（Ni）、钒（V）、铁（Fe）、铜（Cu）等金属的盐类，沉积或吸附在催化剂表面上，会大大降低催化剂的活性和选择性，称为催化剂中毒或污染，从而使汽油产率大大下降，气体和焦炭产率上升。沸石催化剂比硅酸铝催化剂更具抗重金属污染能力。

为防止重金属污染，一方面应控制原料油中重金属含量，另一方面可使用金属钝化剂以抑制污染金属的活性。

（五）流化性能和抗磨性能

为保证催化剂在流化床中有良好的流化状态，要求催化剂有适宜的粒径或筛分组成。工业用微球催化剂颗粒直径一般在20～80μm。粒度分布大致为：0～40μm占10%～15%，大于80μm的占15%～20%，其余是40～80μm的筛分。适当的细粉含量可改善流化质量。为避免在运转过程中催化剂过度粉碎，以保证流化质量和减少催化剂损耗。要求催化剂具有较高机械强度。通常采用磨损指数评价催化剂的机械强度，其测量方法是将一定量的催化剂放在特定的仪器中，用高速气流冲击4h后，所生成的小于15μm细粉的质量占试样中大于15μm催化剂质量的百分数即为磨损指数。

四、催化剂的失活与再生

（一）催化剂失活

石油馏分催化裂化过程中，由于缩合反应和氢转移反应，产生高度缩合产物——焦炭，焦炭沉积在催化剂表面上覆盖活性中心使催化剂的活性及选择性降低，通常称为结焦失活，这种失活最严重，也最快，一般在1s之内就能使催化剂活性丧失大半，不过此种失活属于暂时失活，再生后即可恢复；催化剂在使用过程中，反复经受高温和水蒸气的作用，催化剂的表面结构发生变化、比表面和孔容减小、分子筛的晶体结构遭到破坏，引起催化剂的活性及选择性下降，这种失活称为水热失活，这种失活一旦发生是不可逆转的，通常只能控制操作条件以尽量减缓水热失活，比如避免高温下与水蒸气的反复接触等；原料油特别是重质油中通常含有一些重金属，如铁、镍、铜、钒、钠、钙等，在催化裂化反应条件下，这些金属元素能引起催化剂中毒或污染，导致催化剂活性下降，称为中毒失活，某些原料中碱性氮化物过高也能使催化剂中毒失活。

(二)催化剂再生

为使催化剂恢复活性以重复利用，必须用空气在高温下烧去沉积的焦炭，这个用空气烧去焦炭的过程称之为催化剂再生。在实际生产中，离开反应器的催化剂含炭量约为1%，称为待生催化剂(简称待生剂)；再生后的催化剂称再生催化剂(简称再生剂)。对再生剂的含炭量有一定的要求：对硅酸铝催化剂，要求达到0.5%以下；对沸石催化剂，要求再生剂含炭量小于0.2%。催化剂的再生过程决定着整个装置的热平衡和生产能力。

催化剂再生过程中，焦炭燃烧放出大量热能，这些热量供给反应所需。如果所产生的热量不足以供给反应所需要的热量，则还需要另外补充热量(向再生器喷燃烧油)；如果所产热量有富余，则需要从再生器取出多余的部分热量作为别用，以维持整个系统的热量平衡。

第四节　催化裂化工艺流程及主要设备

一、催化裂化装置的工艺流程

催化裂化装置通常由三大部分组成，即反应—再生系统、分馏系统和吸收稳定系统，除此之外，许多装置还配备有烟气能量回收系统和产品精制系统。其中，反应—再生系统是全装置的核心部分，不同的装置类型(如床层反应式、提升管式、高低并列式以及同轴式等)，反应—再生系统的工艺流程会略有差异，但原理都是一样的。动画6－1为催化裂化过程示意，彩图6－1为某炼厂催化裂化装置。这里，以高低并列式提升管催化裂化为例，对三大系统分述如下。

(一)反应—再生系统

图6－3是高低并列式提升管催化裂化装置反应—再生系统的工艺流程。

新鲜原料(减压馏分油或重油)经过一系列换热后与回炼油混合，进入加热炉预热到200～300℃(温度过高会发生热裂解，也不利于提高剂油比)，由原料油喷嘴以雾化状态喷入提升管反应器下部(油浆不经加热直接进入提升管)，与来自再生器的高温(650～700℃)催化剂接触并立即汽化，油气与雾化蒸汽及预提升蒸汽一起携带着催化剂以5～8m/s的线速向上流动，边流动边进行化学反应，在470～520℃的温度下停留2～4s，然后以10～15m/s的高线速通过提升管出口，经快速分离器，大部分催化剂被分出落入沉降器下部，油气携带少量催化剂经两级旋风分离器分出夹带的催化剂后进入集气室，通过沉降器顶部的出口进入分馏系统。积有焦炭的待生催化剂由沉降器进入其下面的汽提段，用过热水蒸气进行汽提以脱除

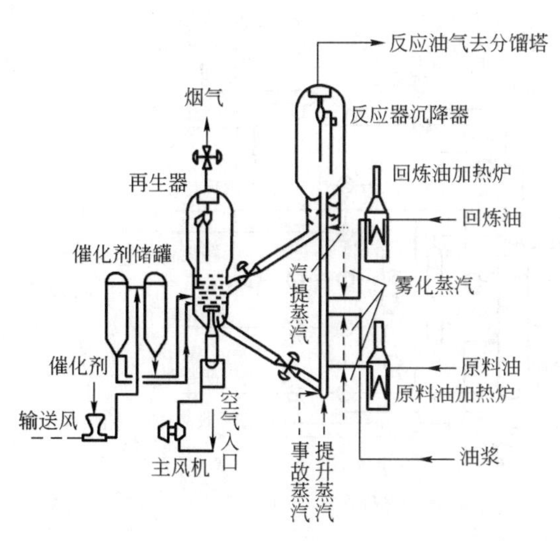

图6－3　高低并列式提升管催化裂化装置反应—再生系统的工艺流程

动画6-1　催化裂化过程示意

彩图6-1　某炼厂催化裂化装置

吸附在催化剂表面上的少量油气。待生催化剂经待生斜管、待生单动滑阀进入再生器，与来自再生器底部的空气（由主风机提供）接触形成流化床层，进行再生（烧焦）反应，同时放出大量燃烧热，以维持再生器足够高的床层温度（密相段温度为650～700℃）。再生器为0.15～0.25MPa（表）的顶部压力，床层线速为0.7～1.0m/s。再生后的催化剂含炭量小于0.2%，甚至降至0.05%以下。再生剂经淹流管、再生斜管及再生单动滑阀返回提升管反应器循环使用。

烧焦产生的再生烟气，经再生器稀相段进入旋风分离器，经两级旋风分离器分出携带的大部分催化剂，烟气经集气室和双动滑阀排入烟囱（或去能量回收系统）。回收的催化剂经两级料腿返回再生器下部床层。

在生产过程中，少量催化剂细粉随烟气排入大气或（和）进入分馏系统随油浆排出，造成催化剂的损耗。为了维持反应—再生系统的催化剂藏量，需要定期向系统补充新鲜催化剂。即使是催化剂损失很低的装置，由于催化剂老化减活或受重金属的污染，也需要放出一些催化剂，补充一些新鲜催化剂以维持系统内平衡催化剂的活性。为此，装置内通常设有两个催化剂储罐，并配备加料和卸料系统。保证催化剂在两器（再生器和沉降器）间按正常流向循环以及再生器有良好的流化状况是催化裂化装置的技术关键，除设计时准确无误外，正确操作也非常重要。催化剂在两器间循环是由两器压力平衡决定的，通常情况下，根据两器压差（0.02～0.04MPa），由双动滑阀控制再生器顶部压力；根据提升管反应器出口温度控制再生滑阀开度调节催化剂循环量；根据系统压力平衡要求由待生滑阀控制汽提段料位高度。

（二）分馏系统

分馏系统的作用是将反应—再生系统的产物进行初步分离，得到部分产品和半成品。分馏系统原理流程如图6－4所示。

由反应—再生系统来的高温油气进入催化分馏塔下部，经装有挡板的脱过热段脱过热后进入分馏段，经分馏后得到富气、粗汽油、轻柴油、重柴油、回炼油和油浆（即塔底抽出的带有催化剂细粉的渣油）。其中富气和粗汽油去吸收稳定系统；轻、重柴油经汽提、换热或冷却后

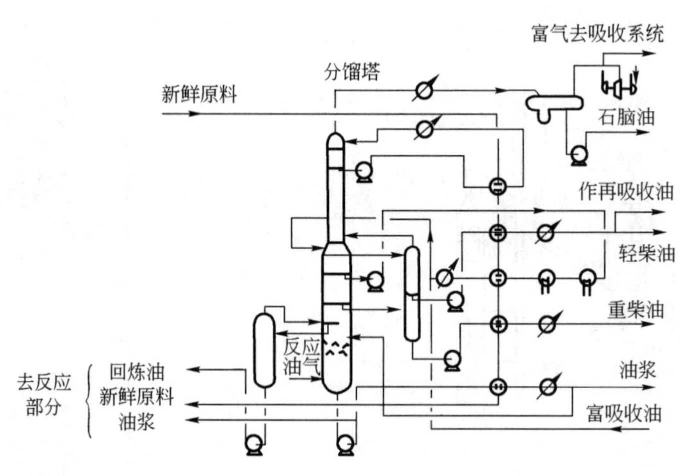

图6－4　分馏系统原理流程

出装置；回炼油返回反应—再生系统进行回炼；油浆的一部分送反应—再生系统回炼，另一部分经换热后循环回分馏塔（也可将其中一部分冷却后送出装置）。将轻柴油经冷却后送至再吸收塔作为吸收剂（贫吸收油），吸收了 C_3、C_4 组分的轻柴油（富吸收油）再返回分馏塔。为了取走分馏塔的过剩热量以使塔内气液负荷分布均匀，在塔的不同位置分别设有四个循环回流：顶循环回流、一中段回流、二中段回流和油浆循环回流。与一般分馏塔相比，催化分馏塔有以下特点：

（1）过热油气进料。分馏塔的进料是由沉降器来的460～480℃的过热油气，并夹带有少量催化剂细粉。为了创造分馏的条件，必须先把过热油气冷至饱和状态并洗去夹带的催化剂细粉，以免在分馏时堵塞塔盘。为此，在分馏塔下部设有脱过热段，其中装有人字挡板，由塔底抽出油浆经换热、冷却后返回挡板上方与向上的油气逆流接触换热，达到冲洗粉尘和脱过热的目的。

（2）由于全塔剩余热量多（由高温油气带入），催化裂化产品的分馏精确度要求也不高，因此设置四个循环回流分段取热。

（3）塔顶采用循环回流，而不用冷回流。其主要原因是：①进入分馏塔的油气中含有大量惰性气和不凝气，若采用冷回流会影响传热效果或加大塔顶冷凝器的负荷；②采用循环回流可减少塔顶流出的油气量，从而降低分馏塔顶至气压机入口的压力降，使气压机入口压力提高，可降低气压机的动力消耗；③采用顶循环回流可回收一部分热量。

（三）吸收—稳定系统

如前所述，催化裂化生产过程的主要产品是气体、汽油和柴油，其中气体产品包括干气和液化石油气（简称液化气），干气作为本装置燃料气烧掉，液化气是宝贵的石油化工原料和民用燃料。所谓吸收稳定，目的在于将来自分馏部分的催化富气中 C_2 以下组分与 C_3 以上组分分离以便分别利用，同时将混入汽油中的少量气体烃分出，以降低汽油的蒸气压，保证符合商品规格。吸收—稳定系统包括吸收塔、解吸塔、再吸收塔、稳定塔以及相应的冷换设备。由分馏系统油气分离器出来的富气经气体压缩机升压后，冷却并分出凝缩油，压缩富气进入吸收塔底部，粗汽油和稳定汽油作为吸收剂由塔顶进入，吸收了 C_3、C_4（及部分 C_2）的富吸收油由塔底抽出送至解吸塔顶部。吸收塔设有一个中段回流以维持塔内较低的温度。吸收塔顶出来的贫气中尚夹带少量汽油，经再吸收塔用轻柴油回收其中的汽油组分后成为干气送燃料气管网。吸收了汽油的轻柴油由再吸收塔底抽出返回分馏塔。解吸塔的作用是通过加热将富吸收油中 C_2 组分解吸出来，由塔顶引出进入中间平衡罐，塔底脱乙烷汽油被送至稳定塔。稳定塔的目的是将汽油中 C_4 以下的轻烃脱除，在塔顶得到液化气，塔底得到合格的汽油（即稳定汽油）。吸收解吸系统有两种流程，上面介绍的是吸收塔和解吸塔分开的所谓双塔流程，这种流程可以将吸收塔和解吸塔并列分别放置在地上，也可以将这两个塔重叠在一起，中间用隔板隔开；还有一种单塔流程，即一个塔同时完成吸收和解吸的任务。双塔流程优于单塔流程，它能同时满足高吸收率和高解吸率的要求。图 6－5 是典型的催化裂化吸收—稳定系统的双塔工艺流程。

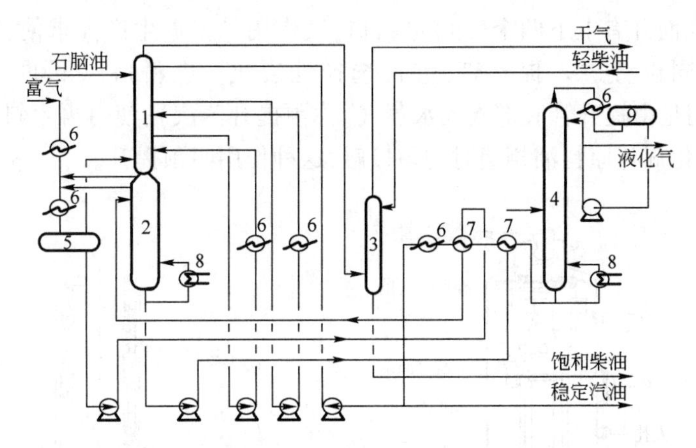

图 6－5　催化裂化吸收—稳定系统的双塔工艺流程

1—吸收塔；2—脱吸塔；3—再吸收塔；4—稳定塔（或脱丁烷塔）；5—平衡罐；
6—冷凝器或冷凝冷却器；7—换热器；8—再沸器；9—回流罐

除以上三大系统外，现代催化裂化装置（尤其是大型装置）大都设有烟气能量回收系统，其目的是最大限度地回收能量、降低能耗。常采用的手段如下：利用烟气轮机将高速烟气的动能转化为机械能；利用一氧化碳锅炉（对非完全再生装置）使烟气中 CO 燃烧回收其化学能；利用余热锅炉（对完全再生装置）回收烟气的显热，用以产生蒸汽。采用这些措施后，全装置的能耗可大大降低。

通常所说的催化裂化“四机组”就是指用于能量回收的四台大型设备，即轴流风机（主风机）、烟气轮机、汽轮机（蒸汽轮机）、电动机/发电机，将这四台机器通过轴承和变速箱连在一起称为同轴四机组。正常时由烟气轮机带动主风机，如功率不足则由汽轮机补充，多余功率可用于发电，烟机和汽轮机出现故障，则由电动机驱动主风机。四机组的安全运转至关重要，因为主风机是整个装置的最关键设备之一，主风机停转会使全装置瘫痪，这就是为什么采用四机组、用多种动力确保风机正常运转的原因所在。

二、催化裂化装置的主要设备

催化裂化装置设备较多，本节只介绍几个主要设备。

（一）提升管反应器及沉降器

1. 提升管反应器

提升管反应器是进行催化裂化化学反应的场所，是催化裂化装置的关键设备。随装置类型不同，提升管反应器类型不同，常见的提升管反应器类型有以下三种：

(1)直管式提升管反应器：多用于高低并列式提升管催化裂化装置。

(2)折叠式提升管反应器：多用于同轴式和由床层反应器改为提升管的装置。

(3)两段提升管反应器：由两根短提升管串联连接构成，用于两段提升管催化裂化装置。

图6-6是直管式提升管反应器及沉降器示意图。直管式提升管反应器是一根长径比很大的管子，长度一般为30~36m，直径根据装置处理量决定，通常以油气在提升管内的平均停留时间1~4s为限确定提升管内径。由于提升管内自下而上油气线速度不断增大，为了不使提升管上部气速过高，提升管可做成上下异径形式。

在提升管的侧面开有上下两个(组)进料口，其作用是根据生产要求使新鲜原料、回炼油和回炼油浆从不同位置进入提升管，进行选择性裂化。进料口以下的一段称预提升段(图6-7)，其作用是由提升管底部吹入水蒸气(称预提升蒸汽)，使由再生斜管来的再生催化剂加速，以保证催化剂与原料油相遇时均匀接触，这种作用叫预提升。

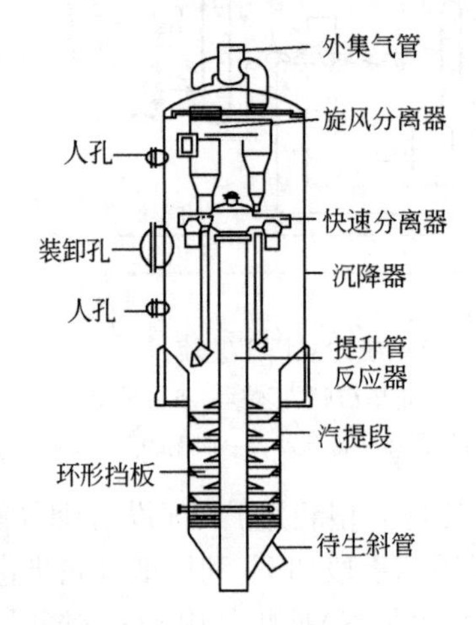

图6-6 直管式提升管反应器及沉降器示意图

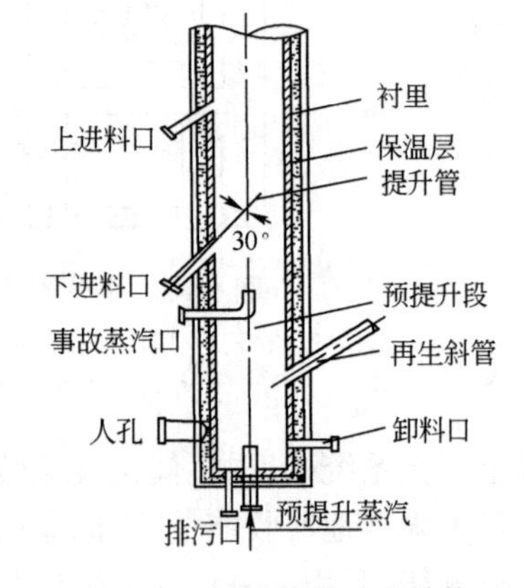

图6-7 提升管提升段结构

为使油气在离开提升管后立即终止反应，提升管出口均设有快速分离装置，其作用是使油气与大部分催化剂迅速分开。在工业上使用的快速分离器的类型很多，主要有：伞帽形、倒L形、T形、粗旋风分离器、弹射快速分离器和垂直齿缝式快速分离器，分别如图6-8中(a)、(b)、(c)、(d)、(e)、(f)所示，目前绝大多数采用粗旋风分离器。粗旋风分离器的性能优劣不仅对反应—再生系统的正常运转和催化剂跑损有直接关系，而且对分馏塔底油浆的固含量有直接影响。

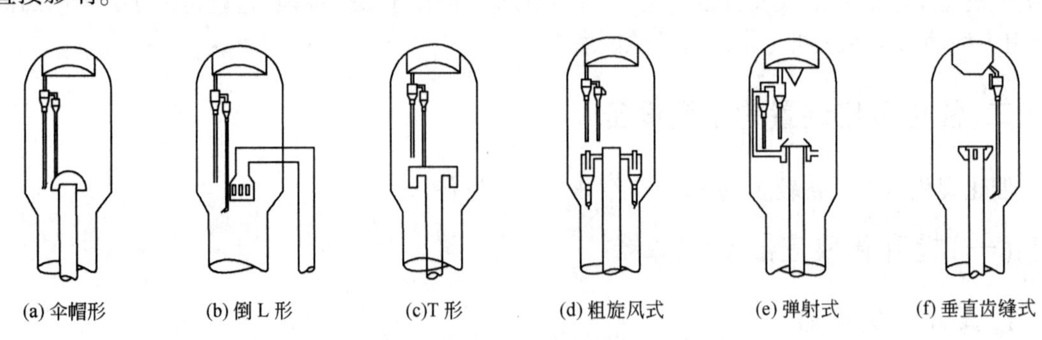

图6-8 快速分离装置类型示意图

为进行参数测量和取样,沿提升管高度还装有热电偶管、测压管、采样口等。除此之外,提升管反应器的设计还要考虑耐热、耐磨以及热膨胀等问题。

2. 沉降器

沉降器是用碳钢焊制成的圆筒形设备,上段为沉降段,下段是汽提段。沉降段内装有数组旋风分离器,顶部是集气室并开有油气出口。沉降器的作用是使来自提升管的油气和催化剂分离,油气经旋风分离器分出所夹带的催化剂后经集气室去分馏系统;由提升管快速分离器出来的催化剂靠重力在沉降器中向下沉降,落入汽提段。汽提段内设有数层人字挡板和蒸汽吹入口,其作用是将催化剂夹带的油气用过热水蒸气吹出(汽提),并返回沉降段,以便减少油气损失和减小再生器的负荷。

沉降器多采用直筒形,直径大小根据气体(油气、水蒸气)流率及线速度决定,沉降段线速度一般不超过0.5~0.6m/s。沉降段高度由旋风分离器料腿压力平衡所需料腿长度和所需沉降高度确定,通常为9~12m。汽提段的尺寸一般由催化剂循环量以及催化剂在汽提段的停留时间决定,停留时间一般是1.5~3min。

(二)再生器

再生器是催化裂化装置的重要设备,其作用是为催化剂再生提供场所和条件。它的结构形式和操作状况直接影响烧焦能力和催化剂损耗。再生器是决定整个装置处理能力的关键设备。图6-9是常规再生器的结构示意图。再生器由筒体和内部构件组成。

1. 简体

再生器筒体是由A3碳钢焊接而成的,由于经常处于高温和受催化剂颗粒冲刷,因此筒体内壁敷设一层隔热、耐磨衬里以保护设备材质。筒体上部为稀相段,下部为密相段,中间变径处通常叫过渡段。

(1)密相段。密相段是待生催化剂进行流化和再生反应的主要场所。在空气(主风)的作用下,待生催化剂在这里形成密相流化床层,密相床层气体线速度一般为0.6~1.0m/s,采用较低气速叫低速床,采用较高气速称为高速床。密相段直径大小通常由烧焦所能产生的湿烟气量(可计算得到)和气体线速度确定。密相段高度一般由催化剂藏量和密相段催化剂密度确定,一般为6~7m。

(2)稀相段。稀相段实际上是催化剂的沉降段。为使催化剂易于沉降,稀相段气体线速度不能太高,要求不大于0.6~0.7m/s,因此,稀相段直径通常大于密相段直径。稀相段高度应由沉降要求和旋风分离器料腿长度要求确定,适宜的稀相段高度是9~11m。

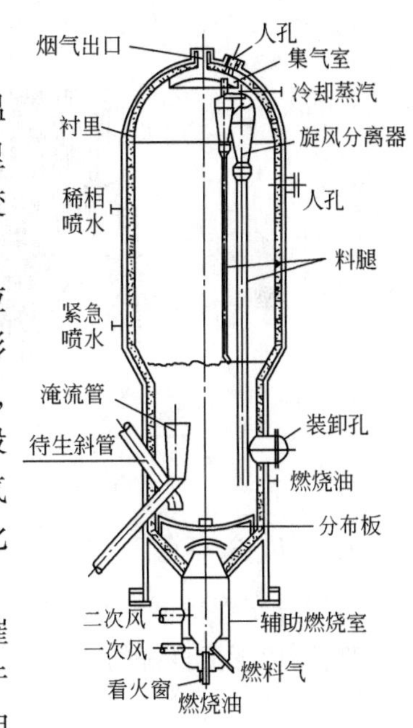

图6-9　再生器结构示意图

2. 旋风分离器

旋风分离器是气固分离并回收催化剂的设备,它的操作状况好坏直接影响催化剂消耗量的大小，是催化裂化装置中非常关键的设备。图6－10是旋风分离器结构示意图。

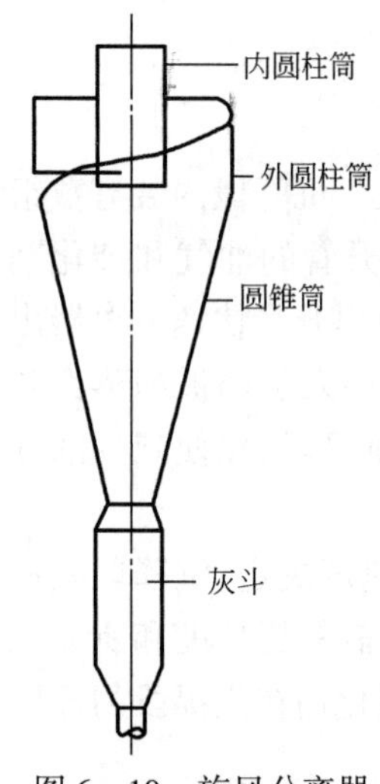

图6－10　旋风分离器结构示意图

旋风分离器由内圆柱筒、外圆柱筒、圆锥筒以及灰斗组成。灰斗下端与料腿相连，料腿出口装有翼阀。

旋风分离器的类型很多，我国先后从国外引进的有Dcon（简称D型，即杜康型）、Buell型（简称B型，即布埃尔型）、Emtrol型（简称E型）、GE型等。在消化国外引进技术的基础上，我国成功开发了独特的PV型旋风分离器和vqs旋流旋风分离器。与国外各种旋风分离器相比，我国开发的旋风分离器具有结构简单、性能优越的特点，并建立了一套完整的优化设计方法，能对各部分尺寸进行优化匹配，针对不同工况做出最佳设计，能在一定压力降下获得最好的分离效率，总分离效率可达99.997%～99.998%。

旋风分离器的作用原理都是相同的，携带催化剂颗粒的气流以很高的速度（15～25m/s）从切线方向进入旋风分离器，并沿内外圆柱筒间的环形通道作旋转运动，使固体颗粒产生离心力，造成气固分离的条件，颗粒沿锥体下转进入灰斗，气体从内圆柱筒排出。灰斗、料腿和翼阀都是旋风分离器的组成部分。灰斗的作用是脱气，即防止气体被催化剂带入料腿；料腿的作用是将回收的催化剂输送回床层，为此，料腿内催化剂应具有一定的料面高度以保证催化剂顺利下流，这也就是要求一定料腿长度的原因；翼阀的作用是密封，即允许催化剂流出而阻止气体倒窜。翼阀的结构如图6－11所示。

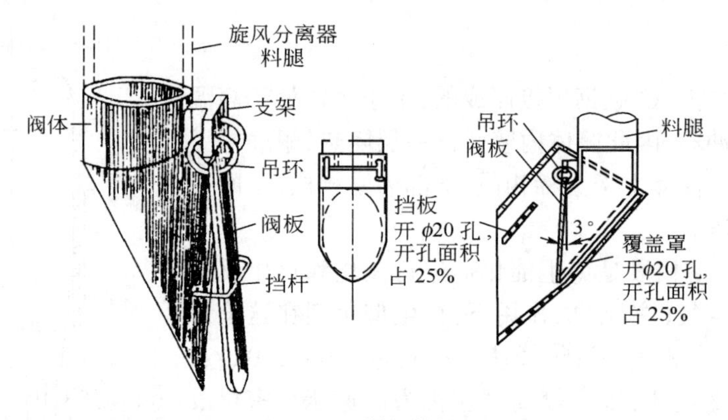

图6－11　翼阀结构图

3. 主风分布管

主风分布管是再生器的空气分配器，作用是使进入再生器的空气均匀分布，防止气流趋向中心部位，以形成良好的流化状态，保证气固均匀接触，强化再生反应。图6－12为分布管结构示意图。

4. 辅助燃料室

辅助燃料室是一个特殊形式的加热炉，设在再生器下面（可与再生器连为一体，也可分开设置），其作用是开工时用以加热主风使再生器升温，紧急停工时维持一定的降温速度。正常生产时辅助燃烧室只作为主风的通道，结构形式有立式和卧式两种，图6－13是立式辅助燃烧室结构简图。

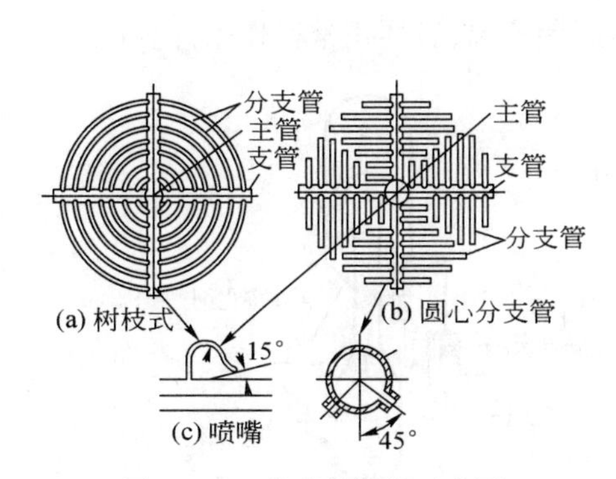

图 6 – 12　分布管结构示意图

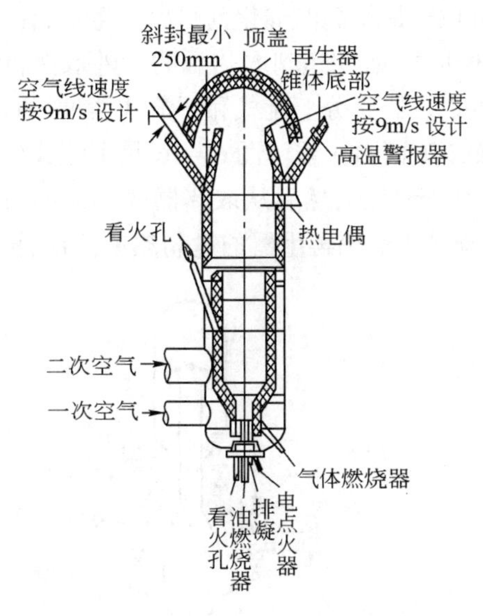

图 6 – 13　立式辅助燃烧室结构简图

（三）单动滑阀及双动滑阀

1. 单动滑阀

单动滑阀用于提升管催化裂化装置，安装在输送催化剂的斜管上，其作用是正常操作时用来调节催化剂在两器间的循环量，出现重大事故时用以切断再生器与反应沉降器之间的联系，以防造成更大事故。运转中，滑阀的正常开度为 40% ~60%。单动滑阀结构示意图如图 6 – 14所示。

2. 双动滑阀

双动滑阀是一种两块阀板双向动作的超灵敏调节阀，安装在再生器出口管线上（烟囱），其作用是调节再生器的压力，使之与反应沉降器保持一定的压差。设计滑阀时，两块阀板都留一缺口，即使滑阀全关时，中心仍有一定大小的通道，这样可避免再生器超压。图 6 – 15 是双动滑阀结构示意图。

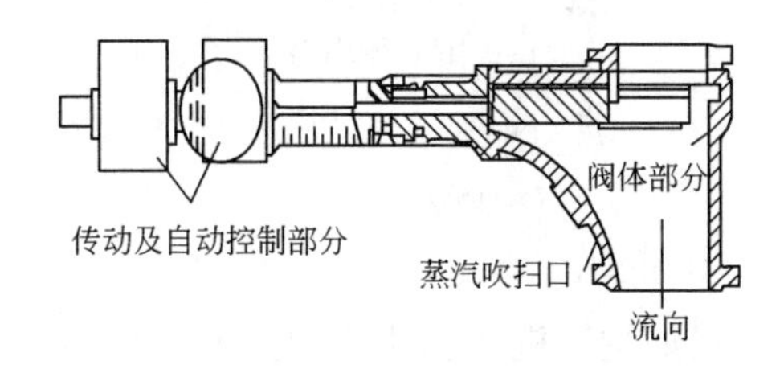

图 6 – 14　单动滑阀结构示意图（侧剖视）

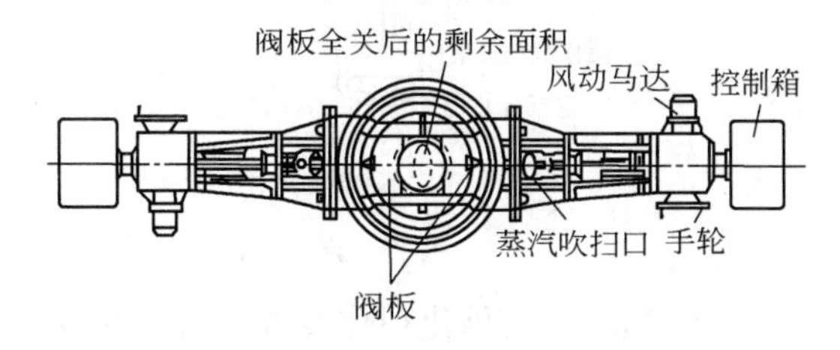

图 6 – 15　双动滑阀结构示意图（上视图）

（四）取热器

为保证催化裂化装置的正常运转，维持反应再生系统的热量平衡是至关重要的。通常，内取热是直接在再生器内加设取热管，这种方式投资少、操作简便、传热系数高。但发生故障时只能停工检修，另外，取热量可调范围小。

外取热是将高温催化剂引出再生器，在取热器内装取热水套管，然后再将降温后的催化剂送回再生器，如此达到取热目的。外取热器具有热量可调范围大、操作灵活和维修方便等优点。外取热器又分上流式和下流式两种，所谓上和下是指取热器内的催化剂是自下而上还是自上而下返回再生器。图6－16是下流式外取热器，催化剂从再生器流入取热器，沿取热器向下流动进行换热，然后从取热器底部返回再生器。图6－17是上流式外取热器，情况正好相反，必须设法取出再生器的过剩热量，否则再生器床层超温，破坏正常操作条件。

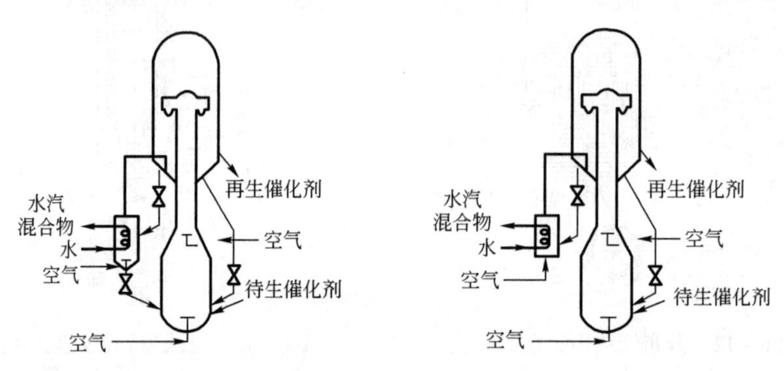

图6－16　下流式外取热器　　图6－17　上流式外取热器

随着重油催化裂化技术的发展，近年来新开发了一种气控可调式取热技术。气控可调式循环外取热器采用下流式，依靠提升风代替滑阀调节催化剂循环量，再生器与外取热器之间的催化剂循环是靠外取热器内催化剂的密度（500～600kg/m³）和返回管内催化剂的密度（150～300kg/m³）之差来实现。通过改变返回管内气体线速度可以改变催化剂的循环量，从而改变取热量。气控可调式循环外取热器根据催化剂返回管形式的不同分为内循环式和外循环式两种，如图6－18所示。

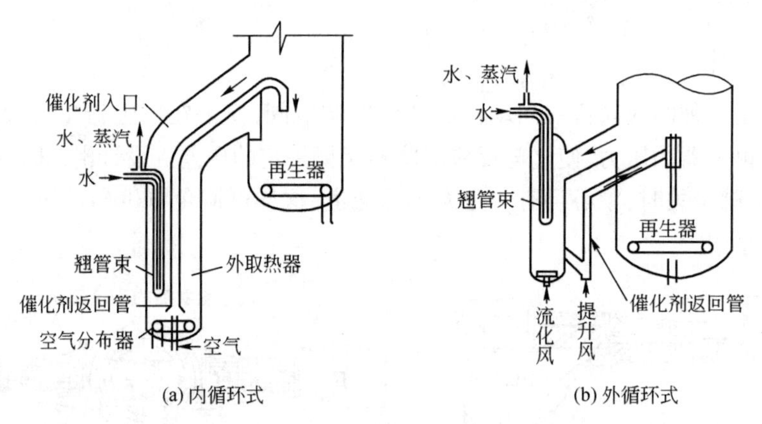

图6－18　气控可调式循环外取热器

除上述设备之外，催化裂化装置还有一些专用设备，如主风机、气体压缩机、烟气轮机以及CO锅炉、废热锅炉等；常规设备，如加热炉、塔器、容器和机泵等。

第五节　催化裂化装置的操作与控制

通常催化裂化生产的要求是希望转化率比较高，这样可以提高装置的处理能力。对产品分布希望干气、焦炭的产率低些，液化气、汽油、柴油的产率高些。产品质量则希望汽油辛烷值高、安定性好，柴油十六烷值高。但这些要求往往是相互矛盾的，若提高转化率，干气及焦炭产率就要随之提高，多产柴油必然减少汽油和液化气产率，提高辛烷值就会降低柴油十六烷值。

产品收率和产品质量首先取决于反应岗位的操作，要掌握好如下几大平衡关系，即两器压力平衡、氧平衡、热平衡、生焦和烧焦平衡、转化率和反应深度平衡、催化剂与进料量的平衡、催化剂损耗与补充量的平衡、气体产量与气压机及吸收塔能力的平衡。

掌握好上述几大平衡，可以达到以下目的：

(1)既有足够的反应深度，又减少了二次反应，确保装置的处理能力和轻油收率。

(2)尽可能增加气体中烯烃的含量，以满足化工原料的要求。

(3)在保证装置热平衡的前提下，尽量减少焦炭产率。

反应深度可由转化率表现，主要由平衡剂活性、剂油比、反应温度、反应时间、回炼比和急冷油量决定，压力也有一定的影响。现以反应温度的控制、提升管总进料量的控制、反应深度的控制、催化剂循环量的控制说明反应—再生系统主要操作技术。

一、反应—再生系统主要操作技术

(一)反应温度的控制

反应温度与再生滑阀差压组成低值选择控制。正常情况下，由反应温度控制再生滑阀开度。但当再生滑阀差压低于设定值时，由再生滑阀差压调节器的输出信号控制再生滑阀开度，此时，再生滑阀关闭，当差压达到并高于设定值时，恢复反应温度调节器输出信号控制再生滑阀开度。主要影响因素和调节方法见表6-1。

表6-1　主要影响因素和调节方法

影响因素	调节方法
(1)进料预热温度的影响。 (2)催化剂循环量的变化，循环量增加，反应温度上升；反之下降。在循环推动力不变的情况下，再生滑阀开度增加，催化剂循环量增加；反之下降。 (3)提升管总进料量的变化，进料量下降，反应温度上升；反之下降。 (4)再生温度的变化，再生温度上升，反应温度上升。 (5)进料带水，反应温度发生大幅度的波动。 (6)再生斜管推动力的变化。 (7)启用急冷油喷嘴，反应温度下降。 (8)仪表失灵，再生单动滑阀故障	(1)调节再生滑阀的开度，增加或减少催化剂的循环量。控制反应温度。滑阀开度增大，反应温度提高。 (2)调节掺渣量及取热器取热量，通过再生温度变化。控制好两器的热平衡，保持再生床温平稳。 (3)原料带水，及时联系调度和罐区，切水换罐，按原料带水的处理方法处理。 (4)控制好急冷油量。 (5)原料预热温度提高，反应温度提高；反之下降。 (6)控制好进料量和合适的掺炼比。 (7)再生单动滑阀故障，改手动控制，马上联系钳工和仪表处理。 (8)仪表故障及时联系仪表工处理，此时应参考提升管中下部温度及反应压力判断反应温度的变化。 (9)调节再生斜管推动力，主要通过调节再生器料位和松动点，提高推动力，后一种方法要在车间指导下进行

(二)提升管总进料量的控制

一般情况下提升管进料量由操作员控制，当局部发生故障时，需做应急处理，保证提升管总进料量大于90t/h，则需要打开进料事故蒸汽副线。主要影响因素及调节方法见表6-2。

表6-2　主要影响因素及调节方法

影响因素	调节方法
(1)原料油(减蜡、减渣、焦蜡)泵及回炼油泵故障。 (2)反应深度变化,回炼油量变化(MTC方案)。 (3)原料带水。 (4)油浆泵的故障。 (5)原料、回炼油调节阀控制失灵或仪表故障。 (6)原料进装置量减少	(1)根据原料性质,控制反应深度,保证液位,控制回炼油量的相对稳定。 (2)泵发生故障,及时处理,或者切换泵。 (3)原料泵出口阀开大,用控制阀调节介质流量。 (4)渣油泵循环线开大,渣油进料量减少,蜡油增加。 (5)焦蜡与原料混合进料,焦蜡增加,原料减少。 (6)事故旁通副线关小,进料量增加。 (7)喷嘴预热线关小,进料量增加。 (8)原料带水,联系调度罐区和有关单位进行处理。 (9)油浆回炼量不可大幅度调节,应保持稳定,回炼量大小视情况确定或由车间决定

(三)反应深度的控制

反应深度的调节,最明显将体现为生焦量及再生温度的变化,同时伴有分馏塔底及回炼油罐液面的变化。主要影响因素及调节方法见表6-3。

表6-3　反应深度的影响因素及调节方法

影响因素	调节方法
(1)反应温度变化。 (2)原料油预热温度变化。 (3)剂油比变化。 (4)再生温度及再生催化剂定碳高低的影响。 (5)催化剂活性变化。 (6)催化剂上重金属的污染程度;污染严重,深度下降。 (7)提升管各路进料的比例。 (8)反应压力	(1)在催化剂循环量不变的情况下,提高原料预热温度,反应温度提高,反应深度增大。 (2)在反应温度不变的情况下,提高剂油比,反应深度提高。 (3)提高反应温度,反应深度大。 (4)再生催化剂定碳质量分数高于0.1%时,反应深度会明显下降,此时需降低再生催化剂的定碳。 (5)提高催化剂活性,反应深度增加。 (6)催化剂重金属污染,反应深度降低,控制好金属钝化剂的加注量。 (7)提高中、上部喷嘴流量,提升管底部温度提高,反应深度加大;反之下降。 (8)粗汽油回炼量增加,反应深度下降;反之上升

(四)催化剂循环量的控制

催化剂循环量是一个受多种参数综合影响的重要参数,以下调节方法多指固定其他参数,单独调整某一项参数时的变化情况。实际操作中要区分影响循环量变化的关键因素。主要影响因素及调节方法见表6-4。

表6-4　主要影响因素及调节方法

影响因素	调节方法
(1)再生和待生滑阀的开度。 (2)两器压力变化。 (3)进料雾化蒸汽量。预提升蒸汽(干气或粗汽油)量的变化。	(1)调节再生和待生滑阀的开度,开大再生滑阀,循环量上升,同时待生滑阀也将相应开大。 (2)保持平稳的两器压力在控制指标内,两器压差的变化对循环量有不同的影响,根据不同工况可能有不同结果。进料量增加,若反应温度不变,循环量将上升;反之下降。

续表

影响因素	调节方法
(4)各松动流化点压力、流量的变化及再生斜管流化推动力的变化。 (5)总进料量的变化。 (6)反应温度的变化。 (7)再生温度的影响。 (8)原料预热温度的变化	(3)保持进料、雾化蒸汽、预提升蒸汽的相对稳定。 (4)调节各松动流化点的风量和蒸汽量,可以增加流化推动力,在再生滑阀开度不变的情况下,流化推动力上升,循环量上升。但此项调节一定要在车间指导下进行。 (5)检查斜管松动蒸汽和锥体松动蒸汽,稳定汽提蒸汽量。 (6)滑阀故障,改手动控制,联系仪表工、钳工处理。 (7)提高反应温度,循环量上升;反之下降。 (8)在反应温度不变的情况下,再生温度下降,循环量上升;反之下降。 (9)在反应温度不变的情况下,原料预热温度下降,循环量上升;反之下降

二、典型故障分析及控制方法

(一)反应温度大幅度波动

反应温度大幅度波动原因及处理方法见表6-5。

表6-5 反应温度大幅度波动原因及处理方法

原因	处理方法
(1)提升管总进料量大幅度变化,原料油泵(蜡油或渣油)或回炼油泵抽空、故障,以及焦蜡进料变化。 (2)急冷油量大幅度波动。 (3)再生滑阀故障,控制失灵。 (4)两器压力大幅度波动。 (5)原料的预热温度大幅度变化。 (6)再生器温度大幅度波动。 (7)催化剂循环量大幅度变化。 (8)原料油带水	(1)提升管进料量波动,查找原因。若仪表故障可改手动或副线手阀控制。若机泵故障,迅速换泵,以稳定其流量。若滑阀故障,将其改为现场手摇,联系仪表工、钳工处理。 (2)控制油浆循环流量,调整预热温度。若三通阀失灵,改手动,由仪表处理。 (3)保持平稳的两器压力,稳定催化剂循环量,并查找造成压力波动的原因。 (4)调整外取热器取热量,控制好再生器密相温度。 (5)原料油带水时,按原料油带水的非正常情况处理。 (6)严禁反应温度大于550℃,或者小于480℃。以上处理过程中,首先稳定反应器压力,用催化剂循环量控制反应温度不过高,可增大反应终止剂用量。若反应温度过低,必须提高催化剂循环量或降处理量。 (7)注意沉降器旋风分离器线速度,若过低按相应规程处理。 (8)提高原料预热温度

(二)原料带水

原料带水的原因及处理方法见表6-6。

表6-6 原料带水的原因及处理方法

原因	处理方法
(1)原料预热温度突然下降,然后迅速增加,并波动不止。 (2)提升管反应温度下降,后迅速上升,并波动不止。 (3)沉降器压力上升,后下降,并波动不止。 (4)原料换热器憋压,气阻。 (5)原料油进料流量控制先迅速上升,后迅速下降,且大幅度波动	(1)根据原料换罐情况确定哪一种原料带水,并与调度联系要求切除。 (2)关小重质原料预热三通阀或开大焦化蜡油预热三通阀。 (3)打开事故旁通副线2~5扣,提高进料量,将水排至容器。 (4)若带水严重,且来自焦化蜡油或渣油,可降低其处理量甚至切除,提高其余原料量。 (5)在处理过程中,要注意再生器密相温度,并注意主风机、气压机运行工况,防止发生二次燃烧,并及时向系统补入助燃剂。 (6)注意沉降器旋风分离器线速度,若过低按相应规程处理。 (7)处理中要防止沉降器藏量波动,控制好反应压力,严重时可放火炬

(三)进料量大幅度波动

进料量大幅度波动的原因及处理方法见表6－7。

表6－7　进料量大幅度波动的原因及处理方法

原因	处理方法
(1)原料带水。 (2)原料油泵(直蜡或减渣)、回炼油泵不上量或发生机械、电气故障。 (3)原料油、回炼油等流控系统失灵,或喷嘴进料流量控制失灵	(1)迅速判断原因,采取相应措施。 (2)原料带水时,按原料带水处理。 (3)泵抽不上量时,油罐抽空,迅速联系罐区处理,若机泵故障,立即启用备用泵。 (4)控制阀失灵后,迅速改手动或控制阀副线手阀控制,联系仪表工处理。 (5)原料油短时间中断后,可适当提其他回炼油及油浆量,降低压力保证旋风分离器线速度。 (6)若蜡油中轻组分过多或温度过高也会表现出相同特征,但明显体现在机泵上,迅速和调度联系要求换罐

第六节　催化裂化新技术简介

由中国石油大学(华东)开发的两段提升管催化裂化新技术,采用催化剂接力、分段反应、短反应时间和大剂油比的操作原理,能大大强化催化反应,抑制不利的二次反应和热裂化反应,具有极强的操作灵活性。催化剂接力是指当原料经过一个适宜的反应时间,由于积炭使催化剂活性下降到一定程度时,及时将其与油气分开并返回再生器,需要继续进行反应的中间物料在第二段提升管与来自再生器的另一路催化剂接触,形成两路催化剂循环。显然,就整个反应过程而言,催化剂的整体活性及选择性可以大大提高,催化反应所占比例增大,有利于降低干气和焦炭产率。采用分段反应就是让新鲜原料和循环油在不同的场所和条件下进行反应,避免两种反应物在吸附和反应方面的相互干扰,使二者都能获得理想的反应环境,从而可以提高原料转化深度,改善产品分布。两段反应时间之和小于常规催化反应的时间,总反应时间一般为1.6～3s。由于催化裂化是一种催化剂迅速失活的反应过程,反应时间缩短可有效控制热反应和不利二次反应,抑制干气和焦炭的生成。

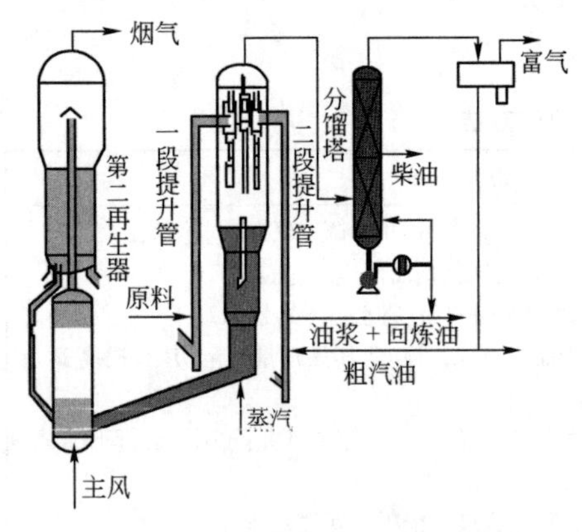

图6－19　两段提升管催化裂化工艺流程

与传统催化裂化技术相比,两段提升管催化裂化工艺技术不仅能显著提高装置的加工能力和目的产品产率,增加柴汽比,还能有效降低催化汽油的烯烃含量,提高柴油的十六烷值,改善产品质量,或显著提高丙烯等低碳烯烃的产率。

两段提升管催化裂化工艺流程如图6－19所示。可以看出,两段提升管催化裂化新技术打破了原来单一的提升管反应器型式和反应—再生系统流程,用两段提升管反应器取代原来的单一提升管反应器,构成两路循环的新的反应—再生系统流程。新鲜催化原料进入第一段提升管反应器与再生催化剂接触进行反应，油剂混合物进入沉降器进行油剂分离，油气去分馏塔，结焦催化剂经汽提后去再生器烧焦再生；循环油（即一段重油以及回炼油和油浆）进入第二段提升管反应器与另一路再生催化剂接触反应，油剂混合物进入沉降器进行油剂分离，油气去分馏塔，结焦催化剂经汽提后去再生器烧焦再生。第二段提升管反应器的进料可以包括部分催化汽油，当生产目的为多产低碳烯烃或最大限度降低汽油烯烃含量时，催化汽油进料喷嘴在下，循环油进料喷嘴在上；当生产目的为多产汽柴油，适度降低汽油烯烃含量时，喷嘴设置则相反，汽油进料喷嘴在循环油之上。

2002 年 5 月，第一套两段提升管催化裂化工业装置在石油大学（华东）胜华教学实验厂 10×10^4t/a 催化裂化装置上改造建成投产。工业运转结果表明，生产装置操作平稳，参数控制灵活，各项技术经济指标先进。与改造前相比，装置加工能力提高了 20% 以上，汽柴油收率提高 3% 以上，液收率（汽油 + 柴油 + 液化气）提高 2%，柴油密度降低，十六烷值提高。截至 2018 年全国催化裂化装置总加工能力已经达到近 221Mt/a，其中渣油占催化裂化总进料为 40%，超过了延迟焦化，成为我国加工渣油的主要手段。催化裂化装置生产的汽油和柴油组分分别占全国汽油和柴油成品总量的 70% 和 30% 左右。到目前为止，国内应用较广泛的多产异构烷烃催化裂化技术（MIP）提高了二次反应强度，有效控制了氢转移反应的同时，也改善了产品的性质和分布。双提升管催化裂化技术在全球范围得以开展研究，该工艺让轻催化汽油处于另一根提升管内予以回炼处理，确保丙烯产出率提升到更为理想的水平。灵活多效催化裂化工艺技术即 FDFCC，采用双提升管通过并联形式加以操作处理，该技术提高了装置对原料的适应性，目前正在研究过程中。

【技能训练项目】 催化裂化反应—再生工段 DCS 仿真操作

一、训练目标

（1）了解催化裂化装置的典型工艺流程及原理；

（2）了解催化裂化装置的仪表控制方案及调节方法；

（3）掌握催化裂化反应—再生工段操作中的基本原则、主要步骤；

（4）掌握催化裂化反应—再生工段操作中产品质量的调节和控制方法；

（5）掌握催化裂化反应—再生工段操作中事故发生的原因及排除方法。

二、训练准备

（1）读懂催化裂化装置的工艺流程；

（2）熟悉催化裂化装置设备、仪表及控制阀；

（3）阅读催化裂化装置仿真操作手册。

三、训练内容

（一）实训方案

实训方案见表 6－8。

表 6－8 实训方案

序号	项目名称	教学目的及重点
1	正常开工操作规程	掌握装置的常规开车操作
2	系统正常开车操作要点	掌握装置的常规操作
3	系统正常停车操作要点	掌握装置的常规停车操作

续表

序号	项目名称	教学目的及重点
4	系统紧急停车操作要点	掌握装置的紧急停车操作
5	异常操作	分析原因、掌握事故处理方法
6	正常操作	掌握装置正常操作的方法

(二)实训项目组态

实训项目组态见表6－9。

表6－9　实训项目组态

序号	状态	干扰	处理
1	正常开工(至装催化剂)	锅炉给水泵故障	重新启动或启动备机
2	正常开工(至装催化剂)	一再辅助燃料室瓦斯中断	重新进瓦斯点炉或进燃料油点炉
3	正常开工(至装催化剂)	高温余热锅炉汽包给水阀全开	重新调整高温余热锅炉汽包给水阀开度
4	正常开车(反应器喷油)	一再喷油中断	重新喷油升温
5	正常开车(反应器喷油)	烟机水封罐突然上水	去水封
6	正常开车(反应器喷油)	一再主风量突增	重新调整主风量
7	冷态开车	锅炉给水泵故障	重新启动或启动备机
8	冷态开车	再生滑阀全关	调整再生滑阀开度
9	冷态开车	一再、二再喷油中断	重新喷油升温
10	冷态开车	气压机入口阀全开	关气压机入口阀,调整反再压力
11	再生器炭堆积	分馏塔顶蝶阀全关	重新打开分馏塔顶蝶阀
12	再生器炭堆积	低温锅炉给水中断	重新调整高温取热器汽包给水阀
13	待生剂带油	锅炉给水泵故障	重新启动泵
14	待生剂带油	提升风突增	调整提升风量
15	原料带水	二再主风量下降	调整二再分布环用空气量
16	原料带水	外取热器增压风下降	调整外取热器增压风
17	外取热器汽包给水泵故障	高温锅炉给水中断	重新调整高温取热器汽包给水开度
18	气压机故障	半再生滑阀全关	重新调整半再生滑阀开度
19	增压机故障停机	高温锅炉给水中断	重新调整高温取热器汽包给水开度
20	原料油中断	半再生滑阀全开	重新调整半再生滑阀开度

(三)正常操作要领

正常操作要领见表6－10。

表6-10　正常操作要领

序号	操作项目	影响因素	调节方法
1	提升管出口温度的控制	(1)催化剂循环量的变化:循环量增加,提升管出口温度上升;反之下降。 (2)提升管总进料量的变化:进料量下降,提升管出口温度上升;反之下降。 (3)再生温度的变化:再生温度上升,提升管出口温度上升。 (4)原料带水,提升管出口温度下降。 (5)掺渣量的变化:掺比例上升,提升管出口温度上升。 (6)外取热器取热量大,提升管出口温度下降。 (7)调节预热温度。 (8)原料处理量变化	(1)调节二再单动滑阀的开度,增加或减少催化剂的循环量。 (2)事故状态下启用提升管喷汽油,控制反应温度(530℃)。 (3)控制好二再温度,优化外取热器操作,使两罐烧焦比例合适。 (4)再生单动滑阀故障,改手动控制
2	沉降器料位的控制	(1)二再压力和沉降器差压的变化:差压增大,沉降器料位上升。 (2)反应器压力变化大。 (3)待生单动滑阀开度的变化。 (4)二再单动滑阀开度的变化。 (5)汽提蒸汽流量的变化:流量增大,沉降器料位上升。 (6)系统催化剂藏量的变化	(1)调节待生单动滑阀的开度,控制沉降器料位。 (2)调节双动滑阀的开度,烟机入口蝶阀;控制好二再压力。 (3)调节气压机转速、反飞动量及油气入口蝶阀的开度,控制稳沉降器的压力。 (4)汽提蒸汽量不作为调节手段;一般要恒定汽提蒸汽
3	沉降器压力的控制	(1)提升管进料量增加时,沉降器压力上升。 (2)汽提蒸汽总量上升,沉降器压力上升。 (3)气压机调速系统故障或停机,放火炬阀开度的变化,以及气压机反飞动量的变化。 (4)沉降器使用降温汽油,压力上升。 (5)原料油带水,压力上升	(1)开工时,靠改变入口蝶阀的开度以及气压机入口放火炬阀开度来控制沉降器压力。 (2)正常情况下,用气压机入口压力调节气压机的转速,用反飞动量控制沉降器压力。 (3)稳定提升管进料量,防止大量的水带入系统。 (4)稳定汽提蒸汽量,保证催化剂的汽提效果。 (5)气压机停运、反应压力超高等紧急情况下,可使用放火炬阀控制压力。 (6)启用降温汽油时,应缓慢进行,防止沉降器压力突然上升
4	提升管总进料量的控制	(1)原料油(减蜡、减渣、焦蜡)泵及回炼油泵故障。 (2)反应深度变化、回炼油量变化、总进料量变化。 (3)原料带水。 (4)油浆回炼量的变化。 (5)原料进装置量减少	(1)稳定进装置的原料量,如有波动及时和调度联系,控制好液面。 (2)根据原料性质,控制反应深度,控制回炼油量的相对稳定。 (3)泵发生故障应及时处理,或者切换泵。 (4)油浆回炼量不可大幅度调节,应保持一定的回炼量。 (5)根据原料的轻重,适当调节掺渣比例,控制反应温度

续表

序号	操作项目	影响因素	调节方法
5	汽提蒸汽量的控制	(1)蒸气压力波动。 (2)沉降器压力波动。 (3)催化剂循环量的变化。 (4)沉降器藏量的变化。 (5)原料掺渣比变化。 (6)原料处理量变化	(1)正常情况下,汽提蒸汽量为催化剂循环量的0.2% ~0.3%(质量分数),随着催化剂循环量的变化,汽提蒸汽也应相应增加。 (2)反应温度低、催化剂带油时,要增大蒸汽量。 (3)生焦量增大,适当提高汽提蒸汽量
6	反应深度的控制	(1)反应温度高,深度大。 (2)原料油预热温度变化。 (3)剂油比大,反应深度大。 (4)二再温度及再生催化剂定碳高低的影响。 (5)原料性质重,掺渣比大,反应深度大。 (6)原料处理量变化	(1)在催化剂循环量不变的情况下,提高原料预热温度,反应温度提高,深度大。 (2)在反应温度不变的情况下,提高剂油比,反应深度提高。 (3)提高反应温度,反应深度大。 (4)提高再生温度,催化剂再生效果好,催化剂活性高,反应深度大
7	催化剂循环量的控制	(1)再生、半再生和待生滑阀的开度:开度大,循环量大。 (2)三器(反应器、沉降器、再生器)压力变化。 (3)进料雾化蒸汽量、预提升蒸汽(干气或粗汽油)量的变化。 (4)总进料量的变化。 (5)沉降器汽提蒸汽量:蒸汽量下降,循环量上升。 (6)提升风量增加,循环量上升	(1)调节再生、半再生和待生滑阀的开度。 (2)保持平稳的三器(反应器、沉降器、再生器)压力在控制指标内。 (3)保持进料、雾化蒸汽、预提升蒸汽的相对稳定。 (4)检查斜管松动蒸汽和锥体松动蒸汽,稳定汽提蒸汽量。 (5)调节稳提升风量
8	一再床层温度的控制	(1)催化剂循环量及反应深度的变化。 (2)原料进料量、温度的变化。 (3)主风量的变化。 (4)汽提蒸汽量的变化。 (5)原料掺渣比变化	(1)调节催化剂循环量,选择适当的反应深度,反应深度大,生焦量大,一再温度升高。 (2)若生焦量过大,而风量不足,可适当增加主风量,但应注意烧焦后易引起超温。生焦过低,热量不足,必要时采取喷燃烧油的方法,提高一再温度。 (3)调节生风量:风量增加,一再温度升高。 (4)调节汽提蒸汽量:降低汽提蒸汽量,一再温度提高(一般不作为调节手段)
9	二再床层温度的控制	(1)催化剂循环量的变化。 (2)外取热器取热量的变化。 (3)主风量的变化。 (4)空气提升管增压风量的变化:风量过大,床温低。 (5)二再压力的变化:压力上升,床层温度下降。 (6)原料掺渣比变化。 (7)原料处理量变化	(1)调节催化剂循环量。 (2)调节外取热器取热量:外取热量增大,二再温度降低。 (3)调节生风量,选择适宜的烧焦比例。 (4)外取热器取热量是控制二再床温的最直接手段,可直接用外取热器下滑阀开度控制二再床温。 (5)稳定二再压力。 (6)控制烟气过剩氧含量

续表

序号	操作项目	影响因素	调节方法
10	二再差压及二再压力的控制	(1)三器差压的变化。 (2)双动滑阀开度变化、烟机入口蝶阀开度变化:开度大,压力下降。 (3)主风量、提升风量变化:主风量、提升风量大,压力上升。 (4)燃烧油的启用。 (5)烟道蝶阀故障。 (6)提升风及外取热器提升风量的变化	(1)根据操作需要,将主风量和提升风量调节正常。 (2)正常情况下,二再压力及一再、二再差压由双动滑阀开度自动调节,当双动滑阀一边失灵或两边失灵,则现场控制其开度,并联系钳工和仪表工处理。 (3)正常时,不使用燃烧油,打燃烧油要缓慢。 (4)取热盘管破裂时,应及时查找,停用破裂盘管
11	二再烟气氧含量的控制	(1)二再总风量的变化(包括空气提升管增压风):风量大,过剩氧含量上升。 (2)加工量、原料性质变化:加工量上升,原料性质变重,过剩氧含量下降。 (3)汽提蒸汽及原料雾化蒸气压力低,流量低,雾化或汽提效果差,过剩氧含量下降。 (4)原料预热温度的变化:预热温度升高,氧含量上升。 (5)一再、二再烧焦比例变化:预热温度升高,氧含量上升。 (6)一再、二再烧焦比例变化:一再生焦量增加,二再氧含量上升	(1)正常操作中,在保证一再床温的前提下,控制二再烟气氧含量。 (2)控制好装置内蒸汽压力,平稳雾化及汽提蒸汽流量。 (3)控制平稳原料预热温度。 (4)根据一再、二再床温及工艺要求的剂油控制一再、二再烧焦比例。 (5)操作中防止大幅度调整藏量分配,应控制各器藏量稳定
12	再生剂含炭量的控制	(1)二再床层温度变化:二再床温低,再生剂含炭量上升。 (2)二再烟气氧含量变化:烟气氧含量下降,再生剂含炭量高。 (3)一再、二再压力变化:压力降低,再生剂含炭量上升。 (4)催化剂循环量变化:循环量大,烧焦时间短,再生剂含炭量高。 (5)一再床温、藏量变化:一再床温低,烧焦量低,二再超始时间温度低,烧焦负荷大,再生剂含炭量上升;一再藏量低,烧焦时间短,二再负荷大,再生剂含炭量上升。 (6)汽提蒸汽流量、压力变化:汽提蒸汽流量小,压力低,带入再生器的可汽提炭上升,再生剂含炭量上升。 (7)掺炼比、回炼比、加工量、预热温度、催化剂活性等引起生焦量变化、再生剂含炭量变化	(1)调节外取热器取热量,保证二再床温,若二再床温仍低,可通过提高掺炼比、回炼比、预热温度提高床温,必要时,可启用燃烧油。 (2)在维持一再床温平稳,保证一再烧焦比例的前提下,在主风量允许的范围内,保证二再烟气氧含量。 (3)平稳再生器压力。 (4)循环量的不足部分,可通过原料预热温度适当补充。 (5)控制稳一再藏量,藏量低时,开小型加料补剂,调节各路主风分配时,动作要缓慢,保证一再主风量不发生大的波动。 (6)控制好汽提蒸汽流量。 (7)藏量低时,及时启用小型加料补剂。 (8)调节二再主风量及一再、二再烧焦比例,仍不能使再生剂含炭量下降时,根据引起生焦量上升的原因,进行调节,降低生焦量
13	外取热器(汽水分离液位)的控制	(1)锅炉给水系统故障、给水泵故障、热水循环泵故障。 (2)再生器床层料位的变化。 (3)外取热器催化剂循环量的变化:循环量增加,取热量增加,汽包液位下降。 (4)蒸汽压力变化:压力下降,汽包液位上升。 (5)汽包排污量变化:排污量大,液位下降	(1)调节止水控制阀:开度大,汽包液位高。 (2)严格控制汽包液位在40% ~70%,防止平锅或蒸汽带水事故。 (3)汽包排污量大,汽包液位下降

续表

序号	操作项目	影响因素	调节方法
14	汽包压力的控制	(1)汽包压力控制阀故障,造成汽包压力升高或降低。 (2)再生温度高,外取热器循环量大,发汽量大,汽包压力升高。 (3)汽包液位高,汽包压力升高。 (4)过热蒸汽温度高,蒸汽压力高。 (5)过热蒸汽减温水量的变化:水量大,汽包压力高	(1)正常时,汽包压力由汽包压控阀自动控制。 (2)平稳再生器操作条件,稳定外取热器发汽量。 (3)严格控制汽包液位,严禁汽包液位超高造成蒸汽带水。 (4)汽包压控阀故障时,改副线控制,同时联系处理。 (5)当由于一再温度造成外取热器负荷过大、压控阀全开仍不能使汽包压力控制在规定范围内时,可适当打开压控阀副线阀。 (6)控制好汽提蒸汽流量。 (7)藏量低时,及时启用小型加料补剂。 (8)调节二再主风量及一再、二再烧焦比例,仍不能使再生剂含炭量下降时,根据引起生焦量上升的原因,进行调节,降低生焦量

思考题及习题

一、填空题

1. 催化裂化装置处理的原料主要有(　　)、(　　)、(　　)等;产品有(　　)、(　　)、(　　)和液化气。

2. 催化裂化的化学反应主要有(　　)、(　　)、异构化反应、(　　)和缩合反应。

3. 催化裂化反应所用的催化剂主要有(　　)、(　　),其中(　　)催化剂活性、选择性、对热稳定性等性能均优于(　　)。

4. 催化原料残炭增加,催化生焦率(　　)。

5. 催化裂化工艺流程主要包括(　　)、(　　)、(　　)和烟气能量回收系统构成。

6. 反应—再生系统的两器压差调节的实质是通过(　　)的开度改变再生器压力,使其与(　　)顶压力保持平衡。

7. 反应—再生系统的反应温度主要是用再生滑阀的开度调节(　　)来达到控制的目的,滑阀开度的增加则反应温度(　　)。

8. 剂油比是指(　　)与(　　)之比,剂油比增大,转化率(　　),焦炭产率(　　)。

9. 反应—再生系统的操作的关键是要维持好系统的(　　)平衡、(　　)平衡、(　　)平衡。

10. 在催化裂化反应中烯烃的分解反应速度比烷烃的分解反应速度(　　)。

11. 催化剂循环量增大,使待生剂、再生剂含碳差(　　)。

12. 催化裂化装置中提升管反应器内催化剂输送属于(　　)。

13. 催化裂化化学反应特点是(　　)。

14. 分馏塔人字挡板的作用一是(　　),二是(　　)。

15. 再生温度越高,焦炭燃烧速度(　　)。

16. 催化装置控制汽油蒸气压是通过控制(　　)来实现的。

17. 反应总进料包括(　　)、(　　)、(　　)。

18. 在催化裂化反应中,烯烃主要发生分解、(　　)、氢转移、(　　)反应。

19. 在分馏塔中,侧线馏分是在(　　)状态下出塔的,塔顶产品是在(　　)状态出塔的。

20. 两器中一般主要是在(　　)位置发生催化剂水热失活。

二、判断题

1. 催化裂化的气体产品中,烷烃的含量比烯烃高。(　　)

2. 新鲜催化剂的活性高,平衡剂的活性就高。(　　)

3. 装置中的主风不仅用来烧去催化剂上的积炭,同时还维持了再生器中的流化状态。(　　)

4. 催化汽油的辛烷值高于其直馏汽油,催化柴油的十六烷值也高于其直馏柴油。(　　)

5. 正碳离子学说是解释催化裂化反应机理比较完善的一种学说。(　　)

6. 分馏塔底使用人字挡板的目的是防止塔盘结焦。(　　)

7. 回炼比增加后,反应需热增加,分馏塔的热负荷也会增加,分馏塔各回流取热量相应增加。(　　)

8. 同一族烃类,其沸点越低,自燃点越低。(　　)

9. 催化裂化反应中,一般当柴油产率最高时,汽油产率还未达到最高点,而汽油产率达到最高时,柴油又处于较低的水平。(　　)

10. 旋风分离器翼阀阀板的开启方向,一般是朝向容器中心,便于催化剂流出。(　　)

11. 催化裂化原料族组成相近的情况下,沸点越高越容易裂化。(　　)

12. 催化裂化反应过程中,按烃类在催化剂上的吸附能力大小排序,稠环芳烃 > 稠环环烷烃 > 烯烃 > 环烷烃 > 烷烃。(　　)

13. 热虹吸式再沸器有汽化空间,可以进行气液分离。(　　)

14. 为保证催化剂的正常流动,在工业装置中,输送斜管与垂直管线的夹角应小于30°。(　　)

15. 催化剂活性提高,氢转移活性增加,产品烯烃含量相对减少,使汽油辛烷值增加。(　　)

16. 催化裂化装置反应系统停工时,要求先降反应温度,后降原料量。(　　)

17. 原料雾滴粒径不宜过小,否则会引起过度裂化造成气体和焦炭产率升高,但雾滴粒径太大则重油汽化率低,使液焦增多,增大反应结焦的倾向。(　　)

18. 油浆循环量突降甚至中断,分馏塔底温度超高会造成油浆系统结焦堵塞;油气大量携带催化剂粉尘会造成分馏塔塔盘结焦、结垢、堵塞。(　　)

19. 异构烷的十六烷值随着链的分支越多,其十六烷值越高。(　　)

20. 汽油组分中,相对分子质量大小相近的同族烃类,支化度越高,则辛烷值越低。(　　)

21. 当剂油比提高时,转化率也增加,气体、焦炭产量降低。(　　)

22. 催化裂化反应与热裂化都是正碳离子反应机理。(　　)

23. 当反应温度提高时,热裂化反应的速度提高得很快,所以在高温下,主要的反应就是热裂化反应。(　　)

24. 降低单程转化率,可以适当提高液化气的收率。 ( )

25. 提升管反应器中油气线速度低,反应时间就长。 ( )

三、简答题

1. 为什么催化裂化过程能居石油二次加工的首位,是目前我国炼厂中提高轻质油收率和汽油辛烷值的主要手段?

2. 造成再生温度过高的原因是什么?

3. 反应温度对产品质量的影响是什么?

4. 催化裂化的原料和产品有什么特点?

5. 什么叫催化剂的活性、选择性、稳定性?

6. 什么叫催化剂中毒?引起催化剂中毒的重金属有哪几类?

7. 从烃族组成上看哪种类型的烃类是催化裂化的理想原料?为什么?

8. 为什么说石油馏分的催化裂化反应是平行—顺序反应?

9. 简述双动滑阀、旋风分离器、稳定塔的作用?

10. 催化裂化的分馏塔有何特点?

11. 催化装置各个系统的作用分别是什么?

12. 在什么情况下,提升管易结焦?

13. 提升管反应器工艺特点有哪些?

14. 催化分馏工艺与原油分馏工艺比较有什么特点?

15. 单独提高反应温度和剂油比都可以提高转化率,在保持相同转化率的情况下二者有何不同之处?

第七章　催化加氢

知识目标

(1)了解催化加氢生产过程的作用、地位和发展趋势;
(2)熟悉加氢精制、加氢裂化生产原料来源、产品特点及生产原理;
(3)熟悉加氢精制、加氢裂化涉及的化学反应及特点;
(4)熟悉加氢精制、加氢裂化催化剂的组成与使用性能;
(5)掌握加氢精制、加氢裂化典型工艺流程;
(6)熟悉催化加氢反应器的结构和使用要求;
(7)理解催化加氢操作的影响因素。

能力目标

(1)能对影响催化加氢生产过程的因素进行分析和判断;
(2)通过仿真实训能够对催化加氢装置进行开停车操作;
(3)通过仿真实训能够对催化加氢装置常见事故进行判断和处理。

第一节　催化加氢概述

石油加工过程主要是碳和氢的重新分配过程,早期的炼油技术主要通过脱碳过程来提高产品氢含量,如催化裂解、焦化过程。随着科技进步,现代炼油技术通过催化加氢过程提高油品氢碳比,从而达到了使油品轻质化目的,同时脱去了对大气污染严重的硫、氮和芳烃等有害物质。催化加氢技术的工业应用较晚,但其工业应用的速度和规模都很快超过热加工、催化裂化、铂重整等炼油工艺,无论是从时间上,还是从空间上催化加氢工艺已经成为炼油工业重要组成部分。

催化加氢是在催化剂和氢气存在下对石油馏分进行加工的过程,包括加氢精制和加氢裂化两类。一般对产品进行加氢改质过程称为加氢精制,对原料进行改质过程称为加氢裂化。

加氢精制是指在加氢反应过程中只有不大于10%的原料油分子变小的加氢技术。加氢精制的目的在于脱除油品中的硫、氮、氧及金属等杂质,同时还使烯烃、二烯烃、芳烃和稠环芳烃选择加氢饱和,从而改善原料的品质和产品的使用性能。加氢精制具有原料油的范围宽、产品灵活性大、液体产品收率高、产品质量高、对环境友好、劳动强度小等优点,因此广泛用于原料预处理和产品精制。

加氢裂化是指在加氢反应过程中,原料油分子中有10%以上变小的加氢技术。加氢裂化的目的在于将大分子裂化为小分子以提高轻质油收率,同时还除去一些杂质。其特点是轻质油收率高、产品饱和度高、杂质含量少。

一、催化加氢在现代炼油工业中的地位和作用

进入21世纪,世界范围内石油资源的重质化、劣质化程度的加深,对清洁、超清洁车用燃料及化工原料需求的日益增加,正使世界炼油技术经历着重大的调整与变革。世界炼油技术的未来发展将集中在重质和劣质原油的加工、清洁燃料的生产、炼油—化工一体化等几个方面。在重质和劣质原油的加工方面,加氢精制和加氢裂化工艺将是21世纪炼油技术的主要发展方向,新型催化裂化(FCC)工艺和焦化工艺也将得到进一步的发展;清洁燃料生产技术的发展方向主要集中在汽柴油的脱硫上,以加氢脱硫为主的各种脱硫技术将得到极大的发展;在炼油—化工一体化发展方面,基于传统FCC工艺改进的最大限度生产低碳烯烃的技术将得到广泛关注,加氢裂化由于其较高的灵活性,既能生产优质中间馏分油(航空燃料和柴油),又能为乙烯厂和芳烃厂提供优质原料,是21世纪炼油—化工一体化发展的核心技术。

加氢技术快速增长的主要原因有:

(1)随着世界范围内原油变重、品质变差,原油中硫、氮、氧、钒、镍、铁等杂质含量呈上升趋势,炼厂加工含硫原油和重质原油的比例逐年增大。从目前及发展来看,采用加氢技术是改善原料性质、提高产品品质,实现这类原油加工最有效的方法之一。

(2)未来轻质燃料需求将增多,汽油、煤油、柴油仍将是主要的运输燃料,运输燃料占石油市场的比例将从1990年的46%、2000年的50%上升到2020年的56%。

(3)目前世界各国环保法规日趋严格,对汽油、柴油的质量要求越来越高。油品的质量正从常规车用燃料向低排放的清洁燃料和超低排放的超清洁燃料方向发展。我国从2019年1月1日开始,全面推广使用硫含量小于10μg/g的超清洁汽油和柴油(GB 17930—2016,GB 19147—2016),向社会提供更多更好的清洁燃料正成为世界炼油业共同的一项发展战略。该标准已经达到了欧洲和美国现阶段车用汽柴油的质量要求。

二、催化加氢的原料和产品

在氢和催化剂的同时存在的情况下,加氢精制和加氢裂化反应同时进行,在炼油工艺中,催化加氢过程可以加工的原料和生产的目的产品具有相当宽的范围,生产灵活性强,产品质量好,所加工的原料可以是最轻的石脑油直至渣油或煤;其产品则由液态烃直至润滑油。

(一)加氢精制原料和产品

加氢精制原料广泛,其过程有两个目标,一是对油品精制,改善使用性能和环保性能,如汽油、煤油、柴油及润滑油精制;二是对下游原料进行处理,改善下游装置的操作性能,如重整原料预加氢、催化裂化及焦化过程原料加氢处理。加氢精制原料包括:

(1)石脑油。石脑油主要用于催化重整、裂解乙烯原料及汽油的调合组分。石脑油来源主要有直馏石脑油、焦化石脑油以及催化裂化石脑油。直馏石脑油作重整及裂解乙烯原料时必须进行加氢精制;焦化石脑油不饱和烃、硫、氮及重金属杂质含量高,稳定性差,作重整、裂解乙烯原料及调合汽油时都必须加氢精制;催化裂化石脑油硫、氮含量高,同样作为下游装置原料、清洁汽油调合组分时必须进行加氢精制。

(2)煤油。煤油主要用于喷气式发动机燃料,另外还用于表面活性剂、增塑剂及液体石蜡等产品。直馏煤油硫含量高、冰点高、腐蚀性强,通过加氢精制可得到清洁、低冰点、低腐蚀的

航空煤油。

(3)柴油。柴油主要用于柴油机燃料,来源有直馏、催化裂化、延迟焦化及减黏裂化柴油,对于二次加工的柴油硫、氮、不饱和烃含量高,安定性及颜色差,不能满足清洁柴油的质量要求。通过加氢精制可得到低硫、低凝点、高十六烷值的清洁柴油组分。

(4)石蜡类及特种油。包括石蜡、微晶蜡、凡士林、特种溶剂及白油等的加氢精制。

(5)重质馏分油。催化裂化、加氢裂化原料通过加氢精制可提高其生产性能及产品质量;润滑油通过补充加氢精制可提高其产品质量。例如,催化裂化原料加氢预处理实现脱硫、脱氮、脱残炭、脱金属及芳烃变化,大幅度改善催化裂化原料的品质及其产品的质量。

(二)加氢裂化原料和产品

作为加氢裂化原料主要有:常压馏分油(AGO)、减压馏分油(VGO)、焦化蜡油(CGO)、催化裂化轻循环油(LCO)及重循环油(HLCO)、脱沥青油(DAO)、原油渣油等。

(1)减压馏分油。减压馏分油是原油常减压蒸馏过程中减压塔侧线产品总称,俗称蜡油。

(2)焦化蜡油。焦化蜡油是减压渣油通过焦化过程得到的重馏分油。与减压馏分油相比,其硫含量及氮含量(尤其是碱性氮)较高,进行加氢裂化较为困难。

(3)催化裂化轻循环油和重循环油。催化裂化轻循环油即催化裂化柴油,既可进行加氢精制生产车用柴油,也可进行加氢裂化生产石脑油;催化裂化重循环油即催化裂化回炼油,既可在本装置上进行回炼操作,也可进行催化裂化生产轻质油品。催化裂化循环油富含芳烃,比较适合作为加氢裂化原料。

(4)脱沥青油。脱沥青油是减压渣油通过溶剂脱沥青后得到的抽出油。

(5)原油渣油。原油渣油包括常压重油(AR)和减压渣油(UR),其组成和性质取决于原油的组成和性质及常减压装置的分离效果和拔出率。渣油中含有大量硫、氮和金属杂质及胶质、沥青质等非理想组分;渣油密度大、黏度高、平均相对分子质量大及易结焦组分多,这些对其加氢不利。

加氢裂化对原料适应性强,在生产不同目的产品时对原料组分或馏分的要求局限性不大,一般通过选择催化剂、调整工艺条件或流程可以大幅度改变产品的产率和性质,最大限度地获取目的产品。加氢裂化反应的特点是基本不发生环化反应,同时异构化能力很强,因此不能制取环数较多和正构烃较多的产品,但是利用异构性能强的特性可制取性能优异的石脑油、煤油、柴油及润滑油等产品,即便以正构蜡为原料也可获得冰点或凝点很低、具有大量异构烷烃的煤油、柴油。若用断环选择性强的催化剂,可生产环状烃比例较大的轻质产品,如催化重整原料、煤油、柴油等。为了生产某种产品,在选择原料时以采用接近目的产品要求组成为宜。

典型加氢裂化产品如下:

(1)气体产品。C_1、C_2 裂解气,产量极少,主要用作燃料;C_3、C_4 液化气,饱和度高,其中 C_4 异构程度大于正构;S、N 含量低。

(2)轻质产品。轻石脑油,一般指 C_5 ~65℃或 C_5 ~82℃馏分,产率在1% ~24%,主要用作高辛烷值的调合组分及裂解乙烯原料。重石脑油,一般指65 ~177℃或82 ~132℃馏分,硫含量低,芳烃潜含量高,是优质催化重整原料。

(3)中间馏分油。喷气燃料,加氢裂化132 ~232℃或177 ~280℃馏分,可作为优质喷气燃料或组分;柴油,加氢裂化232 ~350℃、260 ~350℃或282 ~350℃馏分,硫、氮及芳烃含量低,十六烷值高,是清洁柴油的理想组分。

(4)尾油。加氢裂化在采用单程一次通过或部分循环时会产生一些相对较重馏分,由于其硫、氮及芳烃含量低,富含链烷烃,可以作为优质裂解乙烯原料。

三、催化加氢的发展趋势

现在油品对其化合物组成要求越来越高,这样分子去留的选择性便显得尤为重要。催化加氢实际上就是为实现这一目标而设置的,即选择性的加氢。实现选择性加氢的关键是催化剂。因此,催化加氢发展的根本是催化剂发展。除此之外,加氢设备、工艺流程、控制过程等都有完善和改进的必要。在今后一段时期内各类加氢技术的发展趋势如下:

(1)加氢处理技术。开发直馏馏分油和重原料油深度加氢处理催化剂的新金属组分配方,量身定制催化剂载体;重原料油加氢脱金属催化剂;废催化剂金属回收技术;多床层加氢反应器,以提高加氢脱硫、脱氮、脱金属等不同需求活性和选择性,使催化剂的表面积和孔分布更好地适应不同原料油的需要,延长催化剂的运转周期和使用寿命,降低生产催化剂所用金属组分的成本,优化工艺进程。

(2)芳烃深度加氢技术。开发新金属组分配方特别是非贵金属、新催化剂载体和新工艺,目的是提高较低操作压力下芳烃的饱和活性,降低催化剂成本,提高柴油的收率和十六烷值。

(3)加氢裂化技术。开发新的双功能金属—酸性组分配方,以提高中间馏分油的收率、提高柴油的十六烷值、提高抗结焦失活的能力、降低操作压力和氢气消耗。

第二节　催化加氢过程的化学反应

一、加氢精制反应

加氢精制是指在催化剂和氢气的存在下,石油馏分中的含硫、含氮、含氧等非烃类化合物发生脱硫、脱氮、脱氧的反应,有机金属化合物发生氢解反应,烯烃和芳烃发生加氢饱和反应,它与加氢裂化的不同点在于其反应条件比较缓和,因而原料的平均相对分子质量和分子的碳骨架结构变化很小。

加氢精制的用途极广,所以在国外根据其主要目的或精制深度的不同有几种不同的工艺,如加氢脱硫(简称 HDS)、加氢脱氮(简称 HDN)、加氢脱金属(简称 HDM),对于较重的馏分又称加氢处理,如作为润滑油或蜡的最后精制则成为加氢补充精制。在我国加氢精制则是除了加氢裂化以外的所有加氢过程的统称。

(一)加氢脱硫反应

所有的原油都含有一定量的硫,但不同原油的含硫量相差很大,从万分之几到百分之几。从目前世界石油产量来看,含硫原油和高硫原油约占75%。

石油中的硫分布是不均匀的,它的含量随着馏分馏程的升高而呈增多的趋势,其中汽油馏分的硫含量最低,而减压渣油的硫含量则最高,对我国原油来说,约有50%的硫集中在减压渣油中。由于部分含硫化合物对热不稳定,在蒸馏过程中易于分解,因此,测得的各馏分的硫含量并不能完全表示原油中硫分布的原始状况,其中间馏分的硫含量有可能偏高,而重馏分的含硫量有可能偏低。

原油中含硫化合物的存在形式有单质硫、硫化氢以及硫醇、硫醚、二硫化物、噻吩等类型的有机含硫化合物。原油中的含硫化合物一般以硫醚类和噻吩类为主。除了渣油外，噻吩类硫的主要形式是二环和三环噻吩，在渣油馏分中，四环和五环以上的噻吩类硫比例较高。随着馏分沸点的增高，馏分中硫醇硫和二硫化物在整个硫含量中的份额急剧下降，硫醚硫的比例先增后降，而噻吩硫的比例则持续增大。

硫醇主要存在于小于300℃轻馏分中。原油中的硫大体上有20% ~30%是硫醚硫。硫醚比较集中在中间馏分中，最高可达含硫化合物的一半。原油中的硫醚可分为开链和环状两大类。汽油中的硫醚主要是二烷基硫醚，其含量随沸点的升高而降低，当沸点超过300℃时实际上已不存在二烷基硫醚。含有三个碳以上烷基的硫醚大多是异构的。在原油中也发现有烷基环烷基硫醚和烷基芳香基硫醚。在许多原油的柴油和减压馏分中，所含的硫醚主要是环醚。随着馏分沸点的升高，其中所含环硫醚的环数逐渐增多，而其侧链的长度变化不大。

石油中的二硫化物的含量明显少于硫醚，一般不超过整个含硫化合物的10%，而且主要集中在较轻的馏分中，其性质与硫醚相似。

原油中噻吩类化合物一般占其含硫化合物的一半以上。噻吩类化合物主要存在于中沸点馏分和高沸点馏分中，尤其是高沸点馏分中。

除上述含硫化合物外，原油中还有相当大一部分硫存在于胶质、沥青质中。这部分含硫化合物的相对分子质量更大，结构也复杂得多。

石油馏分中各类含硫化合物的C—S键是比较容易断裂的，其键能比C—C或C—N键的键能小许多(表7-1)。因此，在加氢过程中，一般含硫化合物中的C—S键先行断开而生成相应的烃类和H_2S；硫醇中的C—S键断裂同时加氢即得烷烃及H_2S；硫醚在加氢时先生成硫醇，然后再进一步脱硫；二硫化物在加氢条件下首先发生S—S断裂反应生成硫醇，进而再脱硫。

表7-1 各种键的键能

键	C—H	C—C	C=C	C—N	C=N	C—S	N—H	S—H
键能，kJ/mol	413	348	614	305	615	272	391	367

噻吩及其衍生物由于其中硫杂环的芳香性，所以特别不易氢解，导致石油馏分中的噻吩硫要比非噻吩硫难以脱除。

噻吩的加氢脱硫反应是通过加氢和氢解两条平行的途径进行的。由于硫化氢对氢解有强抑制作用而对加氢影响不大，可以认为，加氢和氢解是在催化剂的不同活性中心上进行的。

苯并噻吩的加氢脱硫比噻吩困难些，它的反应历程也有两个途径，二苯并噻吩的加氢脱硫反应则比苯并噻吩还要困难。

各种含硫化合物的加氢反应历程如下：

$$RSH+H_2 \longrightarrow RH+H_2S$$

$$RSR'+2H_2 \longrightarrow RH+R'H+H_2S$$

$$RSSR'+3H_2 \longrightarrow RH+R'H+2H_2S$$

$$\text{(四氢噻吩环, S)}+2H_2 \longrightarrow C_4H_{10}+H_2S$$

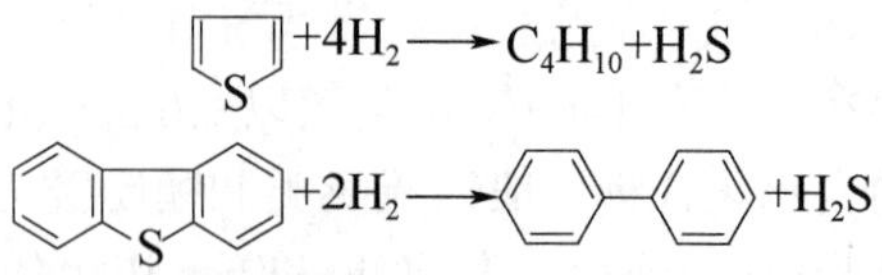

$$\text{噻吩} + 4H_2 \longrightarrow C_4H_{10} + H_2S$$

$$\text{二苯并噻吩} + 2H_2 \longrightarrow \text{联苯} + H_2S$$

各种硫化物在加氢条件下反应活性因分子大小和结构不同存在差异，其活性大小的顺序为：硫醇 > 二硫化物 > 硫醚 ≈ 四氢噻吩 > 噻吩。噻吩类的杂环硫化物活性最低。并且随着其分子中的环烷环和芳香环的数目增加，加氢反应活性下降。

(二) 加氢脱氮反应

石油中的氮含量要比硫含量低，通常在 0.05% ~0.5%，很少有超过 0.7% 的。我国大多数原油的含氮量在 0.1% ~0.5%。从世界范围比较来看，我国原油中含氮较多而含硫较少，因此应更加关注加氢脱氮反应。目前我国已发现的原油中氮含量最高的是辽河油田的高升原油，氮含量达 0.73%。石油中的氮含量也是随馏分馏程的升高而增加的，但其分布比硫更不均匀，约有 90% 的氮集中在减压渣油中。

氮化物的存在，对柴油馏分颜色的变化产生较大影响。这是因为不同类型的氮化物对颜色的影响不同，通过分析得知，中性氮化物对颜色的影响最大。

石油馏分中的含氮化合物可分为三类：(1) 脂肪胺及芳香胺类；(2) 吡啶、喹啉类型的碱性杂环化合物；(3) 吡咯、咔唑型的非碱性氮化物。

在各类氮化物当中，脂肪胺类的反应能力最强，芳香胺(烷基苯胺)等较难反应。碱性或非碱性氮化物都是比较不活泼的，特别是多环氮化物更是如此。

在加氢精制过程中，氮化物在氢作用下转化为 NH_3 和烃。几种含氮化物的氢解反应如下：

胺类：$R{-}NH_2 \longrightarrow RH + NH_3$

吡咯：$\text{吡咯} \xrightarrow{2H_2} C_4H_9NH_2 \xrightarrow{H_2} C_4H_{10} + NH_3$

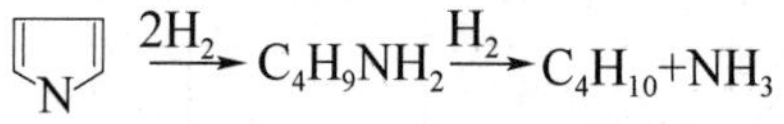

吡啶：$\text{吡啶} \xrightarrow{3H_2} \text{哌啶} \xrightarrow{H_2} C_5H_{11}NH_2 \xrightarrow{H_2} C_5H_{12} + NH_3$

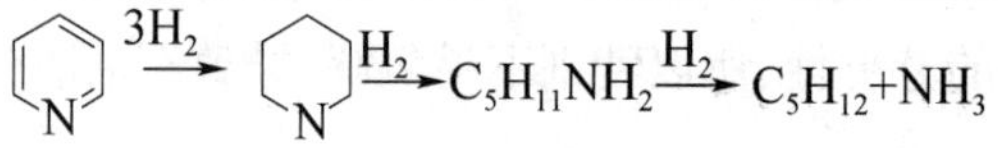

在几种杂原子化合物中，含氮化合物的加氢反应最难进行，或者说它的稳定性最高。当分子结构相似时，三种杂原子化合物的加氢稳定性依次为：含氮化合物 > 含氧化合物 > 含硫化合物。例如，焦化柴油加氢时，当脱硫率达到 90% 的条件处，其脱氮率仅为 40%。

(三) 加氢脱氧反应

石油中的氧是以有机化合物的形式存在的，氧含量一般不超过 2%，在同一种原油中各馏分的氧含量随馏程的增加而增加，在渣油中氧含量有可能超过 8%。

从元素组成来看，石油的氧含量不高，由于分析上的困难，极少有准确的数据。石油产品一般不规定氧含量的指标，但是酸碱性、腐蚀性等指标都与含氧化合物有关。

油品中含氧化合物的存在不但影响产品质量、使进一步加工产生困难，而且会造成设备腐蚀。因此，含氧化合物需要加氢脱除。油品中含氧化合物主要是一些羧酸类及酚类、酮等化合物。羧酸很容易被加氢饱和，直接以 H_2O 的形式脱除，反应很容易进行，对催化剂的加氢性能要求不高,一般精制型催化剂均能满足要求。

它们在加氢精制条件下发生下列反应:

环烷酸:R—⬡—COOH + $3H_2$ ⟶ R—⬡—CH_3 + H_2O

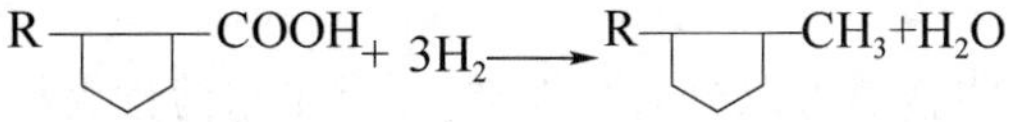

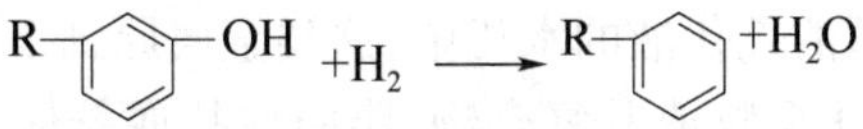

苯酚:R—◯—OH + H_2 ⟶ R—◯ + H_2O

呋喃:呋喃 + $4H_2$ ⟶ C_4H_{10} + H_2O

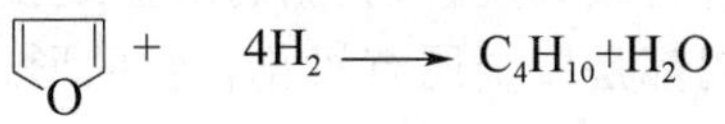

含氧化合物反应活性顺序为:呋喃环类 > 酚类 > 酮类 > 醛类 > 烷基醚类。

(四)烯烃和芳烃的加氢饱和反应

在加氢精制条件下,烃类的加氢反应主要是烯烃和芳烃的加氢饱和。这些反应对改善油品的质量和性能具有重要意义。

烯烃一般在直馏汽油、煤油、柴油中含量较少,但是在二次加工油中含量则很高,比如焦化汽油、催化裂化汽油。由于烯烃极易氧化缩合、聚合生成胶质,使得这些产品稳定性差,难于直接作后续工艺的原料,必须先经过加氢精制。

芳烃存在于石油馏分的轻、中、重馏分中,它的存在一方面影响产品的使用性能,另一方面影响人类的健康。因此,各国对汽油、煤油、柴油等馏分产品的芳烃含量的规定十分严格。

芳烃化合物由于受其共轭双键的稳定性作用,使得加氢饱和非常困难,是可逆反应。并且由于芳烃的加氢饱和反应是强放热反应,提高反应温度对加氢饱和反应不利,化学平衡向逆反应方向移动。因此,芳烃的加氢反应受到热力学平衡限制。

芳烃加氢可以提高柴油的十六烷值。在加氢精制过程中,稠环芳烃也会发生部分加氢饱和反应,由于加氢精制的反应条件一般比较缓和,所以,这类反应的转化率较低。

在加氢反应过程中,烯烃是最容易进行的反应,双烯在小于100℃即被加氢饱和。烯烃加氢饱和生成烷烃,单环芳烃加氢饱和生成环烷烃,双环芳烃加氢一般将一个苯环饱和。

从加氢精制过程所发生的化学反应可以看出,加氢精制工艺是以脱除油品中杂质为主,没有使烃分子结构发生大的改变,因此,要求加氢精制催化剂应具有高的加氢性能,适当的酸性主要是配合氮化物等的脱除,不要求它的裂化活性。

烯烃及芳烃的加氢代表性反应如下:

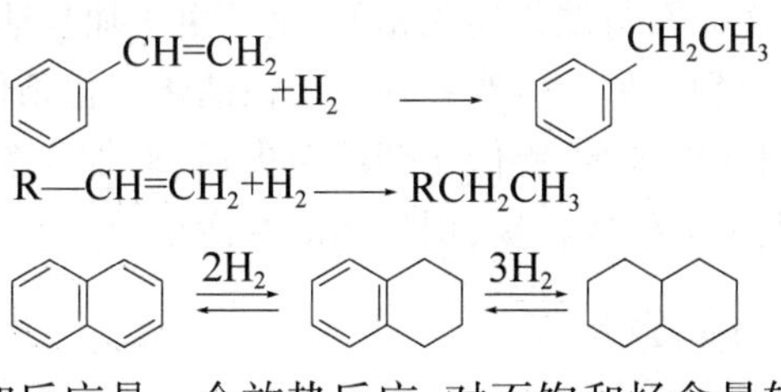

◯—CH=CH_2 + H_2 ⟶ ◯—CH_2CH_3

R—CH=CH_2 + H_2 ⟶ RCH_2CH_3

萘 $\underset{}{\overset{2H_2}{\rightleftharpoons}}$ 四氢萘 $\overset{3H_2}{\rightleftharpoons}$ 十氢萘

值得注意的是烯烃饱和反应是一个放热反应,对不饱和烃含量较高的原料油(焦化汽、柴油)加氢,要注意控制床层温度,防止超温,加氢反应器一般都设有冷氢盘,可以通过注入冷氢来控制温升。

焦化汽油、焦化柴油和催化裂化柴油在加氢精制的操作条件下,其中的烯烃加氢反应是完全的。因此,在油品加氢精制过程中,烯烃加氢反应不是关键的反应。

加氢原料油中的芳烃加氢,主要是稠环芳烃(萘系)的加氢。芳烃加氢是逐环进行的,芳烃第一环的加氢饱和较容易,随着加氢深度增加,加氢难度逐环增加。

(五)加氢脱金属反应

石油中含有微量的多种金属,这些金属可以分成两大类:一类是水溶性无机盐,主要是钠、钾、镁、钙的氯化物和硫酸盐,它们存在于原油乳化液的水相中,这类金属原则上可以在脱盐过程中脱除。另一类金属以油溶性有机金属化合物或其复合物、脂肪酸盐或胶体悬浮物形态存在于油中,例如钒、镍、铜以及部分铁,这些金属都是以金属有机化合物的形式存在于石油中,与硫、氮、氧等杂原子以化合物或络合状态存在。由于石油生成的条件不同,不同原油中的金属含量差别很大,一般为几十到几百微克每克。从石油加工的角度来看,对二次加工过程和产品性质影响较大的组分主要是镍和钒,镍和钒的化合物主要有卟啉化合物和非卟啉化合物两大类,这两类化合物都是油溶性的,它们主要存在于渣油中。

在加氢过程中,杂原子被转化为硫化氢、氨、水等化合物而被除去,金属原子不能转化为气态的氢化物而沉积在催化剂的表面上,随着运转周期的延长而向床层深处移动。当反应器出口的反应物流中的金属含量超过规定的要求时,则需要更换催化剂。

在加氢精制过程中,各类反应的难易程度或反应速率是有差异的。一般情况下,各类反应的反应速率按大小排序如下:脱金属 > 二烯烃饱和 > 脱硫 > 脱氧 > 单烯烃饱和 > 脱氮 > 芳烃饱和。

实际上,各类化合物由于结构不同其反应活性仍有相当大的差别,但总的来说,加氢脱氮比加氢脱硫要困难得多。

由以上反应可知:加氢精制可以使有机硫、氮、氧化物与氢反应,分别生成 H_2S、NH_3 和 H_2O,而 H_2S、NH_3 和 H_2O 很容易与烃类分离,这样就使得原料中的有机硫、氮、氧杂质通过加氢精制除去。原料油中的金属大部分沉积在催化剂表面上而被除去。

二、加氢裂化反应

加氢裂化过程中非烃类的反应与加氢精制没有什么差别,本部分重点介绍烃类的加氢裂化反应。

加氢裂化采用的是具有加氢和裂化这两种作用的双功能催化剂,其加氢功能是由金属活性组分所提供的,其裂化功能则是由具有酸性的无定形硅酸铝或沸石分子筛载体所提供的,所以烃类的加氢裂化反应产物分布与催化裂化相似,只是由于加氢活性中心的存在,产物基本上是饱和的。加氢裂化与催化裂化另一重要差别在于在催化裂化条件下多环芳烃首先被吸附在催化剂的表面,随即脱氢缩合成焦炭,使催化剂迅速失活,而加氢裂化过程中多环芳烃可以加氢饱和成单环芳烃,基本上不会生成积炭,催化剂的寿命较长。

(一)烷烃与烯烃的加氢反应

1. *裂化反应*

烷烃与烯烃在裂化条件下都是生成相对分子质量更小的烷烃,其通式为

$$C_nH_{2n+2} + H_2 \longrightarrow C_mH_{2m+2} + C_{n-m}H_{2(n-m)+2}$$

$$C_nH_{2n} + 2H_2 \longrightarrow C_mH_{2m+2} + C_{n-m}H_{2(n-m)+2}$$

与催化裂化一样,烷烃和烯烃的加氢裂化反应都是遵循正碳离子反应历程,较大的正碳离

子会进行β断裂生成较小的正碳离子和烯烃,在加氢活性中心的作用下,烯烃很快就会被加氢饱和成烷烃,而来不及再进一步裂化或吸附于催化剂表面而发生脱氢缩合反应生成焦炭。因此加氢裂化催化剂的加氢活性与酸性活性要很好地匹配,如果加氢活性过强,就会使二次裂化受到抑制;酸性活性过强时,二次裂化过于强烈。

2. 异构化反应

加氢裂化过程中,烷烃和烯烃均能发生异构化反应,从而使产物中异构烷烃与正构烷烃的比值较高。产物的异构化程度与催化剂的加氢活性与酸型活性的相对强度有关。当催化剂的酸性活性较高时,产物的异构化程度较高;而当催化剂的加氢活性相对较高时,产物中的异构化程度较低。

3. 环化反应

加氢裂化过程中,烷烃与烯烃会发生少部分的环化反应生成环烷烃,如:

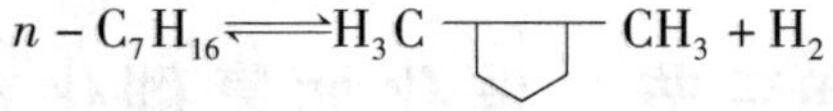

$$n-C_7H_{16} \rightleftharpoons H_3C-\text{(环戊烷)}-CH_3 + H_2$$

(二)环烷烃的加氢裂化反应

单环环烷烃在加氢裂化过程中发生异构化、断环、脱烷基侧链反应以及不明显的脱氢反应。环烷烃加氢裂化时的反应方向因催化剂的加氢活性和酸性活性的强弱不同而有区别。长侧链单环六元环烷烃在高酸性催化剂上进行加氢裂化时,主要发生断链反应,六元环比较稳定,很少发生断环。短侧链单环六元环烷烃在高酸性催化剂上加氢裂化时,首先异构化生成环戊烷衍生物,然后再发生后续反应。反应过程如下:

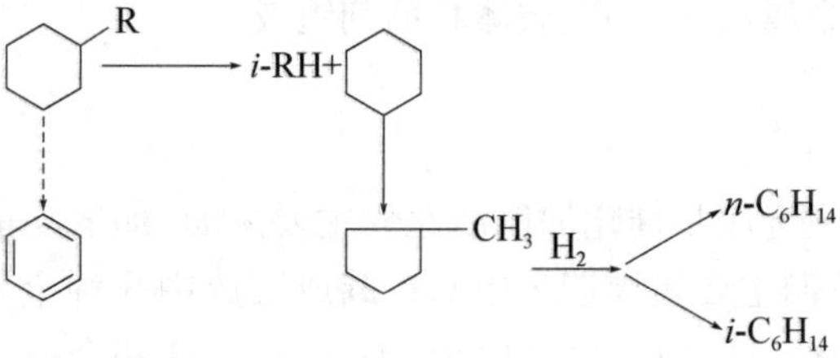

双环环烷烃在加氢裂化时,首先有一个环断开并进行异构化,生成环戊烷衍生物,当反应继续进行时,第二个环也发生断裂。

(三)芳烃的加氢裂化反应

在加氢裂化的条件下发生芳香环的加氢饱和而成为环烷烃。苯环是很稳定的,不易开环,一般认为苯在加氢条件下的反应包括以下过程:苯加氢,生成六元环烷,然后发生同环烷烃的反应。反应过程如下:

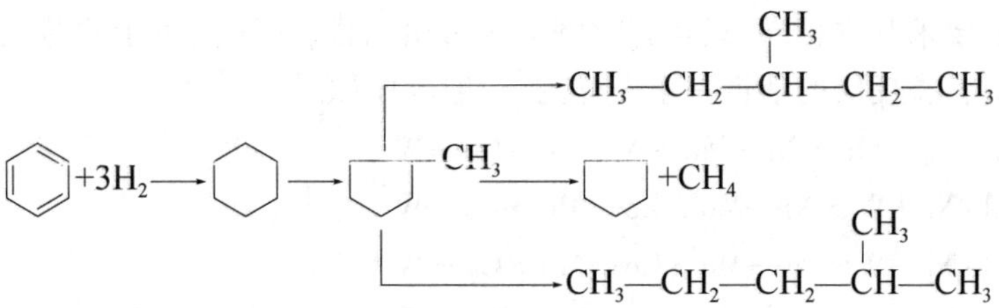

稠环芳烃加氢裂化也包括以上过程，只是它的加氢和断环是逐次进行的。一个芳烃加氢，接着生成环烷环发生断环(或经过异构化成五元环)，然后再进行第二个环的加氢，如此继续下去。根据分析结合实验结果，菲的加氢裂化反应历程可能由下列步骤组成：

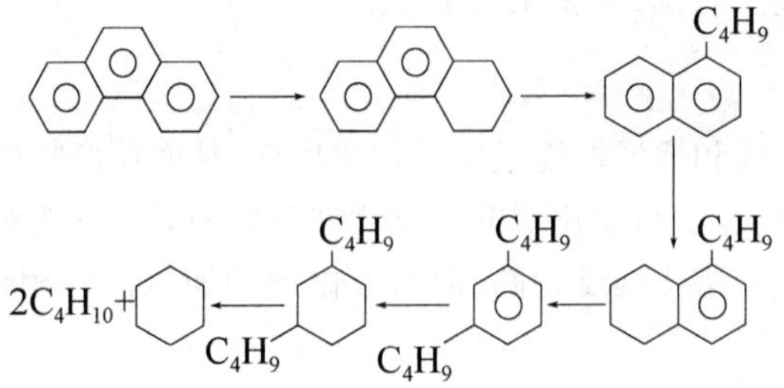

稠环芳烃在高酸性活性催化剂存在时的加氢裂化反应，除上述加氢裂化反应外，还进行中间产物的深度异构化、脱烷基侧链和烷基的歧化反应。

第三节　催化加氢催化剂

一、加氢精制催化剂

加氢精制催化剂在加氢精制工艺过程中起着核心的作用。加氢精制装置的投资、操作费用、产品质量等都和催化剂的性质有关。加氢精制催化剂常常在很大程度上决定着加氢精制技术的水平。

加氢精制催化剂由金属活性组分、载体和助剂组成。

(一)活性组分

加氢精制催化剂的主金属是催化加氢活性的主要来源，加氢功能主要由活性金属组分来提供，也称主催化剂。它们主要是周期表中ⅥB族或Ⅷ族中几种金属。其中活性最好的有ⅥB族钨、钼、铬，Ⅷ族中的铁、钴、镍和贵金属铂、钯。但是，这些金属单独存在时其催化活性都不高，而两者同时存在时相互协同，表现出很高的催化活性。所以，目前加氢精制催化剂几乎都是由一种ⅥB族金属与一种Ⅷ族金属组分的二元活性组分所构成。金属的种类和数量以及担载的方法都对催化剂的活性产生显著的影响。

目前工业上采用的加氢精制催化剂的牌号大约有100种以上，但是，它们的金属活性组分主要由Mo、W与Ni、Co，载体主要由$\gamma-Al_2O_3$、$SiO_2-Al_2O_3$或分子筛—氧化铝等组成，只是这些金属组分之间的原子比和含量不同。

在馏分油加氢精制过程中，所发生的化学反应在不同油品中有一定的差异，但是对加氢精制催化剂的性能要求基本相同，只是有时侧重于脱硫活性，有时侧重于脱芳、脱氮活性。不同组合的催化剂对各类反应的活性是不一样的，一般顺序如下：

对加氢脱硫：Co—Mo > Ni—Mo > Ni—W > Co—W

对加氢脱氮：Ni—W > Ni—Mo > Co—Mo > Co—W

对加氢脱氧：Ni—W ≈ Ni—Mo > Co—Mo > Co—W

对加氢饱和：Ni—W > Ni—Mo > Co—Mo > Co—W

所以最常用的加氢脱硫催化剂是Co—Mo型的,而对于含氮较多的原料油则需选用Ni—Mo或Ni—W型加氢精制催化剂。

现在也有用Ni—Mo—Co、Ni—W—Mo等三元组分,甚至Ni—W—Co—Wo等四元组分作为加氢精制催化剂活性组分,以兼顾催化剂的加氢脱硫、脱氮、芳烃饱和的活性。

提高活性组分的含量,可以提高催化剂的活性,但是,存在一定的限度。当金属含量增加到一定程度后若再增加,其活性提高的幅度减少,催化剂成本却增加较多,不利于降低生产成本。目前加氢精制催化剂活性组分的含量一般在15%~35%。

(二)加氢精制催化剂的载体

催化剂的载体有两大类:一类为中性载体,如活性氧化铝、活性炭、硅藻土等;另一类为酸性载体,如硅酸铝、硅酸镁、活性白土、分子筛等。一般来说,载体本身没有活性,但可提供较大的比表面积,使活性组分很好地分散在其表面上,从而节省活性组分的用量。此外,载体可作为催化剂的骨架,提高催化剂的稳定性和机械强度,并保证催化剂具有一定的形状和大小,使之符合工业反应器中流体力学条件的需要,减少流体流动阻力。载体还可与活性组分相配合而使活性、选择性、稳定性变化。

加氢精制催化剂常用的载体有中性载体和酸性载体两种,中性载体如($\gamma-Al_2O_3$)是加氢精制催化剂最常用的载体,本身的裂解活性不高,用它制成的加氢精制催化剂表现出较强的加氢活性和较弱的裂解活性。$\gamma-Al_2O_3$是一种多孔性材料,具有高的表面积和理想的孔结构,可以提高金属组分和助剂的分散程度。

Al_2O_3中包含着大小不同的孔,不同Al_2O_3的孔径分布也是不同的,可以通过改变制备条件加以控制,比如,在成胶、洗涤、干燥、挤出成型、焙烧等过程中,人们可以按照化学反应过程中对载体物性的要求来进行调节。馏分油加氢精制催化剂多选用孔径小的Al_2O_3,一般6~10nm可以满足催化性能的要求。

不同载体制得的加氢精制催化剂的脱氮和脱硫活性顺序不同,引起这些反应性能的差别主要来自载体的表面性质。采用酸性硅酸铝作载体时,其中Al_2O_3和SiO_2的比例可对加氢活性和裂解活性有很大的影响。增加SiO_2的比例可对催化剂的酸性活性增强,以提高脱氮活性,并且能增加催化剂的机械强度;而提高Al_2O_3的比例则可以增强催化剂的抗氮能力,延长使用寿命。在加氢精制催化剂中,分子筛往往是与硅酸铝混合使用,用含分子筛的载体制成的加氢精制催化剂的活性和稳定性都有很大的提高,而且脱氮性能也较好。

我国抚顺石油化工研究院以及北京石油化工科学研究院等研制了一系列适合我国原油特点的加氢精制催化剂,见表7-2。

表7-2 我国自主研制的加氢精制催化剂

牌号	金属组分	载体
3641	Co—Mo	$\gamma-Al_2O_3$
3665	Ni—Mo	$\gamma-Al_2O_3$
3761	Co—Ni—Mo	$\gamma-Al_2O_3$
3822	Ni—Mo	$\gamma-Al_2O_3/SiO_2$
481	Ni—Mo	$\gamma-Al_2O_3/SiO_2$
481-2B	Ni—Mo	$\gamma-Al_2O_3/SiO_2-P$
481-3	Co—Ni—Mo	$\gamma-Al_2O_3/SiO_2$

续表

牌号	金属组分	载体
FH－5	Ni—Mo—W—助剂	$\gamma-Al_2O_3/SiO_2$
CH－2	Co—Mo	$\gamma-Al_2O_3$
CH－3	Ni—Mo	$\gamma-Al_2O_3$
CH－6	Ni—Mo—W	$\gamma-Al_2O_3$
RN－1	Ni—W—助剂	$\gamma-Al_2O_3$

(三)助剂

为了改善加氢精制催化剂某些方面的性能,如活性、选择性、稳定性等,在制备过程中,常常添加一些助剂。大多数助剂是金属或金属化合物,也有非金属元素。一些助剂本身的活性并不高,但是,与活性组分搭配后却能发挥良好作用。

助剂按其作用机理不同可分为结构性助剂和调变性助剂。结构性助剂的作用是增大表面积、防止烧结,如 K_2O、BaO、La_2O_3 能减缓烧结作用,提高催化剂的结构稳定性;调变性助剂的作用是改变催化剂的电子结构、表面性质或者晶型结构。例如,有些助剂能使主要活性金属元素未填满的 d 电子层中电子数量增加或减少,或者改变活性组分结晶中的原子距离,从而改变催化剂的活性;有的能钝化副反应的活性中心,抑制副反应,从而提高催化剂的选择性。

近年来,为提高加氢精制催化剂的加氢脱氮和芳烃饱和性能,常常加入一些酸性助剂,如 0.5% ~4.0% 的 P、F 或 B,3% ~10% 的无定形硅酸铝或分子筛。研究结果表明:加入少量的 P、F 等酸性组分不但有助于提高 C—N 键的裂化活性和芳烃饱和活性,而且有助于提高加氢活性组分的分散度,增加活性金属的利用率。例如在 Ni—Mo 催化剂中加入 P,可以显著提高其加氢脱氮活性。表 7－3 列出了 Ni—Mo 型加氢精制催化剂中添加 P 的影响。

表 7－3 Ni—Mo 型加氢精制催化剂中添加 P 的影响(320℃,6.6MPa)

催化剂		Ni—Mo	Ni—Mo—P
化学组成(质量分数),%	Mo_2O_3	17.0	19.0
	NiO	3.1	3.8
	P	—	1.34
相对脱氮活性		72	100

二、加氢裂化催化剂

加氢裂化催化剂属于双功能催化剂,即催化剂由具有加(脱)氢功能的金属活性组分和具有裂化与异构化功能的酸性载体两部分组成。改变催化剂的加氢组分和酸性载体的配比关系,便可以得到一系列适用于不同场合的加氢裂化催化剂。

一般认为,金属组分是加氢活性的主要来源,酸性载体保持催化剂具有裂化和异构化活性,也可以认为金属组分的主要功能是使容易结焦的物质迅速加氢而使酸性活性中心保持稳定。但只有加氢活性和酸性活性结合成最佳配比,才能得到优质的加氢裂化催化剂。一般要根据原料性质、生产目的等实际情况来选择催化剂。例如,一段加氢裂化的目的是生产中间馏分油时,对催化剂的要求如下:催化剂对多环芳烃有较高的加氢活性,对原料中的含硫、含氮化合物有较好的抗毒性和中等的裂化活性。两段加氢裂化希望最大限度地生产汽油(或汽油和中间馏分油),所用原料比较重,含硫、含氮较多,所以第一段加氢的目的是为第二段加氢裂化制备原料,此时要求第一段催化剂同时具有脱硫、脱氮活性,第二段催化剂必须是由酸性载体制成的裂化和异构化活性都很强的催化剂。当加氢裂化目的是制取航空煤油时,要求催化剂具有较高的脱芳烃活性。对上述各种催化剂,都要求催化剂具有较高的稳定性、再生性和抗毒性。由此可见,加氢裂化催化剂不仅品种繁多,而且性能也各异。

(一)活性组分

与加氢精制催化剂相同,加氢裂化催化剂的活性组分也主要是ⅥB族和Ⅷ族的几种金属元素,如Fe、Co、Ni、Cr、Mo、W的氧化物或硫化物,此外还有贵金属Pt、Pd等元素,其加氢原理及要求与前述相同。其中Pt和Pd虽然具有较高的加氢活性,但是它们对硫的敏感性较强,很容易中毒,所以仅能在两段加氢裂化过程中的第二段对已基本脱除硫和氮的原料使用。

研究表明,ⅥB族和Ⅶ族金属组分之间相互组合的加氢活性比单独组分的加氢活性好,各种组分组合的加氢活性排列顺序为:

$$Ni—W > Ni—Mo > Co—Mo > Co—W$$

对加氢脱氮、加氢脱金属、加氢异构化反应,上述次序不变,而在加氢脱硫时Co—Mo活性最高。当然,如何选择组分间的搭配,除考虑加氢组分外,尚需综合考虑制造成本等因素。

金属组分间的组合应存在一个最佳原子比,以得到最好的加氢脱氮、加氢脱硫、加氢裂化和加氢异构化活性。不少研究表明,当Ⅷ族金属与Ⅷ族加ⅥB族金属原子比为0.5左右时,催化剂有最高的加氢活性。如有的学者认为MoO_3含量为17%~19%,Mo以最大量单分子层形式分散,此时Ni/(Ni+Mo)原子比为0.5,加氢活性最高。又用不同原子比的Ni—W系列催化剂进行考察,发现当Ni/(Ni+W)原子比为0.5左右时,甲苯转化相对加氢活性最高。对于不同目的的加氢裂化催化剂,其酸性组分、加氢活性组分最佳原子比有可能不完全相同。

在加氢裂化催化剂中加氢组分的作用是使原料油中的芳烃,尤其是多环芳烃加氢饱和;使烯烃,主要是反应生成的烯烃迅速加氢饱和,防止不饱和分子吸附在催化剂表面上,生成焦状缩合物而降低催化活性。因此,加氢裂化催化剂可以维持长期运转,不像催化裂化催化剂那样需要经常烧焦再生。

(二)载体

加氢裂化催化剂的载体有酸性和弱酸性两种。酸性载体为硅酸铝、硅酸镁、分子筛等,弱酸性载体为氧化铝($\gamma-Al_2O_3$,$\eta-Al_2O_3$)及活性炭等。

酸性载体的作用有:增加有效表面积和提供合适的孔结构;提供酸性中心;提高催化剂的机械强度;提高催化剂的热稳定性;增加催化剂的抗毒性能;节省金属组分用量,降低成本。

20世纪60年代中期,工业上开始采用含分子筛的加氢裂化催化剂,含分子筛加氢裂化催化剂的特点如下:其酸性中心的强度和类型与无定型硅酸铝相类似,但是酸性中心的数量为无定型硅酸铝的十倍,并且可以广泛地调节阳离子组成和骨架的硅、铝组成来控制酸性。在制备这类催化剂时,可以采用不同的阳离子和各种结构类型的分子筛,同时可以用不同的方法把分子筛添加到催化剂中去。通过这些手段可以有目的地影响催化剂的活性和选择性,并制造出适应不同原料性质和生产目的的催化剂。这些催化剂不仅裂化活性强、稳定性好而且抗氮性强。表7-4为国内外几家主要公司馏分油加氢裂化催化剂。

表 7-4 国内外几家主要公司馏分油加氢裂化催化剂

公司及催化剂牌号	特点	原料油	产品	外形	酸性载体	金属组分	工业化时间
雪佛龙 ICR-106	高加氢脱金属加氢裂化活性	VGO CGO LCO AGO	柴油、航煤、石脑油、加氢裂化二段原料油	柱形	$SiO_2—Al_2O_3$	W—Ni—Ti—P	1973 年
雪佛龙 ICR-117	生产石脑油	VGO CCO LCO	石脑油、航煤、柴油等	φ3.2mm 条形	—	W—Ni	1978 年
UOP 公司 DHC-100	活性、稳定性好	VGO CGO DAO	适宜生产最大量航煤	—	含沸石	—	1987 年
UOP 公司 HC-14	灵活性好	VGO 裂化蜡油	LPG、汽油、石脑油	柱状	USY	Mo—Ni	—
壳牌公司 S424	活性高	—	—	三叶草形	—	Mo 13% Ni 3% P 3.2%	—
中国石化 3825	加氢裂化串联二反催化剂,生产中间馏分油	VGO CGO	石脑油、航煤、柴油	φ1.6mm 条形	$USY—Al_2O_3$	Mo—Ni—P	1991 年
中国石化 3903	活性高,抗氮能力强	VGO	航煤、柴油	—	—	W—Ni	1993 年

三、加氢催化剂的预硫化

活性金属组分的氧化物并不具有加氢活性,只有以硫化物状态存在时才具有较高的活性。由于这些金属的硫化物在运输过程中容易氧化,所以目前加氢催化剂都是以氧化物的形式装入反应器中,然后再在反应器将其转化为硫化物,即所谓的预硫化,这个过程是必不可少的。

上述金属的硫化反应是比较复杂的,可大体表示如下:

$$4NiO + 3H_2S \xrightarrow{H_2} NiS + Ni_3S_2 + 4H_2O$$

$$9CoO + 9H_2S \xrightarrow{H_2} Co_9S_8 + S + 9H_2O$$

$$WO_3 + 3H_2S \xrightarrow{H_2} WS_2 + S + 3H_2O$$

$$2MoO_3 + 6H_2S \xrightarrow{H_2} MoS_2 + MoS_3 + 6H_2O + S$$

加氢催化剂的预硫化过程一般是将含硫化合物加入到原料油中进行的,如果原料油中本身含硫很高,也可以依靠其自身硫化,常用的硫化剂有 H_2S 或能在硫化条件下分解为 H_2S 的不稳定硫化物,如二硫化碳、二甲基二硫化物、正丁基硫醇和二甲基硫醚等。据国外炼厂调查,约有 70% 的炼厂采用 CS_2 或其他硫化物进行硫化,采用 H_2S 作硫化剂较少。CS_2 是最便宜的硫化剂,也是应用较多的一种。用 CS_2 进行硫化容易控制,并能得到预期结果。但 CS_2 自燃点低(约 124℃)、有毒、运输困难,使用时必须采取预防措施。用 CS_2 硫化时,CS_2 加到反应器内与氢气混合后反应生成 H_2S 和甲烷:

$$CS_2 + 4H_2 \longrightarrow CH_4 + 2H_2S$$

催化剂的硫化效果取决于硫化条件,即温度、时间、H_2S 分压、硫化剂的浓度及种类等。其中温度对硫化过程影响较大,根据实际经验,预硫化的最佳温度范围是 280 ~ 300℃,在这个范围内催化剂的吸硫效果最好。预硫化温度不应超过 320℃,因为高于此温度,金属氧化物有被热氢还原的可能。一旦出现金属态,这些金属氧化物转化为硫化物的速度非常慢。此外,MoO_3 还原成金属后,还能引起 Mo 的烧结而聚集,使 Mo 的活性表面缩小。

若加氢精制只限于石脑油或轻馏分的加氢脱硫,则活性组分的预硫化可以在操作过程中逐渐进行。具体做法是在装置吹扫后,氢气在催化剂床层内循环,直至温度达到 280 ~ 300℃。注入原料的同时逐步提高温度到预定的脱硫温度,这样可以省去预硫化阶段。

硫化的方法分高温硫化、低温硫化、器内硫化和器外硫化,以及干法和湿法硫化等。用湿法硫化时,首先把 CS_2 溶于石油馏分,形成硫化油,然后通入反应器内与催化剂接触进行反应。适合作硫化油的石油馏分有轻油和航空煤油等。CS_2 在硫化油中的浓度一般在 1% ~2% 。我国加氢装置过去一直使用湿法硫化,并积累了一定经验。采用干法硫化时,不需制备硫化油,而将 CS_2 直接注入反应器入口处与氢气混合后进入催化剂床层。

四、加氢催化剂的失活与再生

(一)加氢催化剂的失活

加氢催化剂在运转过程中产生的积炭是使催化剂暂时中毒的主要原因。加氢过程中难免也伴随着聚合、缩合等副反应,加工含烯烃、二烯烃、稠环芳烃以及胶状沥青状物质的原料时更是如此,这些副反应形成的积炭逐渐沉积在催化剂的表面,覆盖其活性中心,从而导致催化剂的活性不断降低。一般而言,当催化剂上的积炭达 10% ~15%(质量分数)时,就需要再生。此外,原料中尤其是重质原料中某些金属元素会沉积在催化剂上堵塞其微孔,使得加氢精制催化剂永久性失活。

对于同类型的反应,毒物可能是相同的。元素周期表中Ⅷ族元素及其化合物和ⅥA 族元素及其化合物都可能是催化剂的毒物。

不同类型的反应和不同催化剂,可能毒物不相同。根据毒物与活性中心结合的牢固程度,催化剂失活分为暂时性失活(又叫暂时中毒、可逆中毒)和永久性失活(又叫永久中毒、不可逆中毒):暂时性失活,可以通过再生的方法恢复其活性;永久性失活,是无法恢复活性的。

金属元素沉积在催化剂上,是促成催化剂永久失活的原因。常见的使催化剂中毒的金属有镍、钒、砷、钠、铁、铜、锌、铅等。痕量重金属的存在也会导致催化剂永久失活,缩短装置运行周期。

铅中毒主要发生在重整原料预加氢过程。由于原料油中混有含铅汽油,造成加氢催化剂铅中毒。

钠、锌、钙等碱金属或碱土金属使催化剂中毒的原因是其对催化剂酸性中心具有中和作用,从而损害了裂解活性。在加氢过程中,这些金属的化合物很快发生氢解沉积在催化剂上,其沉积速度超过镍、钒等金属。这些沉积的金属分布在催化剂颗粒之间和催化剂孔口,减少了催化剂床层孔隙率和堵塞催化剂孔口,降低了催化剂活性,使床层压降上升。

铁、镍、钒等重金属有机物在临氢条件下发生氢解,生成的金属以硫化物形式沉积于催化剂孔口和表面,造成催化剂失活,并导致床层压降上升,引起加氢催化剂的永久性中毒。

砷、磷对加氢催化剂也有着不可忽视的影响。砷对加氢脱硫催化剂有中毒作用。实验表明,含砷1.2%的催化剂,再生后脱氮活性仅为新鲜催化剂的70%,脱硫活性约为90%。含磷化合物在加氢条件下生成 PH_3 引起中毒,使得催化剂活性下降。

硅主要来自焦化汽油。为了减少焦化塔顶部泡沫层的高度,在焦化塔中都注入硅铜消泡剂,在焦化汽油加氢脱硫时会有硅化合物沉积在加氢催化剂上。硅在加氢条件下会生成一些容易挥发的硅化物,在床层中迁移而穿透床层。从加氢脱硫活性来讲,催化剂上沉积3%~5% SiO_2 时,就能封闭活性中心,使催化剂失活。

(二)加氢催化剂的再生

加氢催化剂的再生就是把沉积在催化剂表面上的积炭用含氧气体或空气烧掉,再生后催化剂活性可以恢复到接近原来水平。再生阶段可直接在反应器内进行,也可以采用反应器器外再生的办法。这两种再生方法都得到了工业应用,但是,近年来加氢催化剂器外再生已经获得广泛应用,80%以上的加氢催化剂采用器外再生。无论哪种方法都采用在惰性气体中加入适量空气逐步烧焦的办法。用水蒸气或氮气作惰性气体,同时充当热载体的作用,这两种物质作惰性气体的再生过程各有优缺点。

在水蒸气存在下,再生过程比较简单,而且容易进行。但是在一定温度条件下若用水蒸气处理时间过长会使载体氧化铝的结晶状态发生变化,造成表面损失、催化剂活性下降以及机械性能受损。在操作正常的条件下,催化剂可以经受7~10次这种类型的再生。用氮气作惰性气体的再生过程,在经济上比水蒸气法可能要贵一些,但对催化剂的保护效果较好,而且污染问题也较少,所以目前许多工厂趋向于采用氮气法再生。有一些催化剂研制单位规定只能用氮气再生而不能用水蒸气再生。

再生时燃烧速度与混合气中氧的浓度成正比,因此进入反应器的氧浓度必须严格控制,并用此来控制再生温度。根据生产经验,在反应器入口气体中氧的浓度为1%,可以造成110℃的温升。例如,如果反应器入口温度为316℃,氧的浓度为0.5%,则床层内燃烧段的最高温度可达371℃。如果氧的浓度提高到1%,则燃烧段最高温度为427℃。再生时必须仔细控制催化剂床层中所有点的温度,因为烧焦时会放出大量焦炭燃烧热和硫化物的氧化反应热,这会导致床层温度剧烈上升而损坏催化剂。对大多数催化剂来讲,燃烧段的最高温度以不超过550℃为宜,高于550℃氧化钼会升华,$\gamma-Al_2O_3$ 也会烧结和结晶。实践证明,催化剂在高于470℃下暴露在水蒸气中,会发生一定的活性损失。因此再生过程中最主要的是控制氧含量,以保证一定的燃烧速度和不发生局部过热。

第四节　催化加氢工艺

加氢装置工艺流程由于原料和生产目的的不同,使各装置之间差异很大,一般主要由加氢精制工艺流程和加氢裂化工艺流程两部分构成。

一、加氢精制工艺流程

加氢精制的工艺流程多种多样，按加工原料的轻重和目的产品的不同，可分为汽油、煤油、柴油和润滑油等馏分油的加氢精制，其中包括直馏馏分和二次加工产物，此外，还有渣油的加氢脱硫。

加氢精制的工艺流程虽因原料不同和加工目的不同而有所区别，但其化学反应的基本原理是相同的。如图 7-1 所示，加氢精制的工艺流程一般包括反应系统，生成油换热、冷却、分离系统和循环氢系统三部分。

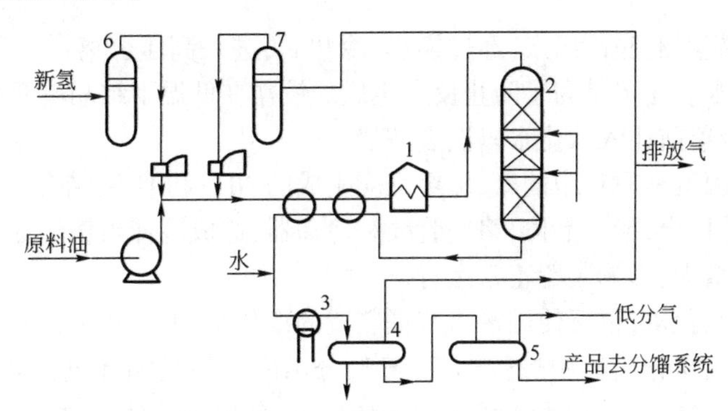

图 7-1　馏分油加氢精制典型工艺流程图

1—加热炉；2—反应器；3—冷却器；4—高压分离器；5—低压分离器；6—新氢储罐；7—循环氢储罐

(一)反应系统

原料在进入反应器前要进行处理和换热，原料的处理主要是原料的过滤和保护。为了减少原料油中携带的机械杂质和固体颗粒进入反应器堵塞催化剂床层和催化剂本身的微孔，使床层压降上升，加氢装置一般都设有原料过滤设施，将大于 251μm 的杂质滤出。

为了防止原料油与空气接触生成胶质，进入反应器堵塞催化剂床层和催化剂本身的微孔，加氢装置一般都设有原料保护设施，用氮气或燃料气将原料与空气隔绝。在进入装置前的原料罐，一般采用氮气保护；而装置内的原料罐，多采用燃料气密封，这样可以减少氮气进入燃料气管网造成不必要的浪费。

原料经过滤后进入缓冲罐，经原料泵升压后，进入换热单元。在换热单元，炉前混氢流程是原料油在和氢气混合后，与反应产物进行换热，经加热炉加热到一定温度后进入反应器；对于炉后混氢流程则是原料油换热加热后，与经过单独或部分换热的氢气在反应器入口混合，即氢气不经加热炉加热，只有原料被加热。某炼厂加氢精制反应器与加热炉如彩图 7-1 所示。

彩图7-1　某炼厂加氢精制反应器与加热炉

炉前混氢氢气和原料油混合均匀，同时对防止炉管结焦也有好处。原料油与氢气混合与反应产物换热流程简单，换热系数高。只不过炉管为防氢脆材质，要求严格，加热炉负荷大，费用较高，同时加氢进料泵与氢气压缩机成本高。炉后混氢对加热炉管无特殊要求，加热炉费用低，但氢气需另外复杂加热流程，同时反应器入口温度不易控制，发生事故炉管易结焦。

图 7－1 为炉前混氢流程。原料油和与新氢、循环氢混合,并与反应产物换热后,以气液混相状态进入加热炉,加热至反应温度进入反应器。反应器进料可以是气相(精制汽油时),也可以是气液混相(精制柴油或比柴油更重的油时)。反应器内的催化剂一般是分层填装,以利于注冷氢来控制反应温度(加氢精制是放热反应)。循环氢与油料混合物通过每段催化剂床层进行加氢反应。加氢精制反应器可以是一个,也可以是两个,前者叫一段加氢法,后者叫两段加氢法。两段加氢法适用于某些直馏煤油的精制,以生产高密度喷气燃料。此时第一段主要是加氢精制,第二段是芳烃加氢饱和。

(二)生成油换热、冷却、分离系统

反应产物从反应器的底部出来,经过换热、冷却后,进入高压分离器。在冷却器前要向产物中注入高压洗涤水。注水是为了防止反应生成的铵盐在低温下结晶堵塞反应产物空冷器管束,在反应产物空冷器前注入软化水以洗去铵盐。

铵盐产生的原因就是原料中的氮、硫经反应生成的 NH_3 和 H_2S,结合生成 NH_4HS,它在油中的溶解度低,极易析出,形成晶体,堵塞管线和冷却器,造成冷却器偏流,产生安全隐患;同时造成反应系统压降增大,影响装置正常运行。

注水一般选用软化水,也可使用污水汽提装置的净化水,但净化水比例不宜过大。注入软化水的反应产物在高压分离器中进行油气分离,分出的气体是循环氢,其中除了主要成分氢外,还有少量的气态烃(不凝气)和未溶于水的硫化氢;分出的液体产物是加氢生成油,其中也溶解有少量的气态烃和硫化氢,生成油经过减压再进入低压分离器进一步分离出气态烃等组分,产品去分馏系统分离成合格产品。

从高压分离器及低压分离器底部出来的含硫污水经减压后,送出装置外(污水汽提装置)处理。由低分闪蒸出的含硫气体去气体脱硫装置处理。

(三)循环氢系统

氢气包括新氢和循环氢,新氢理论上等于装置耗氢量。新氢进入装置经压缩机压缩后进入反应系统,和循环氢一起作为混氢,为装置提供反应用氢气,包括消耗氢气和反应需要的氢油比。

循环氢来自系统,从高压分离器分出的循环氢经储罐及循环氢压缩机后,重新升压后分成两路,小部分(约 30%)直接进入反应器作冷氢,其余大部分送去与来自新氢压缩机出口的新氢混合,在装置中循环使用。为了保证循环氢的纯度,避免硫化氢在系统中积累,常用硫化氢回收系统。

硫化氢回收系统中一般用乙醇胺作吸收剂除去硫化氢,富液(吸收液)再生循环使用。循环氢脱硫化氢工艺流程如图 7－2 所示。某炼厂循环氢脱硫化氢装置如彩图 7－2 所示。

解吸出来的硫化氢送到制硫装置回收硫磺,净化后的氢气循环使用。为了保证循环氢中氢的浓度,用新氢压缩机不断往系统内补充新鲜氢气。

实际应用中,涉及具体的馏分油加氢过程,工艺流程会有所不同,但工艺原理是相同的。

(四)典型加氢精制工艺过程

1. *石脑油加氢精制*

石脑油泛指终馏点低于 220℃的轻馏分,一般富含烷烃,是裂解乙烯较为理想的原料。石

脑油加氢精制是指对高硫原油的直馏石脑油和二次热加工石脑油(如焦化石脑油)进行加氢精制,脱除其中硫、氮等杂质及烯烃饱和,从而获得重整装置及乙烯裂解原料。

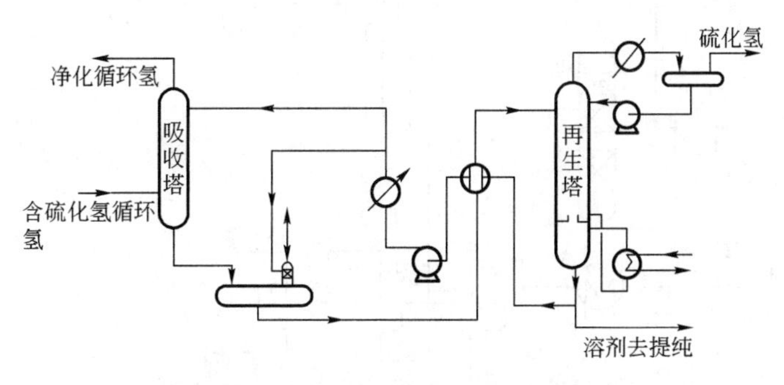

彩图7-2 某炼厂循环氢脱硫化氢装置

图 7-2 循环氢脱硫化氢工艺流程

石油二次热加工中的焦化石脑油馏分质量较差。通常情况下,焦化石脑油比直馏石脑油的含硫量多 10 ~ 20 倍,且含有更多的烯烃、氮和氧化硅。重整原料油要求含氮量在$(0.1\sim0.5)\times10^{-6}$,以避免氯化铵沉积。因此,焦化石脑油加氢处理需要高苛刻度操作,以满足对含氮量的要求。可是,提高操作苛刻度就要用较高的反应温度,实际上这是不可行的,因为在高温时会发生硫的重新结合。氧化硅是来自添加在焦化原料渣油中抑制起泡的硅油,过量的硅油会裂化或分解为变性的氧化硅凝胶和小分子,大部分都进入焦化石脑油中。可是,在焦化石脑油加氢处理时,氧化硅会使催化剂中毒,降低加氢脱氮活性;为确保既脱氧化硅又脱氮,就需要很多催化剂。为适应重整/焦化装置检修计划的要求,用常规加氢处理工艺和催化剂时,空速只能在 0.2 以下。焦化石脑油加氢处理的另一个重要问题是控制烯烃饱和时的温升,因为这个反应不仅容易进行且大量放热;在烯烃饱和控制不当时,因为催化剂床层顶部生成过量焦炭,会导致装置过早停工。新建的焦化石脑油加氢处理装置,通常用三台反应器:第一台反应器主要用于在低温下进行二烯烃饱和;第二台反应器用大表面催化剂吸附氧化硅(通常称为氧化硅防护剂),在相对大量脱硫和少量脱氮的同时使大多数烯烃饱和;最后一台反应器用高活性的脱硫和脱氮催化剂,满足对脱硫和脱氮的要求。即使用两台反应器,也要实现这三个步骤。

焦化石脑油采用一段法是可以生产优质石脑油的。但是由于烯烃含量高,床层温升很大,可达 125℃。如此大的温升不仅不好操作,而且会缩短催化剂使用周期。在两段加氢精制中,适当降低第一反应器入口温度,使部分烯烃饱和转移到第二反应器来进行反应,总温升合理地分配在两个反应器的床层中,既易操作,又有利于延长催化剂使用周期。

鉴于两段加氢精制能采用不同的操作条件,又可以充分发挥催化剂的性能,因此,焦化石脑油制取合格的乙烯裂解料,应采用两段加氢精制为宜。无论是一段还是二段石脑油加氢精制工艺过程,最好采用直馏和二次热加工混合石脑油进料为宜,这样可以减轻加工难度,带来较好的技术经济效果。图 7-3 为焦化石脑油加氢精制装置原则流程。

原料油和氢气混合与反应产物换热后经加热炉加热进反应器,经过加氢反应后从反应器底部流出与原料换热、冷却后进入高压分离器,分离出的氢气循环使用,液相进入低压分离器分离出轻烃后进入分馏稳定系统。

2. 喷气燃料临氢脱硫醇

硫醇是喷气燃料中的有害杂质,油品中的少量硫醇会使油品发出臭味并且对飞机材料有

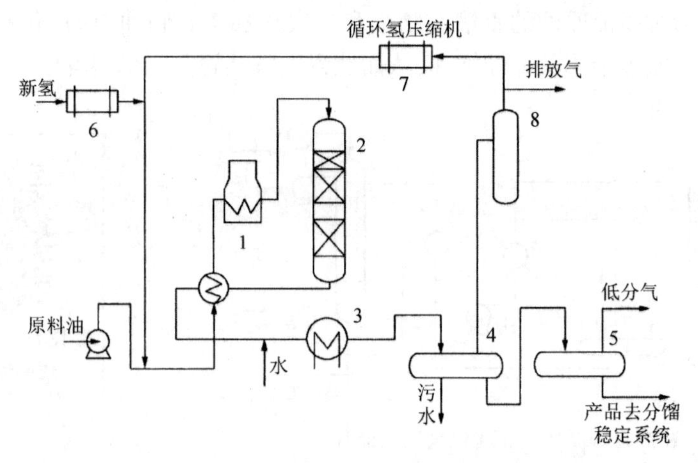

图7-3　焦化石脑油加氢精制装置原则流程

1—加热炉;2—反应器;3—冷却器;4—高压分离器;5—低压分离器;

6—新氢压缩机;7—循环氢压缩机;8—沉降罐

腐蚀作用,影响喷气燃料的热安定性。随着我国加工中东高硫原油的增多,直馏喷气燃料中的硫醇含量更高。目前从直馏喷气燃料中脱除硫醇的技术有多种,如抽提、吸附、氧化及抽提和氧化组合的工艺技术。这些技术都是非临氢的方法,虽然投资费用较低,但都存在着不同程度的环境污染,并且对原料的适应性较差。随着研究的进展,中国石化石油化工科学研究院开发出临氢脱硫醇技术——RHSS,主要有两种流程,一种是一次通过流程,没有循环氢压缩机,氢气排出装置再利用,原则流程如图7-4所示。一种是冷高分循环流程,设循环氢系统,原则流程如图7-5所示。

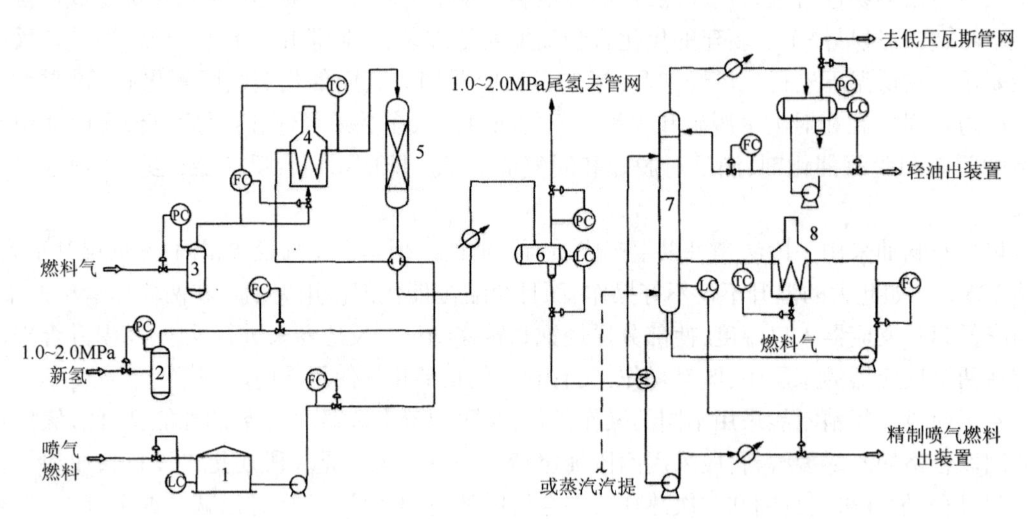

图7-4　喷气燃料临氢脱硫醇工艺原则流程(一次通过)

1—原料油罐;2—氢气缓冲罐;3—燃料气缓冲罐;4—原料加热炉;5—脱硫醇反应器;

6—循环氢压缩机;7—分馏塔;8—再沸炉

喷气燃料临氢脱硫醇技术具有高的脱硫醇性能,并兼有脱酸、脱色及一定的脱硫功能。应用该技术生产出的喷气燃料馏分,硫醇硫含量小于10μg/g,且改善了喷气燃料馏分的腐蚀性能和产品的色度,烟点有所提高,其他各项指标也符合3号喷气燃料质量标准。

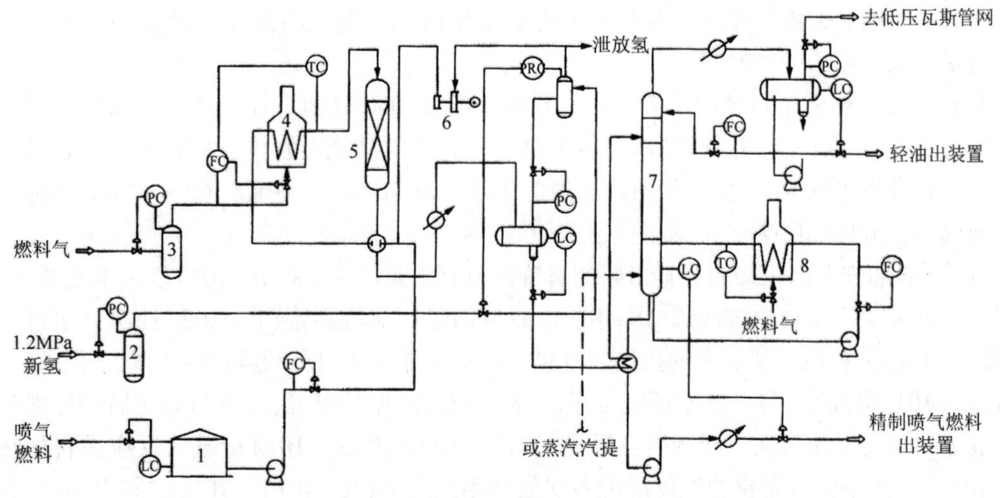

图 7-5 喷气燃料临氢脱硫醇工艺原则流程(冷高分循环)

1—原料油罐;2—氢气缓冲罐;3—燃料气缓冲罐;4—原料加热炉;5—脱硫醇反应器;6—循环氢压缩机;7—分馏塔;8—再沸炉

3. 柴油加氢精制

柴油原料有多种来源,其中包括直馏柴油馏分、FCC 柴油、焦化柴油、加氢裂化柴油等。这些物料中除加氢裂化柴油外,其他柴油馏分都不同程度地含有一些污染杂质和各种非理想组分,它们的存在对柴油的使用性能和环境性能有很大的影响。如柴油中的硫化物一方面对机件有腐蚀作用,另一方面柴油燃烧时硫化物对废气中生成的有害颗粒物有贡献且生成的 SO_x 使柴油机尾气转化器中的催化剂中毒,使污染物排放增加,污染大气。柴油中的氮化合物、烯烃及其他极性物(如胶质)含量高时,其氧化安定性一般较差,储存中易变色,生成胶质和沉渣,使用中易生成积炭。因此各种柴油原料馏分必须经过精制和(或)改质后才能作为商品柴油组分。

彩图7-3 某炼厂柴油加氢精制装置

柴油加氢精制装置由反应系统、产品分离系统和循环氢系统等三部分组成。在二次加工柴油加氢精制装置中,大多数还设有原料脱氧和生成油脱水系统。典型的柴油加氢精制工艺流程如图 7-6 所示。某炼厂柴油加氢精制装置如彩图 7-3 所示。

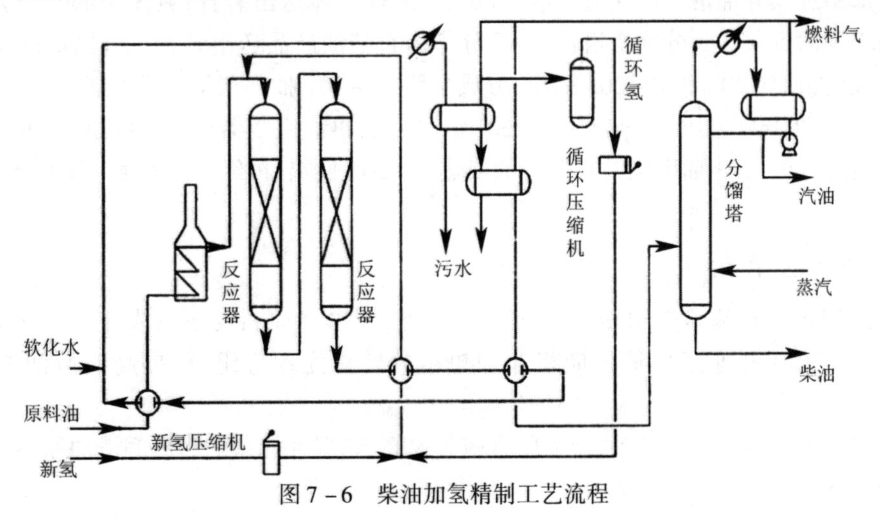

图 7-6 柴油加氢精制工艺流程

柴油加氢精制的液收率通常在97%(质量分数)以上,生成的汽油量很少,为1% ~2%,可作为重整或裂解乙烯的原料。

柴油馏分(180~360℃)的反应压力一般在4.0~8.0MPa(氢分压3.0~7.0MPa),反应温度一般为300~400℃,空速一般为1.2~3.0h^{-1}。在加氢精制过程中,维持较高的氢分压,有利于抑制缩合生焦反应。为此,氢油比一般为150~600m^3/m^3。某炼厂60×10^4t/a柴油加氢改质装置具体流程如图7-7所示。

(1)反应部分。催化柴油和直馏柴油自罐区分别由泵(P-100、P-101)送入本装置,经管线混合后进入滤后原料油缓冲罐(D-101),原料油经反应进料泵(P-102)抽出升压进入反应系统。由氢提浓PSA装置来的提纯氢气进入新氢压缩机入口分液罐(D-106),再经新氢压缩机(K-101)升压后,与来自循环氢压缩机(K-102)的循环氢混合,再与升压后的原料油混合。混氢油经混氢油与反应产物换热器换热(E-103/A、B、E-101)后进入反应进料加热炉(F-101),加热至反应需要的温度后进入加氢精制反应器(R-101)。在反应器中,混合原料在催化剂作用下,进行加氢脱硫、脱氮等精制反应。在催化剂床层间设有控制反应温度的冷氢点。用冷氢将精制反应产物调整至所需要的温度后,进入加氢降凝反应器(R-102)。在降凝反应器中,在催化剂床层间同样设有控制反应温度的冷氢点。反应产物经与混氢原料油、低分油换热降温至140℃左右进入高压空冷器(A-101),在空冷器入口注入除盐水,以溶解掉反应过程中所产生的胺盐,防止堵塞管道和空冷器。反应产物经空冷器冷却到50℃左右进入高压分离器(D-103),进行气、油、水三相分离。分离出来的气体作为循环氢经循环氢分液罐分液,循环氢压缩机升压返回反应系统;分离出来的油经减压后进入低压分离器(D-104);高压分离器分离出来的含硫含氨污水减压后与低压分离器分离出来的污水一起送至装置外的酸性水汽提装置处理。低压分离器分离出来的气体与高分排放气一起至重油催化裂化ARGG装置产品精制部分脱硫后进入氢提浓PSA装置回收氢气;经分离气体后的低分油与分馏产品及反应产物换热后进入分馏塔。

为提高加氢催化剂的稳定性和活性,在反应进料加热炉F-101混氢油入口设有来自注硫泵P-105的注硫线,以便对催化剂进行预硫化。

(2)分馏部分。从低压分离器出来的低分油和柴油产品换热(E-204、E-203、E-202、E-201)后,再与反应产物换热(E-102)后,进入分馏塔。分馏塔顶气相经分馏塔顶空冷器及后冷器冷却后进入分馏塔顶回流罐,气液分离后,酸性气体送出装置;液体一部分作为塔顶回流经分馏塔顶回流泵送到分馏塔塔顶,一部分作为石脑油产品送出装置。分馏塔底柴油经汽提蒸汽汽提后由P-201和P-203抽出,分成两路,P-201抽出柴油与低分油换热(E-201、E-201/A、E-202、E-204)及热水(E-201/A)换热,再经空冷器(A-203、A-204/A,B)冷却后送出装置。P-203抽出柴油与低分油换热E-203换热,再经空冷器A-202冷却后送出装置。

4. 润滑油加氢精制

润滑油加氢精制基本作用是在催化剂存在下,润滑油原料与氢气发生一系列反应,除去硫、氮、氧等杂质并通过加氢反应将非理想组分转化为理想组分,提高润滑油的质量和收率。

由于润滑油加氢工艺的发展,使一些含硫含氮高、黏温性能差的劣质润滑油原料也可生产出优质润滑油。

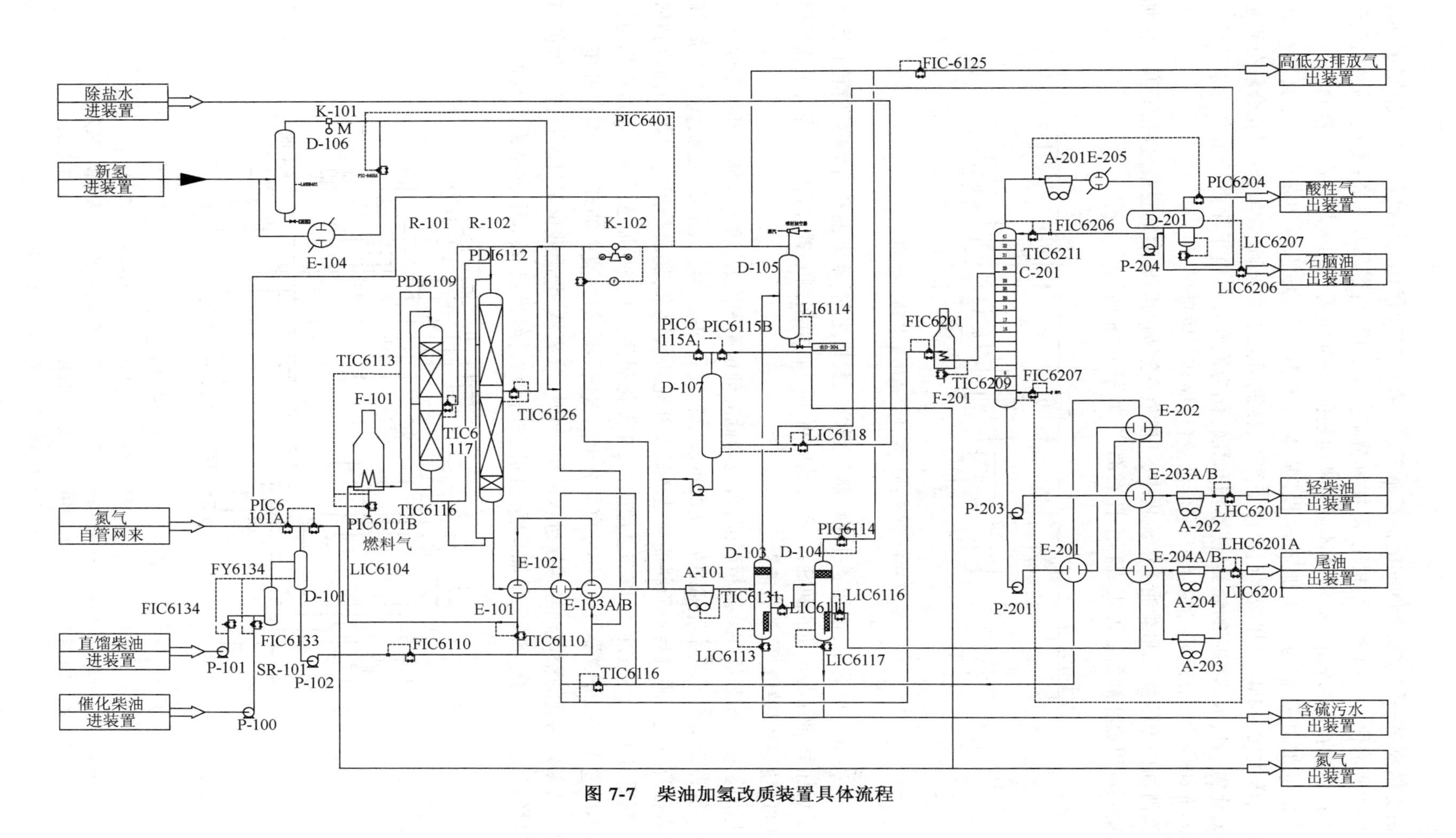

图 7-7 柴油加氢改质装置具体流程

白土精制是一种比较老的润滑油精制工艺。在一些现代化的炼油厂，白土精制正逐步被加氢精制所取代。与白土精制相比较，加氢精制有以下优点：产品收率高；生产连续性强；劳动生产率高；不存在处理白土废渣及环境污染问题；产品质量可达到或超过白土精制。

润滑油加氢精制为缓和加氢过程，基本上不改变烃类的结构。在一定温度（210～320℃）、压力（2～4MPa）和催化剂存在条件下，使润滑油中的含硫、含氮、含氧化合物分别加氢生成硫化氢、氨、水和相应的烃类，使不饱和烃转化为饱和烃。由于除去了油中的非烃类有机物和不饱和烃，因而改善了油品的安定性和颜色，提高了质量。

润滑油白土精制在润滑油生产流程中，一般放在溶剂精制和溶剂脱蜡之后，而润滑油加氢补充精制可以放在润滑油加工流程中任意部位，如图7－8所示。

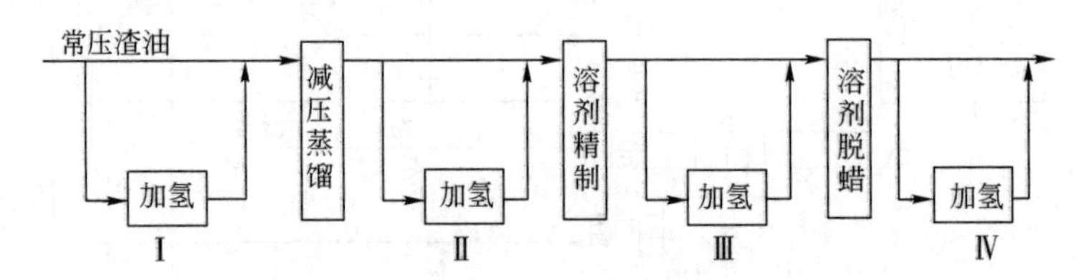

图7－8　润滑油加氢补充精制工艺特点框图

由图7－8可以看出，把加氢补充精制放到溶剂脱蜡之前，不但油和蜡都得到精制，而且还解决了后加氢油凝点升高的问题；生产石蜡时可不建石蜡精制装置，简化了流程；先加氢后脱蜡，还可使脱蜡温差降低，节省能耗。

把加氢补充精制放在溶剂精制前，可以降低溶剂精制深度、改善产品质量和提高收率。典型的加氢补充精制工艺流程如图7－9所示。原料油经过滤器除去杂质，进脱气缓冲罐，脱除所含水分及空气。脱气后的原料油与循环氢及补充新氢混合，经换热后进加热炉加热到所需温度，然后自上而下通过固定床加氢反应器，在催化剂存在下进行加氢反应。反应产物与原料油换热后进入高压分离器，从高压分离器分出的氢气经冷却分液去循环氢压缩机升压后循环使用。高压分离后的精制油经减压进入低压（蒸发）分离器，分出残留氢气及反应产生的硫化氢、轻烃等气体。低压分离后的油品经过汽提和干燥，并经换热、冷却和过滤后出装置。

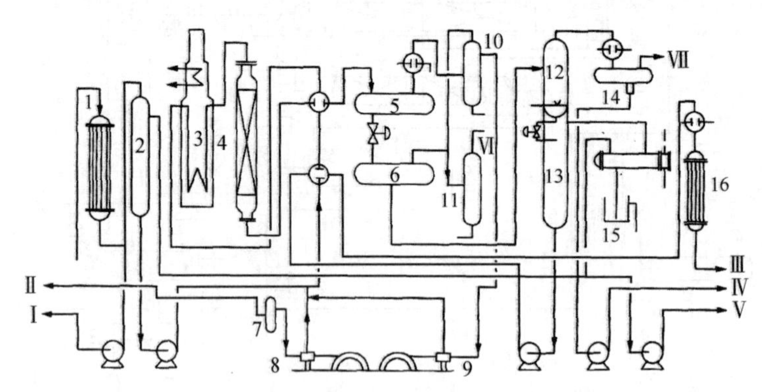

图7－9　加氢补充精制工艺流程

Ⅰ—原料油；Ⅱ—新氢；Ⅲ—精制油；Ⅳ—污油；Ⅴ—不凝气；Ⅵ—尾气；Ⅶ—燃料气

1—过滤器；2—脱气缓冲罐；3—加热炉；4—反应器；5—高压分离器；6—低压分离器；7—氢分离罐；8—新氢压缩机；9—循环氢压缩机；10—高压分液罐；11—低压分液罐；12—汽提塔；13—干燥塔；14—分液罐；15—水封槽；16—过滤器

5. 渣油加氢处理

随着原油的重质化和劣质化，加上硫、氮和金属等杂质又较为集中存在于渣油中，渣油加氢处理越来越受到关注。渣油加氢处理的主要目的是脱除渣油中硫、氮和金属杂质，降低残炭值，脱除沥青质，为下游重油流化催化裂化或焦化提供优质原料；也可通过渣油加氢裂化生产轻质燃料油。如孤岛减压渣油经加氢处理后，脱除沥青质达70%，脱除金属达85%以上，可直接作为催化裂化原料。渣油加氢反应器的主要类型有固定床、移动床、沸腾床及悬浮床等。

渣油加氢过程中，发生的主要反应有加氢脱硫、脱氮、脱氧、脱金属等反应，以及残炭前身物的转化和加氢裂化反应。这些反应进行的程度和相对比例不同，渣油的转化程度也不一样。根据渣油加氢转化深度的差别，习惯上将渣油加氢过程分为渣油加氢处理（RHT）和渣油加氢裂化（RHC）。典型渣油加氢处理工艺流程如图7－10所示。某炼厂渣油加氢处理装置如彩图7－4所示。

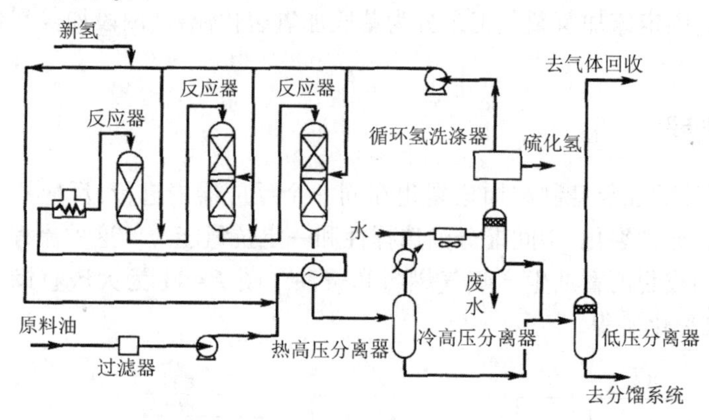

图7－10　渣油加氢处理工艺流程

彩图7-4　某炼厂渣油加氢处理装置

原料经过滤器过滤后与循环氢混合，在换热器内和从反应器来的热产物进行换热，然后进入加热炉，加热到反应温度的原料进入串联的反应器。反应器内装有固定床催化剂。大多数情况下是采用液流下行式通过催化剂床层，催化剂床层可以是一个或数个，床层间设有分配器，通过这些分配器将部分循环氢或液态原料送入床层，以降低因反应放热而引起的温升。控制冷却剂流量，使各床层催化剂处于等温下运转。催化剂床层的数目取决于产生的热量、反应速率和温升限制。

在串联反应器中可根据需要装入不同类型的催化剂，如脱金属催化剂、脱氮催化剂和裂化催化剂，以实现不同的加氢目的。

渣油加氢处理工艺流程与馏分油加氢处理流程的不同之处有：

（1）原料油先经过微孔过滤器，除去夹带的固体微粒，以防止反应器床层压降过快；

（2）加氢生成油经热高压分离器与冷高压分离器，提高气液分离效果，以防止重油带出；

（3）由于一般渣油含硫量较高，故循环氢需要脱除 H_2S，防止或减轻高压反应系统腐蚀。

二、加氢裂化工艺流程

加氢裂化的工业装置有多种类型，按反应器中催化剂所处的状态的不同，可分为固定床、沸腾床、和悬浮床等几种形式。固定床是指将颗粒状的催化剂放置在反应器内，形成静态催化剂床层，原料油和氢气经升温，升压达到反应条件进入反应器系统，先进行加氢精制以除去氧、氮、硫等杂质和二烯，再进行加氢裂化。反应产物经降温、分离、降压和分馏后，将合格的目的产品送出装置。分离出含氢较高(80% ~90%)的气体,作为循环氢使用。未转化油称为尾油可以部分循环、全部循环或不循环一次通过。

沸腾床又称膨胀床,是借助于流体流速带动具有一定颗粒度的催化剂运动,形成气、液、固三相床层,从而使氢气、原料油和催化剂充分接触而完成加氢反应过程。控制流体流速,维持催化剂床层膨胀到一定高度,形成明显的床层界面,液体与催化剂呈返混状态,反应产物与气体从反应器顶部排出。定期从顶部补充催化剂,下部定期排出部分催化剂,以维持较好的活性。沸腾床加氢裂化工艺复杂,国内尚未工业化。

悬浮床加氢裂化工艺是为了适应非常劣质的原料而重新得到重视的一种加工工艺。其原理与沸腾床类似,基本流程是以细粉状催化剂与原料预先混合,再与氢气一同进入反应器,催化剂悬浮于液相中,进行加氢裂化反应,催化剂随着反应产物一起从反应器顶部流出。

下面以目前普遍使用的固定床为例介绍加氢裂化的工艺。根据原料性质、目的产品收率、质量要求以及催化剂性质不同,固定床加氢裂化工艺分为单段加氢裂化流程、两段加氢裂化流程和串联加氢裂化流程。

(一)单段加氢裂化流程

单段加氢裂化流程指原料油的加氢精制和加氢裂化在同一个反应器中进行,反应器上部为精馏段,所用催化剂有较好的异构裂化、中间馏分油选择性和一定抗氮能力。这种流程用于粗汽油生产液化气、由减压蜡油或脱沥青油生产喷气燃料和柴油。图 7 – 11 为大庆直馏重柴油馏分(330 ~490℃)单段加氢裂化流程。

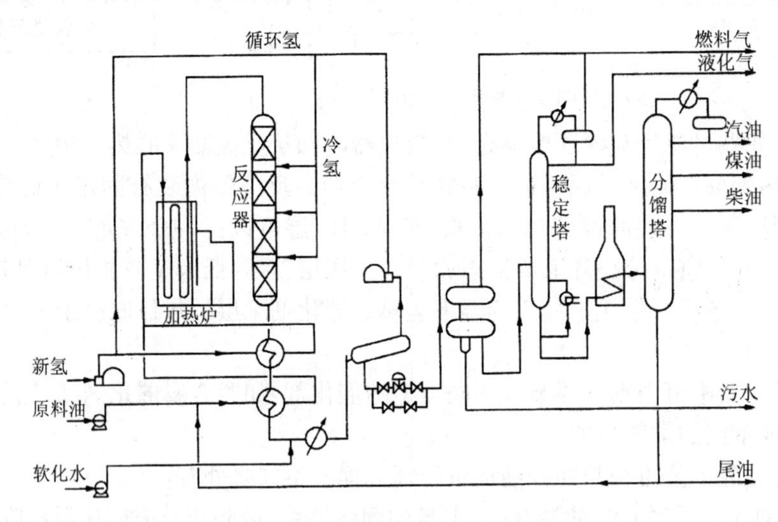

图 7 – 11　大庆直馏重柴油馏分单段加氢裂化流程

原料由泵升压至 16MPa 后与新氢及循环氢混合,再与 420℃左右的加氢生成油换热至 320 ~360℃,进入加热炉。反应器进料温度为 380 ~440℃、空速为 $1.0h^{-1}$,氢油比为 2500。为了控制反应温度,向反应器分层注入冷氢。反应产物经与原料换热后降温至 200℃,再经冷却,温度降至 30 ~40℃进入高压分离器。反应产物进入空冷器之前需注入软化水以溶解其中的 NH_3 和 H_2S 等,以防水合物析出而堵塞管道。高压分离器顶部分出循环氢,经压缩机升压后,返回反应系统循环使用。底部出生成油,生成油经减压至 0.5MPa,进入低压分离器,在此脱水并释放部分溶解气,气体作为富气送出装置作燃料气使用。生成油经加热送入稳定塔,蒸出液化气后，塔底液体经加热炉加热至320℃送入分馏塔，分馏得到轻汽油、喷气燃料、低凝柴油和尾油，尾油可一部分或全部作为循环油与原料混合再去反应系统。

单段加氢裂化有三种操作方案，即原料一次通过、尾油部分循环和尾油全部循环。大庆直馏蜡油按三种不同方案操作所得产品收率和产品质量见表7-5。由表7-5中数据可见，采用尾油循环方案可以增产喷气燃料和柴油，特别是喷气燃料增加较多，从一次通过的32.9%、提高到尾油全部循环的43.5%，而且对冰点并无影响。

表7-5　单段加氢裂化不同操作方案的产品收率及产品性质

操作方法		一次通过			尾油部分循环			尾油全部循环		
指标	原料油	汽油	喷气燃料	柴油	汽油	喷气燃料	柴油	汽油	喷气燃料	柴油
收率(体积分数)%	—	24.1	32.9	42.4	25.3	34.1	50.2	35.0	43.5	59.8
密度，g/cm^3	0.8823	—	0.7856	0.8016	—	0.7280	0.8060	—	0.7748	0.7930
初馏点，℃	333	60	153	192.5	63	156.3	—	—	153	194
干点，℃	474	172	243	324	182	245	326	—	245.5	324.5
冰点，℃	—	—	-65		—	-65	—	—	-65	—
凝点，℃	40	—		-36	—	—	-40	—	—	-43.5
总氮，μg/g	470	—	—	—	—	—	—	—	—	—

(二)两段加氢裂化流程

两段加氢裂化流程中有两个反应器，分别装有不同性质催化剂，第一个反应器主要进行原料油的加氢精制，第二个反应器主要进行加氢裂化反应。两段加氢裂化流程如图7-12所示。

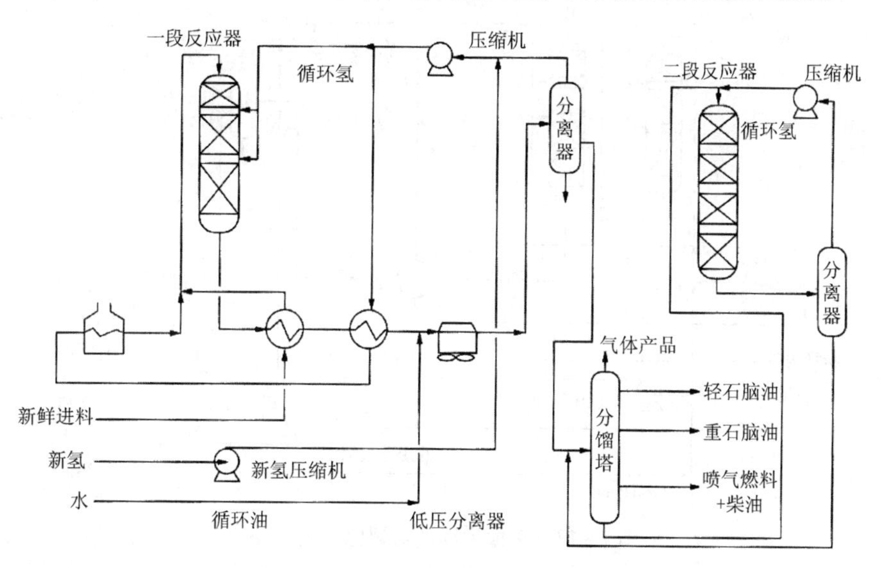

图7-12　两段加氢裂化流程

原料油经高压油泵升压并与循环氢及新氢混合后首先与第一段生成油换热，经第一段加热炉加热至反应温度，进入第一段加氢反应器，进行脱氮、脱硫反应，原料中的微量金属也同时被脱除，反应生成物经换热、冷却后进入第一段高压分离器，分出循环氢。生成油进入汽提塔，脱去 NH_3 和 H_2S 后作为第二段进料，第二段进料与循环氢混合后，进入第二段加热炉，加热到反应温度,在装有高酸性催化剂的第二段加氢裂化反应器内进行反应。生成物经过换热、冷却、分离送至稳定分馏系统。

与单段工艺相比,两段工艺具有气体产率低、干气少、目的产品收率高、液体总收率高;产品质量好,特别是产品中芳烃含量非常低;氢耗较低;产品方案灵活大;原料适应性强,可加工更重质、更劣质原料等优点。但两段工艺流程复杂,装置投资和操作费用高。宜在装置规模较大时或采用贵金属催化裂化剂时选用。

反应系统的换热流程既有原料油、氢气混合与生成油换热方式,也有原料油、氢气分别与生成油换热的方式,后者的优点是:充分利用其低温位热,以利于最大限度降低生成油出换热器的温度;降低原料油和氢气在加热过程中的压力降,有利于降低系统压力降。

氢气与原料油有两种混合方式,即"炉前混油"与"炉后混油":前者是原料油与氢气混合后一同进加热炉;而后者是原料油只经换热,加热炉单独加热氢气,随后再与原料油混合。"炉后混油"的好处是,加热炉只加热氢气,炉管中不存在气液两相,液体易于均匀分配,炉管压力降小,而且炉管不易结焦。

(三)单段串联加氢裂化工艺流程

串联流程是两段流程的发展。与单段加氢裂化工艺不同的是,单段串联加氢裂化工艺一般使用两种不同性能的主催化剂,因此单段串联至少使用两台反应器,第一个反应器使用加氢精制催化剂,第二反应器使用加氢裂化催化剂,两个反应器的温度和空速可以不同,比单段工艺操作灵活。由于第二个反应器使用了抗氨、抗硫化氢的分子筛加氢裂化催化剂,因而取消了两段流程中的脱氨塔(汽提塔),使加氢精制和加氢裂化两个反应器直接串联起来。省掉了一整套换热、加热、加压、冷却、减压和分离设备。单段串联加氢裂化工艺流程如图7-13所示。

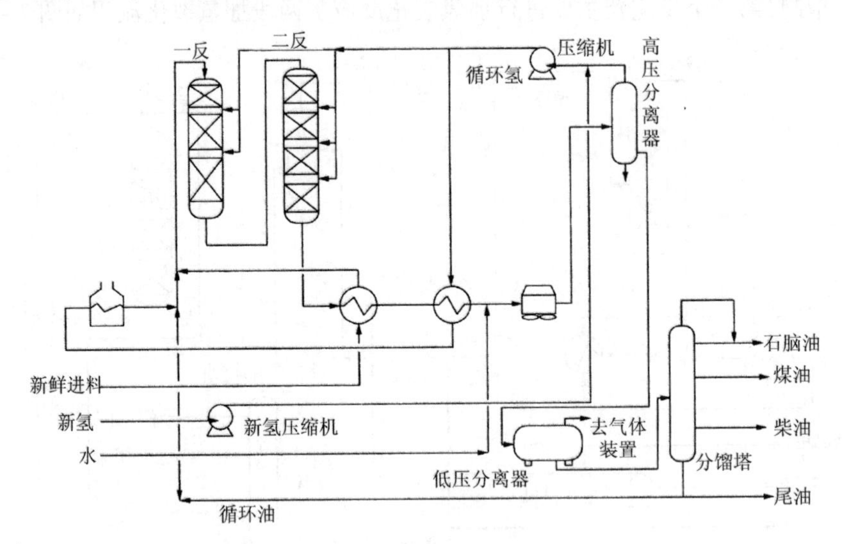

图7-13　单段串联加氢裂化工艺流程

与单段工艺相比,单段串联工艺使用了性能更好的精制催化剂和裂化催化剂组合,具有以下优点:产品方案灵活,仅需通过改变操作方式和工艺条件,或更换不同性能的裂化催化剂,就可实现大范围调整产品结构的目的;原料适应性强,可以加工更重的原料油,包括高干点的重质VGO及溶剂脱沥青油;可在相对较低的温度下操作,因而热裂化被有效抑制,可大大降低干气产率。

单段串联工艺比单段工艺只多一个(或一组)反应器,其中第一个反应器中装入脱硫、脱氮活性好的加氢催化剂,第二个反应器中装分子筛加氢裂化催化剂,其他部分均与单段加氢裂化流程相同。

对同一种原料油分别采用三种不同方案进行加氢裂化的试验结果表明:从生产喷气燃料角度讲,单段流程收率最高,但汽油收率低。从流程结构和投资来看,单段流程也优于其他流程。串联流程有生产汽油的灵活性,但喷气燃料的收率偏低。三种流程方案中两段流程灵活性最大,喷气燃料的收率高,而且能生产汽油。和串联流程一样,两段流程对原料油的质量要求不高,可处理高密度、高干点、高硫、高残炭及高含氮的原料油。而单段流程对原料油的质量要求要严格得多。根据国外炼厂经验,认为两段流程最好,既可以处理单段工艺不能处理的原料,又有较大的灵活性,能生产优质喷气燃料和柴油。在投资上,两段流程略高于单段一次通过,略低于单段全循环流程。目前,用两段加氢裂化流程处理重质原料油来生产重整原料油,以扩大芳烃的来源,已受到许多国家的重视。

第五节　催化加氢反应器

一、催化加氢反应器分类

依据催化加氢过程原料油性质及生产目的的不同,相应地所采用的工艺流程和催化剂也是不相同的,其反应器的形式也各有差异。

加氢反应器按照工艺过程的特点分类,一般分为三种类型:固定床反应器、移动床反应器和流化床反应器,其中固定床反应器使用最为广泛(气液并流下流式)。

固定床反应器床层内固体催化剂处于静止状态,其特点是催化剂不宜磨损,催化剂在不失活情况下可长期使用,主要适于加工固体杂质、油溶性金属含量少的油品。图 7-14 为催化加氢固定床反应器结构。彩图 7-5 为某炼厂柴油加氢固定床反应器。视频 7-1 为某炼厂加氢反应器外观。

彩图7-5　某炼厂柴油加氢固定床反应器

视频7-1　某炼厂加氢反应器外观

移动床反应器在生产过程中,催化剂连续或间断移动加入或卸出,主要适于加工有较高金属有机化合物及轻质的渣油原料,可避免床层堵塞及催化剂失活问题。图 7-15 为催化加氢移动床反应器催化剂流化流程示意图。

在流化床反应器中,原料油及氢气自反应器下部进入通过催化剂床层,使催化剂流化并被流体托起。主要也适用于加工有较高金属有机化合物、沥青质及固体杂质的渣油原料。

按反应器使用状态下高温介质是否与器壁接触,分为冷壁结构反应器和热壁结构反应器。

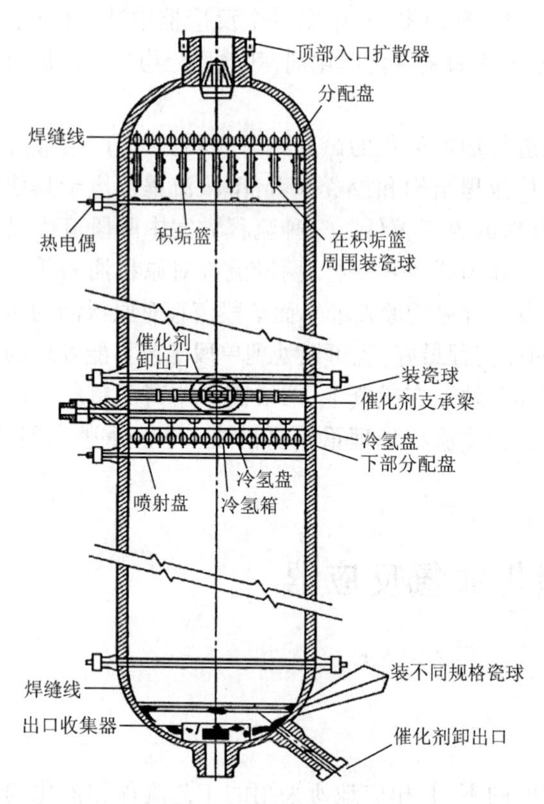

图 7 - 14 催化加氢固定床反应器结构

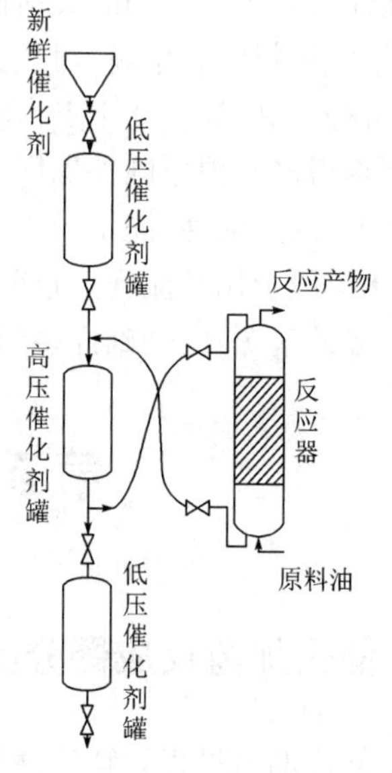

图 7 - 15 催化加氢移动床反应器催化剂流化流程示意图

冷壁结构反应器是在设备内壁设置非金属隔热层,有些还在隔热层内衬不锈钢套,使反应器的设计壁温降至 300℃以下,因而就可以选用 15CrMoR 或碳钢,内壁也不用堆焊不锈钢,从而大大降低了制造难度。但由于冷壁式反应器的隔热层占据内壳空间,减少了反应器容积的利用率,浪费了材料,而且冷壁式反应器内的非金属隔热层在介质的冲刷下,或在温度的变化中易损坏,操作一段时间后可能就需要修理或更换,且施工和修理费用较高。如果操作时衬里脱落,衬里脱落处附近的反应器壁会超过设计温度,从外观来看,该处油漆会变色。因此反应器的安全隐患大大增加,严重时甚至造成装置的被迫停车。

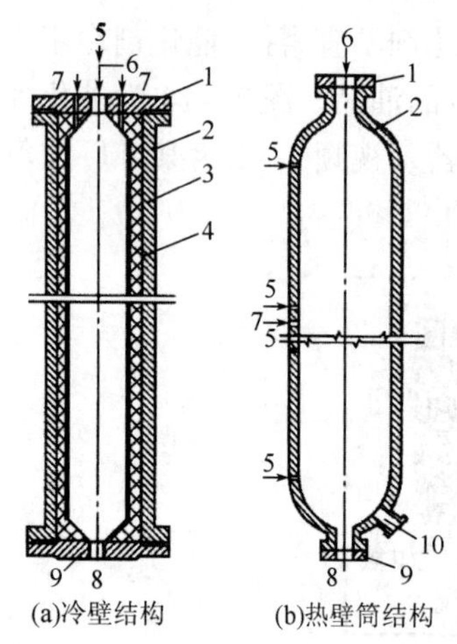

图 7 - 16 加氢反应器两种筒体结构示意图

1—上端盖;2—筒体;3—内保温层;4—内衬筒;5—测温热偶管;6—反应物料入口;7—冷氢管入口;8—反应产物人口;9—下端盖;10—催化剂卸料口

热壁结构反应器是由带法兰的上端盖、筒体和下端盖组成的,所不同的是热壁筒体没有隔热衬里,而是采用双层堆焊衬里,需要选择抗高温氢腐蚀材料;若有硫化氢存在时,还要设不锈钢层以抵抗硫化氢侵蚀。侧壁还开有热电偶口、冷氢管口和卸料口。

热壁结构反应器的器壁直接与介质接触,器壁温度与操作温度基本一致。虽然热壁结构反应器的制造难度较大,一次性投资较高,但它可以保证长周期安全运行,目前已在国际上普遍采用。图 7 - 16 为加氢反应器两种筒体结构示意。表 7 - 6 为冷壁、热壁结构反应器特征及应用对比。

表 7-6　冷壁、热壁结构反应器特征及应用

项目	冷壁结构	热壁结构
隔热形式	器壁内表面设非金属隔热衬里	器壁外保温
设计温度选定	国外:设计壁温为 150~200℃ 国内:设计壁温为 300℃	设计温度按最高操作温度加 10~20℃
器壁局部过热现象	易	不易
反应器有效容积利用率	小,一般仅有 50%~70%	大,一般可达 80%~90%
材料选用	因壁温低,可选用耐高温氢腐蚀档次较低的材料,由于有隔热衬里层,一般实际壁温在 200℃以下,即使反应物料中含有 H_2S,对器壁的腐蚀也不大	需选用能抗高温氢腐蚀的材料,若有 H_2S 存在时,还需要考虑设置不锈钢覆盖层以抵抗 H_2S 的腐蚀
施工与维护	施工周期长,生产维护不太方便	施工周期短,生产维护方便
设备制造费用	相对较低	相对较高
应用情况	国内:目前仍有 20 世纪 70 年代前即安装的反应器在应用 国外:现在极少使用	国内:从 20 世纪 80 年代起陆续开始使用,国内自行开发的首台锻焊结构热壁结构加氢反应器投用至今,已安全可靠运行仅 20 年 国外:早已占统治地位

按反应器本体结构分类,分为单层结构、多层结构。单层结构包括钢板卷焊及锻焊结构;多层结构一般有绕带式及热套式。

单层结构可用于高温高压场合,其最高使用温度取决于所用材料的性能(如抗高温氢腐蚀性能等)。多层结构可用于高压,但温度不宜太高,因为存在结构上不连续的缺点,会造成较大的热应力和缺口效应而使疲劳强度下降等,所以一般认为对于温度大于 350℃和温度、压力有急剧波动场合选用要谨慎。

二、催化加氢反应器内构件及作用

加氢过程由于存在有气、液、固三相的放热反应,欲使反应进料(气液两相)与催化剂(固相)充分、均匀、有效地接触,加氢反应器设计有多个催化剂床层,在每个床层的顶部都设置有分配盘,并在两个床层之间设有控制结构(冷氢箱),以确保加氢装置的安全平稳生产和延长催化剂的使用寿命。

反应器内构件设计性能的优劣将与催化剂性能一道体现出所采用加氢工艺的先进性。对于固定床气液并流下流式反应器的内构件,通常都设置有入口扩散器(或称入口分布器)、分配盘、积垢篮、卸料管、催化剂支撑盘、催化剂卸料管、冷氢管、冷氢箱、出口收集器和热电偶等。

(一)入口扩散器

来自反应器入口的流体首先经过入口扩散器,在上部锥形体整流后,经上下两挡板的两层孔的节流、碰撞后被扩散到整个反应器截面上。

其主要作用一是将进入的介质扩散到反应器的整个截面上;二是消除气液介质对顶部分配盘的垂直冲击,为分配盘的稳定工作创造条件;三是通过扰动促使气液两相混合。

图7－17是一种双层多孔板结构入口扩散器。入口扩散器上的两层孔开孔大小和疏密是不同的。这种扩散器应用效果良好,目前国内设计的加氢反应器大多采用这种形式。

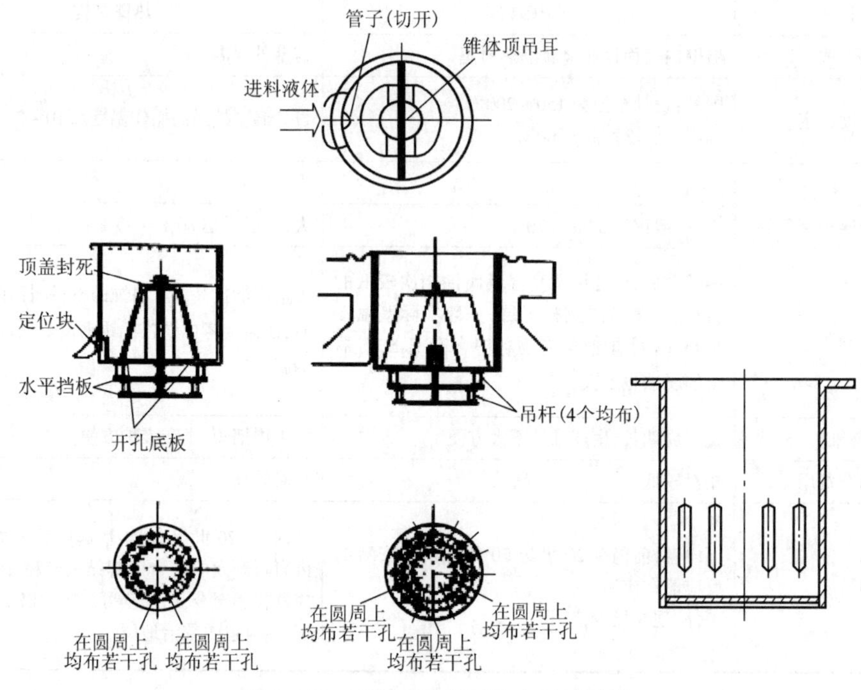

图7－17　双层多孔板结构入口扩散器

(二)分配盘

顶部分配盘由塔盘板和在该板上均布的分配器组成。顶部分配盘在催化剂床层上面,目的是为了均布反应介质,改善其流动状况,实现与催化剂的良好接触,进而达到径向和轴向的均匀分布。分配器种类比较多,我国自行设计制造的加氢反应器多采用泡帽型分配器。

为了更好地将进入下降管的液体破碎成液滴,并将液体的流动方向由垂直改变为斜向下,造成进一步的扩散,还可在泡帽下面增加破碎器。目前,国内反应器所使用的分配盘,按其作用原理大致可分为抽吸喷射型和溢流型两类。加氢反应器分配盘结构如图7－18所示。

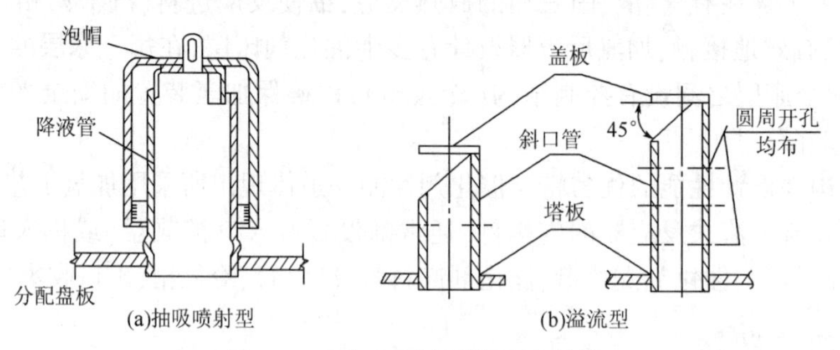

图7－18　加氢反应器分配盘结构

反应物流分配盘应不漏液,安装后须进行测漏试验,即在分配盘上充水至100mm高,在5min内其液位下降高度,以不大于5mm为合格;分配盘安装的水平度要求,对于喷射式的分配器,包括制造公差和在载荷作用下的挠度在内,其分配盘的水平度应控制为±5mm～±6mm;对于溢流式的分配器,其分配盘安装的水平度要求更严格一些。

(三)积垢篮

加氢反应器的顶部催化剂床层上设有积垢篮，与床层上的瓷球一起对进入反应器的介质进行过滤。在操作中，很难避免系统及管道中的锈垢、污物被带到反应器内，这种污垢在催化剂床层表面积累，并迅速减小介质流通通道，甚至造成阻塞，使反应器床层压力降上升，操作条件恶化，严重者甚至会压垮分配盘。采用积垢篮可以有效避免这一问题。

积垢篮一般每三个一组，均匀埋设在床层上面大颗粒瓷球层内。目前应用的几种积垢篮形状和尺寸相似，只是制作材料和方法不同。由不同规格的不锈钢金属网和骨架构成的蓝框，置于反应器上部催化剂床层的顶部，可为反应物流提供更大的流通面积，在上部催化剂床层的顶部捕集更多含机械杂质的沉积物，而又不致引起反应器压力降过快地增长。积垢篮在反应器内截面上呈等边三角形均匀排列，其内是空的(不装填催化剂或瓷球)，安装好后须用不锈钢链将其穿连在一起，并牢固地拴在其上部分配盘的支撑梁上，不锈钢金属链条要有足够的长度裕量(按床层高度下沉5%考虑)，以便能适应催化剂床层的下沉。图7-19为积垢篮外观。

图7-19　积垢篮外观

(四)催化剂支撑盘

催化剂支撑盘由T形大梁、格栅和丝网组成。大梁的两边搭在反应器器壁的凸台上，而格栅则放在大梁和凸台上。格栅上平铺一层粗不锈钢丝网和一层细不锈钢丝网，上面可以装填磁球和催化剂。

催化剂支撑大梁和格栅要有足够的高温强度和刚度，即在420℃高温下弯曲变形也很小，且具有一定的抗腐蚀性能。因此，大梁、格栅和丝网的材质均为不锈钢。在设计中应考虑催化剂支撑盘上催化剂和磁球的重量、催化剂支撑盘本身的重量、床层压力降和操作液重等载荷，经过计算得出支撑大梁和格栅的结构尺寸。

此外，格栅与大梁以及器壁凸台间的缝隙应该塞满柔性石墨填料，以防止催化剂颗粒由此处缝隙中泄漏，阻塞下层分配盘。图7-20为支撑大梁、格栅现场安装图。

(五)催化剂卸料管

固定床反应器每一催化剂床层下部均安装有若干根催化剂卸料管，跨过催化剂支撑盘、物料分配盘及冷氢箱，通向下一床层，作为在反应器停工卸除催化剂的卸剂通道。

图 7－20　支撑大梁、格栅现场安装图

(六)冷氢管

烃类加氢反应属于放热反应,对多床层的加氢反应器来说,油气和氢气在上一床层反应后温度将升高,为了下一床层继续有效反应的需要,必须在两床层间引入冷氢气来控制温度。将冷氢气引入反应器内部并加以散布的管子被称为冷氢管。

均匀、稳定地供给足够的冷氢量可以使冷氢与热反应物充分混合,在进入下一床层时有一均匀的温度和物料分布。

冷氢管按形式分直插式、树枝状形式和环形结构。对于直径较小的反应器,采用结构简单便于安装的直插式结构即可。对于直径较大的反应器,直插式冷氢管打入的冷氢与上层反应后的油气混合效果就不好,直接影响了冷氢箱的再混合效果,这时就应采用树枝状或环形结构。

(七)冷氢箱

冷氢箱实为混合箱和预分配盘的组合体。它是加氢反应器内的热反应物与冷氢气进行混合及热量交换的场所。其作用是将上层流下来的反应产物与冷氢管注入的冷氢在箱内进行充分混合,以吸收反应热,降低反应物温度,满足下一催化剂床层的反应要求,避免反应器超温。

冷氢箱的第一层为挡板盘,挡板上开有节流孔。由冷氢管出来的冷氢与上一床层反应后的油气在挡板盘上先预混合,然后由节流孔进入冷氢箱。进入冷氢箱的冷氢气和上层下来的热油气经过反复折流混合,就流向冷氢箱的第二层——筛板盘,在筛板盘上再次折流强化混合效果,然后再作分配。筛板盘下有时还有一层泡帽分配盘对预分配后的油气再作最终的分配。图 7－21 为冷氢管及冷氢箱现场安装图。

图 7－21　冷氢管及冷氢箱现场安装图

(八)出口收集器

出口收集器是个帽状部件,顶部有圆孔,侧壁有长孔,覆盖不锈钢网。其作用主要是阻拦反应器底部的瓷球通过出口,并导出流体。反应器底部的出口收集器,用于支撑下部的催化剂床层，减小床层的压降和改善反应物料的分配。出口收集器与下端封头接触的下沿开有数个缺口，供停工时排液用。图7-22为出口收集器剖面图。

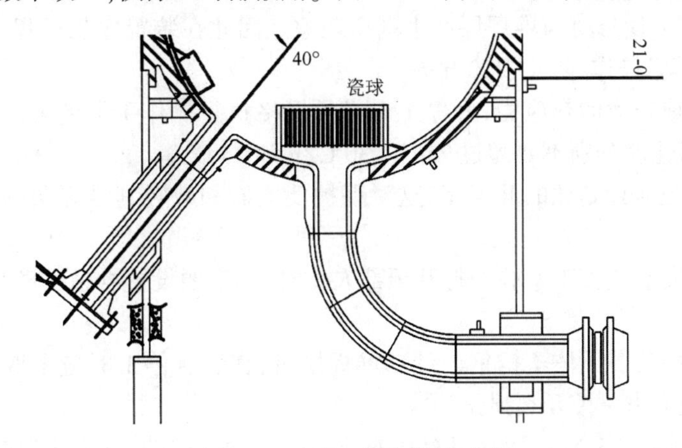

图7-22　出口收集器剖面图

（九）热电偶

为了监测加氢放热反应引起床层温度升高及床层截面温度分布状况，加氢反应器装有热电偶。热电偶的安装有从筒体上径向插入和从反应器顶封头上垂直方向插入的方式。在径向水平插入的形式中又有横跨整个截面的和仅插入一定长度的两种情况。以往床层测温基本采用铠装热电偶，近年多数在采用铠装热电偶的同时，还采用了一种称为柔性热电偶的结构，它可在一个热电偶开口接管上设置高密度的测点，并具有快速反应时间（4～8s）和对床层温度飘移能迅速反应等特性，可对床层截面温度进行许多点测量，因而可对工艺过程进行有效的控制。另外，为了监控反应器器壁金属的温度情况，也往往在反应器外表面的筒体圆周上或封头和开口接管的相关部位设置一定数量的表面热电偶。

内件设计中的主要考虑从工艺角度说：最关键的一点是要使反应进料（气液相）与催化剂颗粒（固相）三相间有效地接触，在催化剂床层内不发生流体偏流现象。

从设备设计角度来说：在保证内件能具有高效和稳定操作的前提下，应将内件结构设计得更加紧凑，尽量缩小空间所占高度，以最大限度地利用反应器容积。

三、加氢反应器使用中的保护

（1）对于采用回火脆性敏感性较强的钢材（如2¼Cr-1Mo钢）制造的反应器，在初次开工运行后的重新开停工时，应采用“热态型”的开停工方案，即开工时先升温后升压，停工时先降压后降温。

（2）为避免在常温或常温附近发生延迟裂纹的可能性，在停工过程中宜有一段足够的在300～350℃的保持时间，让操作时所吸藏的氢尽可能地从反应器器壁内散逸出去，以最大限度地减少器壁中的残留氢含量。

正常操作过程中，在高温高压操作条件下，反应器的钢材内部溶解了大量氢原子，氢气会浸入器壁局部聚集，致使在钢材轧制方向发生阶状开裂，这种现象称为氢致开裂（简称HIC）或台阶状开裂。氢气在钢材中的溶解度随温度的降低而降低，随压力的降低而降低。在装置停工过程中如果降温速度过快，氢气来不及从钢材内部扩散出来，而出现过饱和状态，超过钢材的安全氢浓度,就会导致机械性能下降,甚至开裂。而且由于氢气在母材与奥式体不锈钢堆焊层中的溶解度和扩散速度不同,将在过渡层上吸藏大量的氢,且因二者的线膨胀差别较大,而形成很大残余应力使母材与堆焊层产生剥离现象。因此在装置停工过程中,要在一定的温度下进行"恒温解氢"操作,防止损坏设备。

(3)为防止形成较大的热应力,开停工时必须严格执行操作手册的要求。推荐开工和停工时的升温和降温速度分别不要超过25℃~30℃/h和25℃/h。

(4)要尽量避免非计划性的开停工,这对保护反应器和减轻其堆焊层的氢致剥离扩展都是有效的。

(5)当反应器安装或停工检验而打开顶部人孔时,一定要设置合适的防护措施,防止雨水飘入器内。

(6)当反应器内有奥氏体不锈钢内件和堆焊层时,在装置停工时应采取相应措施防止可能产生的连多硫酸应力腐蚀开裂损伤。

由于奥式体不锈钢在高温、硫化氢存在的环境中与设备中的Fe发生腐蚀作用,使设备与介质接触的表面形成了一层腐蚀产物——FeS。设备在正常的高温、缺氧、缺水的干燥条件下运行时一般不会形成连多硫酸。在停工过程中,当反应系统降温降压后有水汽冷凝下来时,或打开设备进行检查或检修时,设备和管线内部的金属表面就会与湿空气接触,FeS与水和氧气将发生化学反应,生成亚硫酸和连多硫酸。亚硫酸会引起奥式体不锈钢晶界腐蚀,在晶间拉伸应力和连多硫酸作用下引起连多硫酸应力腐蚀开裂(PSCC)。发生PSCC的前提条件是系统中形成了连多硫酸,引起应力腐蚀开裂(SCC)机理的前提是设备必须承受拉应力(包括工作应力和残余应力),而且应力腐蚀材料必须与介质特殊组合,在与拉应力的联合作用下才会发生SCC。

为了防止停工时可能发生连多硫酸应力腐蚀开裂,将反应器维持在密闭状态,并采用干燥氮气吹扫,以排除氧的方法来达到保护设备的目的。还可以采用碱洗(Na_2CO_3溶液)的方法保护。碱液将在金属表面形成的连多硫酸予以中和。

四、加氢反应器常见损伤与防止措施

(一)高温氢腐蚀

1.高温氢腐蚀的形式

高温氢腐蚀是在高温高压条件下扩散侵入钢中的氢与不稳定的碳化物发生化学反应,生成甲烷气泡(它包含甲烷的成核过程和成长),即$FeC + 2H_2 \longrightarrow CH_4 + 3Fe$,并在晶间空穴和非金属夹杂部位聚集,引起钢的强度、延性和韧性下降与劣化,同时发生晶间断裂。由于这种脆化现象是发生化学反应的结果,所以它具有不可逆的性质,也称永久脆化现象。

高温氢腐蚀有两种形式:一是表面脱碳;二是内部脱碳。

(1)表面脱碳不产生裂纹,在这点上与钢材暴露在空气、氧气或二氧化碳等一些气体中所产生的脱碳相似。表面脱碳的影响一般很轻,其钢材的强度和硬度局部有所下降而延性提高。

(2)内部脱碳是由于氢扩散侵入到钢中发生反应生成了甲烷,而甲烷又不能扩散出钢外,就聚集于晶界空穴和夹杂物附近,形成了很高的局部应力,使钢产生龟裂、裂纹或鼓包,其力学性能发生显著的劣化。

2. 影响高温氢腐蚀的主要因素

(1)温度、压力和暴露时间的影响。温度和压力对氢腐蚀的影响很大,温度越高或者压力越大,发生高温腐蚀的起始时间就越早。

(2)合金元素和杂质元素的影响。在钢中凡是添加能形成很稳定碳化物的元素(如铬、钼、钒、钛、钨等),就可使碳的活性降低,从而提高钢材抗高温氢腐蚀的能力。

在合金元素对抗氢腐蚀性能的影响中,元素的复合添加和各自添加的效果不同。例如铬、钼的复合添加比两个元素单独添加时可使抗氢腐蚀性能进一步提高。在加氢高压设备中广泛地使用着铬—钼钢系,其原因之一也在于此。

(3)热处理的影响。钢的抗氢腐蚀性能与钢的显微组织也有密切关系。对于淬火状态,只需经很短时间加热就出现了氢腐蚀。但是一施行回火,且回火温度越高,由于可形成稳定的碳化物,抗氢腐蚀性能就得到改善。另外,对于在氢环境下使用的铬—钼钢设备,施行了焊后热处理同样具有可提高抗氢腐蚀能力的效果。

(4)应力的影响。在高温氢腐蚀中,应力的存在肯定会产生不利的影响,在高温氢气中蠕变强度会下降,特别是由于二次应力(如热应力或由冷作加工所引起的应力)的存在会加速高温氢腐蚀。

高温高压氢环境下氢腐蚀的防止措施主要是选用耐高温氢腐蚀的材料;尽量减少钢材中对高温氢腐蚀不利影响的杂质元素(Sn、Sb);制造及在役中返修补焊后必须进行焊后热处理;操作中严防设备超温等。

(二)氢脆

所谓氢脆,就是由于氢残留在钢中所引起的脆化现象。产生了氢脆的钢材,其延伸率和断面收缩率显著下降。这是由于侵入钢中的原子氢,使结晶的原子结合力变弱,或者作为分子状在晶界或夹杂物周边上析出的结果。但是,在一定条件下,若能使氢较彻底地释放出来,钢材的力学性能仍可得到恢复。这一特性与前面介绍的氢腐蚀截然不同,所以氢脆是可逆的,也称作一次脆化现象。

氢脆发生的温度一般在150℃以下。氢脆的敏感性一般是随钢材的强度提高而增加,强度越高,只要吸收少量的氢,就可引起严重的氢脆现象。随温度升高,氢脆效应下降。所以,实际装置中氢脆损伤往往发生在装置开工、停工过程的低温阶段。

要防止氢脆损伤发生,除了对加氢反应器进行合理设计、制造外,在装置停工操作时冷却速度不应过快,且停工过程中应有使钢中吸藏的氢能尽量释放出去的工艺过程,以减少器壁中的残留氢含量,并尽量避免非计划紧急停工(紧急放空)。

(三)连多硫酸引起的应力腐蚀开裂

应力腐蚀开裂是某一金属(钢材)在拉应力和特定的腐蚀介质共同作用下所发生的脆性开裂现象。连多硫酸($H_2S_xO_6$, $x=3\sim6$)的形成,是由于设备在含有高温硫化氢的气氛下操作时生成了硫化铁,在装置停工的冷却过程中和打开设备暴露于大气中时,与出现的水分和进入设备内的空气中的氧发生反应的结果,即

$$3FeS+5O_2 \longrightarrow Fe_2O_3 \cdot FeO+3SO_2$$

$$SO_2 + H_2O \longrightarrow H_2SO_3$$
$$H_2SO_3 + 1/2O_2 \longrightarrow H_2SO_4$$
$$FeS + H_2SO_3 \longrightarrow mH_2S_xO_6 + nFe^{2+}$$
$$FeS + H_2SO_4 \longrightarrow FeSO_4 + H_2S$$
$$H_2SO_3 + H_2S \longrightarrow mH_2S_xO_6 + nS$$
$$FeS + H_2S_xO_6 \longrightarrow FeS_xO_6 + H_2S$$

可见,产生连多硫酸应力腐蚀开裂必须同时具备三个条件:

(1)环境条件——能够形成连多硫酸的环境;

(2)有拉应力(残余应力或外加应力)存在;

(3)奥氏体不锈钢处于敏化态(这是由于材料在制造、焊接过程中和长期在高温条件下运转时引起碳化铬在晶界上析出,使晶界附近的铬浓度减少形成贫铬区所致)。其敏化温度范围一般为370~815℃,具体取决于材料的碳含量、稳定化元素与碳的比值、暴露时间以及初次热履历等诸多因素。

选用合适的材料是有效防止连多硫酸引起的应力腐蚀开裂措施之一。在制造过程中要能加工成不形成应力集中或尽可能小的结构,以尽量消除或减轻由于冷加工和焊接引起的残余应力。使用上应采取缓和环境条件的措施,如采取措施抑制连多硫酸生成(比如采用干燥氮气吹扫或在停工时向系统提供热量等),以除去空气和防止水汽析出。或者采用碱洗措施,以中和可能生成的连多硫酸。

(四)铬—钼钢的回火脆性

铬—钼钢的回火脆性是将钢材长时间地保持在325~575℃(也有人提出是在371~593℃或354~565℃或400~600℃等)或者从这温度范围缓慢地冷却时,其材料的断裂韧性就引起劣化损伤的现象。

铬—钼钢的回火脆性产生的原因是由于钢中的杂质元素和某些合金元素向原奥氏体晶界偏析,使晶界凝集力下降所至。从破坏试样所表明的特征来看,在脆性断口上呈现出晶间破坏的形态。回火脆性对于抗拉强度和延伸率来说,几乎没有影响,主要是在进行冲击性能试验时可观测到很大的变化。材料一旦发生回火脆性,就使其延脆性转变温度向高温侧迁移。因此,在低温区若有较大的附加应力存在,就有发生脆性破坏的可能。

回火脆化现象具有可逆性,将已经脆化了的钢加热到600℃以上,然后急冷,钢材就可以恢复到原来的韧性。

影响回火脆性的主要因素很多,如化学成分、制造时的热处理条件、加工时的热状态、强度大小、塑性变形、碳化物的形态、使用时所保持的温度等。

为了防止铬—钼钢设备回火脆性破坏,除了尽量减少钢中能增加脆性敏感性的元素P、Sb、Sn、As、Si的含量和制造中选择合适的热处理工艺外,在装置操作中应采用热态型的开停工方案。设备处于正常操作温度下时,不会发生由回火脆性引起破坏,因为这时的温度比钢材脆性转变温度高。但是,像21/4Cr-1Mo钢制设备经长期使用后,若有回火脆化,包括母材、焊缝金属在内,其转变温度都有一定程度提高。此情况下,在开停工过程中就有可能产生脆性破坏。因此在开停工时必须采用较高的最低升压温度,这就是热态型开停工方法。即在开工时先升温后升压,停工时先降压后降温。为此,要确定一个合适的最低升压温度(MPT),当操作温度低于MPT时,应限制系统压力大约不超过最高设计压力的25%。API推荐MPT为93℃,

随着材料抗回火脆性性能的进一步改善和对回火脆性敏感性较小的加钒铬—钼钢的应用,其MPT还可进一步降低。API还建议采用合适的开停工升降温速度,温度小于150℃时,升温速度不超过25℃/h为宜。

第六节 催化加氢装置的操作

一、影响加氢效果的因素

实际生产过程中影响加氢效果的因素主要有反应压力、反应温度、空速和氢油比等。

(一)反应压力

反应压力的影响是通过氢分压来体现的。系统中氢分压决定于操作压力、氢油比、循环氢纯度以及原料的气化率。

提高氢分压有利于加氢反应的进行,并使反应速度加快。提高氢分压一方面可抑制结焦反应,降低催化剂失活速率;另一方面可提高硫、氮和金属等杂质的脱除率,同时又促进稠环芳烃加氢饱和反应。所以,应当在设备和操作允许的范围内,尽量提高反应系统的氢分压。

硫化物的加氢脱硫和烯烃的加氢饱和反应,在压力不太高时就有较高的转化深度。噻吩在500~700K范围内的加氢反应压力提高至1.0MPa时,噻吩加氢脱氮的平衡转化率就达到99%。

汽油在氢分压高于2.5MPa压力下加氢精制时,深度不受热力学平衡控制,而取决于反应速度和反应时间。汽油在加氢精制条件下一般处于气相,提高压力使汽油的停留时间延长,从而提高了汽油的精制深度。氢分压高于3.0MPa时,催化剂表面上氢的浓度已达到饱和状态,如果操作压力不变,通过提高氢油比来提高氢分压则精制深度下降,因为这时会使原料油的分压降低。

柴油馏分(200~350℃)加氢精制的操作压力一般为4.0~5.0MPa,其氢分压为3.0~4.0MPa。压力对于柴油馏分加氢精制的影响要复杂一些。柴油馏分在加氢精制条件下可能是气相,也可能是气液混相。在处于气相时,提高压力使反应时间延长,从而提高了反应深度。将反应压力提高到某个值时,反应系统会出现液相,开始出现液相后,再继续提高压力,则加氢精制效果会变差。这是因为提高压力会使催化剂表面的液膜加厚,氢通过液膜向催化剂表面扩散的速度降低。因此,柴油馏分加氢精制氢分压有一个最佳值,而不是越高越好。出现这种现象的原因是:在原料完全汽化以前,提高氢分压有利于原料汽化,而使催化剂表面上的液膜减小,同时也有利于氢向催化剂表面的扩散。因此在原料完全汽化以前,提高氢分压(总压不变)有利于提高反应速度;在完全汽化后提高氢分压会使原料分压降低,从而降低了反应速度。由此可见,为了使柴油加氢精制达到最佳效果,应选择使原料刚刚完全汽化时的氢分压。一般情况下,当反应压力为4.0~5.0MPa时,采用氢油比150~600m^3/m^3可以达到适当的氢分压。

大于350℃的重馏分油在加氢精制条件下,经常处于气液混相,因此提高氢分压能显著地提高反应速度而提高精制效果,但是由于设备投资的限制,重馏分油加氢精制的反应压力一般不超过 8.0MPa。

芳烃加氢反应的转化率随反应压力升高而显著提高。提高反应压力不仅提高了可能达到的平衡转化率,而且也提高了反应速度。含芳烃较多的原料应采用较高的反应压力。

加氢裂化原料一般是较重的馏分油,其中含有较多的芳烃,因此,在给定的催化剂和反应温度下,选用的反应压力应当能保证环数最多的稠环芳烃有足够的平衡转化率。芳烃环数越多,其加氢平衡转化率越低。因此,加氢裂化所用原料越重,需采用的压力越高。工业上加氢裂化采用的反应压力,根据原料组成不同,大体如下:直馏瓦斯油约 8.0MPa,馏分油和催化裂化循环油约 10.0 ~ 15.0MPa,而渣油则要用 15.0 ~ 20.0MPa。

在工业加氢过程中,反应压力不仅是一个操作因素,而且也关系到工业装置设备投资和能量消耗。因此,在达到预期效果和保证催化剂足够长的操作周期的前提下,应尽可能使用较低的反应压力。

(二)反应温度

加氢反应为放热反应,从热力学来看,提高温度对放热反应是不利的,但是,从动力学角度来看,提高温度能加快反应速度。

在通常使用的压力范围内,加氢精制的反应温度一般不超过 420℃,因为高于 420℃会发生较多的裂化反应和脱氢反应。重整原料精制一般采用较低的反应温度(300 ~ 350℃)。航空煤油精制一般只采用 350 ~ 360℃,因为当温度超过 370℃时,四氢萘和十氢萘发生脱氢反应使生成萘的平衡转化率急剧上升(反应压力 5.0MPa)。柴油加氢精制的温度在 400℃以下,因为反应温度升高会发生单环和双环环烷烃的脱氢反应而使十六烷值降低,同时加氢裂化加剧使氢耗增大。

在加氢裂化过程中提高反应温度,裂化反应速度提高得较快,所以随反应温度升高,反应产物中低沸点组分含量增多,烷烃含量增加而环烷烃含量下降,异构烷烃和正构烷烃的比值下降。一般加氢裂化所选用的温度范围较宽(260 ~ 440℃),这是根据催化剂的性能、原料性质和产品要求来确定的。在加氢裂化过程中由于有表面积炭生成,催化剂的活性会逐渐下降,为了维持反应速度,随失活程度的增加,需将反应温度逐步提高。

(三)空速

空速是指单位时间里通过单位催化剂的原料油的量,它反映了装置的处理能力。空速有两种表达形式,一种是体积空速,另一种是质量空速。

允许空速越高表示催化剂活性越高,装置处理能力越大。但是,空速不能无限提高。对于给定的加氢装置,进料量增加时空速增大,空速大意味着单位时间里通过催化剂的原料多,原料在催化剂上的停留时间短,反应深度浅。相反,空速小意味着反应时间长,降低空速对于提高反应的转化率是有利的。但是,过低的空速会使反应时间过长,由于裂化反应显著而降低液体产物的收率,氢耗也会随之增大,同时对于大小一定的反应器,降低空速意味着降低其处理能力。所以,工业上加氢过程空速的选择要根据装置的投资、催化剂的活性、原料性质、产品要求等各方面综合确定。

研究表明,轻重不同的馏分和不同类型的化合物的加氢反应速率相差很大。从化合物类型来看,含硫化合物比含氮化合物的加氢反应要容易得多。即使相同类型的化合物,汽油中的含氮化合物的加氢反应要比煤油柴油馏分中的容易得多。

对于较轻的原料一般采用较高的空速，如在3.0MPa下，空速也可以达到2.0～4.0h^{-1}；对于柴油馏分，压力为4.0～5.0MPa，一般空速较小一些，为1.0～2.0h^{-1}；重质原料空速一般只能控制在1.0h^{-1}以下。对于含氮量较高的原料油则需要更低的空速。

加氢裂化常用的空速为0.5～2.0h^{-1}，对于含稠环芳烃较多的原料，需要较低的空速，以有利于芳香环系的加氢饱和。使用活性较高的催化剂在较高的空速下也能达到同样的效果。

（四）氢油比

加氢过程中的氢油比是指进入到反应器中标准状态下的氢气与冷态进料（20℃）的体积之比。习惯上也可把气油比——进入反应器的气体量与原料油量的比值看作氢油比。

进入反应器的气体由新氢和循环氢构成，为保证反应器内催化剂床层出口有较高的氢分压，设计的循环氢流量通常比新氢流量高3倍以上。

提高氢油比反应器内氢分压上升，参与反应的氢分子数增加，有利于提高反应深度，有助于抑制加氢缩合反应，使催化剂表面积炭率降低，维持催化剂的活性，延长了催化剂的使用周期。但是，氢油比增大，意味着反应物分压降低和反应物与催化剂的实际接触时间缩短，这又是对加氢反应是不利的。同时又会使得循环氢压缩机和气液分离系统的负荷增大，能量消耗增多，动力消耗增大，操作费用增加，因此，必须根据原料的性质、产品的要求，综合考虑各种技术和经济因素来选择合适的氢油比。

汽油馏分的氢油比为100～500m^3/m^3；柴油馏分的氢油比为300～700m^3/m^3；减压馏分的氢油比为600～1000m^3/m^3。加氢精制由于反应热效应不大，可以采用较低的氢油比。在加氢裂化过程中，由于反应热效应较大，氢耗也较高，低分子烃类的生成量也较大，所以为了保证足够的氢分压，采用较高的氢油比，一般为1000～2000m^3/m^3。

二、加氢装置开工操作要点

（一）开工准备工作

开工前的准备主要包括装置检查，系统贯通吹扫、冲洗，原料和分馏系统试压，原料油、低压系统水冲洗及水联运，加热炉烘炉，反应系统干燥，反应系统氮气置换及气密和分馏系统油联运等过程。

1.装置检查

装置检查的内容主要包括施工安装是否符合设计要求，是否有施工遗漏现象和缺陷，施工记录、图纸、资料是否齐全等。在对装置进行检查过程中，主要对工艺管线、仪表计算机系统和动静态工艺设备（加热炉、机泵、冷换热器和容器等）进行大检查。检查的最终目的是确定是否具备向装置内引水、电、汽、风、燃料等条件，是否具备开始装置全面吹扫、冲洗及单机试运的条件。除此以外还要进行安全设施大检查、对相关人员资质及培训情况进行审核。

开工条件确认：

（1）关闭所有管线、设备和机泵上的放空阀。

（2）打开在用安全阀的前后截止阀，并在阀门手轮上打好铅封，关闭备用安全阀的前后截止阀。

（3）联系生产管理部门及相关单位将水、电、汽、风、氮气等引进装置，并要求供排水、电气、油品等单位确保水、电、汽、风的正常供给,联系化验、仪表、电气、钳工等单位配合开工。

(4)准备好气密用的肥皂水、气密桶、氢气检测仪、洗耳球、粉笔(或记号笔)等工具。

(5)工艺流程经三级检查并确认无误。

(6)原料油取得合格的分析数据,具备送油条件,并准备好化工原材料(硫化剂、脱硫剂、阻垢剂、消泡剂、缓蚀剂等)。

(7)新氢压缩机、循环氢压缩机、高压进料泵、高压贫液泵、高速离心注水泵、鼓风机、引风机、各低压机泵、风机等进行单机试车。

2. 系统贯通吹扫、冲洗

装置检查结束后,要对装置工艺管线和流程进行全面、彻底的吹扫贯通。吹扫的目的是清除残留在管道内的泥沙、焊渣、铁锈等脏物,防止卡坏阀门、堵塞管线设备和损坏机泵。通过吹扫工作,可以进一步检查管道工程质量,保证管线设备畅通,贯通流程,并促使操作人员进一步熟悉工艺流程,为开工做好准备。在对装置进行吹扫时,应注意事项:

(1)引吹扫介质时,压力不能超过设计压力。

(2)净化风线、非净化风线、氮气线、循环水线、新鲜水线、蒸汽线等采用本身介质进行吹扫。临氢系统要分段拆开法兰引氮气吹扫。

(3)冷换设备及泵不参加吹扫,有副线的走副线,没有副线的要拆入口法兰。

(4)顺流程走向吹扫,先扫主线,再扫支线及相关联的管线,尽可能分段吹扫。

(5)蒸汽吹扫时必须坚持先排凝后引汽,引汽要缓慢,防止水击;蒸汽引入设备时,顶部要放空,底部要排凝,设备吹扫干净后,自上而下逐条吹扫各连接工艺管线。

(6)吹扫要反复进行,直至管线清净为止,吹扫干净后,应彻底排空,管线内不应存水。

3. 原料和分馏系统试压

在吹扫工作完成、确保系统干净的基础上,可以对装置的原料和分馏系统进行试压。试压的目的是检查并确认静设备及所有工艺管线的密封性能是否符合规范要求;发现工程质量检查中焊接质量、安装质量及使用材质等方面的漏项;进一步了解、熟悉并掌握各岗位主要管道的试压等级、试压标准、试压方法、试压要求、试压流程。

试压过程应注意事项如下:

(1)试压前,应确认各焊口的X光片的焊接质量合格。

(2)试压介质为1.0MPa蒸汽和氮气,其中原料油系统用氮气试压,分馏系统绝大部分的设备和管线可以用蒸汽试压。

(3)需氮气试压的系统在各吹扫蒸汽线上加盲板隔离,需用蒸汽试压的系统在各氮气吹扫线上加盲板隔离。

(4)设备和管道的试压不能串在一起进行。

(5)冷换设备一程试压,另一程必须打开放空。

(6)试压时,各设备上的安全阀应全部投用。

4. 原料油、低压系统水冲洗及水联运

水冲洗是用水冲洗管线及设备内残留的铁锈、焊渣、污垢、杂物,使管线、阀门、孔板、机泵等设备保持干净、畅通,为水联运创造条件。

水联运是以水代油进行岗位操作训练,同时对管线、机泵、设备、塔、容器、冷换设备、阀门及仪表进行负荷试运,考验其安装质量、运转性能是否符合规定和适合生产要求。

水冲洗过程的注意事项如下:

(1)临氢系统、富气系统的管线、设备不参加水联运水冲洗,做好隔离工作。

(2)水冲洗前应将采样点、仪表引线上的阀、液面计、连通阀等易堵塞的阀门关闭,待设备和管线冲洗干净后,再打开上述阀门进行冲洗。

(3)系统中的所有阀门在冲洗前应全部关闭,随用随开,防止跑串。在水冲洗时,先管线后设备,各容器、塔、冷换设备、机泵等设备入口法兰要拆开,并做好遮挡,以免杂物进入设备,在水质干净后方可上好法兰。

(4)对管线进行冲洗时,先冲洗主线,后冲洗支线,较长的管线要分段冲洗。

(5)在向塔、器内装水时,要打开底部排凝阀和顶部放空阀,防止塔和容器超压。待水清后再关闭排凝阀。然后从设备顶部开始,自上而下逐步冲洗相连的管线,在排空塔、器的水时,要打开顶部放空阀,防止塔器抽空。

原料油、分馏系统水冲洗结束后,在有条件及时间的情况下,可以开展水联运操作,以水代油进行操作训练,同时检查仪表、阀门的开关情况以及控制回路的动作等。

水联运的目的是进一步清除留在设备、管线内的铁锈、焊渣和泥沙等杂质,防止堵塞管道,卡坏阀门、孔板、机泵等设备,确保设备、管线畅通无阻;投用各测量控制位表,考验各仪表、控制阀的冷态使用性能;进行技术练兵和事故演习,使操作人员进一步熟悉流程;考察机泵运行性能。

水联运的注意事项:

(1)设备装水时要打开顶部放空,底部排凝脱除污物,水清后关底部排凝阀,将水装至合适液位。

(2)水运前泵入口加临时过滤网,操作时注意电动机不超电流。

(3)开始水联运时,应先走流量表或控制阀副线,正常后再走流量表或控制阀。水联运期间发现过滤网堵塞,应及时拆下冲洗或停水处理,防止机泵抽空。

(4)水联运过程中每隔数小时间断冲洗各旁路及连通线阀门、死角、采样口、放空点、调节阀两端管线,并注意打开各塔、容器、管线的低点放空,排除污物。

(5)水联运中要有计划进行技术练兵和反事故演练,使操作人员进一步熟悉流程。

(6)水联运要经常切换机泵仪表阀门,使操作人员熟练掌握机泵的切换方法及控制和仪表的使用方法。

(7)水联运阶段按规定对机泵进行各项测试,并做好记录。

(8)水联运中如发现压力、液位下降过快,应检查流程是否正确或设备管线是否泄漏并及时处理。

(9)水联运结束后检查下水道是否畅通,打开工艺管线、设备的低点放净存水,然后关上阀门,盲板复位。

5. 加热炉烘炉

加热炉及烟气余热回收系统内部都砌有耐火砖及耐火材料,新建或修补的上述设备在施工过程均含有大量水分,烘炉的目的就是要通过对这些耐火材料缓慢的加热升温,逐步脱除其中的自然水、结晶水,以免在开工过程中由于炉温上升太快,水分大量汽化膨胀造成炉体胀裂、鼓泡和变形,甚至炉墙倒塌。通过烘炉,可以使耐火胶泥得到充分的烧结,增强材料强度和延长使用寿命。通过烘炉,可考验炉体各部分零部件及炉管在热态下的性能及“三门一板”(风门、油门、气门及烟道挡板)、火嘴、阀门等是否灵活好用;进一步考验加热炉仪表的性能;并考验燃料气系统是否符合生产要求。通过烘炉,还可使操作人员掌握加热炉、空气预热系统的性能和操作。

烘炉操作分为暖炉和烘炉两个阶段。暖炉是指在炉子点火升温前先用蒸汽通入炉管,对炉管和炉膛进行低温烘烤。暖炉时间约需 1 ~2 天。

烘炉时,严格按照加热炉材质供应商提供的烘炉曲线或设计要求升温烘炉,通常加热炉升温烘炉阶段的升温速度控制在 <15℃/h,并进行火嘴的切换等操作,使炉膛各处受热情况均匀。烘炉时,将蒸汽出炉温度控制在碳钢管不大于 350℃,不锈钢管不大于 480℃。

6. 反应系统干燥

反应系统经过水压试验和水冲洗后,虽然从各低点进行了排水处理,并用空气进行吹扫,但管线和设备中不可避免地会存有少量的水。因此,反应加热炉的烘炉和反应系统的干燥可以结合在一起进行。此时,烘炉用的介质采用干燥的氮气。氮气从原料油泵出口引入系统。干燥的工艺流程安排在装置的高压系统,从高分处切水。氮气引入系统后,通过原料油/生成油换热器—加热炉—反应器—生成油/原料油换热器—空冷—高分—循环氢压缩机—(原料油/生成油换热器)—加热炉而形成氮气循环。烘炉和反应系统干燥同时进行的过程中,系统压力控制在 2.5 ~5.0MPa,高分温度不大于 45℃,最终炉出口温度 250 ~320℃,结束干燥的标准为高分排水量小于 0.05kg/h。

7. 反应系统氮气置换及气密

加氢装置操作在高温高压临氢状态,微量氢气和油气的泄漏,将可能造成重大的安全事故。因此在装置接触氢气前,应先用氮气进行置换和气密。通过氮气介质的气密,检查设备和管线各焊口、法兰、阀门的泄漏情况;并使操作人员进一步熟悉装置的工艺流程、设备、管线、仪表控制系统及各设备管线的操作压力。

8. 分馏系统油联运

油联运的目的是对原料、分馏系统进行脱水,并借助于柴油渗透力强的特点,及时发现漏点进行处理。建立稳定的油循环,能在反应系统达到开工条件时迅速进油,缩短开工时间。热油运时进一步校核各设备、仪表的使用性能。

1) 分馏系统引油建立冷油循环

拆除界区原料来线、不合格产品线盲板,投用原料罐氮封,联系生产管理部门、罐区送直馏柴油原料,先建立界区外原料返回。

关原料油进原料缓冲罐手阀,引原料油进装置,经低分出口开工循环线向脱硫化氢塔进油。投用脱硫化氢塔顶回流罐压控,补氮气控制压力,在脱硫化氢塔液面正常后,开启塔底泵或自压,经塔底液控减油去分馏塔。投用分馏塔顶回流罐压控,补氮气控制压力,分馏塔液面正常后,启重沸炉循环泵,建立重沸炉油循环。开启塔底泵,经塔底液控外甩污油进行置换后,改到分馏短循环线返回脱硫化氢塔,关不合格柴油出装置阀,循环过程中及时补油,分析油中水合格后,建立分馏系统闭路循环。

分馏各塔罐液位正常后,通知罐区停收柴油。

2)分馏系统热油循环的操作

在分馏系统冷油循环正常后,进行系统热油运,其目的检验分馏系统是否能达到正常操作温度的要求,并对分馏系统进行恒温脱水,对高温设备进行恒温热紧。

冷油循环正常后,准备进行油运,分馏加热炉或分馏塔重沸炉点火升温前,先要往1.0MPa过热蒸汽管线通1.0MPa系统蒸汽,然后高点放空,精制柴油蒸汽发生器给上除氧水,启用各有关冷却设备。按加热炉点火规范点火升温,升温速度控制在15~20℃/h。

分馏塔底或重沸炉(再沸器)出口温度达到150℃恒温12h,进行恒温循环脱水,并进行150℃恒温热紧。分馏塔底油采样分析,无明显含水时方可继续升温,升温速度控制在20~25℃/h。

分馏塔塔底或重沸炉(再沸器)出口温度达到250℃,进行250℃恒温热紧,热紧结束后系统继续升温至操作温度或250℃恒温等待反应系统进油提温。

在热油循环中,注意各塔液面的平衡,液面下降可收油补入。

(二)催化剂装填

1.催化剂装填质量要求

加氢催化剂的装填质量在发挥催化剂性能、提高装置处理量、确保生成油质量合格、保证安全平稳操作、延长装置操作周期等方面具有重要的作用。催化剂装填质量主要是指反应器内床层径向的均匀性和轴向的紧密性和级配性。反应器内径向装填的均匀性不好,将会造成反应物料在催化剂床层内“沟流”“贴壁”等走“短路”现象的发生,也会导致部分床层的塌陷。大部分加氢处理工艺的反应器为滴流床反应器,而加氢操作通常又采用较大的氢油比,反应器中气相物料的流速远大于液相物料的流速,这种气液物料流速上的差别易导致相的分离。一旦催化剂床层径向疏密不均,也就是说床层内存在不同阻力的通道时,以循环氢为主体的气相物流更倾向于占据阻力小、易于通过的通道,而以原料油为主体的液相物流则被迫流经装填更加紧密的催化剂床层,从而造成气液相分离,使气液相间的传质速率降低,反应效果变差。另外,由于在此状态下循环氢带热效果差,易造成床层高温“热点”的出现。“热点”一旦出现将会造成“热点”区的催化剂结焦速度加快,使得该区域的床层压力降增大,又反过来使得流经该“热点”床层区的气相物流流量更少,反应热量不能及时带走,使得该点温度更高,形成恶性循环。这样一来,一方面影响装置的操作安全,另一方面由于高温点的存在而缩短装置的操作周期。

反应器内轴向催化剂装填的紧密性会影响到催化剂的装填量,在反应器体积一定的情况下,催化剂的装填量与装置处理量有关,并影响到产品的质量和催化剂的寿命。轴向的级配性是指不同催化剂种类之间,或者催化剂与瓷球之间的粒度的级配关系。在反应器入口部分,级配性的好坏直接影响到床层压降上升的速度,而在催化剂床层底部,级配性的好坏将决定催化剂床层是否会发生迁移。改善级配性的有效措施是采用形成床层孔隙率逐步变化的分级装填法。

所谓分级装填法是指采用一种或数种不同尺寸大小、不同形状、不同孔容、不同活性的高孔隙率活性或惰性瓷球、保护剂系列装填于主催化剂床层上部,使床层从上到下颗粒逐渐变小、床层孔隙率逐步减低的分级过渡装填方法。工业应用实践表明,顶部床层采用分级装填法可以有效地延缓压降的上升,同时也可以改善流体在反应器内的径向分布效果。分级装填技术的应用效果与分级床层数、各床层高度、各床层装填颗粒物形状、床层颗粒物大小及级配、颗粒物对脱除杂质的活性等因素有关。

对于床层底部，采用分级装填技术可有效地防止发生催化剂颗粒迁移，避免催化剂颗粒堵塞反应器出口收集器甚至后续的换热设备及管线，增大系统压力降，并同时消除由此引起的反应器内催化剂床层塌陷的可能。

一般情况下，要严格按照催化剂专利供应商提供的装填方案进行。

2. 催化剂装填技术

催化剂的装填分普通装填和密相装填两种。其中，普通装填因其多采用很长的帆布袋作为催化剂从反应器顶部向床层料位的输送管子而被称为布袋装填法。实际上，普通装填法中也有较多的厂家不用帆布袋而改用金属舌片管来输送催化剂。普通装填方法适用于目前各种外形的催化剂：球形、圆柱形、条形、环形、异形等。由于普通装填方法简单易行，目前被国内许多炼油企业所采用。

为了防止生产过程中高温流体对催化剂的冲击及催化剂粉末堵塞，在催化剂床层的上部和下部都装填瓷球。为了防止生产过程中带入的铁锈使催化剂中毒失活，一般在反应器顶部装入大颗粒的脱铁剂，作为主催化剂的保护剂。

典型加氢催化剂、瓷球装填示意图如图 7－23 所示。

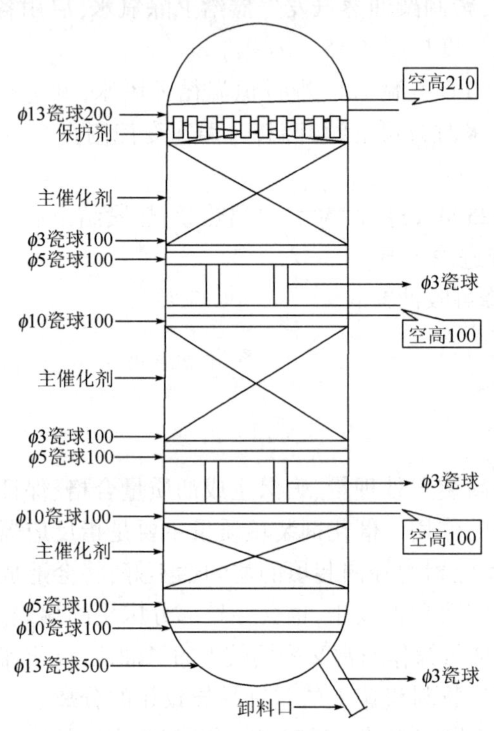

图 7－23　典型加氢催化剂、瓷球装填示意图

1）催化剂普通装填法

下面以三床层加氢反应器为例简要说明催化剂的普通装填。

（1）装填时，必须有专人记录、专人负责，严格按装填方案在反应器的相应位置装填相应的催化剂或瓷球，以防错装、少装、多装。

（2）催化剂装填须选择晴天进行，催化剂在装填的过程中应避免受潮，当催化剂装填工作由于下雨必须中止时，反应器头盖必须用雨布盖上，反应器内通上净化风，使反应器内呈微正压状态，防止湿空气进入催化剂床层。

（3）装剂人员佩戴呼吸设备、通信工具（对讲机）、手套、劳保鞋、专用连体服及腰部绑安全绳，进入反应器检查反应器内部帆布管上配置的滑阀和滑阀下面连接的帆布管离装料面的高度和帆布管的松紧度，检查内部划线分层的清晰度和准确度。

（4）装剂人员将反应器顶部装填料斗底部叉板后的金属装料管逐节连接紧固（若采用帆布软管则一定要绑结实，且帆布软管要足够长，随着料面的上升，可用剪刀剪去多余的部分），最后金属管下面装长约 1.5m 的帆布管，根据催化剂料面上升的情况，金属短管可逐节御下，以保持适当的催化剂下落高度，帆布筒必须充满，防止催化剂从高处落下而发生破碎。

先在紧挨着反应器底部卸料口的地方填充一层石棉布，并用小颗粒惰性瓷球（一般用 φ3 瓷球）装满反应器卸料管。

(5)将瓷球装入地面的送料斗中,用吊车或电动葫芦将送料斗提升至反应器顶部的装填料斗上方。

注意:瓷球、催化剂装料斗前,应由有关人员检查瓷球、催化剂的大小、颜色和破碎情况,符合要求再装填,并采样留存。散落在地面或被污染的瓷球、催化剂,不得装入反应器内。

(6)缓慢打开送料斗底部插板将瓷球卸入反应器顶部装填料斗。卸完瓷球后,用吊车或电动葫芦送至地面后,再重复进行下一个过程。

(7)打开反应器入口装填料斗底部叉板,将料斗内瓷球卸入装料管内,反应器内的装剂人员抓紧帆布软管的下端,使软管内充满瓷球,然后均匀装填在反应器的底部。按照装填方案,由大到小依次将反应器底部各种规格的瓷球装完。每装完一种规格的瓷球均要耙平,并记录反应器内的实际装填位置。

(8)在装完底部瓷球后,根据装填图要求,按上述步骤装入底部床层的催化剂。装剂人员应避免直接站在催化剂料面上,应站在一块木板上,尽量减少催化剂的受压粉碎。帆布软管内流出的催化剂要环绕反应器的整个横截面均匀布撒,不能简单地将催化剂倾倒在料面的中部。此外,还应特别注意热电偶套管和反应器壁周围催化剂的分布,以保证良好的装填,防止开工后在该处产生沟流。装填过程中应保证催化剂的床层高度均匀上升,床层中催化剂高度每上升1m应将催化剂耙平1次。当催化剂的水平面距帆布软管的底部距离小于40mm时,剪短帆布软管,继续进行催化剂装填,此时要注意清除反应器内全部帆布碎屑。抽真空管应随作业人员、料面上升而上升。当催化剂料面到达升气盘约900mm处,须用木耙将催化剂推向四周,形成凹形面,以利于催化剂床层尽可能装满。典型的装填速度为4~9m^3/h,装填速度太快会造成催化剂装填密度过小,同时会产生大量静电。

(9)反应器入口设置的空气抽空器,随时将产生的催化剂粉尘抽出反应器,并形成对流,保证装剂环境良好。软管应吊在反应器中工作人员头部上方0.5~1m的地方(催化剂料面以上大约2m),防止真空软管吸到安全帽和衣服等。

(10)装填过程中,严格防止杂物及工具混入催化剂床层内,作业人员严禁踩踏热电偶套管。催化剂普通装填示意图如图7-24所示。

(11)底部床层催化剂装填完毕后、按要求规格装入床层上部瓷球。要检查确认上一床层催化剂卸料管插入下一床层催化剂床层催化剂料面以下500m,以确保开工后催化剂卸料管不会因催化剂料面下沉而脱空。

(12)用抽真空管、风管或棉团清除干净冷氢箱内的催化剂及粉尘,安装分配盘、冷氢箱、支撑隔栅,检查验收合格后方可进行上层催化剂装填。

(13)在床层之间的卸料管内装填惰性瓷球。卸料管内应装填尽可能小的情性瓷球,一方面,尽可能增加卸料管的阻力降、防止上床层物料走短路直接流到下床层;另一方面,防止物料在卸料管内反应、结焦甚至结块,卸剂时不畅通。

(14)按上述步骤继续进行中间、上部床层的装填,直至反应器顶部,按装填图要求在预定高度装入保护剂、积垢篮、顶部覆盖的瓷球。

(15)反应器的顶床层上部装有积垢篮,按规定当保护剂装至距顶部分配盘一定距离时,安装积垢篮,积垢篮按固定顺序排列,并用不锈钢丝固定,积垢篮按要求装好经有关人员检查合格后,继续装顶部瓷球。装瓷球时用木塞盖住积垢篮口,防止瓷球落入积垢篮内,瓷球装完后取出全部木塞。催化剂装填完后,应立即安装分配盘和入口油气预分配器、顶部人孔盖,将反应器与大气隔离。

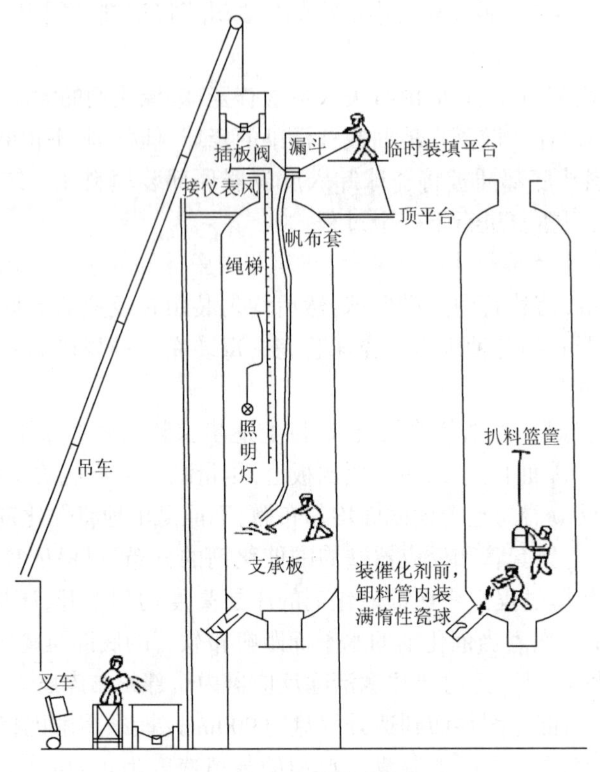

图 7－24　催化剂装填示意图

2) 催化剂密相装填法

密相装填专利技术目前由国外技术公司垄断。密相装填需要购买专门的催化剂装填设备，聘请专业人员。密相装填方法用于条状催化剂的装填才更显意义，因为采用密相装填方法，可以将条状催化剂在反应器内沿半径方向呈放射性规整地排列，从而减少催化剂颗粒间的孔隙，提高催化剂装填密度。例如，在同一体积内密相装填法比普通装填法多装填 10% ~ 25% 的催化剂。密相装填除了可以多装催化剂以外，由于装填过程催化剂颗粒在反应器横截面上规整排列，因此，其沿反应器纵向、径向的装填密度也非常均匀。由于密相装填方法的上述两个特性，它带来的好处一是反应器内可多装填催化剂，使装置总处理量增加；二是处理量相同时，密相装填的质量空速较小，可使催化剂初期运转温度降低，催化剂运转周期延长；三是催化剂床层装填均匀，紧密一致，可避免床层塌陷、沟流等现象的发生，从而避免"热点"的产生；四是催化剂床层径向温度均匀，可以提高反应的选择性。

密相装填方法采用专门的机械，连续化作业，因此，催化剂的装填速度也可以大大提高，装填速度最大可以达到 20t/h。密相装填由于催化剂堆积紧密，所以开工初期反应器压降略大于普通装填，其中，催化剂床层压降比布袋装填高 50% ~ 80%。但是，布袋装填时易出现催化剂条断裂、部分床层塌陷、温度热点等现象。随着运转时间的延长，这些因素导致床层变化和孔隙率下降速度快于密相装填，因此，其压降上升的速度快于密相装填。

三、加氢装置停工操作要点

停工是装置操作的一个重要环节，合理的停工方案对装置的安全、催化剂的保护及为下次开工的顺利进行均有相当大的影响。加氢装置的停工可分为正常停工和非正常停工两种。

(一)正常停工

正常停工一般是指催化剂再生前的停工、装置检修或其他原因的计划性停工、装置发生故障或事故但有充分的处理时间的停工。

装置正常停工操作可分为降量降温、切换进料冲洗、氢气吹扫降温等过程。正常停工可分为催化剂不需再生的停工和催化剂需要再生的停工。

1.催化剂不需再生的停工

装置停工时,为了逐渐改变系统的热平衡状态,必要进行降量运转。但减少进料量时易出现反应加热炉出口温度升高、催化剂床层等迅速结焦的现象,所以应先降低催化剂床层温度后降低进料量。在此阶段应保持氢气继续循环、保持系统压力,逐渐调低冷氢流量至完全撤掉冷氢,可以在降温和降量过程中生产一部分合格产品,不合格产品改入污油线。

当反应器入口温度降到某一温度左右时,继续保持氢气循环的状态下切换为直馏煤油或柴油继续降温。当加氢装置的原料油是减压蜡油或渣油时,温度降低后,原料油可能会凝结在管道、容器和催化剂上,切换为煤油或直馏柴油可溶解重质原料油并带出装置。在原料油为二次加工馏分油的情况下,切换为直馏轻质馏分油也可以避免低温下原料油中的结焦前驱物大量沉积在催化剂表面,否则重新开工时容易致使催化剂结焦失活。另外,切换为煤油或直馏柴油后,要保证一定的恒温运转时间,保证装置内管道、容器和反应器清洗干净。当反温度降到200℃时,可以停止进油。

装置停油后,保持氢气循环。维持一定的吹扫时间,并以尽可能大的氢气流量吹扫催化剂,吹净催化剂上的烃类残留物。继续降温到反应器入口温度为80~90℃后,加热炉可以熄火,停循环氢压缩机等,并以0.5MPa/min的降压速度将系统压力降低到0.3~0.5MPa。如果停工时间较长,为保护催化剂,需用氮气置换系统,并保持一定的氮气压力(0.5~1.5MPa)。再根据停工目的决定反应器的外部系统的停工和装置停工后的操作。

2.催化剂需再生的停工

当装置停工的目的之一是对反应器内的催化剂进行器内或器外再生时,装置的停工操作可分为降量降温、切换进料冲洗、高温热氢气提、降温停工等过程。

降温降量、切换进料冲洗的过程可以与催化剂不需再生的停工操作相同,当冲洗过程结束后,将反应系统升温至360℃或更高,用循环氢气对催化剂床层进行热氢气提,热氢气提操作6~8h后,可以缓慢降温停工,然后用氮气或惰性气体置换吹扫系统,吹扫到系统中的可燃气体($HC + H_2$)体积含量低于0.6%后进入再生阶段。

(二)非正常停工

装置的非正常停工通常是由于装置内事故或系统工程事故引起,因此也可以称为事故停工,有时是紧急停工。造成装置非正常停工的原因有许多,因此不可能给出标准而又细致的停工程序,这里是提出原则性的处理方法。

一旦发生事故,首先对人员和设备采取紧急保护措施,并尽可能按接近正常停工的操作步骤停工。若发生设备事故或操作异常被迫停工时,注意降温过程对催化剂的保护。防止进水,尽量在氢气循环下降温。尽量避免催化剂在高温下长时间与氢气接触,以防止催化剂还原。

在非正常停工过程中,应始终注意以下几点:

(1)避免催化剂处于高温状态;

(2)床层泄压速度不能太快;

(3)当氢分压特别低时,尽量吹尽催化剂上残留的烃类;

(4)无论在何情况下,停工后保持床层中有一定压力的氮气。

思考题及习题

一、填空题

1. 催化加氢技术包括(　　)和(　　)两类。

2. 加氢处理依照其所加工的原料油的不同,它包括(　　)、(　　)、(　　)、(　　)、(　　)、(　　)等。

3. 加氢裂化它包括传统意义上的(　　)(反应压力 > 14.5MPa)和(　　)(反应压力 ≤ 12.0MPa)技术。依照其所加工的原料油不同,可分为(　　)、(　　)和馏分油加氢脱蜡等。

4. 加氢处理是通过(　　)和(　　)使原料油质量符合下一个工序要求。

5. 从化学的角度来看,加氢处理过程的主要反应可分为两大类:一类是(　　),如加氢饱和、氢解;另一类是(　　),如异构化反应等。

6. 各种有机含硫化合物在加氢脱硫反应中的反应活性,因分子结构和分子大小不同而异。按以下顺序递增:噻吩(　　)四氢噻吩(　　)硫醚(　　)二硫化物(　　)硫醇。

7. 烯烃加氢饱和反应是(　　),且热效应(　　)。因此对不饱和烃含量高的油品进行加氢时,要注意控制(　　),避免反应器(　　)。

8. 稠环芳烃加氢有两个特点:一是每个环加氢脱氢都处于(　　);二是稠环芳烃的加氢是(　　)进行的,并且加氢难度(　　)。

9. 加氢裂化过程采用(　　),其中的酸性功能由催化剂的担体硅铝或分子筛提供。

10. 烷烃加氢裂化包括原料分子C—C键断裂的(　　)以及生成的不饱和烃分子碎片的(　　)。

11. 环烷烃在加氢裂化催化剂上的反应主要是(　　)、(　　)和(　　)。

12. 反应温度与转化率呈线性关系,当反应温度(　　),转化率(　　)时,亦必然会对(　　)和(　　)产生影响。

13. 加氢过程空速的选择要根据(　　)、(　　)、(　　)、产品要求等各方面综合考虑。

14. 氢油比对加氢过程的影响主要有三个方面:一是(　　);二是(　　);三是(　　)。

15. 柴油加氢精制装置由(　　)、(　　)和(　　)等三部分组成。在二次加工柴油加氢精制装置中,大多数还设有原料脱氧和生成油注水系统。

16. 目前工业上大量应用的加氢裂化工艺主要有:(　　)、(　　)、(　　)三种类型。

17. 单段加氢裂化可以用三种方案操作:(　　)、(　　)、(　　)。

18. 催化剂床层的数目决定于产生的热量、(　　)和(　　)。

19. 高温氢腐蚀是一个金属脱碳过程,它有两种形式:(　　)和(　　)。

20. 在加氢过程中新氢主要消耗在以下四个方面:(　　)、(　　)、(　　)、(　　)。

21. 加氢处理除去杂质的主要反应有(　　)、(　　)、(　　)、(　　)。

22. 影响催化加氢过程的主要因素有(　　)、(　　)、(　　)、(　　)。

23. 加氢裂化反应部分设备腐蚀的主要类型有(　　)和(　　)以及连多硫酸腐蚀。

二、判断题

1. 润滑油加氢是使润滑油的组分发生加氢精制和加氢裂化反应,使一些非理想组分结构发生变化,以达到脱除杂原子、使部分芳烃饱和并改善润滑油的使用性能的目的。(　　)

2. 加氢处理多用于渣油和脱沥青油。(　　)

3. 在实际的加氢过程中,对大多数含硫化合物来说,决定脱硫率高低的因素是化学平衡而不是反应速率。(　　)

4. 在加氢精制过程中,各种类型硫化物的氢解反应都是放热反应。(　　)

5. 石油馏分中各类含硫化合物的C—S键的键能比C—C或C—N键的键能要小,因此,在加氢过程中,含硫化合物中的C—S键先行断开而生成相应的烃类和H_2S。(　　)

6. 馏分越重,加氢脱氮越容易。(　　)

7. 含有两个氮原子的六元杂环氮化物一般比只含一个氮原子的六元杂环氮化物更容易加氢脱氮。(　　)

8. 芳烃加氢反应的化学平衡常数随温度的升高而增大。(　　)

9. 要使芳烃深度转化,必须在较高压力下进行。压力提高,在较低温度下,平衡右移,有利于提高加氢产物的平衡浓度。(　　)

10. 总的来说,提高氢分压有利于加氢过程反应的进行,加快反应速度。(　　)

11. 对于给定的加氢装置,进料量增加时,空速增大,意味着单位时间里通过催化剂的原料油量多,原料油在催化剂上的停留时间短,反应深度浅;反之亦然。(　　)

12. 对于含氮量高的重质油加氢处理,考虑加氢脱氮反应深度的要求,在高压下,宜采用较高的空速。(　　)

13. 高的氢油比对减缓催化剂的失活速度、延长装置运转周期是十分有益的。(　　)

14. 加氢精制装置所用氢气多数来自催化重整的副产氢气。当重整的副产氢气不能满足需要,或者没有催化重整装置时,氢气由制氢装置提供。(　　)

15. 加氢预处理工艺用作润滑油常规加工流程的初始加工工序,其目的是脱除原料油中的杂原子化合物,改善后续溶剂精制的运行性能。(　　)

16. 加氢反应器是加氢过程的核心设备。(　　)

17. 通过化学反应改变重质原料油的碳氢比,是生产轻质油品的基本原理。(　　)

18. 改变原料油碳氢比的途径有脱碳和添氢。(　　)

19. 加氢裂化属于脱碳过程。(　　)

20. 加氢裂化反应在两种活性中心上进行。(　　)

21. 加氢裂化产品中异构物特别多,是由加氢裂化反应机理决定的。(　　)

22. 加氢裂化反应过程不遵循正碳离子反应历程。(　　)

23. 加氢裂化反应综合起来是吸热反应。(　　)

24. 加氢裂化反应主要有裂化、加氢、异构化、加氢分解和叠合等反应。(　　)

25. 加氢裂化过程中的所有化学反应,包括叠合反应,都是我们希望的反应。(　　)

26. 加氢裂化反应中的加氢分解反应,主要是脱去化合物中的S、N、O的反应。(　　)

27. 加氢裂化催化剂载体是无定形硅酸和分子筛,本身没有催化活性。(　　)

28. 选择性好的加氢裂化催化剂会更多地促进我们所希望的反应,抑制不希望的副反应。（　　）
29. 加氢裂化催化剂的再生是烧去催化剂表面上的焦炭。（　　）
30. 二段加氢裂化工艺对原料油的适应性没有一段加氢裂化工艺强。（　　）
31. 反应压力对加氢裂化的影响主要表现在氢分压和氢油比的影响。（　　）
32. 反应压力高有利于裂化反应和异构化反应。（　　）
33. 反应温度过高会使汽油、喷气燃料等液体产品产率下降。（　　）
34. 提高空速或降低反应温度可以达到相同的转化率。（　　）
35. 反应温度是控制加氢裂化反应最有效的手段。（　　）

三、问答题

1. 简述加氢精制的目的和优点。
2. 加氢技术快速增长的主要原因是什么?
3. 氢分压对加氢过程的影响是什么?
4. 为什么说氢油比的变化其实质是影响反应过程的氢分压?
5. 为什么石脑油加氢精制一般都采用两段加氢精制工艺过程?
6. 简述反应压力对柴油加氢精制深度的影响。
7. 简述单段加氢裂化工艺优缺点。
8. 与单段工艺相比,单段串联工艺的优点是什么?
9. 与单段工艺相比,两段工艺的优点是什么?
10. 与其他石油二次加工产品比较,加氢裂化产品的特点是什么?
11. 简述加氢反应器的设备要求。
12. 加氢裂化催化剂组成上有何特点?
13. 催化剂载体的作用是什么?
14. 简述助剂的作用。
15. 中压加氢裂化与高压加氢裂化的催化剂有无不同?
16. 加氢催化剂为什么需要硫化,硫化前对催化剂的操作温度有何要求?
17. 对于催化剂应要求具备哪几种稳定性?
18. 催化剂中毒分为几类?
19. 水对催化剂有何危害?
20. 导致催化剂失活的因素有哪些?
21. 催化剂注氨钝化的目的何在,对催化剂有何影响?

第八章　催化重整

知识目标

(1)了解催化重整生产过程的作用、地位;
(2)熟悉催化重整对原料的要求、预处理的目的和方法;
(3)熟悉催化重整过程所发生的反应类型和特点;
(4)熟悉催化重整催化剂的组成、物理性质和使用性能;
(5)掌握催化重整反应(再生)系统工艺流程、芳烃抽提工艺流程、芳烃精馏工艺流程;
(6)熟悉催化重整反应器的结构、加热炉的特点;
(7)理解催化重整操作的影响因素。

能力目标

(1)能对影响催化重整生产过程的因素进行分析和判断;
(2)通过仿真实训能够对催化重整装置进行开停车操作;
(3)通过仿真实训能够对催化重整装置常见事故进行判断和处理。

第一节　催化重整概述

一、催化重整的目的和产品

所谓催化重整,是指在一定温度、压力、临氢和催化剂存在的条件下,使石脑油(主要是直馏汽油)中的烃类分子重新排列,转变成富含芳烃(苯、甲苯、二甲苯,简称 BTX)和异构烷烃的重整汽油并副产氢气的过程。

采用铂催化剂的叫铂重整,采用铂铼催化剂或多金属催化剂的叫铂铼重整或多金属重整。在各类烃中,如果碳原子数相同,正构烷烃的辛烷值比异构烷烃的低很多,环烷烃的辛烷值又比芳烃的低。直馏汽油中主要成分是正构烷烃和环烷烃,辛烷值低不能直接出厂,需要采用催化重整工艺进行二次加工。催化重整的生产目的一是生产高辛烷值的汽油组分,在发达国家的车用汽油组分中,催化重整汽油约占 30%;二是生产一级基本化工原料 BTX,全世界近 70% 的 BTX 来自催化重整工艺;氢气是炼厂加氢过程的重要原料,重整副产氢气是廉价的氢气来源。

二、催化重整在炼油工业中的作用和地位

由于环保和节能要求,世界范围内对汽油总的要求趋势是高辛烷值和清洁化。在发达国

家的车用汽油组分中，催化重整汽油约占近30%。我国已在2000年实现了汽油无铅化，从2018年1月1日起全国开始执行“国五”标准。硫含量是车用汽油中最关键的环保指标，为进一步提高汽车尾气净化系统的能力，减少汽车污染物排放，“国五”标准将硫含量指标限值由第四阶段的50mg/kg降为10mg/kg，降低了80%；将锰含量指标限值由第四阶段的8mg/L降低为2mg/L，并禁止人为加入含锰添加剂；烯烃含量由第四阶段的28%降低到24%，降低烯烃含量是为了进一步降低汽油蒸发排放造成的光化学污染，减少汽车发动机进气系统沉积物。而目前我国汽油以催化裂化汽油组分为主，催化裂化汽油占比达到70%以上，催化裂化汽油烯烃和硫含量较高。降低烯烃和硫含量并保持较高的辛烷值是我国炼油厂生产清洁汽油所面临的主要问题，在解决这个矛盾中催化重整将发挥重要作用。

2010年末全球共有炼油厂662座，有催化重整装置的炼油厂有468座；世界原油总加工能力4411Mt/a，催化重整加工能力为495Mt/a，世界催化重整加工能力占原油加工能力的平均比例为11.22%。到2010年底，我国催化重整加工能力达到42.29Mt/a，占原油加工能力510Mt/a的比例为8.3%，我国催化重整能力占原油加工能力的比例低于世界平均水平。

三、催化重整的发展简史

催化重整工艺技术的发展与重整催化剂的发展紧密相连。从重整催化剂的发展过程来看，大体上经历了三个阶段：

第一阶段是从1940年到1949年。1940年美国建成了第一套用氧化钼/氧化铝作催化剂的催化重整装置，以后又有用氧化铬/氧化铝作催化剂的工业装置。这些过程也称铬重整（或钼重整）或临氢重整，所得汽油的辛烷值可达80左右，安定性较好，汽油收率较高，所以在第二次世界大战期间得到很大发展。但钼（或铬）催化剂活性不高，且易结焦失活，因此反应期短、处理量小、操作费用大，所以第二次世界大战以后就停止了发展。

第二阶段是从1949年到1967年。1949年美国环球油品公司开发了铂催化剂，使催化重整得到了迅速发展。铂催化剂具有比氧化钼催化剂更高的活性，可以在比较缓和的条件下进行反应，得到辛烷值较高的汽油。使用固定床反应器时，可连续生产1年以上不需要再生，所得汽油收率约90%左右，辛烷值达90以上，安定性也好。在铂重整生成油中含芳烃30%～70%，所以也是生产芳烃的重要来源。

第三阶段是从1967年到现在。1967年开始出现铂铼双金属重整催化剂，以后又出现了多金属催化剂。铂铼催化剂的突出优点是容炭能力强，有较高的稳定性，可以在较高的温度和较低的氢分压下操作而保持良好的活性，从而促进了催化重整工艺的不断提高。为此连续重整工艺正在逐渐取代半再生式、循环再生式工艺。

目前催化重整与催化裂化、催化加氢一起已成为炼油过程中三个最重要的催化加工过程。

四、催化重整工艺流程概述

以生产芳烃为目的的催化重整装置由四部分组成：原料预处理部分、催化重整反应部分、溶剂抽提部分、芳烃精馏部分。如不生产芳烃，则只需原料预处理及催化重整反应两部分。图8-1是以生产高辛烷值汽油为目的产品的铂铼重整工艺原理流程。

（一）原料预处理部分

原料的预处理包括原料的预分馏、预加氢、预脱砷三部分，其目的是得到馏分范围、杂质含

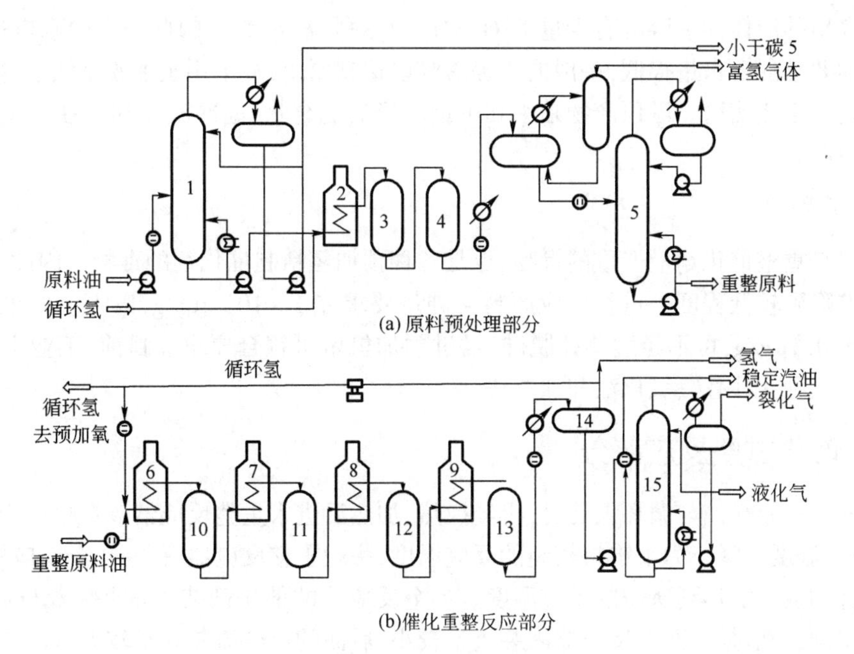

图8-1 铂铼重整工艺原理流程

1—预分馏塔;2—预加氢加热炉;3、4—预加氢反应器;5—脱水塔;6、7、8、9—加热炉;
10、11、12、13—重整反应器;14—高压分离器;15—稳定塔

量都合乎要求的重整原料。为了保护价格昂贵的重整催化剂,对原料中的杂质含量有严格的限制。

1. 预分馏

催化重整的原料主要是直馏汽油馏分,生产中也称石脑油。二次加工所得的汽油馏分如加氢裂化重石脑油、焦化汽油、催化裂化石脑油、乙烯裂解抽余油等馏分经加氢精制脱除烯烃及硫、氮等非烃化合物后也可掺入直馏汽油馏分作为重整原料。

在生产高辛烷值汽油时,一般用80~180℃馏分,馏分的终馏点过高会使催化剂上结焦过多,导致催化剂失活快及运转周期缩短。沸点低于80℃的 C_6 环烷烃的调合辛烷值已高于重整反应产物苯的调合辛烷值,因此没有必要再去进行重整反应。当以生产BTX为主时,则易用60~145℃馏分作原料;若同时生产航煤的炼厂,常用60~130℃馏分作原料,因为130~145℃馏分是在航空煤油的馏程范围内。在预分馏塔,切去小于80℃或小于60℃的轻馏分,同时也脱去原料油中的部分水分。

2. 预加氢

预加氢的作用是脱除原料油中对催化剂有害的杂质,同时也使烯烃饱和以减少催化剂的积炭。预加氢催化剂一般采用钼酸钴、钼酸镍催化剂,也有用复合的W—Ni—Co催化剂。典型的预加氢反应条件为:压力2.0~2.5MPa;氢油体积比(标准状态)100~200;空速4~10h^{-1};氢分压约1.6MPa。若原料的含氮量较高,则需提高反应压力。当原料油的含砷量较高时,则需按催化剂的容砷能力和要求使用的时间来计算催化剂的装入量,并适当降低空速。也可以采用在预分馏之前预先进行吸附法或化学氧化法脱砷。

预加氢反应生成物经换热、冷却后进入高压分离器。分离出的富氢气体可用于加氢精制装置。分离出的液体油中溶解有少量H_2O、NH_3、H_2S等需要除去,因此进入脱水塔进行脱水。重整原料油要求的含水量很低,一般的汽提塔难以达到要求,故采用蒸馏脱水法。这里的脱水塔实质上是一个蒸馏塔。塔顶产物是水和少量轻烃的混合物,经冷凝冷却后在分离器中油水分层,再分别引出。

3. 预脱砷

砷不仅是重整催化剂最严重的毒物,也是各种预加氢精制催化剂的毒物。因此,必须在预加氢前把砷降到较低程度。重整反应原料含砷量要求在$1\times10^{-3}\mu g/g$,以下。如果原料油的含砷量小于$0.1\mu g/g$,可不经过单独脱砷,经过预加氢就可符合要求。目前,工业上使用的预脱砷方法有三种:吸附法、氧化法和加氢法。

(二)催化重整反应部分

经预处理的原料油与循环氢混合,再经换热、加热后进入重整反应器。重整反应是强吸热反应,反应时温度下降。为了维持较高的反应温度,一般重整反应器有3~4个反应器串联,反应器之间有加热炉加热到所需的反应温度。各个反应器的催化剂装入量并不相同,其间有一个合适的比例,一般是前面的反应器内装入量较小,后面的反应器装入量较大。反应器入口温度一般为480~520℃,第一个反应器的入口温度低些,后面的反应器的入口温度较高些。在使用新鲜催化剂时,反应器入口温度较低,随着生产周期的延长,催化剂活性逐渐下降,入口温度也相应逐渐提高。对铂铼重整,其他的反应条件为:空速$1.5\sim2h^{-1}$;氢油体积比约1200;压力1.5~2MPa。对连续再生重整装置的重整反应器,反应压力和氢油比都有所降低,其压力为0.35~1.5MPa;氢油分子比为3~5,甚至降到1。

由最后一个反应器出来的反应产物经换热、冷却后进入高压分离器,分出的气体含氢气85%~95%(体积分数),经循环氢压缩机升压后大部分作循环氢使用,少部分去预处理部分。分离出的重整生成油进入稳定塔,塔顶分出液态烃,塔底产品为满足蒸气压要求的稳定汽油。

第二节 催化重整的化学反应

催化重整的目的是提高汽油的辛烷值和制取芳烃。为了达到这个目的,就必须了解在重整过程中发生哪些反应,其中哪些反应是有利的,哪些反应是不利的,以便在操作过程中优化操作参数,促进有利的反应并抑制不利的反应发生,从而得到更多的目的产品。

催化重整过程主要有以下几种化学反应:

一、芳构化反应

(一)六元环烷烃脱氢反应

原料油中的六元环烷烃脱氢反应生成芳烃,其中包括环己烷脱氢生成苯、甲基环己烷脱氢生成甲苯、二甲基环己烷脱氢生成二甲苯。由于存在异构化反应,烷基取代六元环烷烃脱氢产物会有异构体生成。

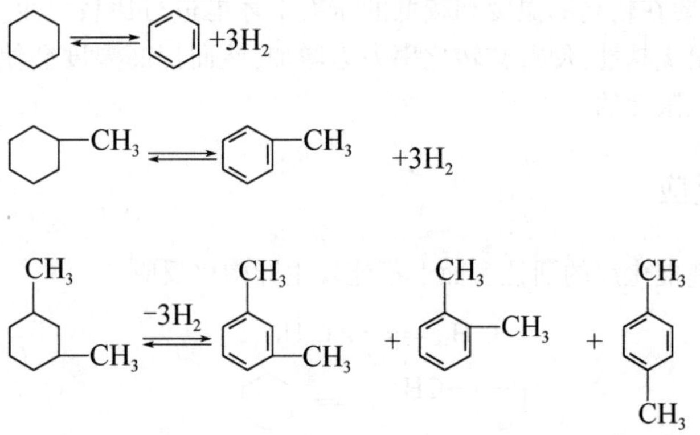

$$\rightleftharpoons +3H_2$$

$$-CH_3 \rightleftharpoons -CH_3 \quad +3H_2$$

$$CH_3,\ CH_3 \xrightleftharpoons{-3H_2} CH_3,\ CH_3 + CH_3,\ CH_3 + CH_3,\ CH_3$$

反应特点:反应强烈吸热,一般为 2.1～2.4MJ/kg,反应速度最快,体积增大,是生成芳烃及提高重整汽油辛烷值的主要反应,也是产生氢气的重要来源。此反应大部分在第一反应器内进行,故一反温降最大。

(二)五元环烷烃异构化脱氢反应

五元环烷烃异构化脱氢反应首先是烃的异构化,生成六元环烷烃,再脱氢生成芳烃。

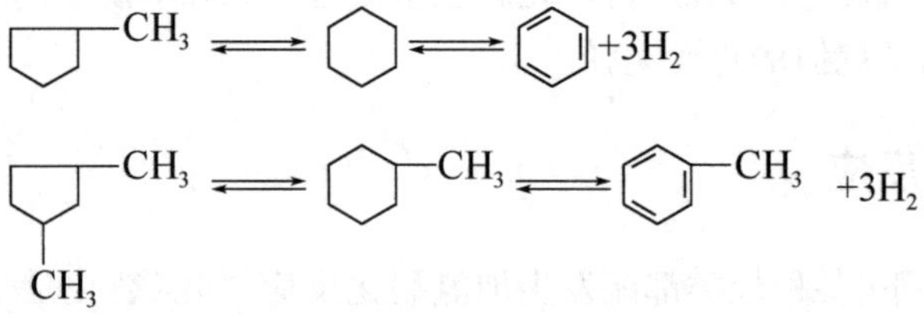

$$-CH_3 \rightleftharpoons \rightleftharpoons +3H_2$$

$$-CH_3,\ CH_3 \rightleftharpoons -CH_3 \rightleftharpoons -CH_3 \quad +3H_2$$

反应特点:反应强吸热,一般为 2.1～2.3MJ/kg,反应速度较慢,产生氢气。

这类反应分两步进行,首先是异构化反应,它是热效应较小的放热反应;其次是脱氢反应,这是强吸热反应。可见,低温有利于异构化,高温有利于脱氢。但在重整反应温度范围内,异构化反应速度较慢,在未达到平衡之前,升高温度可加快生成环烷烃,而高温使其迅速生成了芳烃,所以混合物中六元环烷烃不会积累到影响异构化反应达到平衡的程度。

五元环烷烃在直馏汽油中占相当大的比例,因此将五元环烷烃转化为芳烃是提高芳烃产率的重要途径,同时也大大提高了汽油的辛烷值。

(三)烷烃环化脱氢反应

只有 C_6 以上的烷烃环化才能生成五元以上环烷烃,再异构或直接生成六元环烷烃,最后脱氢生成芳烃。

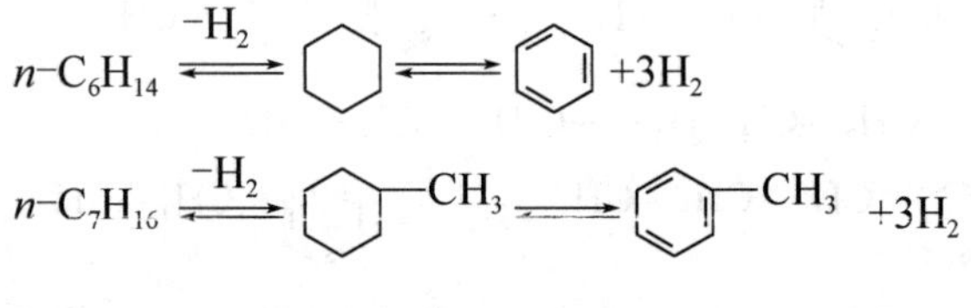

$$n\text{-}C_6H_{14} \xrightleftharpoons{-H_2} \rightleftharpoons +3H_2$$

$$n\text{-}C_7H_{16} \xrightleftharpoons{-H_2} -CH_3 \rightleftharpoons -CH_3 \quad +3H_2$$

反应特点:反应速度最慢,要求条件苛刻,是强吸热反应,反应热一般为 2.5～2.6MJ/kg,是体积增大的反应,产生氢气,是生产芳烃的反应。

烷烃环化脱氢,要在较高的温度和较低的压力下才能进行比较完全。好的催化剂能促进这一类反应而显示出优越性,使重整转化率大为增加,然而提高温度会使氢解反应显著增加,所以这类反应是有局限性的。

二、异构化反应

各种烃类在重整催化剂的活性表面上都能发生异构化反应。

$$n\text{-}C_7H_{18} \rightleftharpoons i\text{-}C_7H_{18}$$

$$\text{—}CH_3 \rightleftharpoons$$

$$\text{—}CH_3,\ CH_3 \rightleftharpoons \text{—}CH_3,\ \text{—}CH_3$$

反应特点:反应速度慢,是放热反应,但是热效应不大,不产生氢气,也不消耗氢气,对提高汽油辛烷值有利。

异构化反应对五元环烷烃异构脱氢生成芳烃很有意义,而大于 C_6 正构烷烃在重整过程中也可异构化生成异构烷烃,异构烷烃再环化脱氢生成芳烃。异构烷烃的辛烷值很高,所以正构烷烃异构化也是提高辛烷值的重要途径。

三、加氢裂化反应

在催化重整条件下,各种烃类都能发生加氢裂化反应,加氢裂化是个复合反应,可以认为是裂化、异构化和加氢三种反应的组成。

烷烃的加氢裂化反应是放热的不可逆反应,由于生成小分子的 C_3、C_4 烷烃,使液体收率下降。环烷烃开环裂化生成异构烷烃,也造成芳烃产率和辛烷值的下降。同时烷烃和环烷烃的加氢裂化反应是耗氢反应,会造成氢气产率下降。烷基芳烃在重整条件下会脱烷基转化为小分子芳烃和烷烃。加氢裂化反应在重整条件下的反应速度最慢,只有在高温、高压和低空速时,其影响才逐渐显著。

$$n\text{-}C_7H_{16}+H_2 \longrightarrow n\text{-}C_3H_8+i\text{-}C_4H_{10}$$

$$\text{—}CH_3 + H_2 \longrightarrow CH_3\text{—}CH_2\text{—}CH_2\text{—}\underset{\displaystyle CH_3}{\underset{|}{CH}}\text{—}CH_3$$

$$CH_3,\ \text{—}CH_3,\ \text{—}CH_3 + H_2 \longrightarrow \text{—}CH_3,\ \text{—}CH_3 + CH_4$$

$$C_6H_{13}\text{—}CH_2\text{—}CH_3+H_2 \longrightarrow C_6H_{13}\text{—}CH_3+CH_4$$

$$\text{—}CH_2\text{—}CH_2\text{—}CH_3 + H_2 \longrightarrow \text{—}CH_2\text{—}CH_3 + CH_4$$

反应特点:反应速度较慢,是不可逆的放热反应,不利于生成芳烃,但可提高汽油辛烷值,反应生成裂化气,又影响汽油收率,促进催化剂生焦,消耗氢气。反应大部分在末反应器进行,故四反温降很小甚至会出现温升。

四、聚合生焦反应

在重整条件下,烃类还可以发生缩合和叠合等分子增大的反应,最终缩合生成焦炭,原料烯烃含量越多聚合生焦越严重。生成的焦炭覆盖在催化剂表面,使其失活,这类反应必须加以抑制。工业上采用循环氢保护,一方面使容易缩合的烯烃饱和,另一方面抑制芳烃深度脱氢。

工业生产中,要促进有利于目的产品的反应,削弱或抑制不利于目的产品的反应,使重整催化剂的活性、选择性及稳定性达到最佳状态,必须搞好运转过程中的水氯平衡。

第三节 催化重整催化剂

一、催化重整催化剂的双功能

汽油的重整转化过程是原料油以气体状态在固体的催化剂表面上发生重整反应,在实现汽油的重整反应过程中有两个要素,即转化的内因——原料油自身,外因——催化剂的加速反应的作用。重整催化剂对产品的质量、收率及装置的处理能力起决定性作用,催化剂质量关系到整个重整技术水平,故对重整催化剂有严格要求。

如前所述,催化重整的反应中最基本的反应是脱氢和异构化,烷烃的脱氢环化是这两者的结合,这两类反应的历程以及所需的催化剂活性物质是不同的,加氢—脱氢反应需要金属催化剂,按照正碳离子历程进行的异构化反应则需要用酸性催化剂,因而这就要求催化重整催化剂必须同时具备这两种功能,既有脱氢的金属活性中心,又有异构化的酸性活性中心,即所谓的双功能。重整催化剂的这两种功能在反应中是有机配合的,而不是互不相干的。

正己烷环化脱氢按如下步骤进行:

$$\underset{\text{正己烷}}{C_6H_{14}} \xrightarrow[\text{Pt}]{\text{脱氢}} \underset{\text{1-正己烯}}{C_6H_{12}} \xrightarrow[\text{酸性中心}]{\text{异构化}} \text{(甲基环戊烷)} \xrightarrow[\text{Pt}]{\text{脱氢}} \text{(甲基环戊烯)} \xrightarrow[\text{酸性中心}]{\text{异构化}} \text{(环己烷)} \xrightarrow[\text{Pt}]{\text{脱氢}} \text{(苯)}$$

由上式看出:正己烷生成苯,是交替在催化剂的两种活性中心上起作用。正己烷生成苯的速度取决于过程中各个阶段的反应速度,而其中反应速度最慢的阶段则起决定作用。所以两种催化功能必须有适当的配比才能达到生成苯的结果。如果只是脱氢活性很强,则只能加速六元环烷烃的脱氢反应,而异构和加氢裂化反应不足,不可能促进烷烃和五元环烷烃的芳构化反应,达不到提高芳烃产率和辛烷值的目的。相反,如果酸性作用很强,异构化反应就被促进,加氢裂化反应也相对促进,使液体收率就可能降低,五元环烷烃和烷烃生成芳烃的选择性降低,也不可能达到预期目的。因此,必须设法使双功能催化剂的各种功能配合适当,以发挥最佳效能。

就催化重整催化剂而言,其加氢—脱氢功能是由以铂为主的金属组分提供的,而其酸性功能则是用卤素改性的氧化铝载体来提供的。一般认为在催化重整催化剂的表面,金属和酸性这两类活性中心复合组成了催化剂的活性集团,在活性集团中,金属中心和酸性中心的数目、活性以及它们的相对数目与相对活性基本决定了它们所组成的活性集团的性质。

重整催化剂金属中心与酸性中心的协调配合，是保证其催化功能得到充分发挥的重要因素，若金属功能过强，易于生成积炭，使催化剂失活，导致催化剂的稳定性下降；若酸性功能太强，会导致烷烃或环烷烃的加氢裂化反应加剧，导致液体收率和转化为芳烃的选择性降低。

二、催化重整催化剂的组成

催化重整催化剂的两种催化功能是由两部分活性组分提供的，一部分是金属组分，特点是能强烈地吸引氢原子，促进脱氢和加氢反应；另一部分是酸性组分，特点是能促进异构化和裂化反应。催化重整催化剂属于负载型的，即用金属组分载在用卤素改性的氧化铝上。

(一)金属组分

金属组分是催化重整催化剂的核心，过渡金属是有效的加氢—脱氢催化剂，尤其以Ⅷ族金属应用最为广泛，如铂、钯、铱、铑等。其中铂的活性高，而且资源相对而言比较丰富。

早期的催化重整催化剂只含有金属铂组分，为了进一步提高重整催化剂的活性与稳定性，使其能够在更加苛刻的条件下进行，自20世纪70年代以来普遍采用双金属催化剂，即在催化剂组分中除了含有铂以外，还加入第二金属组分，常用的有铼、锡、铱三种金属，形成铂铼、铂锡、铂铱三个系列的双金属重整催化剂，尤其以前两种用得最多。助催化剂铼是一种稀有金属，它起着改善铂的分散度、抑制铂晶粒凝聚的作用，使催化剂的稳定性得到提高，并增加了催化剂的活性，使催化剂的容炭能力增加，比常规单铂催化剂容碳能力高3~4倍。锡的引入对重整催化剂的活性稍有抑制作用，但其选择性较好，尤其是在低压、高温下具有较好的稳定性，而且锡比铼便宜，新催化剂和再生催化剂不必预硫化，操作比较简单。虽然稳定性不如铂铼催化剂，但其稳定性已足以满足连续重整工艺的要求，近年来已广泛应用于连续重整装置。

一般来说，催化剂的脱氢活性、稳定性和抗毒能力随铂含量的增加而增强。但许多研究工作表明：当催化剂中铂含量接近于1%时，继续提高铂含量几乎没有什么益处，且铂是贵金属，过多使用不经济。近年来，随着载体和催化剂制备技术的改进，使得活性金属组分能够更均匀地分散在载体上，重整催化剂的含铂量有所降低，工业上重整催化剂的含铂量大多在0.2%~0.3%。

(二)酸性组分

为了提高催化重整催化剂的酸性，一般加入电负性较强的氯、氟等卤素组分。改变卤素含量可以调节催化剂的酸性功能。随着卤素含量的增加，催化剂对异构化和加氢裂化等酸性反应的催化活性也增加。在卤素的使用上通常有氟氯型和全氯型两种。氟在催化剂上比较稳定，在操作时不易被水带走，但氟的加氢裂化性能较强，使催化剂的选择性变差，因此，近年来多采用全氯型。

氯加入量必须适当，若加入量太多，其酸性太强，会导致裂解活性太高，使液体收率降低；加入量太少，酸性功能不足，异构化能力较差，芳烃转化率低(尤其是五元环烷烃和烷烃的转化率)或生成油的辛烷值低。一般新鲜的全氯型催化剂含氯0.6%~1.5%，实际操作中要求含氯稳定在0.4%~1.0%。由于氯在催化剂上不稳定，容易被水带走，造成催化剂酸性功能不足，因此在工艺操作中，根据系统中水氯平衡状况注氯以及在催化剂再生后进行氯化等措施来维持氯在催化剂上的适当含量。

（三）载体

载体又称担体，具有较大的比表面积和较好的机械强度，它能使活性组分很好地分散在其表面上，从而更有效地发挥其作用，节省活性组分的用量，同时也提高了催化剂的稳定性和机械强度。载体具有以下功能：

（1）载体的表面积较大，可使活性组分很好地分散在其表面；

（2）载体具有多孔性，适当的孔径分布有利于反应物扩散到内表面进行反应；

（3）载体一般为熔点较高的氧化物，当活性组分分散在其表面时，可提高催化剂的热稳定性，不容易发生熔结现象；

（4）可提高催化剂的机械强度，减少损耗；

（5）对于贵金属催化剂，可节约活性组分，降低催化剂的成本；

（6）由于载体与活性组分的相互作用，有时还可以改善催化剂的活性、稳定性和选择性。

工业上常用的载体一般为氧化铝、二氧化硅、分子筛、活性炭等。重整催化剂的担体通常是氧化铝（Al_2O_3），它又分 $\eta-Al_2O_3$ 和 $\gamma-Al_2O_3$ 两种型式。$\eta-Al_2O_3$ 的比表面积大，氯保持能力强，但热稳定性和抗水能力较差，因此目前重整催化剂常用 $\gamma-Al_2O_3$ 做载体。

三、催化重整催化剂的使用性能

由于催化剂的化学组成和物理性质、原料组成、操作方法和条件的不同，使得重整催化剂在使用过程导致结果性差异。重整催化剂主要使用指标有：活性、选择性、稳定性、寿命、再生性能、机械强度等。

（一）活性

催化剂活性是表示催化剂催化功能大小的重要指标。催化剂活性越强，促进原料转化能力越大，在相同的反应时间内得到的目的产品越多。

以生产芳烃为目的时，重整催化剂的活性一般用芳烃产率的高低来加以衡量；此外，也可用获得规定的芳烃产率时，反应强度（通常指温度）高低来描述。显然，在获得规定的芳烃产率时，所用的反应温度越低，表明它的活性越高。以生产高辛烷值汽油为目的时，可以用生产汽油的辛烷值比较其活性。

（二）选择性

催化剂的选择性表示催化剂对不同反应的加速能力，是指其促进理想反应以达到所需要产品的性能。由于重整反应是一个复杂的平行—顺序反应过程，催化剂的选择性直接影响目的产物的收率和质量。在工业生产上，要求重整催化剂具有加速芳构化反应而抑制加氢裂化反应的性能。

催化剂的选择性可用目的产物收率或目的产物收率/非目的产物收率的值进行评价，如芳烃转化率、汽油收率、芳烃收率/液化气收率、汽油收率/液化气收率等表示。

（三）稳定性

在催化重整过程中，催化剂表面积炭逐渐增多，铂晶粒、卤素含量等都会发生变化，使其活性和选择性下降，结果是芳烃转化率或重整汽油的辛烷值降低。不同的催化剂降低的速度和幅度不同，催化剂保持其活性和选择性的能力称为稳定性。活性和选择性下降越慢，表示它的稳定性越好。

在催化重整反应中，为了维持一定水平的芳烃转化率或重整汽油辛烷值，随着催化剂活性下降，反应温度需要逐渐地提高，但当反应温度提高到某一限度时，液体产率已经下降很多，继续反应经济上不再合理就应停止进料，对催化剂进行再生。

（四）寿命

从新鲜催化剂投用到再生这一段时间称为催化剂的寿命，可以用小时表示。对于重整催化剂表示寿命的方法更多的是用每千克催化剂能处理的原料油数量，即吨原料/千克催化剂或立方米原料/千克催化剂。催化剂稳定性越好，使用寿命越长，寿命长则可增加催化剂的有效使用时间和降低生产成本。

（五）再生性能

由于积炭而失活的催化剂可经过再生来恢复其活性。再生性能好的催化剂经过再生后，其活性基本上可以恢复到新鲜催化剂的水平。但实际上在催化剂多次再生的过程中，每次再生后的催化剂的活性，往往只能达到上次再生时的85%～95%。再经过多次再生后，催化剂的活性不能满足使用要求时，就需要更换新催化剂。从新催化剂投用一直到废弃这一段时间就叫催化剂的总寿命。对于铂铼催化剂，一般可使用5年以上。

催化剂失活的主要原因是积炭，积炭的速度与原料性质及操作因素有关，如原料的终馏点、不饱和烃含量、反应温度、空速、氢油比等影响积炭速度的快慢。

（六）机械强度

在催化剂的装卸过程和生产过程中会引起催化剂粉碎，导致反应床层压降增大，这不仅增加压缩机的动力消耗，而且对反应也不利。因此，对重整催化剂要求有一定的机械强度，一般流化床对机械强度的要求比固定床高，工业上以耐压强度（牛顿/粒）来表示重整催化剂的机械强度。

四、催化重整催化剂的失活

重整催化剂在生产过程中失活（活性降低）的原因很多，如催化剂积炭、铂晶粒的聚结、被原料中的杂质中毒等，主要原因还是催化剂积炭。

重整催化剂的失活分为可逆失活（暂时失活）和不可逆失活（永久失活）。催化剂的积炭失活、硫和氮化合物中毒失活、金属表面积降低（烧结）失活以及氯含量降低导致的失活、催化剂颗粒破碎形成细粉和设备腐蚀产物沉积造成的失活等为可逆失活，可以采取必要的措施使催化剂的性能得到恢复或部分恢复。而载体表面积降低（烧结）和重金属污染造成的失活为永久性失活，采取再生的办法其活性得不到恢复，这种催化剂必须进行更换。

（一）积炭失活

在催化重整过程中由于深度脱氢和芳烃缩合反应，在催化剂上不可避免地会产生积炭。

对于单铂催化剂，当积炭达到7%～10%时，其活性即丧失大半，而铂铼催化剂容纳积炭的能力则显著较强，当积炭达20%左右时其活性才大半丧失。催化剂上的积炭一方面会将表面的活性金属覆盖，另一方面也会使催化剂的孔口径减小甚至堵塞，使其活性大大降低。

催化剂因积炭引起的活性降低可以采用提高反应温度的办法来补偿。但是提高反应温度有一定的限制，重整装置一般限制反应温度不超过520℃，有的装置可达540℃左右。当反应温度已提到限制温度而催化剂活性仍不能满足要求时，则需要用再生的方法烧去积炭并使催化剂的活性恢复。再生性能好的催化剂经再生后基本能恢复到原来的水平，但实际上催化剂每次再生后的活性往往只能达到上一次再生后的85%～95%。

催化剂上的积炭速度与原料的性质、催化剂的性质以及反应条件有关。原料的馏分越重，烯烃的含量越多，积炭速度明显加快，重整原料干点在204℃附近时，干点每升高1℃，催化剂的周期寿命下降1.6%～2.3%，因此必须恰当地选择原料的终馏点并限制原料油的溴价不大于1g溴/100g油。

反应条件对积炭的影响也较大，提高反应温度加速了加氢裂化、积炭等副反应的进行，使催化剂上的积炭量增加。降低反应压力有利于环烷脱氢和烷烃的脱氢环化反应，同时减少了加氢裂化反应，但催化剂上积炭增加，使催化剂的周期寿命缩短。低压下生成的积炭很容易通过再生除去。提高反应压力有利于加氢裂化反应，使重整生成油收率降低，但催化剂上积炭少，并且在高温下才能除去。反应温度、压力和氢油比不变时，空速降低，催化剂上的积炭量增加。反应温度压力和空速不变时，氢油比降低，氢分压减小，有利于烷烃的脱氢环化和环烷脱氢，催化剂上的积炭量增加。

除了上述反应条件对积炭生成的影响，随着反应时间的延长，积炭缓慢增加，且积炭石墨化程度加重。

(二)催化剂的中毒失活

重整催化剂除积炭失活外，还会因为原料中某些杂质的污染而失去活性，这种情况称为中毒，引起催化剂中毒的物质称为毒物。

催化剂中毒可分为永久性中毒和非永久性中毒两种。永久性中毒的催化剂其活性不能再恢复；非永久性中毒的催化剂在更换无毒原料后，毒物可以逐渐排除而使活性恢复。对含铂催化剂，砷和其他金属毒物如铅、铜、铁、镍、汞等为永久性毒物，而非金属毒物如硫、氮、氧等则为非永久性毒物。

1. 永久性中毒

砷是毒性最强的非金属毒物。砷与催化剂上的铂有很强的亲合力，能与催化剂表面的铂晶粒形成砷化铂合金($PtAs_2$)，使铂永远失去活性；同时还能与酸性组分如氯等作用生成$AsCl_3$等，减弱酸性功能，从而破坏了催化剂的双功能作用。

重整原料油中含砷量必须严格控制，当催化剂上砷含量积累到200μg/g时，催化剂就会永久失活，在生产中，如果要求催化剂的相对活性保持在80%以上，则催化剂的含砷量应小于100μg/g。重整原料油中含砷量必须严格控制，生产中一般控制在10^{-3}μg/g以下。

在馏分油中，其含砷量随着沸点的升高而增加，而且原油中约90%的砷集中在残渣油中。石油中的砷化合物会因受热而分解。因此，在原油常减压蒸馏时，初馏塔顶所得初馏点～130℃馏分中砷含量一般小于0.1μg/g，而在常压塔顶分出的汽油中，砷含量可达1μg/g以上。

使用含砷量高于 0.2μg/g 的原料油进行重整时，必须经预脱砷处理，使其含砷量小于 0.2μg/g，然后进入预加氢反应器进行加氢精制，使砷含量降至 10^{-3} μg/g 以下。对于含砷量低于 0.2μg/g 的原料油，可不经预脱砷，只需经预加氢后即可符合要求。

砷中毒时首先在第一反应器中反映出来，此时第一反应器温降大幅度减少，说明第一反应器的催化剂失活，这是由于第一反应器中的催化剂首先遇到含砷的原料。随后，第二、第三等反应器的温降也会随之减少。由于第一反应器的催化剂中毒最严重，因此，有时甚至会出现第一反应器温降小于第二、第三等反应器温降的反常现象。

铅、铜、汞、铁、镍等金属也会引起催化剂永久性中毒。铅的来源主要是重整原料油被含铅汽油污染所致，铜、铁、汞等毒物主要是来源于检修不慎使这些杂质进入管线系统；钠也是催化剂的毒物，所以禁止使用以 NaOH 处理过的原料。重整原料中，一般限制铅 <0.01μg/g、铜 <0.01μg/g、汞 <0.01μg/g、铁 <0.02μg/g。

2. 非永久性中毒

1) 硫

原料油中的含硫化物在重整反应条件下生成 H_2S，若不从系统中除去，则 H_2S 在循环氢中集聚使催化剂的脱氢活性下降，有研究结果表明，当原料中硫含量为 0.01% 及 0.03% 时，铂催化剂的脱氢活性分别降低 50% 及 80%。原料中允许的硫含量与采用的氢分压有关，当氢分压较高时允许的含硫量可以较高。

一般情况下，硫对催化剂的作用是暂时性中毒，随原料油硫含量降低，经过一段时间操作，催化剂的活性可以恢复，但是如果长时间存在过量硫，也会造成永久性中毒。多数双金属催化剂比铂催化剂对硫更敏感，因此对硫的限制也更严格。虽然硫可以造成催化剂中毒，但生产实际证明，有限制的硫含量可以抑制催化剂过高的活性，减少过多积炭。在用新鲜的或刚再生过的铂铼催化剂开工时，常常要有控制地对催化剂进行预硫化。UOP 公司在新修改的规定中要求原料的硫含量应在 0.15 ~ 0.5μg/g 范围内，并不是越低越好。

2) 氮

原料油中的氮化物在重整反应条件下生成氨，氨属碱性，可与催化剂的酸性组分生成铵盐，降低了催化剂的酸性功能，因此使其异构化、加氢裂化及环化脱氢活性降低。

氮对催化剂的作用是暂时性中毒，中毒后可以通过提高温度、增加氯等措施加以消除，产率不受大的影响，但催化剂寿命降低，通常要求经过预加氢的原料油的氮含量小于 1μg/g。

3) 一氧化碳和二氧化碳

一氧化碳能和铂形成络合物，造成催化剂永久性中毒，但也有人认为是暂时性中毒。二氧化碳能还原成一氧化碳，也可看成是毒物。原料中一般不含一氧化碳和二氧化碳，重整反应中也不会产生一氧化碳和二氧化碳，只有在再生时产生；开工时引入系统中的工业氢气和氮气中也可能含用少量的一氧化碳和二氧化碳，气体中它们的总含量要求小于 20μg/g。

4) 烯烃

烯烃在重整条件下可以加氢生成烷烃，但也可以加速催化剂积炭，降低催化剂活性。因此，通常要对原料油中的溴价加以限制，使之小于 1g 溴/100g 油。

五、催化重整催化剂的水氯平衡

重整催化剂是双功能催化剂,需要脱氢功能和酸性功能应当有良好的配合。氯是催化剂酸性功能的主要来源,因此在生产过程中应当使氯含量控制在适宜的范围内。氯的控制与系统中含水量大小又有直接的关系,原料或循环氢中含少量水可保证氯的良好分散,但含水多时会促使催化剂上氯流失,使酸性功能变弱,所以对原料中含水量也要有一定的限制。搞好水氯平衡是催化重整装置运行的关键。

重整催化剂对氯和水含量严格的控制与其他毒物的量的控制有本质上的不同,控制氯含量主要是控制双功能催化剂中酸性组分与金属组分的适当比例。就催化重整反应而言:六元环烷的脱氢反应在催化剂金属活性功能的作用下进行,催化剂的酸性过强不利于该反应的发生;五元环烷的异构脱氢反应、烷烃的脱氢环化反应需要在催化剂的酸性活性和金属活性作用下进行;烷烃异构化反应则在酸性活性下进行,该反应速率较快,但受热力学平衡限制,上述反应对提高汽油辛烷值有利。加氢裂化反应则不利于芳烃的生成,会导致液体收率和循环氢纯度的降低,这是应当控制的反应。氯含量过高时,加氢裂化反应加剧,除了引起液体收率和循环氢纯度下降外还会使重整生成油的恩氏蒸馏50%点过低,严重时生成油的颜色容易变黄。

实验室的研究试验结果和工业试验结果证明,使催化剂氯含量保持在1.0%~1.1%(质量分数)可以使催化剂的金属功能和酸性功能平衡,保持它的高活性及良好的选择性和稳定性。生产中,催化剂上含氯量会发生变化,当原料中含氯量过高时,氯会在催化剂上积累而使催化剂含氯量增加,当原料中含水量过多(含氧化合物在反应条件下会生成水),则这些水分会冲洗氯而使催化剂含氯量减少。在高温下,水的存在会促进铂晶粒长大和破坏氧化铝单体的微孔结构,从而使催化剂的活性和稳定性降低。此外,水和氯还会生成HCl而腐蚀设备,还有一些研究工作表明,水对脱氢环化反应也有阻碍作用。

现代重整装置依靠不同的途径判断催化剂上的氯含量,然后采取注氯、注水等方法来保证最适宜的催化剂含氯量,这种方法就是所谓的水氯平衡。

维持水氯平衡的办法是定期从反应器进料、生成油和进出气体处取样分析水氯分子比,也可根据操作情况加以判断,然后根据需要注氯或注水。

注氯通常采用二氯乙烷、三氯乙烷和四氯化碳等氯化物,注水通常采用醇类,因为用醇可以避免腐蚀。醇用量应按水分子数折算。

六、催化重整催化剂的再生

重整催化剂经过长时间使用后,不仅由于积炭,而且由于铂晶粒长大,破坏催化剂的活性基团而使其活性降低,选择性变差,芳烃产率和产物辛烷值降低。因此运转一段时间之后,催化剂必须进行再生,再生的目的就是烧掉催化剂表面上的积炭并使金属再分散。催化剂经再生后,活性可以恢复。再生好坏取决于催化剂的再生性能及再生操作是否恰当。

再生过程是用少量含氧的惰性气体(如氮气)缓慢烧去催化剂表面上的积炭。再生燃烧时产生的二氧化碳、一氧化碳、水等随烧焦用的惰性气体带出,反应器内硫化铁屑、加热炉管内少量积炭等全可呈氧化物被带出。

重整催化剂的再生程序包括烧焦、氯化更新、干燥和还原。催化剂的连续再生前三个步骤在再生器内进行,最后一个步骤在反应器前的还原罐内进行。下面主要介绍前三个步骤,还原在下一部分介绍。

（一）烧焦

再生过程首先使用含氧的气体烧去催化剂表面上的积炭，重整催化剂表面上的积炭实际上就是高度缩合的碳氢化合物，含碳量约为95%。烧焦在整个再生过程中所占时间最长，且在高温下进行，而高温对催化剂上微孔结构的破坏、金属的聚集和氯的损失都有很大影响，所以要采取措施尽量缩短烧焦时间并很好地控制烧焦温度。烧焦过程可用下式表示：

$$焦炭 + O_2 \longrightarrow CO_2 + H_2O + 热量$$

影响重整催化剂烧焦过程主要因素有焦炭结构、温度、压力、空速及氧含量和氧分压等。

焦炭空间物理结构越松散、含氢量越高，烧焦速度越快；待生催化剂上焦炭量越高，烧焦速度越快。因此，必须根据不同的焦炭结构及催化剂上焦炭量的多少，采用合适的烧焦条件。

烧焦过程中最重要的是控制烧焦的温度，过高的温度会使催化剂结构破坏，导致永久性失活。控制含氧量是控制烧焦温度的主要手段。重整催化剂的金属中心和酸性中心均有积炭，大部分积炭主要沉积在载体上。由于重整催化剂上存在着燃烧性能差别较大的焦炭，因此工业上常采用分阶段逐步升温的方法来烧焦。一般来说，应当控制再生时反应器内的温度不超过500～550℃。

提高烧焦压力可提高烧焦速度。但压力提高，受到设备（空气压缩机）限制不宜实现，因此，常采用低压烧焦方法。压力降低，直接导致气体循环量降低，一方面在氧浓度固定的条件下，供氧量减小，烧焦速度降低；另一方面，由于气速降低，烧焦过程产生的热量不易带走，使床层温升增大。因此，在条件允许的情况下，可适当提高再生压力，加速催化剂烧焦过程。一般压力控制在0.3～0.5MPa。

提高空速，气体循环量增大，系统压力提高，有利于再生。一般固定床再生介质气体空速控制在500～1000h^{-1}。烧焦时通常采用氮气和氧气的混合气体作为烧焦介质，提高氧浓度和系统压力都可以提高氧分压。氧分压过低，烧焦速度慢，烧焦时间长，同时会导致催化剂上的氯流失严重；氧分压过高，烧焦速度加快，会导致催化剂床层温度上升过快，而造成催化剂烧结。因此，适合氧含量（体积分数）在0.2%～2.0%范围内。

（二）氯化更新

经过烧焦，催化剂上的铂晶粒会聚结长大，其分散度显著降低，同时烧焦过程产生的水会使氯流失。氯化就是在烧焦之后，用含氯气体在一定温度下处理催化剂，使铂晶粒重新分散，从而提高催化剂的活性，同时补充一部分烧焦过程中流失的氯。更新是在氯化之后，用干空气在高温下处理催化剂。更新的作用是使铂的表面再氧化以防止铂晶粒的聚结和重新分散，从而保持催化剂的表面积和活性。

工业上一般选用二氯乙烷作为氯化剂，其浓度（体积分数）在循环气中稍低于1%，循环气采用空气或含氧量高的惰性气体。氯化多在510℃、常压下进行，一般进行2h。

经氯化后的催化剂还要在540℃的空气流中氧化更新，使铂的表面再氧化以防止铂晶粒的聚结，以保持催化剂的表面积和活性。

（三）干燥

催化剂的干燥过程，就是用高温（540℃）干燥（含水 $< 5\mu g/g$）空气，将烧焦和氯化了的催

化剂上的残余水解吸掉，以免这些水分在催化剂还原时将催化剂上的氯带走，干燥空气的流率应为催化剂循环量的70倍。为了保证干燥过程的平稳，对进入干燥加热器的空气，应经常分析，不允许过湿气（$>5\mu g/g$）进入。

干燥时循环气中若含有碳氢化合物会影响铂晶粒的分散度，甲烷的影响不明显，但较大相对分子质量的碳氢化合物会产生显著的影响。研究结果表明，在氮气流下，铂铼和铂锡催化剂在480℃时就开始出现铂晶粒聚集的现象，但是当氮气流中含有10%以上的氧气时，能显著地抑制铂晶粒的聚集。因此催化剂干燥时的循环气体以采用空气为宜。

七、催化重整催化剂的还原和硫化

（一）还原

新鲜及再生后的铂铼重整催化剂中金属组分呈氧化态，在重整装置开工时须还原成金属状态后才能使用。还原就是将氯化更新后的氧化态催化剂用氢还原为金属态催化剂，还原后的催化剂其活性基本得到恢复。还原过程所发生的化学反应如下：

$$PtO_2 + 2H_2 \longrightarrow Pt + 2H_2O$$

$$Re_2O_7 + 7H_2 \longrightarrow 2Re + 7H_2O$$

催化剂还原时控制反应温度在450～500℃，还原好的催化剂铂晶粒小，金属表面积大，而且分散均匀。

还原H_2的纯度对还原质量的影响较大，要求H_2的纯度大于93%（体积分数）。还原时必须严格地控制还原气中的水，因为水会使铂晶粒长大和载体表面积减小，从而降低催化剂的活性和稳定性。所以必须严格控制还原气中水以及尽量吹扫干净系统中残存的氧。

催化剂还原的好坏，对于催化剂的性能有很大影响。要使催化剂还原得好，必须掌握好还原条件。

（二）硫化

还原态的重整催化剂具有很高的氢解活性，在反应初期会因发生强烈的氢解反应而放出大量的热，使床层温度迅速升高，出现超温现象，轻则造成催化剂大量积炭，重则烧坏催化剂甚至反应器。对还原态催化剂进行硫化，可以抑制新鲜和再生后催化剂的过度氢解活性，保护催化剂的活性和稳定性，改善催化剂的初期选择性。

催化剂硫化时可使用二甲基二硫醚或二甲基硫醚等硫化剂，硫化量可根据催化剂上含铼或铱的含量、重整装置（新装置需多注一些）以及催化剂上已含有的硫含量高低等因素决定。

催化剂还原结束，硫化条件符合要求后，切除在线水分仪和在线氢纯度仪，切除分子筛罐，调节并控制好注硫速度，按照计算好的硫化量把硫化剂在1h内均匀地注入各重整反应器，同时密切注意检测各反应器出口气中H_2S，观察硫穿透时间及反应器温升等情况。

第四节　催化重整原料的选择

催化重整催化剂比较昂贵和“娇嫩”，易被多种金属及非金属杂质中毒，从而失去催化剂活性，为了保证重整装置能够长周期运行和目的产品收率，则必须选择适当的重整原料并予以精制处理。

根据现有催化重整工艺和技术要求,催化重整过程原料的来源主要有直馏石脑油、加氢裂化石脑油、焦化石脑油、催化裂化石脑油、裂解乙烯石脑油抽余油。

催化重整对原料要求比较严格,一般包括以下三方面要求:馏程、族组成和杂质含量。

一、馏程

对重整原料馏程选择,是根据生产目的来确定的。

(一)以生产高辛烷值汽油为目的

以生产高辛烷值汽油为目的时,一般以直馏汽油为原料,馏程选择 80~180℃。因为不大于 C_6 的烷烃本身已有较高的辛烷值,而 C_6 环烷转化为苯后其辛烷值反而下降,而且有部分被裂解成 C_3、C_4 或更低的低分子烃,降低液体汽油产品收率,使装置的经济效益降低。因此,重整原料一般应切取大于 C_6 馏分,即初馏点在 90℃左右。

同时,因为烷烃和环烷烃转化为芳烃后其沸点会升高,如果原料的终馏点过高则重整汽油的干点会超过规格要求,通常原料经重整后其终馏点升高 6~14℃。因此,原料的终馏点则一般取 180℃,而且原料切取太重,则在反应时焦炭和气体产率增加,使液体收率降低,生产周期缩短。

如果是同时生产航空煤油的炼厂,从全厂效益综合考虑,重整原料油的终馏点不宜大于 145℃。

(二)以生产芳烃为目的

若重整加工以获得芳烃为主要目的时,则应根据所希望生产某个芳烃品种为主要目的来选择原料油馏程。表 8-1 为生产各种芳烃的适宜馏程。

表 8-1 生产各种芳烃的适宜馏程

目的产物	苯	甲苯	二甲苯	苯—甲苯—二甲苯
适宜馏程,℃	60~85	85~110	110~145	60~145

C_6 烃类的最低沸点是 60.27℃,C_8 烃类的最高沸点是 144.42℃,因此 60~145℃是生产芳烃的适宜馏分。因为 130~145℃馏分是理想的航煤组分,若同时生产航煤的炼厂,重整原料应取 60~130℃的馏分。小于 C_5 的馏分,其沸点都在 60℃以下,这部分不可能转化为芳烃,在原料预处理时应除去。

基于上述讨论,石脑油在进入重整以前要先进行预分馏以切取适当的馏分。小于 60℃或 80℃的轻馏分对生产芳烃或提高汽油辛烷值无益,因此一般都要在重整之前拔去(拔头);而重整原料中的重组分会加快反应过程中催化剂的积炭速度,并造成重整汽油的干点不合格,因此也需要在重整反应之前去掉(去尾)。一般在重整装置内进行拔头是必要的,而去尾的任务则最好在上游装置的蒸馏塔内进行,否则全部重整原料都要多蒸发一次,能耗将会大大增加。

二、族组成

重整所用原料的族组成(烷烃、环烷烃、烯烃和芳烃各族的含量比例)对生产过程和产品的影响很大，原料中环烷烃越多，芳烃产率越高；如果烷烃含量高，则适用于生产高辛烷值的汽油；重整原料中烯烃含量不能太高，因为烯烃会使催化剂上的积炭增加，缩短生产周期。

一般以芳烃潜含量表示重整原料的族组成。芳烃潜含量是指重整原料中的环烷烃全部转化为芳烃的芳烃量与原料中原有芳烃量之和占原料的质量百分数。芳烃潜含量越高，重整原料的族组成越理想。其计算方法如下：

芳烃潜含量 = 苯潜含量 + 甲苯潜含量 + C_8 芳烃潜含量

苯潜含量 = C_6 环烷烃含量 ×78/84 + 苯含量

甲苯潜含量 = C_7 环烷烃含量 ×92/98 + 甲苯含量

C_8 芳烃潜含量 = C_8 环烷烃含量 ×106/112 + C_8 芳烃含量

上式中的 78、84、92、98、106、112 分别为苯、C_6 环烷烃、甲苯、C_7 环烷烃、C_8 芳烃和 C_8 环烷烃的相对分子质量。

重整生成油中的实际芳烃含量与原料的芳烃潜含量之比称为芳烃转化率或重整转化率。

重整芳烃转化率(质量分数，%) = 芳烃产率(质量分数，%)/芳烃潜含量(质量分数，%)

原料中芳烃潜含量并不代表其实际生产中的产率，因为在原料中某些潜在的芳烃原料并不能完全转化为芳烃，只能部分转化为芳烃。另外，原料中的烷烃一部分可以环化脱氢生成芳烃，特别是采用双金属催化剂后，促进了烷烃环化脱氢反应，使得实际芳烃产率比芳烃潜含量大，即芳烃转化率大于 100%。

重整原料好坏的重要指标之一是芳烃潜含量，或芳烃指数 $N+2A$ 值，其中 N 为环烷烃含量、A 为芳烃含量。我国主要原油汽油馏分的族组成及计算得到的芳烃潜含量和芳烃指数见表 8－2。盘锦油的芳烃潜含量最高，其次是大港油和中原油，最低的是大庆油，中原油的环烷烃含量虽不高，但芳烃含量很高，因此它的芳烃指数高达 70%，甚至比盘锦油还要高。另外，胜利减压蜡油加氢裂化得到的轻馏分，其芳烃潜含量和芳烃指数也很高，也是重整生产芳烃的好原料；但大庆减压蜡油加氢裂化得到的轻馏分，由于其环烷烃和芳烃含量均低，对重整生产芳烃来说，不是好原料。欲提高企业的经济效益，就必须选用最优质的汽油馏分作重整装置原料。

表 8－2 几种重整原料的芳烃潜含量和芳烃指数比较

馏分油 组分	大庆油 60～130℃	任丘油 65～135℃	胜利油 65～130℃	大港油 65～160	盘锦油 65～145℃	中原油 65～135℃
烷烃含量(质量分数)，%	54.3	54.39	49.52	47.24	37.5	48.75
环烷烃含量(质量分数)，%	45.45	43.98	42.32	43.36	51.7	27.51
芳烃含量(质量分数)，%	0.25	1.63	8.16	9.40	10.8	23.74
芳烃潜含量(质量分数)，%	42.45	42.62	46.84	49.27	59.56	49.27
芳烃指数，%	45.95	47.24	58.64	74.99	73.3	74.99

三、杂质含量

重整催化剂对一些杂质特别敏感，砷、铅、铜、硫、氮等都会使催化剂中毒。其中砷、铅、铜等重金属会使催化剂永久中毒而不能恢复活性。尤其是砷与铂可形成合金，使催化剂丧失活性。原料中的含硫、含氮化合物和水分在重整条件下，分别形成硫化氢和氨，它们含量过高，会降低催化剂的性能。因此为了保证催化剂在长周期运转中具有较高的活性和选择性，必须严格限制重整原料中杂质含量。重整原料中杂质含量的限制要求见表 8－3。

表 8－3　重整原料中杂质含量的限制要求

杂质	含量限制，$10^{-3}\mu g/g$	杂质	含量限制，$10^{-3}\mu g/g$
砷	<1	硫、氮	<500
铅	<10	氯	<1000
铜	<10	水	<5000

第五节　催化重整工艺流程

催化重整工艺流程包括四部分，即原料油预处理、反应（再生）、芳烃抽提和芳烃精馏。根据生产目的产品不同，重整的工艺流程有所不同。当以生产高辛烷值汽油为目的时，其工艺流程主要有原料预处理和反应（再生）两个部分。当以生产轻质芳烃为目的时，其工艺流程为上述四个部分，如图 8－2 所示。某炼厂连续重整工艺装置全貌如彩图 8－1 所示。

彩图8-1　某炼厂连续重整工艺装置全貌

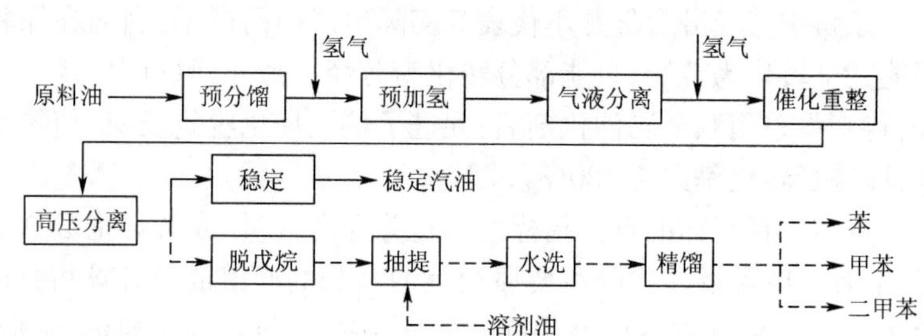

图 8－2　催化重整工艺流程框图

一、原料油预处理工艺流程

原料油预处理典型工艺流程如图 8－3 所示。用泵将原料油抽入装置，先经换热器与预分馏塔底物料换热，随后进入预分馏塔进行预分馏。预分馏塔一般在 0.3MPa 左右的压力下操作，塔顶温度 60～75℃，塔底温度 140～180℃。预分馏塔顶产物经冷凝冷却后进入回流罐。回流罐顶部不凝气体送往燃料气管网；冷凝液体（拔头油）一部分作为塔顶回流，一部分送出装置作为汽油调合组分或化工原料。

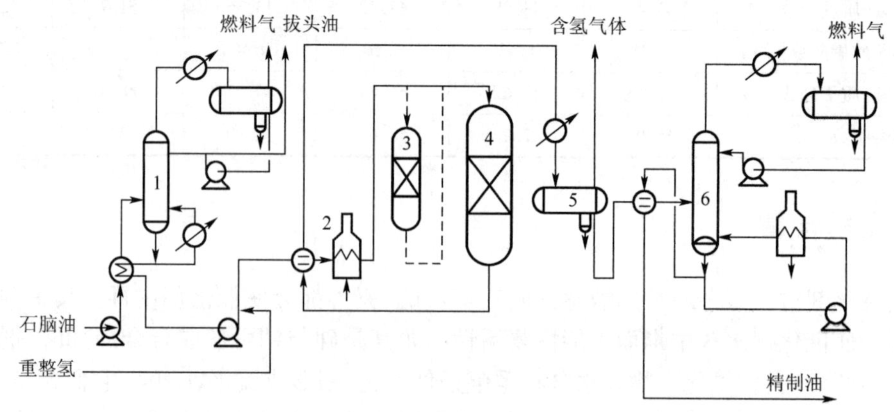

图 8－3　原料油预处理典型工艺流程

1—预分馏塔；2—加热炉；3—脱砷反应器；4—预加氢反应器；5—油气分离罐；6—汽提塔

预分馏塔底设有再沸器(或重沸炉),塔底物料一部分在再沸器内用蒸汽或热载体加热后部分汽化,气相返回塔底,为预分馏塔提供热量;一部分用泵从塔底抽出,经与预分馏塔进料换热后,去预加氢部分,与重整反应产生的氢气混合后与预加氢产物换热,再经加热炉加热后进入预加氢反应器(若原料油需预脱砷,则先经脱砷反应器再进预加氢反应器)。有的装置设有循环氢气压缩机,氢气循环使用,大多数装置氢气采取一次通过方式。

预加氢的反应产物从反应器底流出与预加氢进料换热,再经冷却后进入油气分离器。从油气分离器分出的含氢气体送出装置供其他加氢装置使用。

脱水塔一般在0.8~0.9MPa压力下操作,塔顶温度85~90℃,塔底温度185~190℃,塔顶物料经冷凝冷却后进入回流罐,冷凝液体从回流罐抽出打回塔顶作回流,含 H_2S 的气体从回流罐分出送入燃料气管网。水从回流罐底部分水斗排出。

脱水塔底设再沸器作为脱水塔的热源,脱除硫化物、氮化物和水分的塔底物料(即精制油),与该塔进料换热后作为重整反应部分的进料。

二、反应(再生)系统工艺流程

催化重整反应部分工艺主要有两种类型:一是固定床半再生催化重整,二是移动床连续催化重整,后者是20世纪60年代末开发的工艺技术。固定床半再生催化重整催化剂放置在各反应器内的床层上,再生时要停止生产,才能进行再生,因此装置属于间歇式反应。之所以称为半再生,是区别于第二次世界大战期间发展起来的临氢重整,当时用的是钼、铝催化剂,易结焦失活,要频繁再生。以后出现了具有较高活性的贵金属铂催化剂,可连续生产一年以上不需再生,但再生时仍要停工,因此称为半再生。而连续催化重整则完全不同,连续催化重整的催化剂在反应器和再生器之间循环流动,不断地进行反应与再生,从而使操作压力降低,产率提高,运转周期长。现分别将两种类型的生产流程简述如下。

(一)固定床半再生催化重整

将预处理合格的原料油与循环氢混合加热到500℃,进入第一反应器进行重整反应,由于芳构化等反应为吸热反应,所以在第二、第三(或第四)反应器前均要设加热炉加热。从最后一个反应器出来的重整生成油换热后进入后加氢反应器,其目的一是将重整生成油中少量的烯烃加氢饱和,以获得含高辛烷值芳烃的稳定汽油(研究法辛烷值90以上);二是有利于芳烃抽提操作和保证取得芳烃产品的酸洗颜色合格。后加氢所用的催化剂与预加氢一样,具体操作调节和工艺影响因素也相同,但重整催化剂再生是用氮气—空气法,而预加氢催化剂再生是采用空气—水蒸气法。

从后加氢反应器出来的生成油,经过换热和冷却后,再送入高压分离器进行油气分离,分出的富氢气体(85%~95%)经循环氢压缩机送回反应系统循环使用,少部分去预加氢。高压分离器出来的重整生成油含有少量不凝气和液化气(C_1~C_4),进入稳定塔,塔顶分出不凝气(裂化气)和液态烃(液化气),塔底得到合格的重整产品(高辛烷值汽油)。

如果要生产苯类产品,则稳定塔顶将戊烷(C_5)一并蒸出,塔底取得 C_6 以上的脱戊烷油,作为芳烃抽提进料油。采用低铂含量的双金属催化剂重整反应操作条件大致如下:反应器入口温度为480~520℃;反应压力为1.2~1.6MPa;芳烃产率为49%~55%;氢气产率为2.4%~2.6%。

装置运转周期受反应苛刻度的限制,一般考虑运转1~3年装置停下来,原位进行催化剂再生或器外再生,烧去催化剂上的积炭,并进行氯化更新和还原,以恢复催化剂的活性。典型的铂重整工艺流程如图8-4所示。

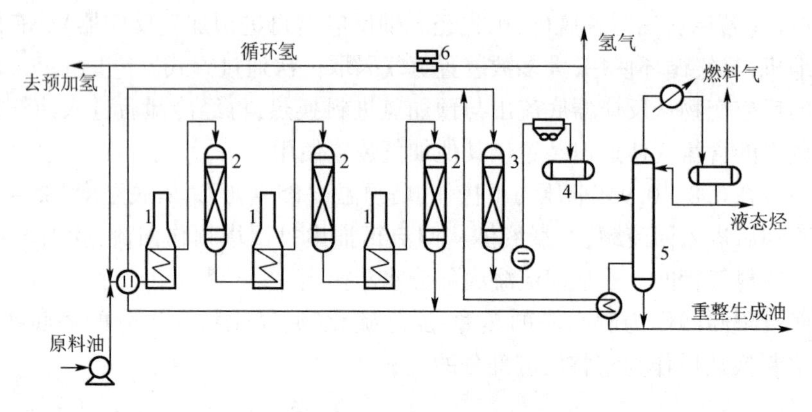

图8-4 铂重整工艺流程

1—加热炉;2—重整反应器;3—后加氢反应器;4—高压分离器;5—稳定塔(或脱戊烷塔);6—循环氢压缩机

20世纪90年代,半再生催化重整技术又有了新的发展,在成功开发了新型低铂含量的铂铼双金属催化剂的同时,并采取分段装填工艺。常规的工艺是几个重整反应器装入的是同样催化剂,而分段装填工艺则是在几个反应器中分别装入不同性能的催化剂。前边的反应器装入常规重整催化剂,后边的反应器装入的则是新开发的富铼催化剂。因为两种催化剂性能各有特点,前者抗硫等杂质能力强,后者生焦速率慢,活性稳定性好。国内已有十余套装置采用了两段装填工艺,与原来的常规工艺比较,重整生成油辛烷值提高1个单位以上,收率提高10%~15%,催化剂使用周期延长50%以上,效果十分显著。

(二)移动床连续催化重整

半再生式催化重整会因催化剂的积炭而停工进行再生。为了能经常保持催化剂的高活性,并连续地为各种加氢工艺供应氢气,美国UOP公司和法国IFP公司分别研究和开发了移动床连续再生式催化重整(简称连续催化重整)装置。其主要特征是设有专门的再生系统,使重整催化剂能够在反应部分不停工的条件下连续除掉反应过程中生成的积炭,及时恢复其性能。连续催化重整允许重整在苛刻度比较高的反应条件下操作,压力比较低,产品收率比较高,而且周期长,操作比较稳定。

UOP装置的总体布局是反应器和再生器并列排放,反应部分为3个或4个反应器重叠布置,催化剂从第一个反应器依靠重力依次流经重整的几个反应器,从最下一个反应器底出来,经催化剂收集料斗,在闭锁料斗内用氮气置换出烃类后进入1#提升器,在提升器内用循环氮气将催化剂提升到再生器顶部的分离料斗,分离出催化剂粉末。

脱除粉末后的待生催化剂在再生器内自上而下依次经过烧炭、氯化和干燥三个再生区。烧炭区烧除重整催化剂上的焦炭,氯化区补充催化剂流失的氯并使铂晶重新分散,干燥区除去催化剂上的水分。再生后的催化剂经流量控制料斗、缓冲罐和闭锁料斗,进入2#提升器,再由氢气提升到反应器顶上的还原区,催化剂被氢气还原后进入第一反应器,构成一个循环。图8-5为UOP连续催化重整工艺流程图。

由于催化剂可以进行频繁再生,可采用0.35~0.8MPa低压、500~530℃高温和1.5~4

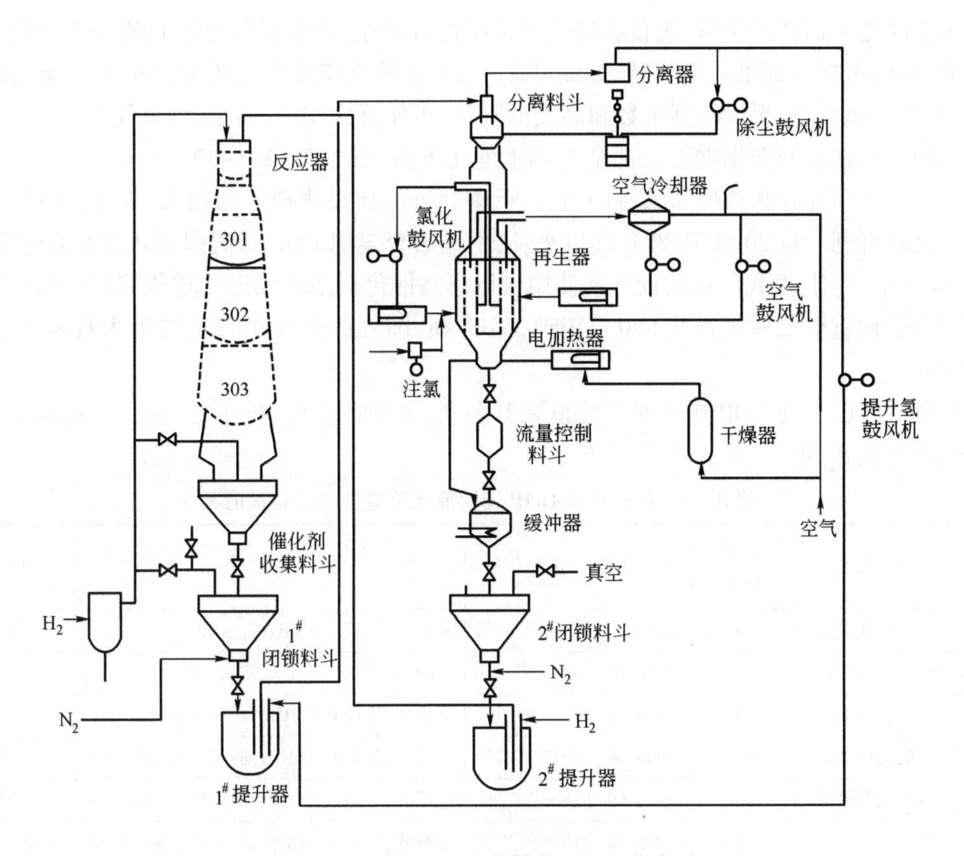

图 8-5　美国 UOP 连续催化重整工艺流程

低氢油摩尔比等较苛刻的反应条件。其结果是更有利于烷烃的芳构化反应，重整生成油辛烷值可高达 100(研究法 RON)，液体收率和氢气产率高。

IFP 连续催化重整固有的特点是反应器并列布置，工艺流程如图 8-6 所示。新鲜催化剂进入第一反应器顶部，由自身重力移动至反应器底部流出，再经汽提系统输送到第二反应器顶部。从最后一个反应器出来的催化剂提升到再生器顶部，定期通过阀门开关分批进入再生器。

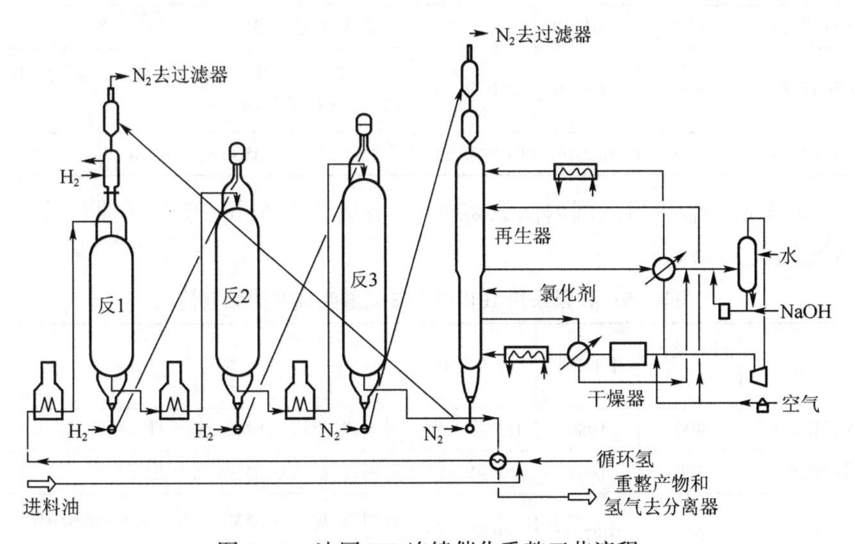

图 8-6　法国 IFP 连续催化重整工艺流程

在再生器内催化剂经过烧焦、氯化和焙烧等工序进行再生，再生后催化剂自流至下部料斗，用氢还原，然后再提升到第一反应器，如此循环。IFP 这种反应器为并列布置方式，安装、维修方便，避免了金属应力，无反应器个数和高度的限制，可使反应器高径比达到最优化。

我国以前建设的催化重整大都是半再生催化重整，规模为(10～30)×10^4t/a。由于要求汽油辛烷值不断提高和芳烃需求量的增长，重整装置的建设规模不断加大，因此，选用连续催化重整比较有利。自 20 世纪 80 年代以来，已引进数套美国 UOP 及法国 IFP 技术的连续催化重整；90 年代后期，由我国自己设计和使用自行研制催化剂的连续催化重整装置已付诸实施。我国连续催化重整规模大都为(80～105)×10^4t/a，国外的连续重整装置最大规模为 325×10^4t/a。

我国目前已引进 UOP 连续催化重整装置多套，分别在金山、扬子、广州、兰州、大连等地。具体情况见表 8－4。

表 8－4　我国采用 UOP 连续催化重整技术的装置情况

序号	厂家	设计能力 kt/a	开工时间	技术专利	特点	目的产物
1	上海石化公司	400	1985.03	UOP 第一代	重叠式，反应 0.8MPa，常压 CCR	芳烃
2	扬子石化公司	1050	1990.02	UOP 第一代	重叠式，反应 0.8MPa，常压 CCR	芳烃
3	广州石化总厂	400	1990.06	UOP 第一代	重叠式，反应 0.8MPa，常压 CCR	芳烃
4	辽阳化纤公司	400	1996.08	UOP 第二代	重叠式，反应 0.35MPa，加压 0.25MPa CCR	芳烃
5	吉林化学公司	400	1996.09	UOP 第二代	重叠式，反应 0.35MPa，加压 0.25MPa CCR	芳烃
6	镇海炼化公司	1000	1996.12	UOP 第二代	重叠式，反应 0.35MPa，加压 0.25MPa CCR	汽油＋芳烃
7	燕山石化公司	600	1997.08	UOP 第二代	重叠式，反应 0.35MPa，加压 0.25MPa CCR	汽油
8	高桥石化公司	600	1998.05	UOP 第二代反应系统，第三代再生技术	重叠式，反应 0.35MPa，Cyclemax 再生	
9	兰州石化公司	800		UOP 第三代	重叠式，反应 0.35MPa，Cyclemax 再生	芳烃
10	大连石化公司	600	2001.10		重叠式，反应 0.35MPa，Cyclemax 再生	
11	天津石化	600	2000.09	UOP 第三代	重叠式，反应 0.35MPa，Cyclemax 再生，GCR－lOO 催化剂	对二甲苯
12	锦西石化公司	600	2002.07	UOP 第三代	重叠式，反应 0.35MPa，Cyclemax 再生	汽油

IFP 连续催化重整装置目前国内南京炼油厂、齐鲁石化公司、胜利炼油厂等有多套装置。装置引进情况见表 8－5。

表 8－5　我国采用 IFP 连续催化重整技术的装置情况

序号	厂家	设计能力 kt/a	开工时间	技术专利	特点	目的产物
1	抚顺石化总厂	400	1986	IFP 第一代	并列式，反应 0.8MPa，加压批量生产	芳烃
2	洛阳石化总厂	700	1987	IFP 第一代	并列式，反应 0.8MPa，加压批量生产	芳烃
3	金陵石化公司	600	1997.11	IFP 第二代	并列式，反应 0.35MPa，加压 0.5～0.6MPa CCR	汽油＋芳烃

续表

序号	厂家	设计能力 kt/a	开工时间	技术专利	特点	目的产物
4	乌鲁木齐石化公司	400	2000 投建	IFP 第三代		芳烃
5	齐鲁石化公司	600	2001.3	IFP 超低压连续重整专利技术		汽油 + 芳烃

连续催化重整和半再生式催化重整各有特点，选择何种工艺应从以下方面加以考虑：

(1)投资数量和资金来源。连续催化重整再生部分的投资占总投资相当大的一部分，装置的规模越小，其所占的比例也越大，因此规模小的装置采用连续催化重整是不经济的。近年新建的连续催化重整装置的规模一般都在 60×10^4t/a 以上。从总投资来看，一座 60×10^4t/a 连续催化重整装置的总投资与相同规模的半再生式重整装置相比，约高出 30%。

(2)原料性质和产品。原料油的芳烃潜含量越高，连续催化重整与半再生式催化重整在液体产品收率及氢气产率方面的差别就越小，连续催化重整的优越性相对下降。当重整装置的主要产品是高辛烷值汽油时，汽油辛烷值的提高还主要靠提高汽油中芳烃含量。出于对环保的考虑，出现了限制汽油中芳烃潜含量的趋势。另一方面在汽油中添加高辛烷值组分提高汽油辛烷值的办法得到了广泛的应用，因此对重整汽油的辛烷值要求有所降低。对汽油产品需求情况的这些变化，促使重整装置降低其反应可刻度，这种情况也在一定程度上削弱了连续催化重整的相对优越性。此外，连续催化重整多产的氢气是否能充分利用，也是衡量其经济效益一个应考虑的因素。选择何种工艺，要根据实际情况，进行全面的综合分析。

三、芳烃抽提工艺流程

芳烃抽提装置是炼油通向化工的一座桥梁，它不仅可以降低汽油中的苯含量，提高汽油的品质，保护人类赖以生存的环境；更重要的是芳烃，特别是轻质芳烃 BTX(苯、甲苯、二甲苯)是重要的基础有机化工材料，产量和规模仅次于乙烯和丙烯，其衍生物广泛地应用于化纤、塑料和橡胶等化工产品和精细化学品的生产中。

重整生成油通过芳烃抽提后可以生产苯、甲苯、二甲苯等石油化工基本原料，芳烃抽提后的抽余油还可以作为高质量溶剂油原料或乙烯裂解原料、制氢原料。

(一)抽提原理

以生产芳烃产品为目的时，由于重整产物是芳烃和非芳烃的混合物，必须设法将芳烃从混合物中分离出来。由于混合物中芳烃组分和其他烃类的沸点很接近，很难用蒸馏的方法使之分离。目前采用的是溶剂抽提法从重整产物中分离芳烃，溶剂抽提是分离液体混合物的常用方法之一。原理是选用一种溶剂，该溶剂对混合液中的某一组分具有高的溶解能力，而对其他组分溶解能力则很弱，并且能形成两个密度不同的液相，以便分离。

在芳烃抽提过程中溶剂与重整油接触后分为两相，一相由溶剂和能溶于溶剂中的芳烃组成，称为提取相(提取液)；另一相为不溶于溶剂的非芳烃，称为提余相(提余液)。两相液层分离后，再回收提余相和提取相中的溶剂循环使用，混合芳烃作为芳烃精馏原料。

溶剂的选择是芳烃抽提的关键，一般来说，溶剂应具备以下三个基本条件：

(1)对芳烃有较高的溶解能力。

(2)对芳烃有较高的选择性。

(3)提余相与提取相中的溶剂易于回收。一般通过蒸馏的方法回收提余相与提取相中的溶剂，因此要求溶剂与溶质和原溶剂要有一定的沸点差。

(4)溶剂与原料油的密度差要大，便于形成两个液相。

此外还要有化学稳定性好、毒性及腐蚀性小、价廉易得等特性。

工业上采用的主要溶剂有：二乙二醇醚、三乙二醇醚、四乙二醇醚、二甲基亚砜、环丁砜和 N－甲基吡咯烷酮等。

不同烃类在溶剂中的溶解度顺序为：芳烃 > 烯烃或环烷烃 > 烷烃。

(二)抽提工艺流程

芳烃抽提过程工艺原理流程如图 8－7 所示。

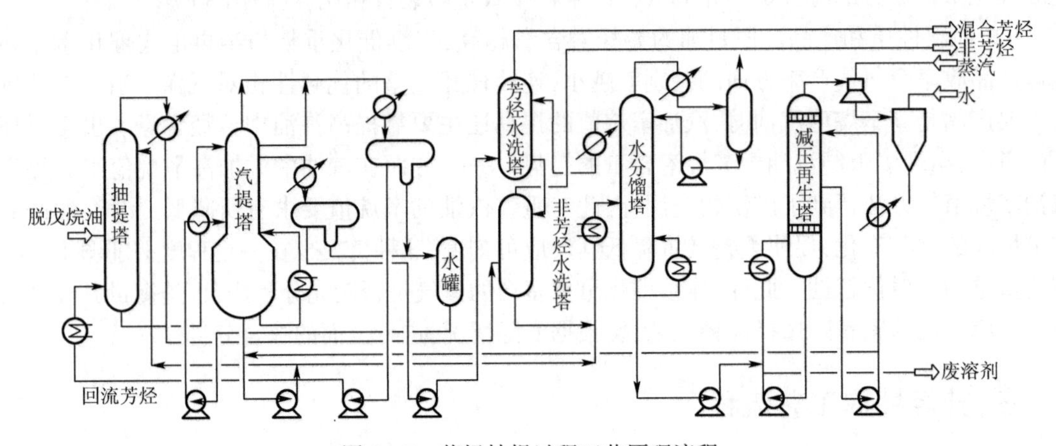

图 8－7　芳烃抽提过程工艺原理流程

1. 抽提部分

经脱戊烷以后的重整生成油从抽提塔中部进入，与从塔顶喷淋而下的溶剂充分接触，由于二者密度相差较大，在塔内形成逆流抽提。塔下部注入从汽提塔顶抽出的芳烃作为回流，以提高产品的纯度。富含芳烃的溶剂(提取液)沉降在塔下部，自塔底流出去汽提塔。非芳烃(提余液)从塔顶排出，去非芳烃水洗塔。塔内温度维持在 120 ~ 150℃，压力为 0.8MPa，溶剂比 12 ~ 17，回流比为 1.1 ~ 1.4。

2. 溶剂回收部分

溶剂回收部分的任务是从提取液、提余液和水中回收溶剂并使之循环利用。溶剂回收部分的主要设备有汽提塔、水洗塔和水分馏塔。

(1)提取液汽提。来自抽提塔底含有溶剂和芳烃的提取液，经调节阀降压后进入汽提塔顶部。从汽提塔顶蒸出的芳烃冷凝后进入回流芳烃罐，在罐内芳烃与汽提水分离，芳烃用泵抽出经换热后打入抽提塔底作为回流，以提高芳烃抽提的选择性。芳烃以蒸气形态从汽提塔中部流出，经冷凝后进入芳烃罐，分出水后用泵送往芳烃水洗塔。从芳烃罐和回流芳烃罐分出的水流入循环水罐，用泵打入汽提塔作汽提用水。

汽提塔底设有再沸器,塔底出来的溶剂一部分经再沸器返回汽提塔,一部分用泵抽出打入抽提塔顶。

(2)水洗塔。水洗塔有两个,分别是芳烃水洗塔和非芳烃水洗塔,这是两个筛板塔。水洗塔的作用是洗去芳烃或非芳烃中的溶剂,从而减少溶剂的损失。在水洗塔内,水是连续相而芳烃或非芳烃是分散相。两个水洗塔塔顶分别引出混合芳烃产品和非芳烃产品。

(3)水分馏塔。水分馏塔的任务是回收溶剂并得到干净的循环水。溶剂再生前,先通过水分馏塔分出水,以减轻溶剂再生塔的负荷。水分馏塔在常压下操作,塔顶采用全回流,以便使夹带的轻油排出。大部分不含油的水从塔顶部侧线抽出。

3. 溶剂再生部分

二乙二醇醚等溶剂在使用过程中由于高温及氧化会生成大分子的叠合物和有机酸,导致堵塞和腐蚀设备,并降低溶剂的使用性能。为保证溶剂的质量,一方面要注意经常加入单乙醇胺以中和生成的有机酸,使溶剂的 pH 值经常维持在 7.5 ~8.0;另一方面要经常从汽提塔底抽出的贫溶剂中引出一部分溶剂去再生。再生在减压再生塔中进行,因为二乙二醇醚的分解温度为 164℃,低于其常压沸点 245℃。真空塔顶抽真空,塔中部抽出再生溶剂,一部分作塔顶回流,余下的送回抽提系统,已氧化变质的溶剂因沸点较高而留在塔底,用泵抽出后与进料一起返回塔内并排出老化变质溶剂。

四、芳烃精馏工艺流程

芳烃精馏就是将混合芳烃分离成单体芳烃。根据生产任务的不同,芳烃精馏的流程也会有所不同。芳烃精馏常用的工艺流程有两种类型:一种是三塔流程,用来生产苯、甲苯、混合二甲苯和重芳烃;另一种是五塔流程,用来生产苯、甲苯、邻二甲苯、间二甲苯、对二甲苯、乙基苯和重芳烃。

(一)三塔流程

芳烃精馏三塔工艺流程如图 8 -8 所示。来自抽提部分的芳烃经换热和加热后进入白土塔,用白土吸附除去其中的不饱和烃,然后进入苯塔,塔底物料在再沸器内用热载体加热到 130 ~135℃。由于塔顶产物中含有少量轻质非芳烃,因此塔顶产物冷凝冷却至 40℃进入回流罐,塔顶采用全回流。从塔的侧线抽出苯产品,经换热冷却后进入成品罐。

苯塔底芳烃用泵抽出打至甲苯塔中部,塔底物料被加热到 155℃左右,甲苯塔顶馏出的甲苯经冷凝冷却后进入甲苯回流罐。一部分作甲苯塔顶回流,另一部分去甲苯成品罐。

甲苯塔底芳烃用泵抽出后,打至二甲苯塔中部,塔底芳烃由再沸器热载体加热,控制塔的第八层温度为 160℃。塔顶馏出的二甲苯经冷凝冷却后,进入二甲苯回流罐,一部分作为二甲苯塔顶回流,另一部分去二甲苯成品罐。塔底重芳烃经冷却后入混合汽油线。

(二)五塔流程

五塔流程是在三塔流程的基础上,增设了乙基苯塔和邻二甲苯塔。由二甲苯塔顶蒸出乙基苯和间二甲苯、对二甲苯的混合物进入乙基苯塔,乙基苯从乙基苯塔顶抽出,间二甲苯和对二甲苯从乙基苯塔底抽出。二甲苯塔底抽出的邻二甲苯和重芳烃混合物进入邻二甲苯塔,从邻二甲苯塔顶蒸出邻二甲苯,重芳烃从邻二甲苯塔底抽出。芳烃精馏五塔工艺流程如图 8 -9 所示。

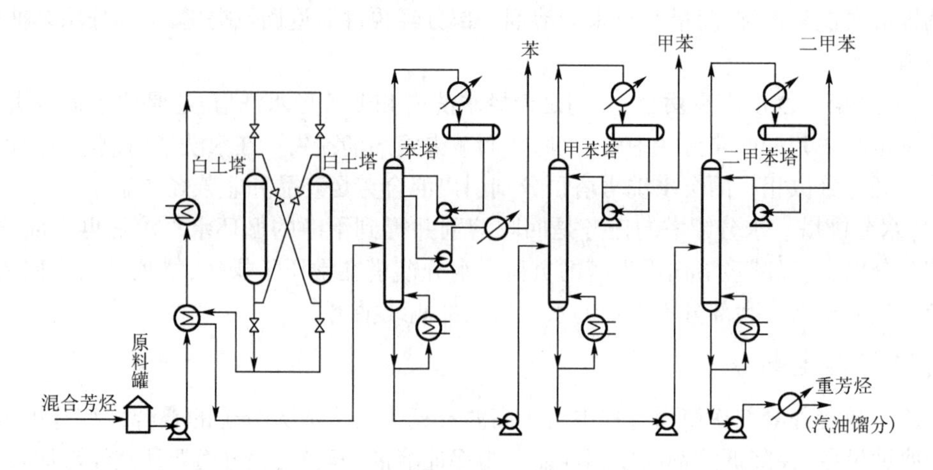

图 8-8　芳烃精馏三塔工艺流程

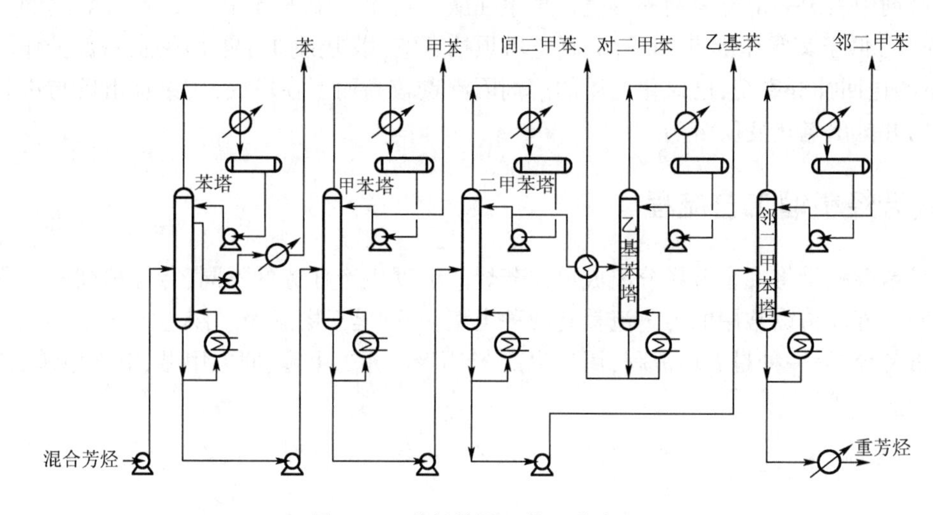

图 8-9　芳烃精馏五塔工艺流程

间二甲苯、对二甲苯的沸点差仅有 0.7℃,难于用精馏的方法分开。它们的熔点差很大,可以用深冷法进行分离,此外还可以利用吸附分离法和络合分离法进行分离。

第六节　催化重整的主要设备

催化重整装置的主要设备有催化重整反应器、再生器、加热炉、换热器和泵等,催化重整反应器、再生器和加热炉是催化重整装置中的关键设备。

一、催化重整反应器

催化重整反应器按设备平面布置分为并列式和重置式;按反应器选材可以分为冷壁式和热壁式;按催化剂运动方式可分为固定床和非固定床;按物料在反应器中的流向可分为轴向和径向两种结构型式。

(一)固定床反应器

固定床反应器有两种基本型式,一种是轴向反应器,另一种是径向反应器。

1. 轴向反应器

轴向反应器物料自上而下轴向流动,反应器内部是一个空筒,结构比较简单。壳体外为碳钢壳体,内衬为耐火水泥层,里面还有一层合金钢衬里,衬里的作用在于防止高温氢气对碳钢壳体的腐蚀,水泥层具有保温和降低外壳壁温的作用。油气进入反应器时通过一个分配头,使原料气均匀分布于整个床层截面。油气出口集合管上有钢丝网,防止催化剂粉末被带入后路设备或管线中。

反应器中部装有催化剂,床层上下装有惰性瓷球,以防止操作波动时床层催化剂跳动而引起催化剂破碎,同时也有利于气流的均匀分布。

轴向反应器结构简单,操作和维修方便,但催化剂床层厚,物料通过时阻力(压力降)比较大。下流式轴向圆筒形固定床反应器如图 8-10 所示。

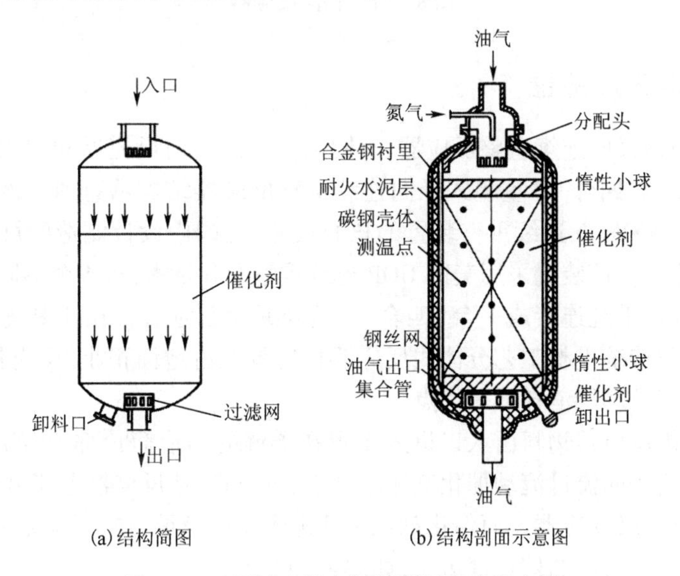

图 8-10 下流式轴向圆筒形固定床反应器

2. 径向反应器

径向反应器是由壳体、进料分配器、中心管、活动罩帽和扇形筒等部件组成。催化剂装填在中心管和扇形筒之间的环形空间,床层上面装填瓷球或废催化剂,床层下面装填瓷球。原料由上部入口经过进料分配器后,受罩帽阻碍而进扇形筒。扇形筒开有长形小孔,气流经长形小孔,以径向进入催化剂层,与催化剂接触,发生反应,然后进入中心管,最后从中心管下部流出。

径向反应器与轴向反应器的最大区别是在反应器中心设置了一根中心管,在器壁设置了若干扇形筒以及它们之间的连接件,实现油气的径向均匀流动和床层压降的下降。

与轴向反应器相比,其突出的特点是气流进出比较均匀,床层的阻力较小,床层在反应过程中温度分布均匀,反应也很充分,这主要是由于气流以较低的流速沿径向通过较薄的催化剂床层。其缺点是结构复杂,维修较困难。径向反应器如图 8-11 所示。

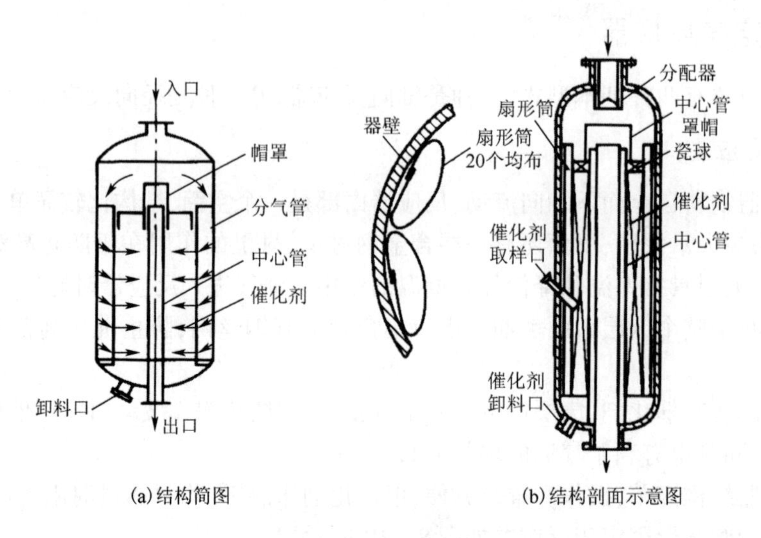

图 8－11　径向反应器

(二)非固定床反应器

非固定床反应器又叫连续重整反应器,有同轴重叠式轴向反应器和同轴重叠式径向反应器两种。图 8－12 为“四合一”重叠式径向连续重整反应器结构示意图。该反应器是北京燕山石化公司炼油厂 600kt/a 连续重整装置的核心设备,是国内设计制造的炼油静设备中技术要求最高的设备之一。该装置采用美国 UOP 连续重整专利技术,将 4 个不同直径和壁厚的反应器通过锥体变径段重叠连接成一台“四合一”连续重整反应器。由于其先进的工艺和合理的结构设计,使其与传统重整工艺分体式反应器相比具有占地面积小、反应物料均匀、催化剂利用充分、压降小以及动能消耗低等优点。

操作时,上一级反应器物料由入口进入布置在器壁的扇形筒顶部 D 字形升气管,均匀地流入扇形筒中,然后径向流过流动催化剂床层,汇入中心管,从反应器上部出口流出,经外部加热炉加热后进入下一级反应器。而催化剂从顶部进入靠自身重力向下流经一级、二级、三级和四级反应器,形成一个流动的催化剂床层,如图 8－13 所示。

在中心管上部膨胀节外面还设有一夹套,在夹套上部周围方向开设若干通气孔,夹套下部(位于盖板之下)是用焊接条缝筛网制作的圆筒,一小部分油气进入夹套上的通气孔,再从盖板下部的焊接条缝筛网进入催化剂床层,防止催化剂向中心管聚集,形成死区。早期的重叠式重整反应器,油气出口设在中心管的底部,即所谓上进下出;近期的反应器油气出口设在中心管的上部,即所谓上进上出,这样的改进更有利于油气在床层中的均匀分配。

二、催化重整再生器

催化重整再生器是重整装置的主要设备。对于半再生重整装置,再生是在反应器内或器外进行的。

连续重整再生器简图如图 8－14 所示。设备从上而下包括烧焦、氧氯化及焙烧干燥等过程。来自第四重整反应器积炭的待生催化剂被提升至再生部分,依次进行催化剂的烧焦、氯氧化(补氯和金属的再分散)、干燥和冷却。再生后的催化剂经闭锁料斗循环回还原区进行二段还原(氧化态变为还原态),再经下降管至第一重整反应器并依次经过第二、第三反应器,最后到达第四反应器完成一个循环。

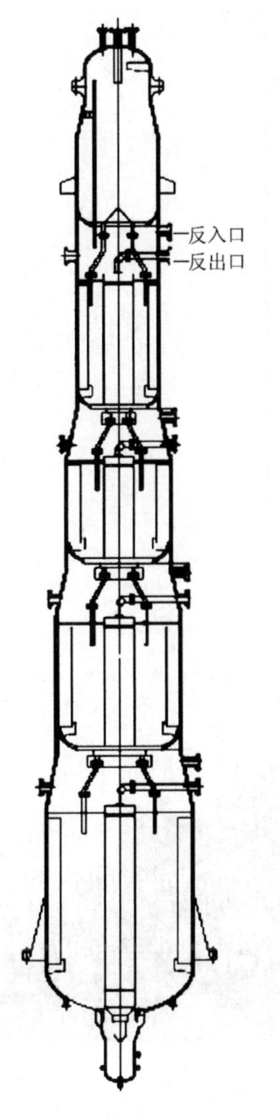

图 8-12 “四合一”重叠式径向连续重整反应器结构示意

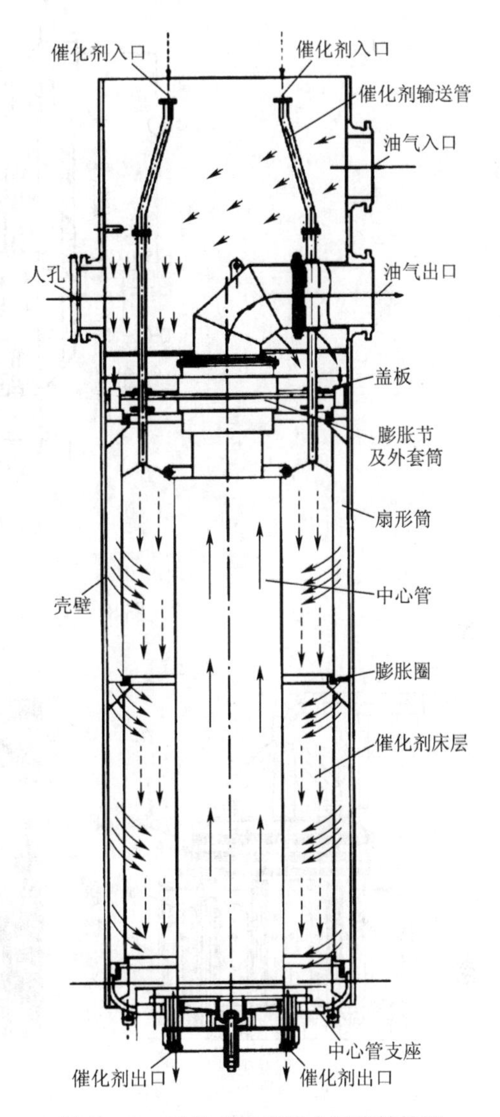

图 8-13 重叠式反应器中间段结构及物料流向

三、催化重整反应物料加热炉

如前所述,重整装置要有多台加热炉和多台重整反应器对应。对于大型重整装置一般采用炉管压降较小、辐射室联合在一起的结构紧凑的箱式加热炉,即三合一或四合一加热炉。

图 8-15 为典型重整反应四合一加热炉结构及现场图。四台重整加热炉合并布置在一个炉体内,各炉膛间用火墙进行相对隔离。辐射室产生的高温烟气经辐射段顶部的四个烟道进入公用对流室,最后从对流段顶的两个集合烟道分别进入烟囱,排入大气。炉膛正常工作温度为 825℃。

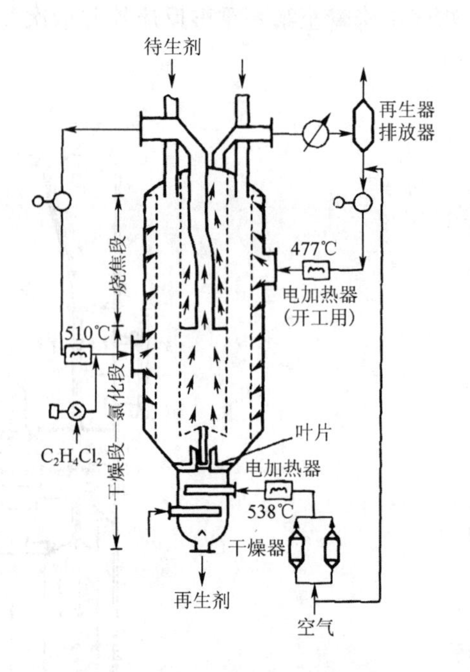

图 8 - 14　连续重整再生器简图

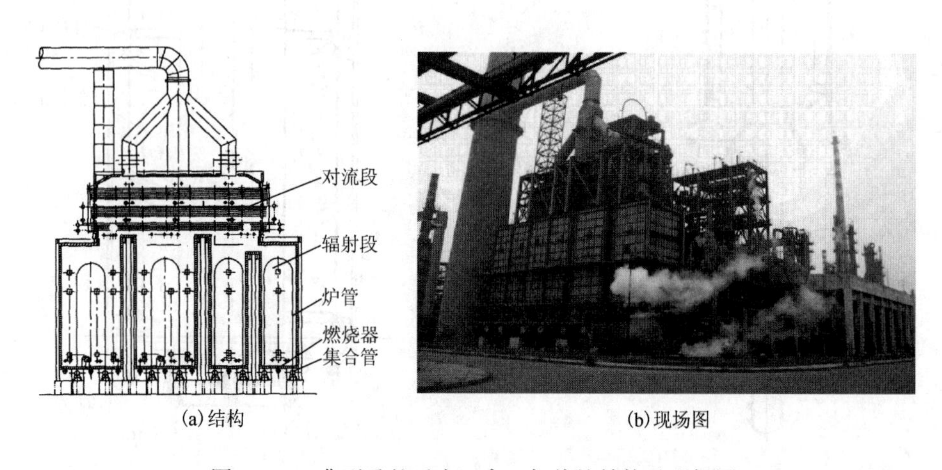

(a)结构　　(b)现场图

图 8 - 15　典型重整反应四合一加热炉结构及现场图

第七节　催化重整装置的操作与控制

一、催化重整操作参数

催化重整的操作参数是控制反应的独立条件，除了催化剂和原料性质以外，操作参数主要是指反应压力、反应温度、空速、氢油比(氢烃比)。这些参数的改变将影响产品质量、产率和催化剂的失活速率(表 8 - 6)。不仅如此，催化重整的操作参数，还与装置的工程投资及操作费用密切相关，反映了技术水平的高低。

表 8-6　操作参数及原料油性质对反应的影响

影响因素		产品辛烷值	产品收率	积炭速率
操作参数	反应压力↗	↘	↘	↘
	反应温度↗	↗	↘	↗
	空速↗	↘	↗	↘
	氢油比↗	→	→	↘
原料油	芳烃潜含量↗	↗	↗	↘
	初馏点↗	↗	↗	↘
	终馏点↗	↗	↗	↗

注:↗代表提高,→代表不变,↘代表降低。

(一)反应压力

反应压力是催化重整的基本操作参数,它影响产品收率、需要的反应温度以及催化剂的稳定性。催化重整的主要反应是产生氢气的环烷脱氢和烷烃环化脱氢,从热力学的观点分析,降低反应压力有利于向生成芳烃的反应平衡移动,对提高产品收率有利;但是,反应压力降低后氢压下降,会增加催化剂上的积炭速率,影响催化剂的稳定性而缩短操作周期。反应压力对重整反应的影响如图 8-16 所示。

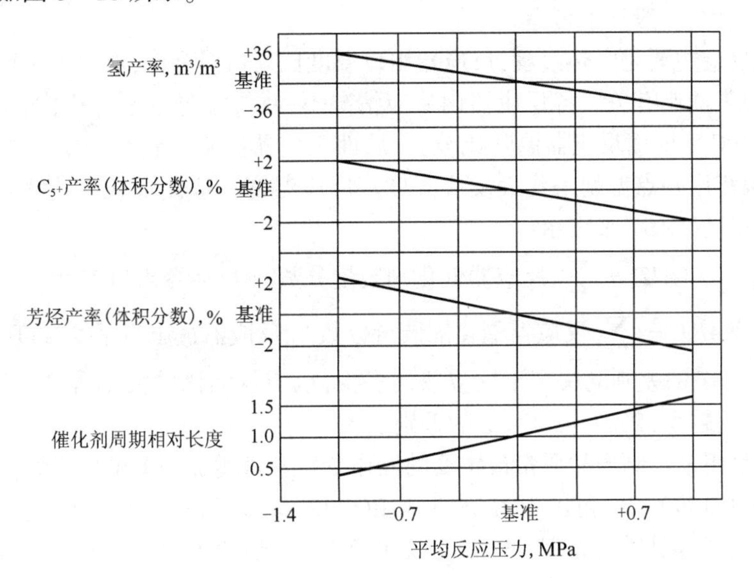

图 8-16　反应压力对重整反应的影响

一套催化重整装置设有 3~4 台反应器,前后各反应器的压力是不一样的,工程上只能用平均反应压力来表示。根据催化剂装量的分配情况,最后一台反应器中的催化剂大约占整个催化剂装填量的一半,其入口压力接近于平均压力,因此一般以最后一台反应器的入口压力代表反应压力。

反应压力越低对提高重整产品的收率越有利;但反应压力越低,催化剂上的积炭速率增加,催化剂失活速度越快。为了克服这一对矛盾,技术开发从两个方面进行工作:一方面是增加催化剂的容炭能力,减缓催化剂的失活速度,铂铼等双金属及多金属催化剂有较高的稳定性和容焦能力,可以采用较低的反应压力。半再生式铂重整采用 2~3MPa 的反应压力,半再生式铂铼重整一般采用1.8MPa左右的反应压力,操作周期仍能维持在一年以上。另一方面是开发出催化剂连续再生工艺,及时除去催化剂上的积炭,并逐步增加催化剂连续再生的能力,连续重整的反应压力初期就降低到0.8～1MPa,以后又降低到0.35MPa。

反应压力的降低不仅取决于催化剂性能和再生技术的改进,还需要在工程技术上创造必要的条件,主要是压力降低以后,气体体积增大,临氢系统流速增加,压降增大,循环氢压缩机的功率增加,为此除尽量减小氢油比外,还需要采用低压降的设备和管路。

反应压力是在装置设计时确定的,操作时通过产物分离罐的压力进行控制。在实际操作中,很难随意改动;由于受压缩机性能及设备设计条件的限制,反应压力调节的余地不大。

(二)反应温度

在重整装置的实际操作中,反应压力、空速和氢油比一旦确定以后,任意改变的可能性很小,但反应温度是需要随时控制的主要参数,要根据原料组成和产品辛烷值要求的不同,确定不同的反应温度。操作中随着催化剂活性的降低,为了保持产品的辛烷值不变,往往需要逐步提高反应温度。

适应重整操作的温度范围比较宽,提高温度可以提高重整生成油的辛烷值,但会降低其收率,并对催化剂的稳定性有一定影响。工业上平均反应器入口温度一般为480～530℃。过高温度(例如大于549℃)因为热反应大大增加,严重降低重整油的收率和催化剂的稳定性,对设备材质影响也很大,一般不予考虑。

由于重整反应主要是吸热过程,反应器出口温度比入口温度低,温差大小取决于反应热的大小,同时也与氢油比有关。各反应器内反应情况不一样,温降也不一样(最低10℃左右,最高可能达到150℃),前面反应器温降比较大;后面反应器温降比较小。反应器内各点温度也不一样,因此很难用一点温度来代表反应温度。反应温度一般用加权平均入口温度 *WAIT* 或加权平均床层温度 *WABT* 来表示:

$$WAIT = \sum 反应器催化剂装量分数 \times 反应器入口温度$$

$$WABT = \sum 反应器催化剂装量分数 \times 反应器进出口平均温度$$

WAIT 与 *WABT* 的差别既决定于反应热的多少,也与氢油比的大小有关。反应热越大,氢油比越小,则温差越大,*WAIT* 与 *WABT* 的差别越大。

反应温度是用来控制产品质量最主要的操作参数。每增加一个单位辛烷值需要提高反应温度(*WAIT*)在RON90～95范围内为2～3℃,RON95～100范围内为3～4℃。增加空速,或原料变贫、变轻,也都需要适当提高反应温度以维持产品辛烷值不变。

反应温度对重整反应的影响见表8-7。

表8-7　反应温度对重整反应的影响

WAIT,℃	521	526	531	536
WABT,℃	488	493	498	504
C_{5+}产品研究法辛烷值	102	103	104	105
C_{5+}产品液体收率(质量分数),%	87.43	86.59	85.59	84.22
芳烃产率(质量分数),%	69.48	70.38	71.18	71.90
纯氢产率(质量分数),%	3.85	3.89	3.95	4.03
催化剂积炭速率,kg/h	38.0	45.2	54.9	68.7

注:原料族组成P/N/A=66.27/23.81/9.92,催化剂PS-VI,空速为1.2h^{-1},氢油比2.5mol/mol,反应压力0.35MPa。

反应温度在以下情况下需要进行调整：

(1)改变重整生成油的辛烷值；

(2)改变装置的处理量,从而改变了空速；

(3)处理不同性质的重整原料；

(4)补偿由于催化剂老化活性逐步下降；

(5)补偿由于进料杂质对催化剂活性的损害。

如果原料中硫、氮、水和金属杂质含量偏高,影响催化剂的活性,应当先搞清原因,然后再采取相应的措施,一般不宜通过提高反应温度来补偿,否则可能会加剧催化剂的中毒失活。

(三)空速

空速是重整反应的一个重要参数,说明反应物与催化剂接触时间的长短。它用每小时通过催化剂的石脑油进料量来计量,一般以液体体积空速(*LHSV*)或质量空速(*WHSV*)表示。

$$LHSV = \frac{\text{进料体积流率,m}^3/\text{h}}{\text{反应器中催化剂的体积,m}^3}$$

$$WHSV = \frac{\text{进料的质量流率,kg/h}}{\text{反应器中催化剂的质量,kg}}$$

空速对产品的辛烷值有重要影响(表8-8)。提高空速意味着进料量增加,从而减少了物料在反应器中停留的时间,降低了反应的苛刻度,辛烷值会降低,但可以通过提高温度进行补偿。反之,在低空速条件下,物料在反应器中停留的时间增加,反应温度就应当低一些,以防止热反应过多影响重整生成油的收率。

表8-8　空速对重整反应的影响

$LHSV,h^{-1}$	1.64	1.97
处理量,kg/h	125000	150000
WAIT,℃	523	529
C_{5+}产品研究法辛烷值	102	102
C_{5+}产品液体收率(质量分数),%	90.47	90.71
芳烃产率(质量分数),%	72.29	72.41
纯氢产率(质量分数),%	3.58	3.61
催化剂积炭速率,kg/h	26.40	30.98

注:原料P/N/A为49.55/36.07/14.38,PS-Ⅵ催化剂,氢油比2.65,反应压力0.35MPa。

反应器尺寸确定后,空速就决定了装置的处理量。从表8-8中可以看出,空速从$1.64h^{-1}$提高到$1.97h^{-1}$,处理量扩大了1.2倍。保持辛烷值不变,则反应温度提高了6℃,积炭速率从26.4kg/h增加到30.98kg/h。空速对液体收率、芳烃产率、纯氢产率影响不太显著。增加连续重整空速后,能否在保持苛刻度不变的情况下正常运转,取决于反应温度和再生器的能力。

为了减少加氢裂化和生焦反应,操作中要降低空速时,应当先降低反应温度,然后再减少进料量;要提高空速时,先增加进料量,然后再提高反应温度。

降低空速一般对反应是有利的,但反应器要大,要装入较多的催化剂,由于重整催化剂中含有贵金属铂,价格昂贵,对投资影响比较大。

由于空速与反应温度有关，为了生产一定辛烷值的产品，提高空速时需要提高反应温度，而温度又不宜过高，因此空速的提高受到一定限制。重整油辛烷值 RON 在 90～100，空速提高一倍时，一般要求反应器入口温度提高 15～20℃。高烷烃石脑油在空速提高一倍时，要求提高反应器入口温度 20～30℃，低烷烃石脑油在空速提高一倍时，只要求提高反应器入口温度 8～12℃。

在正常生产时，反应器的大小已经确定，催化剂装填量已不能随便改变，空速的高低取决于进料量的多少，它要根据工厂调度的要求决定，因此实际操作中空速一般不调节。

(四)氢油比

氢气循环的作用为了保持催化剂的稳定性，催化重整反应需要有氢气循环以增加氢分压，它能起到从催化剂上将积炭前身物清除的作用，从而减小积炭的速度，同时还可稀释原料，使原料均匀地分布于床层，以较快的速度通过反应器，并使由于吸热反应产生的温降减少。

氢油比是指标准状态(273K、101.3kPa)时氢气流量与进料量之比值。氢油比表示有两种方法：一是氢油摩尔比，即进入重整反应器的循环氢中氢气千摩尔数与重整原料油千摩尔数之比；二是氢油体积比，即进入重整反应器循环氢与重整原料油的体积比。

氢油比的大小直接影响氢分压的高低，对反应的影响不是很大，但影响催化剂的积炭速度和催化剂的寿命。氢油比大，虽然不利于芳构化，增加加氢裂化，但催化剂积炭速率减慢，操作周期增长，同时也使循环氢量增大，压缩机消耗功率增加。氢油比减小，则氢分压降低，虽有利于环烷脱氢和烷烃的脱氢环化，但会增加催化剂上的积炭速率，降低催化剂的稳定性。氢油比对重整反应的影响见表 8-9。

表 8-9　氢油比对重整反应的影响

氢油摩尔比	2.00	2.50	3.00
WAIT,℃	539	536	533
WABT,℃	505	504	504
C_{5+}产品研究法辛烷值	105	105	105
C_{5+}产品液体收率(质量分数),%	84.54	84.22	83.90
芳烃产率(质量分数),%	72.18	71.90	71.65
纯氢产率(质量分数),%	4.06	4.03	3.99
催化剂积炭速率,kg/h	80.8	68.7	59.7

由表 8-9 可以看出：达到相同辛烷值时，随着氢油比增加，液体收率、氢气产率和芳烃产率略有下降，变化幅度不大。但是随着氢油比增加，催化剂的积炭大幅度减少，因而可以减小再生器规模。

循环氢量决定了循环氢压缩机的大小和功率，而催化剂的积炭量又决定了催化剂再生设备的规模，因此氢油比对工程投资和操作费用影响都比较大，是在装置设计时要考虑的重要参数。

在原料油芳烃潜含量较高、反应苛刻度不高、反应条件比较缓和以及催化剂容炭能力较强的条件下，可以选用较低的氢油比，以减小循环氢压缩机的能力，节省能耗；反之，氢油比应较高，以保证一定的操作周期。

氢油比是决定催化剂稳定性的重要因素,但对生成油性质影响不大。在一般操作范围内,氢油比对产品质量和收率影响很小,不是需要经常调节的参数。

将氢油比维持在相应要求的最低水平,在经济上是合理的,是设计时必须认真考虑的问题,但在实际操作中由于受压缩机排量的限制,并为了尽量避免操作的波动,一般很少进行调节。

二、原料性质对操作参数的影响

(一)原料组成的影响

重整原料中族组成(*PONA* 值)对反应条件的影响比较大。*P*、*O*、*N* 和 *A* 分别代表重整原料中烷烃、烯烃、环烷烃和芳烃的百分含量,其中环烷烃和芳烃的百分含量(*N* 和 *A*),是用来衡量原料贫富的指标,含量高的为富料,含量低的为贫料。有的用 $0.85N+A$、$N+A$、$N+2A$ 或 $N+3.5A$ 来表示,国内习惯以芳烃潜含量来表示,在"催化重整对原料的要求及原料预处理"一节中对芳烃潜含量计算方法已做介绍。芳烃潜含量越高,相同反应温度下芳烃产率越高,生成物辛烷值也越高。

随着重整技术的发展,重整生成油中的芳烃除了环烷烃脱氢产生的以外,一部分烷烃也可以脱氢环化产生芳烃,因此芳烃产率往往高于计算的芳烃潜含量。

(二)原料轻重的影响

原料初馏点一般为70~110℃,高低影响苯的产量。低初馏点含有较多的甲基环戊烷和较轻的烷烃,因而要达到同样辛烷值比高初馏点原料的苛刻度要大。

原料终馏点一般为150~180℃。终馏点高,意味着馏分重,芳烃和环烷烃含量高,容易进行重整反应,但高沸点馏分中含有多环芳烃易于生焦,会加快重整催化剂的积炭速率,同时重整原料过重会使重整汽油的干点不合格。

三、催化剂连续再生的操作参数

催化剂连续再生的任务,就是要控制好催化剂循环和再生的操作参数,在设备设计条件下将催化剂上的积炭烧干净,恢复催化剂的活性。

催化剂连续再生的操作取决于催化剂的循环量和催化剂上的积炭量。每套催化剂连续再生设备的循环量和烧焦能力在设计中已经作了规定,实际操作要受这些条件的限制。如果积炭量超过设计的烧炭能力,就应当调整重整反应的苛刻度,或者降低重整进料的流率。

(一)再生器压力

再生器的压力是通过与反应部分设备的压差来自动进行控制的,设计过程中确定了反应部分设备的压力从而再生器的压力也就被确定。一般来讲,提高再生压力,将增加氧的分压,对烧焦有利。不同连续重整的再生器压力是不一样的,目前重叠式连续重整再生器的压力与重整反应的产物分离罐关联,规定是0.25MPa;并列式连续重整再生器的压力与第一反应器关联,约为1MPa。

（二）烧焦区

烧焦区的主要操作参数是催化剂循环速率、烧焦区的氧含量、待生催化剂炭含量和烧焦区的气体流率。这些操作参数是互相关联的，一个参数的采用受到其他参数的限制，所有操作参数都要围绕同一个目的，就是要保证催化剂上的积炭能在烧焦区内烧干净；否则一旦让焦炭进入氧化氯化区，与过量氧气接触，将会引发高温，烧坏催化剂和设备，是不允许的。

烧焦区设有多点床层温度，它能很好地表示出烧炭的情况。高峰温度一般是在烧焦区顶部以下40%的地方，该处烧炭速率最大。烧焦区最后几点温度应当保持不变，说明烧炭已在烧焦区内完成。

烧焦区的床层温度是入口氧含量、催化剂循环速率、待生催化剂炭含量和再生气体流率的函数。床层温度不论何时何处发现升高，说明烧炭速率增加。床层高峰温度最高不应超过593℃，过高温度会损坏催化剂和设备。

（三）氧化氯化区

氧化氯化区的气体是促进催化剂氧化氯化反应的条件，氧含量高比较有利，但由于这部分氧全部进入再生气的循环系统，因此必须与烧炭所消耗的氧平衡。

（四）干燥（焙烧）区

为了将再生后催化剂载体上的水分完全清除掉，进入干燥（焙烧）区的气体（一般为空气或含氧8% ~12%的混合气）必须经过干燥并保持流量恒定。干燥后用于再生空气的含水量一般为5mg/L。

（五）催化剂提升

催化剂提升输送通过提升气来实现。提升气分一次气和二次气两股，前者进入提升器的底部，保证催化剂气动输送的需要，根据进入提升管提升气总量调节气量；后者进入提升器的侧面催化剂入口管，用于控制催化剂的提升量，改变气量将相应增减催化剂的提升量。不管提升催化剂的量是多少，流过提升管气体的总量应按设计值保持不变。

（六）淘析气

淘析气用于从循环催化剂中分出碎粒和粉尘，一般应当按设计流率保持恒定。流速太低会使碎粒和粉尘进入再生器并堵塞筛网，粉尘还会使提升发生问题；流速太高会使很多完整的催化剂颗粒与碎粒和粉尘一起带出。为了提高除尘效率，有必要在操作中进一步摸索经验，找寻最佳气体流率。

（七）黑烧与白烧

在再生器内，催化剂通过四个不同的区域：燃烧区、氯化区、干燥区和冷却区。再生器操作有两种不同的方式：黑烧和白烧。在黑烧时只有燃烧区有氧，氯化区及干燥区含氮。如果在氯化区及干燥区有结焦催化剂，一定要采用黑烧形式。黑烧通常在再生器重新启用时使用。白烧时燃烧区含0.5% ~1.0%（摩尔分数）的氧，而氯化区、干燥区和冷却区含空气、21%（摩尔分数）氧气。正常情况下再生器处于白烧状态，若要完全再生催化剂并保持催化剂最佳性能，必须采用白烧形式。

如何从黑烧过渡到白烧至关重要,必须严密监视黑烧的操作情况,绝对确保无含焦催化剂通过燃烧区进入氯化区和干燥区,当氯化区和干燥区肯定只有无焦催化剂时,白烧才可以开始。白烧开始后,氯化区、干燥区和冷却区含21%(摩尔分数)氧气。

如果氯化区和干燥区内仍含有结焦催化剂就开始白烧操作,就会损坏催化剂或再生器。在充满空气及高温条件下,烧焦不在受控状态下进行,因此局部燃烧速度可能超过800℃,处于这种情况下的催化剂可能会转变成其他不希望的状态。快速烧焦可能会引起催化剂球体破裂成碎片和细粉。同样的,高温条件下铝载体会变化而产生白色的、皱缩的球体,称为白色萎缩。在极高的温度下,催化剂会熔化形成大块的催化剂,而达到能熔化成大块催化剂的温度同时也就足够将再生器内构件熔化了。

在黑烧的时候,氧化氯化作为基本的再生步骤在氯化区是不完全的。由于氧化氯化过程既需要空气又需要加氯,因此只能在白烧过程中进行。为了在催化剂烧焦时适当重新分散铂及在催化剂上增加氯,氧化氯化这个步骤是必不可少的。因此,采用黑烧的方法不能完全再生催化剂,其活性也降低,不到万不得已一般不用黑烧。要完全再生催化剂,保持其高活性,一定要采用白烧的方法。

四、催化重整系统开工操作

本部分主要以100×10^4t/a UOP连续重整装置系统操作技术进行探讨。

(一)联动试车

联动试车即装置以水、氮气、蒸汽为介质,模拟装置投料试车的开车、停车、正常操作、参数调节、故障处理等操作。联动试车的目的是进一步发现装置存在的安装和设计缺陷,以便在正式投料试车前加以完善和改进,确保装置投料试车的安全可靠性,保证试车一次成功;进一步检验所有仪表、报警、联锁系统能够正常工作;全面检查全部运转设备,包括所有的泵、压缩机、运行是否稳定,其能力是否能够满足工艺要求;对操作人员进行全方位的技术培训,使其掌握装置开车、停车程序,事故处理及调整工艺参数的技术;检查各仪表的精确性,调节阀门的灵活、准确、可靠性。联动试车包括以下步骤:

1.开工确认

联动试车应具备以下条件:设备检验全部结束,所有动静设备均安装就位,达到验收要求;仪表、工艺管线验收合格;公用工程系统联运试车结束。

2.爆破、吹扫

爆破、吹扫的目的是将不能水冲洗的管线和设备中的铁屑、污垢用压力瞬间爆破出来。

3.加热炉烘炉

烘炉的目的是脱除加热炉耐火材料中所含的自然水和结晶水,烧结耐火材料,增加耐火材料强度和使用寿命。

4.水冲洗

水冲洗的目的是清洗设备和管道内杂物,并检查阀门、法兰、管线等有无泄漏现象;进一步检查、考验设备及工艺管线的安装质量。

5. 蒸汽吹扫贯通

吹扫是为了清除残留在管道内的泥沙、焊渣、铁锈等脏物，防止卡坏阀门，堵塞管线、设备和损坏机泵。通过吹扫工作，可进一步检查管道工程质量，保证管线设备畅通，贯通流程，并促使操作人员进一步熟悉工艺流程，为开工做好准备。

6. 塔系统气密置换

进一步检查阀门、法兰、管线、设备、焊缝的质量，通过使用合格的气体介质（本装置使用氮气），在规定的压力下，对系统内所有密封点采用肥皂水进行试漏，并考察系统的压降情况。

7. 塔系统油运

塔系统油运是为了清除设备、管线内的防锈油脂及去除脏物，进一步冲洗设备、管线和去除残留的水分，考验机泵的性能，校验设备、管线上的阀门、法兰、焊缝等泄漏情况，检验仪表的使用性能和操作人员的进一步练兵和熟悉工艺流程。

热油运的目的是在热介质状态下进一步考验设备、仪表、机泵的性能；进一步冲洗工艺及设备中杂质、水联运中残留的水以及其他杂质；在热介质的状态下考验设备的严密性、可靠性；加强岗位练兵，熟悉操作。

8. 临氢系统气密置换

氮气气密是检查各设备是否能达到操作压力等级；检查阀门、法兰、设备、管线、焊口的安装质量。由于气密实验的好坏，将直接影响装置的开工安全及长周期运转，因此要求每一位操作人员要认真对待，一丝不苟，对每一个气密点不允许有遗漏，确保进料无泄漏。

9. 临氢系统烘炉干燥及煮锅

临氢系统烘炉干燥及煮锅过程可以脱除新建加热炉耐火材料中的自然水和结晶水，烧结耐火材料，增加耐火材料的强度和使用寿命。

利用加热炉烘炉的热量，使用脱氧水和化学药品（Na_3PO_4、NaOH 或 Na_2CO_3），脱除蒸汽发生器系统内设备和管线表面的油脂、铁锈等有害物质，保证蒸汽发生器安全长期运行和蒸汽质量。

烘炉及系统干燥同时进行，即采用氮气循环方式。一方面，氮气从炉内带出烘炉热量，保证炉管不超温而保护炉管；另一方面，借助这部分氮气在反应系统设备、管线内循环，带走残余的水分，起到干燥系统的目的并脱除重整反应系统及再生系统相关的临氢部分的水分，避免催化剂接触水分而损害强度和活性。

在烘炉和系统干燥过程中，可以考验加热炉钢结构、控制仪表、循环压缩机、阀门及管线部分的性能，同时使操作人员熟悉和掌握系统流程及有关机械、仪表、电气的操作方法。

再生器系统的干燥单独进行。借助电加热器升温和再生鼓风机循环，一方面带出系统中水分，干燥系统，另一方面也干燥电加热器。

烘炉、煮炉及系统干燥过程同时进行，因此操作过程应综合考虑操作方法及步骤。升温标准按烘炉要求进行，煮炉及系统干燥过程应在烘炉结束前完成。本方案把重整临氢系统及再生临氢系统的干燥连为一体同时进行，并做好系统的隔离工作。

10. 反应系统装剂

反应系统装剂部分包括预加氢反应部分装剂、重整反应及再生部分装剂、重整脱氯剂的装填。

11. 反应系统二次气密

12. 反应系统二次置换

(二)投料试车的步骤

1. 投料试车应具备的条件

(1)工程中间交接完成。
(2)联动试车已完成。
(3)人员培训已完成。
(4)各项生产管理制度已落实。
(5)经上级批准的投料试车方案已向生产人员交底。
(6)保运工作已落实。
(7)供排水系统已正常运行。
(8)供电系统已平稳运行。
(9)化工原材料、润滑油(脂)准备齐全。
(10)备品配件齐全。
(11)蒸汽系统已平稳运行。
(12)供氮、供风系统已运行正常。
(13)通信联络系统运行可靠。
(14)物料储存系统已处于良好待用状态。
(15)安全、消防、气防等急救系统已完善。
(16)生产调度系统已正常运行。
(17)环保工作已落实。
(18)现场保卫已落实。
(19)生活后勤服务已落实。

2. 催化剂干燥、硫化

新鲜加氢催化剂的活性金属组分(W、Mo、Ni)是以氧化态形态存在的,这些氧化态的金属组分在加氢精制和加氢裂化过程中的活性较低,只有当其转化为硫化态时才有较高的活性。催化剂硫化的目的就是把活性金属由氧化态转化为硫化态。精制油硫含量达到0.2~0.5μg/g时硫化结束且连续两次精制油全样分析合格。

开工用催化剂已物理吸附有硫化剂,故无须另加注硫化剂,只需向反应器通入氢气,按硫化曲线升温使其发生化学反应硫化即可。

3. 重整进油

4. 再生开工

再生的置换和重整部分是一起置换的,再生氮气提升部分和烧焦部分在建立提升前要进行一次最终置换;再生在重整进油前必须建立起稳定的催化剂循环;再生还原部分的升温要和重整加热炉的升温同步进行;再生开工前必须黑烧,并记录消耗的空气流量,通过黑烧空气量设定白烧空气量。

五、催化重整系统停工操作

停工前首先要:确认装置公用工程系统运行正常、各仪表指示正常、各联锁好用、各仪表控制系统正常、各炉烟道挡板好用、各炉供风正常、化验分析仪器仪表运行正常、氮气供应足量、下次开工用的合格精制油出满、H_2S 气体报警仪测试合格投用、可燃气体报警仪测试合格投用,空气呼吸器、长管呼吸器、过滤式防毒面具备用,检查装置内消防器材和消防工具、安全防护用具,确保使用时无故障,能准确及时投入使用。

1. 预加氢降温降量

预加氢反应器入口以 50℃/h 的速度降温至 200℃,确认床层温度降至 200℃后停预加氢进料泵。

2. 重整降温降量停进料

联系油库将稳定汽油改至不合格罐,重整各反应器入口温度以 20℃/h 左右的速度降温至 480℃,重整进料逐步以一定的速度降量,重整进料降至某一值后,重整各反应器以 50℃/h 的速度降温到 450℃,重整各炉出口 450℃恒温,停重整进料泵,重整系统停止注氯,降低稳定塔底炉出口温度,稳定塔底以 30℃/h 左右的速度降温至 150℃时,各高温法兰人孔浇润滑油,稳定塔底温度降至 100℃以下时,现场熄加热炉,稳定塔顶回流罐抽至低液位,停稳定塔顶回流泵。

3. 预加氢恒温热氢带油

预加氢循环压缩机全量循环,预加氢反应器入口 200℃恒温 4h,预加氢炉以 30~35℃/h 的速度降温,确认预加氢炉炉膛温度降到 200℃后预加氢炉熄火,预加氢反应床层温度小于 60℃时,停预加氢循环压缩机。

4. 重整恒温热氢带油

停氢气增压机,关闭重整串氢阀及一切外排氢气阀保压,重整各加热炉出口温度控制在 450℃,恒温 4h,重整氢气循环压缩机全量循环,热氢带油结束后,各反应器入口温度控制在 450℃,等待热氢除硫。

5. 其他各部分降温降量停进料

停预分馏塔底进料泵,联系油库停原料,预分馏炉按 40℃/h 降温,150℃各高温法兰、人孔浇润滑油,确认预分馏塔底温度小于 150℃,确认蒸发炉炉膛温度小于 200℃,预分馏炉熄火,停预分馏塔底循环泵。预分馏塔顶回流罐抽至低液位,停塔顶回流泵,停塔顶空冷,蒸发炉按 30℃/h 降温,150℃各高温法兰、人孔浇润滑油,蒸发炉炉膛温度小于 200℃,蒸发炉熄火,确认蒸发脱水塔塔底温度小于 80℃,停蒸发塔底循环泵,塔顶回流罐抽至低液位,停塔顶回流泵,塔顶停空冷、水冷。将蒸发塔底油经不合格油线改出装置。

6. 重整临氢系统热氢除硫

重整恒温带油结束时重整反应器床层温度维持在 450℃,重整反应器入口温度以 30℃/h

的升温速度升温，重整各反应器入口升至480℃，启动注氯泵向系统注二氯乙烷，每小时测一次重整气液分离罐出口H_2S含量，重整各反入口升至510℃，确认重整气液分离罐出口H_2S含量小于1mg/kg，重整反应器入口温度以25～30℃/h的速度降温，确认重整各反应器入口温度小于200℃，关闭"四合一"加热炉火嘴，各低点排凝，重整各反应器入口温度小于60℃，停重整氢气循环压缩机。

7. 停余热锅炉系统

8. 分馏系统停工退油

9. 系统置换

确认合格氮气供给正常、化验室分析工作准备齐全、各取样器灵活好用后，预加氢临氢系统氮气置换，重整临氢系统置换。

10. 系统吹扫

预分馏塔系统蒸汽吹扫，蒸发塔系统蒸汽吹扫，稳定塔系统蒸汽吹扫，放空系统吹扫，燃料系统吹扫。装置停工过程结束。

思考题及习题

一、填空题

1. 催化重整催化剂由(　　)、(　　)和(　　)三部分组成。
2. 重整条件下烃类主要进行的反应有(　　)、(　　)、(　　)和(　　)。
3. 催化重整过程对原料主要有(　　)、(　　)和(　　)三方面要求。
4. 芳烃精馏的目的是将(　　)分离成(　　)。
5. 催化重整芳构化反应主要有(　　)、(　　)和(　　)三种类型。
6. 造成重整催化剂失活的主要原因有(　　)、(　　)、(　　)等。
7. 在预加氢过程中，有机硫化物在氢气作用下生成(　　)而将硫除去。
8. 重整进料中硫含量指标为不大于(　　)、砷含量指标为不大于(　　)。
9. 我国重整原料的终馏点一般均不高于(　　)℃。
10. 一般预加氢催化剂上可沉积的金属量为(　　)%，接近或超过此值时，应更换催化剂。
11. 重整催化剂预硫化时，采用(　　)作硫化剂。
12. 重整催化剂氯化时所用氯化剂一般为(　　)。
13. 重整生产过程中一般用注(　　)的方法调节系统水含量。
14. 重整催化剂砷中毒首先在第(　　)反应器中反映出来。
15. 提高重整氢油比的作用是(　　)。
16. 重整四个反应器内催化剂的装填比一般为(　　)。
17. 重整催化剂进行烧焦时，所用的介质是(　　)。

二、选择题

1. 重整进料的理想组分是(　　)。

A. C_3　　B. C_4　　C. C_5　　D. C_6

2. 预加氢催化剂不含金属(　　)。

A. 镍　　B. 钼　　C. 钨　　D. 铂

3. 重整催化剂的酸性功能是由(　　)提供的。

A. 铂　　B. 铼　　C. 担体　　D. 担体+卤素

4. 重整过程的诸反应中,(　　)反应的反应速度最快。

A. 环烷脱氢　　B. 异构化

C. 加氢裂化　　D. 烷烃脱氢环化

5. 重整生成油的终馏点一般比重整原料油的终馏点高(　　)℃。

A. 5~10　　B. 10~15　　C. 20~30　　D. 40~50

6. 对一个具体的重整装置而言,只有(　　)有较大的变化范围,所以它是装置调节生产最主要的手段。

A. 反应温度　　B. 反应压力　　C. 氢油比　　D. 空速

7. 用(　　)工艺生产的汽油能提高辛烷值。

a:蒸馏　　b:重整　　c:烷基化　　d:催化裂化

A. a、b、c　　B. b、c、d　　C. a、c、d

8. 稳定汽油的饱和蒸气压较高,应采取下列(　　)方法调节较适宜。

A. 升高稳定塔压力　　B. 减小塔顶回流量

C. 降低回流罐压力　　D. 提高塔底温度

9. 可以作为减少催化剂结焦的方法为(　　)。

A. 使用馏分较重的油作原料

B. 常升压和降压,使积炭在压差的作用下随油气带出

C. 尽量提高反应温度,使反应剧烈一些

D. 加大混氢量,提高氢油比

10. 同碳数的烃类辛烷值大小关系为(　　)。

A. 芳烃<异构烷烃<环烷烃<烷烃

B. 芳烃>异构烷烃>环烷烃>烷烃

C. 芳烃>环烷烃>烷烃>异构烷烃

D. 环烷烃>芳烃>烷烃>异构烷烃

11. 重整催化剂中添加金属铼的主要作用是(　　)。

A. 减少催化剂结焦、增强其稳定性　　B. 增强催化剂加氢功能

C. 增强催化剂酸性功能　　D. 增强催化剂的选择性

12. 下列不属于车用汽油的性能评价指标的是(　　)。

A. 抗爆指数　　B. 蒸气压

C. 硫含量　　D. 凝点

13. 重整催化剂金属功能的作用是(　　)。

A. 环化　　B. 异构化

C. 加氢/脱氢　　D. 烷基化

14. 下列工艺操作中,造成重整汽油收率下降的是(　　)。

A. 重整反应系统增加注氯　　B. 降低重整反应压力

C. 增加重整氢油比　　D. 提高重整反应温度

15. 重整反应系统因“过氯”造成裂化反应严重,下列处理正确的是(　　)。

A. 增加注氯量　　B. 减少注氯量

C. 增加注水量　　D. 减少注水量

三、判断题

1. 重整原料油的终馏点越高,对重整催化剂寿命影响越大。(　　)

2. 重整催化剂的酸性功能是由担体和酸性组分氯提供的。(　　)

3. 重整催化剂的反应性能主要包括活性和选择性。(　　)

4. 重整氢油比超过上限,对抑制积炭的作用不大,而会使能耗增大。(　　)

5. 空速表示原料油经过催化剂床层的停留时间长短。(　　)

6. 重整系统过干、过湿都会提高催化剂的积炭速度。(　　)

7. 当重整反应温度一定时,催化剂上氯的流失主要是气中水在起作用。(　　)

8. 重整催化剂“过氯”时,应该调整水氯的注入量,使催化剂始终在水氯平衡的状态下运行。(　　)

9. 重整系统降低压力操作,可以提高重整生成油的辛烷值和氢气产率,但也加速了催化剂的结焦,因此反应压力不可控制得太低。(　　)

10. 硫是重整催化剂的毒物,所以无论是半再生还是连续重整装置都希望无硫操作。(　　)

11. 铂是重整催化剂中心不可少的活性组分,它具有强烈的吸引氢原子的能力,对脱氢芳构化反应具有催化功能。(　　)

12. 双(多)金属重整催化剂由于它的活性高、稳定性好,因此它可采用的操作压力要比铂金属催化剂的操作压力低得多。(　　)

四、简答题

1. 催化重整的目的是什么?

2. 重整催化剂的类型、组成和功能是什么?

3. 既然硫会使铂催化剂中毒,为什么还对新鲜催化剂进行硫化?

4. 何谓“氯化更新”? 它对催化剂的性能有何影响?

5. 催化重整化学反应有几种类型? 各种反应对生产芳烃和提高汽油辛烷值有何贡献?

6. 对催化重整原料的选择有哪些要求? 为什么含环烷烃多的原料是重整的良好原料?

7. 催化重整原料预处理包括哪几部分? 各部分的作用是什么?

8. 催化重整反应器为什么要采用多个串联、中间加热的形式?

9. 催化重整反应的主要操作参数有哪几项? 它们之间的关系如何?

10. 芳烃抽提的目的是什么?

11. 芳烃精馏的目的是什么?

第九章　炼厂气的加工利用

知识目标

(1)了解炼厂气的组成、特点及气体精制和气体分馏的工艺条件、影响因素；

(2)熟悉气体分馏原理和产品特点及烷基化油、叠合油、甲基叔丁基醚的生产过程；

(3)掌握相关概念、气体精制的目的和方法及炼厂气的处理过程。

能力目标

(1)能说出气体分馏装置的生产工序和工艺原理；

(2)能识别设备图形的标识；

(3)能识读、绘制工艺流程图；

(4)能根据炼厂气的组成、特点分析出加工炼厂气的方法和原理。

石油气一般是指天然气和炼厂气。天然气是由烃类和非烃类组成的复杂混合物。大多数天然气是以甲烷为主要组分的气态烃混合物。天然气除甲烷外,还含少量乙烷、丙烷、丁烷等,以及少量硫化氢、氮气、二氧化碳、二氧化硫、氦、氩等气体。天然气按照矿藏特点可分为气井气、凝析井气和油田气。前两者合称为油田非伴生气,后者又称为油田伴生气。炼厂气是指在石油加工过程中所产生的一定量的气体,其组成为 H_2、C_1 ~ C_4 的烷烃和烯烃以及 C_5 烃类,另外还有少量的二氧化碳和硫化氢等气体。产生炼厂气的石油加工过程主要有原油常压蒸馏、催化裂化、催化重整、加氢裂化,以及焦化、热裂化等热加工过程,工艺不同所产气体的组成也不相同。典型炼厂气组成见表 9－1。如果合理利用这些气体将能够提高炼油厂的经济效益,故炼厂气的加工和利用常被看作是石油的第三次加工。

表 9－1　典型炼厂气组成(质量分数)　　单位:%

项目	常压蒸馏	催化裂化	催化重整	加氢裂化	加氢精制	焦化	减黏裂化
H_2	—	0.6	1.5	1.4	3.0	0.6	0.3
C_1^0	8.5	7.9	6.0	21.8	24.0	23.3	8.1
C_2^0	15.4	11.5	17.5	4.4	70.0	15.8	6.8
$C_2^=$	—	3.6	—	—	—	2.7	1.5
C_3^0	30.2	14.0	31.5	15.3	3.0	18.1	8.6
$C_3^=$	—	16.4	—	—	—	6.9	4.8
C_4^0	45.9	21.3	43.5	—	—	18.8	36.4
$C_4^=$	—	24.2	—	57.1	—	13.8	33.5
合计	100	99.5	100	100	100	100	100

炼厂气是非常宝贵的能源,合理利用这些气体是石油加工生产中的重要课题,对发展国民经济具有重要意义。炼厂气的利用途径主要有以下三个方面:

(1)直接作为燃料。例如,炼厂气中的 C_3 和 C_4 烃馏分加压液化,生产液化石油气,装入钢瓶内可作为燃料使用。相当多的一部分炼厂气可用作加热炉的燃料。

(2)作为石油化工生产的原料。炼厂气中的 H_2 可以作为合成氨、合成甲醇、加氢精制及加氢裂化的原料,炼厂气中的一些组分可以作为有机化工的原料。例如我国炼油厂中的丙烯资源丰富,尤其在催化裂解等多产烯烃的催化裂化装置的产物中,其丙烯的收率可达10%～20%(质量分数)。丙烯可用于生产聚丙烯、丙烯腈及异丁醇等。

(3)制造高辛烷值汽油组分。在炼油厂中,炼厂气中的 C_4 馏分主要用来制造烷基化油、叠合油、甲基叔丁基醚等高辛烷值汽油组分,用于生产高辛烷值车用汽油或航空汽油。

在二次加工含硫原油时,原油中的有机硫化物大部分转化为硫化氢及小分子含硫化合物,并富集于液化气、干气以及加氢装置的循环气中,以这样的含硫气体作为石油化工生产的原料或燃料时,一方面会引起设备和管线的腐蚀,使催化剂中毒,危害人体健康,污染大气等;另一方面,炼厂气中的硫化氢也是制造硫磺和硫酸的原料之一。因此,炼厂气在使用和加工前需要根据加工过程的特点和要求进行不同程度的脱硫和干燥,这一过程通常由气体精制装置来完成。

第一节　气体精制

石油加工过程所产生的炼厂气中,比较容易加压液化的组分称为液化气。液化气的组成主要是 C_3、C_4 烃类,存在的硫化物主要是硫醇;剩余气体主要含甲烷、乙烷及少量乙烯、丙烯,这些气体称为炼厂干气(又叫富气),干气中含有的硫化物主要是硫化氢。气体精制的主要目的就是脱除存在于炼厂气中的硫化氢和硫醇等酸性气体。

一、干气脱硫

(一)脱硫方法分类

气体脱硫方法一般分为两大类:一类是干法脱硫,它是将气体通过固体吸附剂床层,使硫化物吸附在吸附剂上,以达到脱硫的目的,干法脱硫所使用的固体吸附剂主要有氧化铁、活性炭、沸石和分子筛等。该法适用于处理含微量硫化氢的气体,脱硫后气体中硫化氢的含量可以降低到 1μg/g 以下。但是干法脱硫为间歇操作、设备笨重、投资较高。另一类是湿法脱硫,即用液体吸收剂洗涤气体,以除去气体中的硫化氢。湿法脱硫的精制效果虽不如干法脱硫,但它具有连续操作、溶剂易再生、设备紧凑、处理量大,投资和操作费用较低等优点,因而在石油行业中得以广泛应用。

湿法脱硫按照吸收剂吸收硫化氢的特点又分为化学吸收法、物理吸收法、直接氧化法等,而化学吸收法目前应用较广。化学吸收法的特点是使用可以与硫化氢反应的碱性溶液进行化学吸收,溶液中的碱性化合物与硫化氢在常温下结合成络合盐,然后用升温或减压的方法分解络合盐以释放出硫化氢气体。化学吸收法所用的吸收剂主要有两类:一类是醇胺类溶剂,另一类是碱性盐溶液。碱洗法工艺简单,投资省,但既不能回收碱液,也不能回收硫,且碱液难于处理。故我国炼厂中气体脱硫装置目前所用的吸收剂大多是乙醇胺类溶剂。下面以乙醇胺作溶剂为例介绍炼厂气溶剂脱硫的原理及流程。

(二)乙醇胺法脱硫原理

乙醇胺($HOCH_2CH_2NH_2$)溶液具有使用范围广、反应能力强、稳定性好,而且容易从玷污的溶液中回收等优点。它是一种弱的有机碱,其碱性随温度的升高而减弱。乙醇胺能吸收炼厂气中的硫化氢等酸性气体。脱除硫化氢的化学反应如下:

$$2HOCH_2CH_2NH_2 + H_2S \rightleftharpoons (HOCH_2CH_2NH_3)_2S$$

$$(HOCH_2CH_2NH_3)_2S + H_2S \rightleftharpoons 2HOCH_2CH_2NH_3HS$$

在25~45℃时,反应由左向右进行(即吸收),吸收气体中的硫化氢,生成硫化胺盐和酸式硫化胺盐,从而脱除硫化氢等杂质。当温度升到105℃及更高时,则反应由右向左进行(即解吸),此时生成的硫化胺盐或酸式硫化胺盐分解,逸出原来吸收的硫化氢,乙醇胺溶剂得以循环使用。

(三)乙醇胺法脱硫工艺流程

乙醇胺法气体脱硫的工艺流程如图9-1所示。

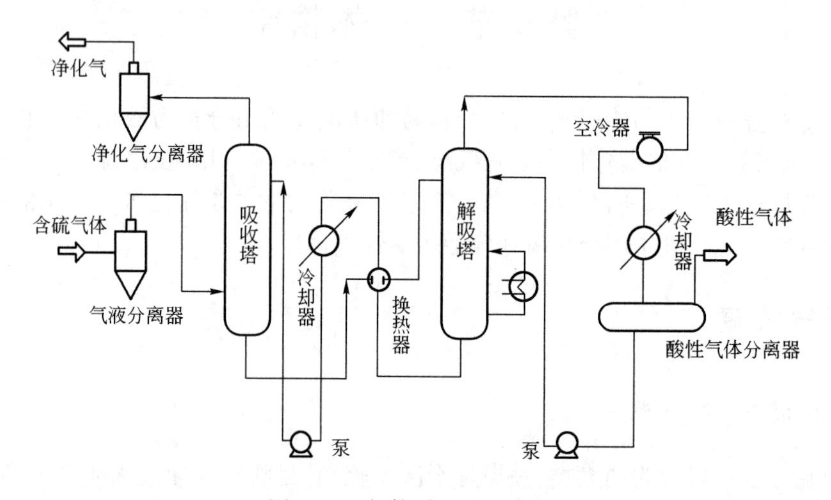

图9-1　气体脱硫装置流程

含硫气体经冷却至40℃,并在气液分离器内分离除去水和杂质后,进入吸收塔的下部,与自塔上部引入的温度为45℃左右的乙醇胺溶液(贫液)逆流接触,乙醇胺溶液吸收气体中的硫化氢等酸性气体,气体得到精制。净化后的气体自塔顶引出,进入净化气分离器,分出携带的胺液后出装置。

吸收塔底的乙醇胺溶液(富液)借助吸收塔的压力从塔底压出,经调节阀减压、过滤和换热后进入解吸塔上部。在解吸塔内与下部上来的蒸气(由塔底再沸器产生的二次蒸气)直接接触,升温到120℃左右,将乙醇胺溶液中吸收的硫化氢等酸性气体及存在气体中的少量烃类大部分解吸出来,从塔顶排出,解吸塔顶部出来的酸性气体经空气冷却器和后冷却器至40℃以下,进入酸性气体分离器。分离出的液体送回解吸塔作为塔顶回流,分离出的气体经干燥后送往硫磺回收装置。再生后的醇胺溶液从解吸塔底引出,部分进入再沸器的壳程,被管程的水蒸气加热汽化后返回解吸塔,部分经换热、冷却后送到吸收塔上部循环使用。气体脱硫装置所用的吸收塔和解吸塔多为填料塔。

二、液化气脱硫醇

我国炼厂液化气中的硫化物主要是硫醇,硫醇的存在不仅产生令人恶心的臭味,而且影响油品的安定性。因为硫醇是一种氧化引发剂,它不仅使油品中的不安定组分氧化,叠合生成胶状物质,且硫醇具有腐蚀性,并能使元素硫的腐蚀性显著增加。因此,液化气、汽油、柴油等轻质油品都须脱硫醇后才能满足产品的质量要求。因硫醇有恶臭味,脱硫醇过程也常称为脱臭过程。

(一)工艺原理

目前炼厂中常用脱硫醇的方法是催化氧化法脱硫醇,也称梅洛克斯法(Merox Process)。该法是利用某种催化剂使油品中的硫醇与强碱液(氢氧化钠溶液)反应生成硫醇钠盐,然后将其分出并在空气存在条件下氧化成二硫化物,分出二硫化物后的碱液(NaOH)同时得到再生,再生后循环使用。常用的催化剂是磺化酞菁钴或聚酞菁钴等金属酞菁化合物。其主要反应如下:

抽提反应

$$RSH + NaOH \rightleftharpoons RSNa + H_2O$$

脱硫反应

$$2RSNa + \frac{1}{2}O_2 + H_2O \longrightarrow RSSR + 2NaOH$$

(二)工艺流程

由于存在于液化气中的硫醇相对分子质量较小,易溶于碱液中,因此液化气脱硫醇一般采用液—液抽提法。该工艺流程较汽油、煤油脱硫醇简单,投资和操作费用较低,而且脱硫醇效果好。图9-2是液化气催化氧化法脱硫醇的工艺流程,包括抽提、氧化和分离三个部分。

(1)抽提。经碱或乙醇胺洗涤脱除硫化氢后的液化气进入硫醇抽提塔下部,与含有催化剂的碱液逆流接触,在小于40℃和1.37MPa的条件下,硫醇被碱液抽提。脱去硫醇后的液化气与新鲜水在混合器混合,洗去残存的碱液并至沉降罐与水分离后送出装置。所用碱液的含碱量一般为10%~15%(质量分数),催化剂在碱液中的含量为100~200μg/g。

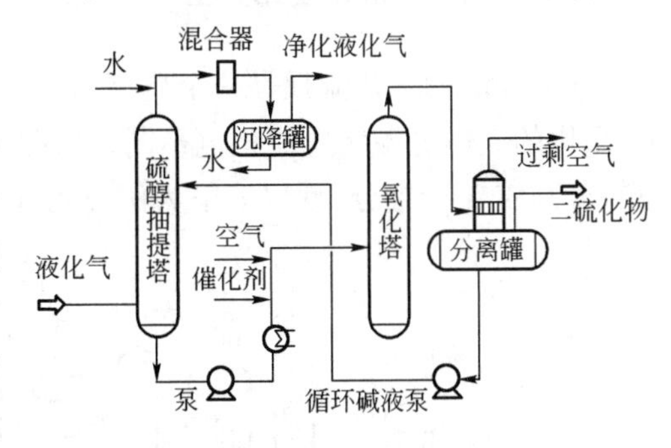

图9-2 液化气催化氧化法脱硫醇工艺流程

(2)氧化。从抽提塔底出来碱液,经加热器被蒸汽加热到65℃左右,与一定比例的空气混合后,进入氧化塔下部。此塔为一填料塔,在0.6MPa在氧化塔中,将硫醇钠盐被氧化为二硫化物。

(3)分离。氧化后的气液混合物进入分离器的分离柱中部,气体通过上部的破沫网除去雾滴,由废气管去火炬。液体在分离器中分为两相,上层为二硫化物用泵定期送出,下层的再生液用泵抽出送往抽提塔循环使用。

第二节　气体分馏

炼厂气经脱硫化氢和脱硫醇后，根据进一步加工它们的工艺过程对气体原料纯度的要求，还要进行分离得到单体烃或各种气体烃馏分。例如，以炼厂气为原料生产高辛烷值汽油组分时，需将炼厂气分离为丙烷—丙烯馏分、丁烷—丁烯馏分等。这一过程通常通过气体分馏装置来完成。

一、气体分馏基本原理

由于炼厂液化气中的主要组分是 C_3 和 C_4 的烷烃和烯烃，这些烃的沸点很低，例如，丙烷沸点是 -42.07℃，丁烷沸点为 -0.5℃，异丁烯沸点为 -6.9℃等，在常温常压下均为气体。如在常压下进行各组分冷凝分离，则分离温度很低，需要消耗较多的冷量，但在加压（2.0MPa 以上）条件下可呈液态，使其能在较高温度下冷凝，减少了冷量的消耗。故气体分馏的基本原理是根据各组分沸点的不同，采用加压—精馏的方法将其进行分离，分离得到的产品主要有以下几种：

（1）乙烷——裂解制乙烯原料；

（2）丙烯——纯度达到 99% 以上，可供合成聚丙烯原料或作为叠合装置原料生产高辛烷值汽油组分；

（3）丙烷——纯度达 96%，可作丙烷脱沥青溶剂；

（4）轻 C_4——纯度达 99.88%，可作烷基化原料生产高辛烷值汽油组分；

（5）重 C_4——纯度达 99.91%；

（6）戊烷馏分——碳五的烷烃和烯烃的混合物，纯度为 95% 左右，可作深冷裂解原料或调合汽油组分。

二、气体分馏工艺流程

气体分馏的工艺流程是一个典型的多组分精馏过程，对不同原料气组成和不同的产品要求，采用的气体分馏装置流程也不同。按照一般多元精馏的方法，需要 $N-1$ 个精馏塔才能将原料分割成 N 个馏分，现以五塔为例说明气体分馏的工艺流程，如图 9-3 所示。

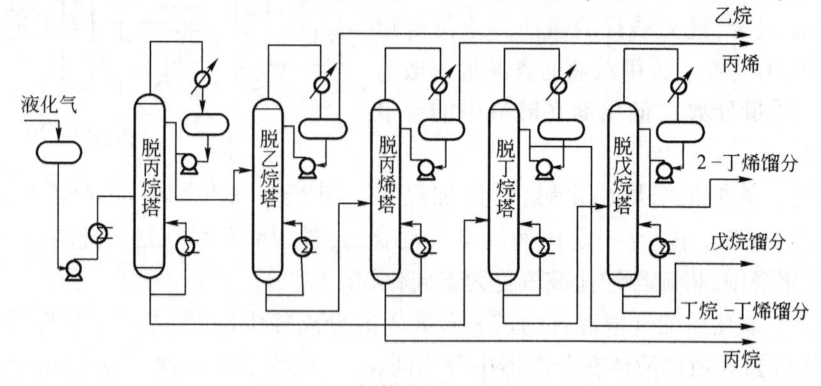

图 9-3　气体分馏工艺流程

经脱硫后的液化气加热到75℃进入脱丙烷塔，在一定的压力下分离成 C_2—C_3 和 C_4—C_5 两个馏分；自脱丙烷塔塔顶引出的含有 C_2 的 C_3 馏分经冷凝冷却后，部分作为脱丙烷塔塔顶的冷回流，其余部分进入脱乙烷塔，在一定的温度和压力下进行分离，塔顶分出乙烷馏分，从塔底出来的 C_3 的烯烃和烷烃馏分进入脱丙烯塔，因丙烯(-47.7℃)与丙烷(-53.5℃)沸点差别小不易分离，为满足分离要求，需要塔板数很多(一般几十，甚至上百)，塔顶分出丙烯馏分作为产品，塔底分出丙烷馏分；从脱丙烷塔塔底出来的 C_4 和 C_5 馏分进入脱丁烷塔进行分离，塔顶分出轻 C_4 馏分，其主要组分是异丁烷、异丁烯、1-丁烯等，塔底馏分进入脱戊烷塔，从顶部流出来的是重 C_4，主要为2-丁烯和正丁烷，塔底为戊烷馏分。

在五塔流程中，塔顶均采用水冷，塔釜则采用蒸汽或热水加热。所得 C_4 馏分可作为甲基叔丁基醚的原料，其中含2-丁烯含量少，异丁烯浓度高，有利于甲基叔丁基醚装置降低能耗及缩小设备尺寸。所得到馏分的典型组成见表9-2。

表9-2　气体分馏装置得到的各气体馏分组成

项目	C_2^0	$C_3^=$	C_3^0	$i-C_4^0$	$C_4^=$	$n-C_4^0$	反 $C_4^{2=}$	顺 $C_4^{2=}$	C_5
乙烷馏分	35.61	58.94	5.45						
丙烯馏分	0.02	99.59	0.39	1.60	0.36				
丙烷馏分		1.71	96.33						
轻 C_4 馏分		0.04	0.08	50.07	38.26	3.87	5.98	1.70	
重 C_4 馏分				0.15	2.06	27.03	36.13	35.54	0.09
C_5 馏分						1.14	1.46	2.08	95.32

精馏塔的操作参数为压力、温度、流量、液面等。压力和温度是影响产品质量的主要因素。由于液化气具有沸点低、蒸气压大的特点，如果塔内压力稍微下降，液化气则以很大速度挥发并产生携带现象，降低了分馏效果。所以要严格控制压力，其波动范围不能超过±0.05MPa。

某厂各塔操作条件及结构见表9-3。

表9-3　各塔操作条件及结构

设备名称	介质	操作温度，℃			操作压力，MPa		塔板型式	塔径，m	塔高，m
		塔顶	塔底	进料口	塔顶	塔底			
脱丙烷塔	C_3、C_4	46	105	75	1.9	1.95	浮阀	2	46
脱乙烷塔	C_2、C_3	47	70	40	3.0	3.05	浮阀	1.2	36
脱丙烯塔，上段	C_3^0、$C_3^=$	47.4	58.3		2.0	2.1	浮阀	3	56.5
脱丙烯塔，下段	C_3^0、$C_3^=$	60.5	69.3		2.2	2.3	浮阀	3	686
脱异丁烷塔	C_4、C_5	53	72.5	103	0.7	0.8	浮阀	2.4	56
脱戊烷塔	C_4、C_5	57	99	70	0.6	0.65	浮阀	1	32

第三节　高辛烷值汽油组分的生产

汽油主要是由催化裂化汽油、宽馏分重整汽油、直馏汽油、焦化—加氢精制汽油等组分调合而成，为提高汽油抗爆性需加入高辛烷值汽油组分。最初提高汽油的辛烷值主要靠加入四乙基铅,铅的毒性被逐渐认识后,人们又提出增加汽油中芳烃及烯烃含量也可以提高汽油的抗爆性。研究表明烯烃中的1,3—丁二烯是致癌物质,减少汽油中烯烃含量就可以减少1,3—丁二烯的排放量,另外汽油中烯烃易形成胶质和积炭,造成输油管路堵塞,影响发动机效率,增加污染物的排放。芳烃物质对人体的毒性也较大,尤其是双环和三环为代表的多环芳烃毒性更大,汽油芳烃含量的提高,会使汽车尾气排放物中芳烃含量增加,环境危害相应提高。

20世纪80年代后,为了解决随着汽车数量不断增多而引起日益严重的环境污染问题,世界各国相继提出降低汽油含铅量直至完全禁止加铅的要求。此外,美国还于1990年提出了空气净化法修正案,从保护环境角度对汽车排放硫化物、氮化物、CO等污染物提出了更为严格的限制。这就要求显著降低汽油中苯、芳烃、硫、烯烃等组分的含量,且保持汽油的抗爆指数在87以上。

为了使汽油既达到环境保护角度提出的要求,又具有较好的抗爆性,目前所采取简便易行的方法是掺入适量的、清洁型的高辛烷值汽油组分。与催化裂化汽油、重整汽油和直馏汽油等相比,烷基化油、异构化汽油和醚类含氧化合物不含有硫、烯烃和芳烃,并且具有更高的辛烷值,因而是清洁汽油理想的高辛烷值组分。其生产方法主要是以炼厂气为原料生产烷基化油、叠合油、甲基叔丁基醚等高辛烷值汽油调合组分。它们具有较高的辛烷值、良好的稳定性、减少尾气污染物排放等优点。其生产过程在本节分别加以介绍。

一、烷基化油生产过程

烷基化是指烷烃与烯烃的化学加成反应,在反应中烷烃分子的活泼氢原子的位置被烯烃所取代。由于异构烷烃中的叔碳原子上的氢原子比正构烷烃中的伯碳原子上的氢原子活泼得多,因而烷基化反应必须用异构烷烃作为原料。

异构烷烃和烯烃所生成的烷基化产物抗爆震性能好,其研究法辛烷值(RON)可达96,马达法辛烷值(MON)可达94,并且不含低相对分子质量的烯烃,排气中烟雾少,蒸气压低、沸点范围宽,不引起振动。所以烷基化产物可以作为航空汽油和车用汽油的高辛烷值组分。

(一)烷基化反应原理

烷基化反应原理是利用炼厂液化气中的异丁烷和烯烃(主要是 C_4 烯烃)在一定的温度(一般是8~12℃)和压力下(0.3~0.8MPa)及酸性催化剂的作用下生成高辛烷值汽油组分——烷基化油。在实际生产中烷基化的原料并非是纯的异丁烷和丁烯,而是异丁烷—丁烯馏分。故烷基化所使用的烯烃原料不同,烷基化的反应和产物也有所不同。主要化学反应过程如下:

$$\underset{\text{1—丁烯}}{CH_3-CH_2-CH=CH_2} + \underset{\text{异丁烷}}{CH_3-\overset{\overset{\Large CH_3}{|}}{\underset{\underset{\Large CH_3}{|}}{C}}-H} \xrightarrow[\text{HF低温}]{\text{AlCl}} \underset{\text{2,3—二甲基己烷}}{CH_3-\underset{\underset{CH_3}{|}}{CH}-\underset{\underset{CH_3}{|}}{CH}-CH_2-CH_2-CH_3}$$

异丁烯和异丁烷烷基化反应生成2,2,4-三甲基戊烷,俗称的异辛烷,辛烷值为100。

$$CH_3-\underset{\displaystyle CH_3}{\underset{|}{C}}=CH + CH_3-\overset{\displaystyle CH_3}{\overset{|}{\underset{\displaystyle CH_3}{\underset{|}{C}}}}-H \xrightarrow[H_2SO_4,\ HF]{AlCl_3} CH_3-\overset{\displaystyle CH_3}{\overset{|}{\underset{\displaystyle CH_3}{\underset{|}{C}}}}-CH_2-\underset{\displaystyle CH_3}{\underset{|}{CH}}-CH_3$$

异丁烯　　　　异丁烷　　　　2, 2, 4—二甲基戊烷

$$CH_3-CH=CH-CH_3 + CH_3-\overset{\displaystyle CH_3}{\overset{|}{\underset{\displaystyle CH_3}{\underset{|}{C}}}}-H \xrightarrow[H_2SO_4,\ HF]{AlCl_3} \begin{cases} CH_3-\overset{\displaystyle CH_3}{\overset{|}{\underset{\displaystyle CH_3}{\underset{|}{C}}}}-CH_2-\underset{\displaystyle CH_3}{\underset{|}{CH}}-CH_3 & \text{2, 2, 4—三甲基戊烷} \\ CH_3-\underset{\displaystyle CH_3}{\underset{|}{CH}}-\underset{\displaystyle CH_3}{\underset{|}{CH}}-\underset{\displaystyle CH_3}{\underset{|}{CH}}-CH_3 & \text{2, 3, 4—三甲基戊烷} \\ CH_3-\underset{\displaystyle CH_3}{\underset{|}{CH}}-\overset{\displaystyle CH_3}{\overset{|}{\underset{\displaystyle CH_3}{\underset{|}{C}}}}-CH_2-CH_3 & \text{2, 3, 3—三甲基戊烷} \end{cases}$$

2—丁烯　　　　异丁烷

异丁烷—丁烯馏分中还可能含有少量的丙烯和戊烯，也可以与异丁烷反应。除此之外，在过于苛刻的反应条件下，一次反应产物和原料还可以发生裂化、叠合、异构化、歧化和自身烷基化等副反应，生成低沸点和高沸点的副产物以及酯类和酸油等。因此，烷基化产物——烷基化油是由异辛烷与其他烃类生成的复杂混合物，如果将此混合物进行分离，沸点范围在 50 ~ 80℃的馏分称之为轻烷基化油，其马达法辛烷值在 90 以上；沸点范围在 180 ~ 300℃的馏分油称之为重烷基化油，可作为柴油组分。

（二）烷基化催化剂

最初的烷基化过程是在无催化剂的条件下，经过高温（400 ~ 500℃）、高压（17 ~ 30MPa）条件进行的，称为热烷基化。由于热烷基化副反应激烈，产品质量不好，目前热烷基化过程已完全被催化烷基化所取代。

催化烷基化所使用的催化剂有无水氯化铝、硫酸、氢氟酸、磷酸、硅酸铝、氟化硼以及泡沸石等。目前工业上广泛应用的烷基化催化剂有三种，即无水氯化铝、硫酸和氢氟酸，国内常用的催化剂是硫酸和氢氟酸。用硫酸作烷基化催化剂，烷烃在硫酸中的溶解度较低，正构烷烃几乎不溶于硫酸，异构烷烃的溶解度也不大，故硫酸法烷基化硫酸消耗量大，约为烷基化油产量的 5%。氢氟酸作催化剂时，由于异丁烷在氢氟酸中溶解度较大，反应温度可以采用接近常温，制冷问题比较简单，且氢氟酸催化剂活性高、选择性强、副反应少、目的产品收率高。但氢氟酸催化剂也有其弊端，不易得到且有毒，因而使用也受到一定限制。从安全和环保角度它们也都不是理想的催化剂。

为此，寻求一种固体酸催化剂替代硫酸和氢氟酸成了炼油工业的热门课题。近年来各国都在开展固体超强酸的研究。其中美国 UOP 公司宣称，它开发的 Alkylene 工艺用固体酸取代传统的硫酸和氢氟酸作为烷基化过程的催化剂取得了较为满意的效果。目前已有多种固体酸

烷基化专利技术进行中试,有望很快应用于工业中。

(三)烷基化工艺流程及操作条件

目前,工业上用得较多的有硫酸法和氢氟酸法。下面分别介绍这两种工艺流程。

1. 硫酸法烷基化

1)硫酸法烷基化工艺流程

硫酸法烷基化装置由原料的预处理和预分馏、反应系统、催化剂分离、产品中和、产品分离、废催化剂处理、压缩冷冻等七部分组成。现以采用自冷冻的阶梯式反应器的装置为例简述如下。硫酸法烷基化工艺流程如图 9-4 所示。

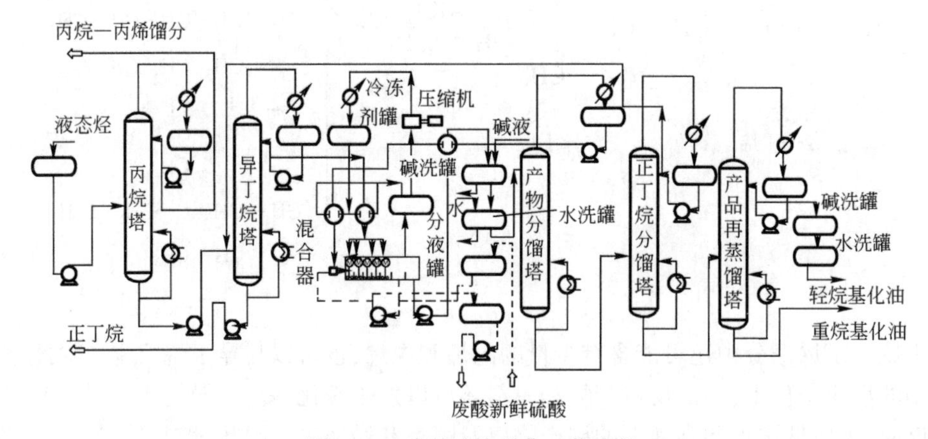

图 9-4 硫酸法烷基化工艺流程

(1)原料的预处理和预分馏。液化石油气经脱硫和碱洗后,经缓冲罐进入脱丙烷塔,在一定条件下进行分馏。塔顶出来的丙烷—丙烯馏分经冷凝冷却后,一部分作为塔顶回流,另一部分送出装置作为石油化工原料。塔底出来的丁烷—丁烯馏分经泵送入异丁烷塔。经分馏塔顶出来的异丁烷—丁烯馏分经冷凝冷却后,一部分作为塔顶回流,另一部分作为烷基化反应的原料;塔底的正丁烷馏分经冷却后送出装置作为石油化工生产的原料。

(2)反应系统。来自异丁烷塔顶的异丁烷—丁烯馏分经换冷后,分几路进入阶梯式反应器的反应段;来自反应产物分馏塔的循环异丁烷与来自反应器沉降段的循环硫酸经混合器混合后,也进入反应器;来自压缩冷冻系统的循环冷冻剂(主要是异丁烷)也进入反应器。异丁烷和丁烯在硫酸催化剂作用下,反应压力为 0.25MPa、反应温度为 10℃和搅拌条件下进行烷基化反应。反应热被一部分异丁烷自身汽化取走进入分液罐,反应产物和硫酸自流到反应器的沉降段,进行液相分离。分出的硫酸用泵送出循环使用。当硫酸浓度(质量分数)降到 85%时,需排出废酸更换新鲜硫酸。反应产物经碱洗和水洗后进入产物分馏塔。

(3)产物分馏系统。反应产物经产物分馏塔进行分离,塔顶出来的是未反应的异丁烷,经冷凝冷却后送至反应器循环使用;塔底物料送至正丁烷分馏塔。塔顶分出的正丁烷馏分冷凝后,一部分作为塔顶回流,另一部分送回预分馏部分的异丁烷塔;塔底物料送至产品再蒸馏塔。塔底温度约 210℃时,塔顶分出的轻烷基化油经冷凝冷却后一部分作塔顶回流,另一部分经碱洗和水洗后送出装置作为航空汽油或用作汽油的高辛烷值组分;塔底为重烷基化油,经冷却后送出装置,可作为农用柴油的调合组分、催化裂化原料或无臭油漆溶剂油原料等。

在硫酸烷基化工艺流程中,反应系统为核心装置部分,流程中采用的是阶梯式反应器。此种反应器分七段,前五段是反应段,每段都有螺旋桨搅拌器,目的是促进异构烷烃溶解于硫酸中,给反应创造先决条件。第六段为沉降段,烷基化产物和硫酸在其中进行沉降分离。分离出的烷基化产物溢流至最后一段,用泵抽出后,经碱洗及水洗后即可进行分馏。

2)硫酸法烷基化工艺条件

(1)反应温度。反应温度随烯烃的种类和催化剂浓度的不同而变化,一般在0~30℃,丙烯烷基化时约30℃,对丁烷则约0~20℃。温度过高则副反应增加,温度过低则反应速率低,而且烃类和硫酸的乳化液变得黏稠而不易流动。因此在工业上很少采用低于0℃的反应温度。但一般低于室温(20℃),故采用冷冻的办法来维持反应温度。

(2)异丁烷循环。为了抑制烯烃叠合等副反应,反应系统中有大量过剩的异丁烷循环以维持高的异丁烷和烯烃的比例。除此之外,异丁烷—烯烃的原料并不是一次全部加入到第一个反应器而是分批加入到五个反应器,有利于提高异丁烷和烯烃比例。

(3)原料纯度。原料中含有乙烯会增大催化剂的消耗量,且生成的硫酸酯混入产品,不但影响产品质量而且会腐蚀设备,因此应避免乙烯混入原料。此外,还应除去原料中的二烯烃、硫化物等杂质并要求限制水的含量。

(4)催化剂浓度。提高硫酸浓度有利于提高烷烃在酸中的溶解度,但氧化性增强,会促进烯烃氧化。同时烯烃的溶解度比烷烃高得多,为了抑制烃氧化、叠合等副反应,硫酸浓度不宜过高,所以,用作烷基化催化剂的硫酸浓度一般控制在86%~99%。为了增加硫酸与原料的接触面,在反应器内需要使催化剂与反应物处于良好的乳化状态,并适当提高酸和烃比例以提高烷基化产物的质量和收率,反应系统中催化剂量为40%~60%(体积分数)。

2. 氢氟酸法烷基化

1)氢氟酸法烷基化工艺流程

烷基化装置的工艺流程可以分为进料及干燥系统,酸、烃再接触系统,分馏系统,产品精制系统,酸再生系统等主要工序。下面以氢氟酸为例介绍烷基化工艺流程及操作条件。我国引进的以氢氟酸作为催化剂的烷基化技术,采用的是美国菲利普斯公司专利技术,其工艺流程如图9-5所示,主要工艺设备包括主分馏塔、丙烷汽提塔、加热炉、换热器等。

(1)进料及干燥系统。新鲜原料(烷烃和烯烃)进装置后,因原料中的水分会降低氢氟酸的浓度,使催化剂的活性下降,并使烷基化油质量下降,所以需用泵升压后送经装有活性氧化铝的干燥器,使含水量小于20μg/g,干燥器有两台,一台干燥,一台再生,轮换操作。

(2)酸、烃再接触系统。干燥后的原料与来自主分馏塔的循环异丁烷在管道内混合经高效喷嘴分散在反应管的酸相中,烷基化反应即在垂直上升的提升管反应器内进行。反应后的物料进入酸沉降罐,依靠密度差进行分离,酸积集在罐底,利用温差进入酸冷却器除去反应热后,又进入反应管循环使用,沉降罐上部的烃相经过三层筛板,除去部分有机氟化物后,与来自主分馏塔顶回流罐酸包的酸混合,再用泵送入酸喷射混合器,与由酸再接触器抽入的大量氢氟酸相混合,然后进入酸再接触器,在此,酸和烃充分接触后,使副反应生成的有机氟化物重新分解为氢氟酸和烯烃,烯烃再与异丁烷反应生成烷基化油,起到降低酸耗、回收氢氟酸的作用,从而减轻了产品精制部分的负荷,延长了脱氟剂的使用寿命。

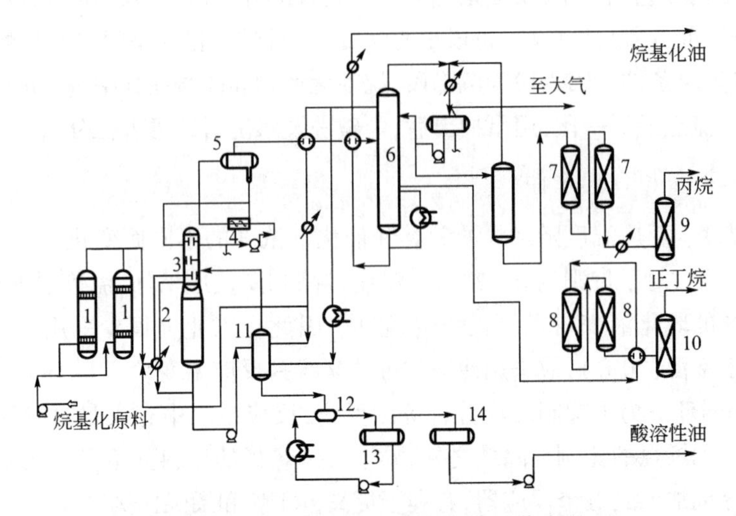

图 9-5　菲利普斯氢氟酸烷基化工艺流程

1—进料干燥器;2—反应管;3—酸沉降罐;4—酸喷射混合器;5—酸再接触器;6—主分馏塔;
7—丙烷脱氟器;8—丁烷脱氟器;9—丙烷—KOH 处理器;10—丁烷—KOH 处理器;
11—酸再生塔;12—酸溶性混合器;13—酸溶性油碱洗罐;14—酸溶性油储罐

(3)分馏及产品精制系统。来自酸再接触器出来的反应产物经换热后进入主分馏塔,塔顶馏出物为丙烷并带有少量氢氟酸,经冷凝冷却后进入回流罐,部分丙烷作为塔顶回流,部分丙烷进入丙烷汽提塔,酸与丙烷的共沸物自汽提塔顶出去,经冷凝冷却后返回主分馏塔顶回流罐,从塔底出来的丙烷送至丙烷脱氟器除有机氟化物,再经碱(KOH)处理微量的氢氟酸后送出装置。循环异丁烷从主分馏塔的上部侧线液相抽出,经与塔进料换热、冷却后返回反应系统。正丁烷从塔下部侧线气相抽出,经脱氟和碱处理后送出装置。

(4)酸再生系统。为使循环酸维持一定的纯度,必须脱除循环酸在操作条件过程中逐渐积累的酸溶性油和水分,即需要进行酸再生。从酸冷却器来的待生氢氟酸加热汽化后进入酸再生塔,塔底用过热异丁烷蒸气汽提,塔顶用循环异丁烷打回流。汽提出的氟化氢气体由酸再生塔顶流出至酸沉降罐,塔底的酸溶性油和水一般含有氢氟酸 2% ~3%,可定期排入酸溶性油碱洗罐进行碱洗,以中和除去残余的氢氟酸。碱洗后的酸溶性油从碱洗罐上部溢流至储罐,定期用泵送出装置。

2)氢氟酸法烷基化工艺条件

(1)反应温度。氢氟酸烷基化所采用的反应温度可高于室温,这是由于它的副反应不如硫酸法剧烈,且氢氟酸对异丁烷的溶解能力也较大。由于反应温度不低于室温,因此不必像硫酸法那样采用冷冻的办法来维持反应温度,从而大大简化了工艺流程。一般情况下,氢氟酸烷基化工艺采用的温度控制在 30 ~40℃。

(2)催化剂浓度。提高氢氟酸浓度能够增大对异丁烷的溶解度及溶解速度,但氢氟酸浓度过高,对设备腐蚀严重,还会使烷基化产物的品质下降;浓度过低,除了会对设备产生腐蚀外,催化活性下降,还会显著增加烯烃叠合和生成氟代烷等副反应。因此,工业上使用的氢氟酸浓度为 86% ~95%。

(3)异丁烷循环。氢氟酸不仅是烷基化反应的催化剂,它也能促进烯烃叠合。为了抑制烯烃的叠合等副反应,氢氟酸法也采用大量异丁烷循环。异丁烷过量同时可以提高烷基化油的质量和收率。异丁烷与烯烃体积比大于20时,烷基化油的辛烷值逐渐接近100,此时酸耗也明显减少。但回收异丁烷的负荷明显增加,消耗在分离、输送上的能量明显增多,操作费用及设备费用也相应增加。因此,工业上常采用的进料烷烃与烯烃比为(12~20):1。

(4)反应停留时间。反应条件和反应器内件不同,所需反应停留时间不相同,具体时间在操作中根据经验确定,以氢氟酸作为催化剂的烷基化反应,反应停留时间需要2~10min。

二、叠合油生产过程

叠合反应指的是两个或两个以上的烯烃分子在一定的温度和压力下结合成较大的烯烃分子的过程。在高温(~500℃)和高压(~10MPa)条件下实现烯烃叠合的方法叫热叠合;借助催化剂的作用,在较低温度(~200℃)和较低压力(3~7MPa)下实现烯烃叠合的方法叫催化叠合。催化叠合工艺流程简单,叠合汽油辛烷值高,产率高,副产物较少,因而催化叠合方法已经完全替代了热叠合方法。

(一)叠合过程的反应

叠合过程所用原料是热裂化、催化裂化和焦炭化等装置副产气体中含有的丙烯和丁烯。根据叠合原料的组成和目的产品的不同,叠合工艺分为两种,非选择性叠合和选择性叠合。

(1)非选择性叠合。当用未经分离的炼厂气(或液化石油气)作为叠合原料时,原料是乙烯、丙烯、丁烯、戊烯的混合物。在叠合过程中,不仅各类烯烃本身可以叠合生成二聚物、三聚物,而且各类烯烃之间还能相互叠合生成共聚物,所得到的叠合产物是一个很宽的馏分,是各类烃的混合物。非选择性叠合的目的是生产高辛烷值组分,其马达法辛烷值可达80~85,且具有很好的调合性能。

(2)选择性叠合。如将炼厂气或液化石油气进行分馏,用组成单一的丙烯或丁烯作为叠合原料,既可以生产高辛烷值汽油组分,又可以选择合适的操作条件来生成某种特定的产品。例如,丙烯选择性叠合生产四聚丙烯,作洗涤剂或增塑剂的原料;异丁烯选择性叠合生产异辛烯,进一步加氢可得异辛烷作为高辛烷值汽油组分。

烯烃的叠合反应和产物较为复杂,以异丁烯叠合为例,在一定的温度和压力条件下,在酸性催化剂上所起的反应可以用正碳离子机理来解释。

首先异丁烯与酸性催化剂释放出的氢离子结合,生成正碳离子:

$$CH_3-\overset{\overset{\displaystyle CH_3}{|}}{C}=CH_2 + H^+ \longrightarrow CH_2-\underset{+}{\overset{\overset{\displaystyle CH_3}{|}}{C}}-CH_3$$

生成的正碳离子很容易与另一个异丁烯分子结合生成一个大的正碳离子:

$$CH_2-\underset{+}{\overset{\overset{\displaystyle CH_3}{|}}{C}}-CH_3 + CH_3-\overset{\overset{\displaystyle CH_3}{|}}{C}=CH_2 \longrightarrow CH_3-\underset{\underset{\displaystyle CH_3}{|}}{\overset{\overset{\displaystyle CH_3}{|}}{C}}-CH_2-\underset{+}{\overset{\overset{\displaystyle CH_3}{|}}{C}}-CH_3$$

生成的较大正碳离子不稳定,它会释放出氢离子而变为异辛烯:

$$CH_3-\underset{CH_3}{\overset{CH_3}{\underset{|}{\overset{|}{C}}}}-CH_2-\underset{+}{\overset{CH_3}{\overset{|}{C}}}-CH_3 \longrightarrow \begin{cases} CH_3-\underset{CH_3}{\overset{CH_3}{\underset{|}{\overset{|}{C}}}}-CH_2-\overset{CH_3}{\overset{|}{C}}=CH_2+H^+ \\ CH_3-\underset{CH_3}{\overset{CH_3}{\underset{|}{\overset{|}{C}}}}-CH=\overset{CH_3}{\overset{|}{C}}-CH_3+H^+ \end{cases}$$

烯烃叠合是一个放热反应,例如异丁烯叠合放出的反应热为1240kJ/(kg异丁烯),随着反应进行反应器温度升高,将会引起催化剂脱水和结焦,从而引起活性下降,故随着反应进行应设法取走反应热。

在叠合过程中,生成的二聚物还能继续叠合,称为多聚物。如果原料烯烃为两种或两种以上组成时,不同的烯烃还能叠合生成共聚物。除叠合反应之外,还有一系列副反应发生,如异构化、环化、脱氢、加氢等副反应,故叠合产物较为复杂。当生产叠合汽油时,希望只得到二聚物和三聚物,不希望有过多的高聚物产生,因此应适当控制反应条件。

(二)叠合催化剂

叠合过程使用的催化剂为酸性催化剂,如磷酸、硫酸、三氯化铝等。以硫酸作催化剂的烯烃叠合,腐蚀性较严重现已被淘汰。目前在工业上广泛应用的催化剂是磷酸催化剂,主要有以下几种:载在硅藻土上的磷酸、载在活性炭上的磷酸、浸泡过磷酸的石英砂、载在硅藻土上的磷酸和焦磷酸铜。

磷酸酐(P_2O_5)在水合时能形成一系列的磷酸,即正磷酸(H_3PO_4)、焦磷酸($H_4P_2O_7$)、偏磷酸(HPO_3)。在烯烃叠合反应中,主要是正磷酸和焦磷酸有催化活性,偏磷酸没有催化活性,且容易挥发而损失。磷酸酐的水合物在加热条件下会逐渐失水,因此,在工业生产中,除了限制一定的反应温度外,还应根据具体情况在原料气体中注入一定量的水,使催化剂在水蒸气的存在下工作。

近年来,我国已研究开发了新的叠合催化剂,即硅铝小球催化剂,其活性、稳定性、强度、寿命等都有了较大的提高,叠合反应条件也变得缓和,目前较多使用在选择性叠合工艺中。

(三)叠合工艺流程

1.非选择性叠合工艺

非选择性叠合工艺流程如图9-6所示。

经过乙醇胺脱硫、碱洗和水洗后的液态烃(液化石油气)作为叠合原料,为防止原料带入乙醇胺等碱性物质和防止催化剂因受热失水而降低活性,在原料气体中有时要注入适当的酸和蒸馏水。

处理后原料气体经压缩机升压至反应所需的压力,与叠合产物换热,并加热升温后进入叠合反应器。叠合反应器为列管式固定床反应器,管内装有催化剂,反应过程中,软化水走壳程,取走反应热并产生蒸汽,用壳程水蒸气的压力可以控制反应温度,也可以分段注入冷原料气体来控制反应温度。

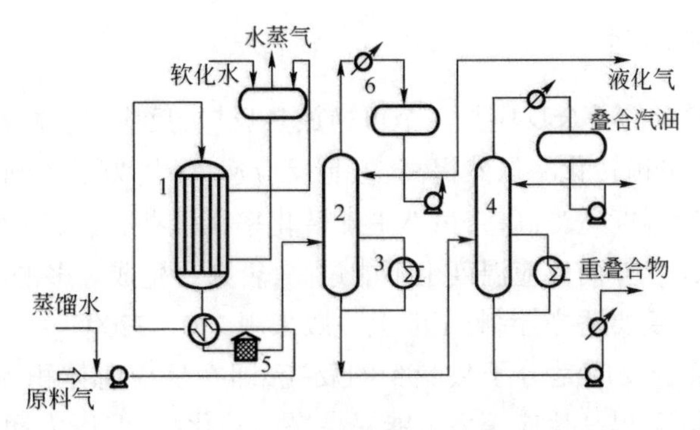

图9-6 非选择性叠合工艺流程

1—反应器;2—稳定塔;3—再沸器;4—再蒸馏塔;5—过滤器;6—冷凝器

反应产物(包括未反应的原料)从反应器底部出来,经过滤器除去带出的催化剂粉末,与叠合原料换热后进入稳定塔。从塔顶出来的轻质组分经冷凝冷却后,一部分作塔顶回流,另一部分送出装置作为石油化工生产的原料或燃料。稳定后的叠合产物从塔底排出,进入再蒸馏塔,塔底分出少量的重叠合产物,塔顶馏分经冷凝冷却后,一部分作为塔顶回流,另一部分作为合格的叠合汽油送出装置。

一般叠合装置有6~8个反应器,可以分组并联或串联操作。当某个或某组反应器需要停止进料和更换催化剂时,另一些反应器仍然继续操作。

2. 选择性叠合工艺

选择性叠合工艺流程如图9-7所示。

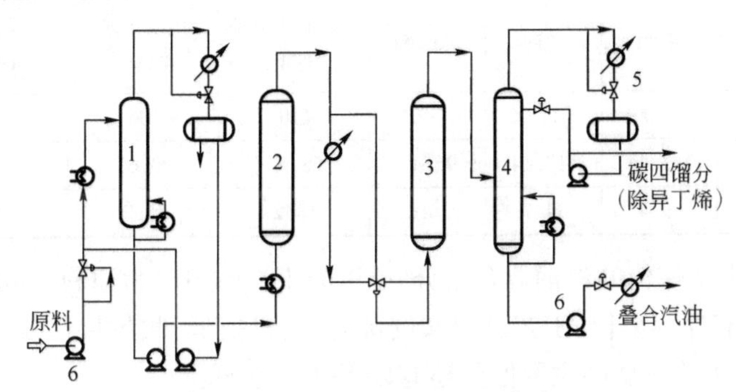

图9-7 选择性叠合工艺流程

1—脱水塔;2、3—反应器;4—稳定塔;5—冷凝器;6—泵

在选择性叠合工艺中,由于对原料中杂质及水的含量要求严格,故原料先经脱水塔,将含水量降低至10μg/g以下再进入反应器。流程中设有两个筒式固定床反应器,入口压力分别为4.0MPa和3.9MPa,入口温度分别为82℃和124℃,出口温度均为120℃,催化叠合中异丁烯易发生叠合反应,但进料中异丁烯含量不太高,反应温升不大,在两个反应器之间设有一台冷却器就可以调节温度。

从反应物出来的物料进入稳定塔,塔顶分出不含异丁烯的C_4馏分,塔底得到叠合产品。塔底产物的干点较高(约280℃),应该经过再蒸馏分出终馏点合格的汽油及重叠合油。在装置中未设再蒸馏塔,而将叠合产物送至催化裂化分馏塔进行分离。叠合汽油的马达法辛烷值为82,研究法为97。

（四）叠合操作条件

（1）操作温度。烯烃的叠合反应是一个可逆放热反应，反应温度越高，对平衡越不利。但在过低的反应温度下，平衡转化率虽然提高，但是反应速度慢，为了达到平衡转化率则需要很长的反应时间。如反应温度适当高些，虽然平衡转化率稍低些，但反应速度加快，可以在单位时间内得到较多的产品。然而反应温度也不能过高，否则会生成过多的高分子副产物，使目的产物收率降低。所以温度要适当控制，工业上一般采用170～220℃。

（2）操作压力。叠合反应是分子数减少的反应，即在反应时体积缩小，因此反应压力越高，则平衡转化率也越高，提高反应压力虽能提高平衡转化率，但压力增至一定程度后再继续提高压力对平衡转化率的影响就不太明显了，而且高压设备消耗钢材多，成本高，制造困难。一般生产叠合汽油时所采用的反应压力是3.0～5.0MPa。

（3）空速。在一定的温度和压力条件下，空速越低，烯烃转化率越高，但生产能力降低。根据原料中烯烃的浓度不同，空速可采用1～3h^{-1}。

三、甲基叔丁基醚生产过程

醚或醇类等含氧化合物都能够提高汽油辛烷值，但醚蒸气压不高，含氧量较小，其综合性能优于醇类，是目前广泛采用的含氧化合物添加组分，而使用最多的又数甲基叔丁基醚（MTBE）。各种含氧化合物的调合性能见表9－4。

表9－4　各种含氧化合物的调合性能

项目	甲醇	乙醇	异丙醇	甲基叔丁基醚 MTBE	叔戊基甲基醚 TAME	二异丙基醚 DIPE	C_6～C_7 烯烃产甲基醚
抗爆指数	120	115	106	110	106	105	85～95
蒸气压，kPa	413.44	117.14	96.47	55.12	20.67	～28	12.3～13.8
含氧量（质量分数），%	49.4	34.7	26.6	18.2	15.7	15.7	<6.9

MTBE是一种高辛烷值的汽油调合组分，是以异丁烷和甲醇为原料，在酸性催化剂存在下合成的。该工艺具有原料易得、工艺过程和设备简单、投资低、收效快以及无污染等优点。除此之外，MTBE得以迅速发展的主要原因还有以下几个方面：

（1）无铅或低铅汽油需求量的增加，但无铅汽油的辛烷值一般较低。而MTBE是一种比较理想的高辛烷值汽油调合组分；

（2）MTBE工艺为C_4馏分的综合利用提供了新的途径；

（3）MTBE作为高辛烷值调合组分，能节省原油，保护资源；

（4）MTBE不生成过氧化物，爆炸范围较窄，着火点较高、无毒、无腐蚀，因而MTBE的使用、运输和储存都很安全。又因MTBE在水中的溶解度低，但能与烃类互溶。因此掺有MTBE的汽油允许提高含水量。汽车排放气中污染物成分减少，烟雾少。

（一）合成MTBE的基本原理

合成MTBE的主要原料是炼厂气中的异丁烯和甲醇，处于液相状态的异丁烯与甲醇在酸性催化剂作用下生成MTBE，其主要反应式如下：

$$CH_3-\overset{\overset{\displaystyle CH_3}{|}}{C}=CH_2+CH_3OH \rightleftharpoons CH_3-\underset{\underset{\displaystyle CH_3}{|}}{\overset{\overset{\displaystyle CH_3}{|}}{C}}-O-CH_3$$

合成 MTBE 的反应是中等程度的放热反应，反应热为 37kJ/mol。主要副反应有异丁烯二聚生成二异丁烯，原料中水分与异丁烯反应生成叔丁醇，甲醇缩和反应生成二甲基醚。反应式如下：

$$2CH_3-\overset{\overset{\displaystyle CH_3}{|}}{C}=CH_2 \longrightarrow CH_3-\underset{\underset{\displaystyle CH_3}{|}}{\overset{\overset{\displaystyle CH_3}{|}}{C}}-CH_2-\underset{\underset{\displaystyle CH_3}{|}}{C}=CH_2$$

$$2CH_3OH \longrightarrow CH_3-O-CH_3+H_2O$$

$$CH_3-\overset{\overset{\displaystyle CH_3}{|}}{C}=CH_2+H_2O \longrightarrow CH_3-\underset{\underset{\displaystyle CH_3}{|}}{\overset{\overset{\displaystyle CH_3}{|}}{C}}-OH$$

上述反应生成的异辛烯、叔丁醇、二甲基醚等副产品的辛烷值都不低，对产品质量没有不利影响，可留在 MTBE 中，不必进行产物分离。

合成 MTBE 常用的催化剂为强酸性阳离子交换树脂，工业上使用的催化剂一般为磺酸型二乙烯苯交联的聚苯乙烯结构的大孔强酸性阳离子交换树脂。使用这种催化剂时，原料必须净化除去金属离子和碱性物质，否则金属离子会置换催化剂中的质子，碱性物质（如胺类等）也会中和催化剂上的磺酸根，从而使催化剂失活。

（二）合成 MTBE 的工艺流程

按照异丁烯在 MTBE 装置中达到的转化率及下游配套工艺的不同，合成 MTBE 技术分为三种类型，见表 9－5。

表 9－5　MTBE 技术的三种类型

类型	异丁烯转化率，%	剩余异丁烯含量，%	下游用户	备注
标准转化型	95 ~ 95	2 ~ 5	烷基化	炼油型
高转化型	99	0.5 ~ 1	丁烯氧化脱氢	化工型
超高转化型	99.9	1	聚乙烯共聚单体，聚丁烯	化工型

工业生产的催化醚化反应一般采用固定床列管式反应器，管外采用水作冷却剂。主要操作参数如下：反应温度（50 ~ 80℃）、反应压力（1.0 ~ 1.5MPa）、醇烯比（甲醇、异丁烯摩尔比约为 1.1∶1）、空速（1 ~ 1.2h^{-1}）。甲基叔丁基醚生产工艺流程如图 9－8 所示。

甲醇和含异丁烯的 C_4 馏分经预热后送到醚化反应器，醚化反应为放热反应，故为了控制反应温度，设有打冷循环液的设施。从醚化反应器出来的反应产物料中含有未反应的 C_4 馏分、剩余甲醇、MTBE 以及少量的副反应产物。反应溜出物经换热后进入 MTBE 提纯塔，提纯塔为简单蒸馏塔，经分馏提纯塔釜为 MTBE 产品，经与进料换热后送入储罐；塔顶出来的甲醇与 C_4 馏分共沸物进入水洗塔，用水抽提出甲醇以实现甲醇与剩余 C_4 馏分的分离。塔顶溜出剩余 C_4 馏分，可作为烷基化的原料。从水洗塔底出来的甲醇水溶液进入甲醇回收塔，塔顶蒸出的甲醇循环回反应器再使用。回收塔釜的水返回至水洗塔顶部循环使用。

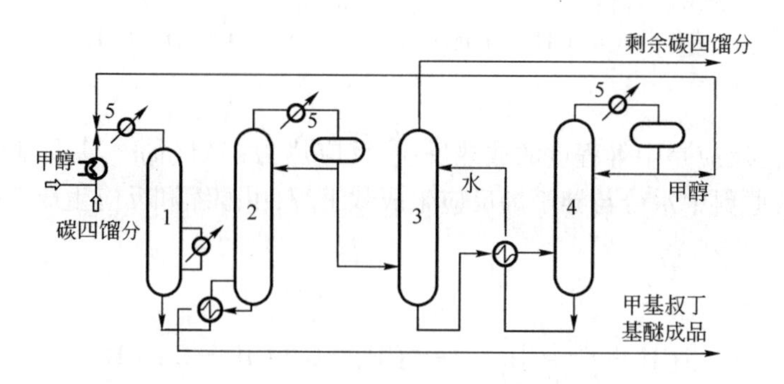

图9-8　甲基叔丁基醚生产工艺流程

1—醚化反应器;2—提纯塔;3—水洗塔;4—甲醇回收塔;5—冷凝器

该流程图使用单台反应器,甲醇与异丁烯的摩尔比为(1~1.05):1,且在较低温度下操作,异丁烯转化率为90%~92%。若要使异丁烯转化率更高,则需两段反应器,即两段反应、两段分离的工艺过程,有利于提高异丁烯的转化率。两段反应工艺流程如图9-9所示。

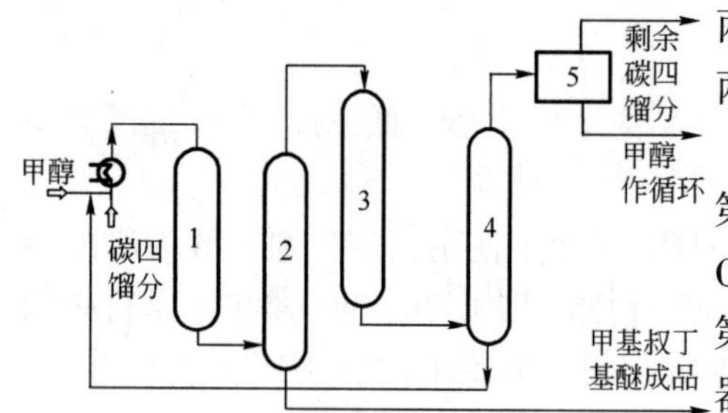

图9-9　两段反应工艺流程

1—第一反应器;2—第一分馏塔;3—第二反应器;4—第二分馏塔;5—水洗塔

异丁烯与甲醇摩尔比为1:(0.85~0.95)进入第一反应器,反应产物进入第一分馏塔,塔顶蒸出C_4烃与甲醇,塔釜是基本不含甲醇的MTBE产品,第一分馏塔顶溜出物与补充的甲醇进入第二反应器,进料中甲醇与异丁烯之比为4~5。反应产物进入第二分馏塔,塔顶为C_4与甲醇共沸物,塔釜为过量甲醇与MTBE。经这种流程加工的C_4馏分,异丁烯转化率可达99%以上。

(三)合成MTBE的操作条件

(1)反应压力。催化醚化反应是液相反应,反应压力应使反应物料在反应器内保持液相,一般为1.0~1.5MPa。

(2)反应温度。合成MTBE反应是中等程度的放热可逆反应。采用较低的温度有利于提高平衡转化率。不同温度下平衡常数见表9-6,MTBE平衡转化率如图9-10所示。同时,在较低的温度下还可以抑制甲醇脱水生成二甲醚等副反应,提高反应选择性,但是温度不能过低,否则反应速度太慢。综合考虑转化率和选择性两个方面,合成MTBE的反应温度一般选用50~80℃。

表9-6　不同温度下MTBE合成的平衡常数

反应温度,℃	25	40	50	60	70	80	90
平衡常数K_c	739	326	200	126	83	55	38

(3)醇烯比。提高醇烯比可抑制异丁烯叠合等副反应,同时提高异丁烯的转化率(由图9-10可看出),但是会增大反应产物分离设备的负荷和操作费用。工业上一般采用甲醇、异丁烯的摩尔比约为1.1:1。

(4)空速。空速与催化剂性能、原料中异丁烯浓度、要求达到的异丁烯转化率、反应温度等有关。工业上采用的空速一般为1～$2h^{-1}$。

(四)MTBE生产新技术

近年来,在烷基化、异构化、叠合、醚化等以轻烃为原料生产高辛烷值汽油组分的工艺技术中,醚化技术有了长足进展。齐鲁石化公司研究院开发了系列MTBE生产新技术,主要反映在以下几方面。

1. 催化蒸馏技术

催化蒸馏技术是美国Chemical Research & Licensing和Neochem公司共同开发成功的方法,特点是催化固定床反应器与蒸馏塔合于一个设备内,利用反应放出的热量进行MTBE的蒸馏提纯,使过程的能耗降低。催化蒸馏法中生成物MTBE能从反应区域连续分出,使平衡反应有利于醚的生成。异丁烯的转化率可提高到99.5%。图9-11为催化蒸馏生产MTBE工艺原理流程。

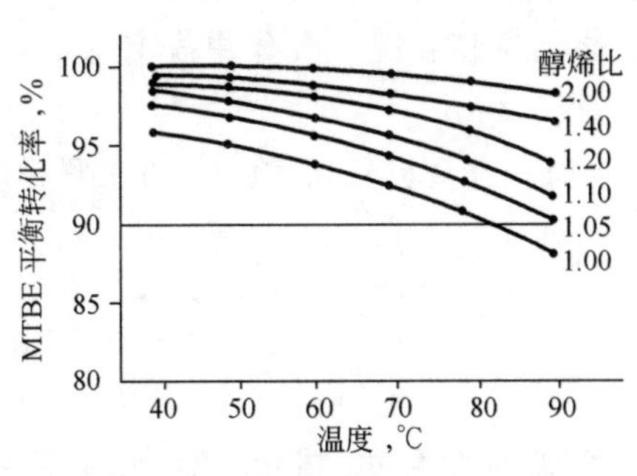

图9-10 MTBE平衡转化率的关系
异丁烯质量浓度为20%

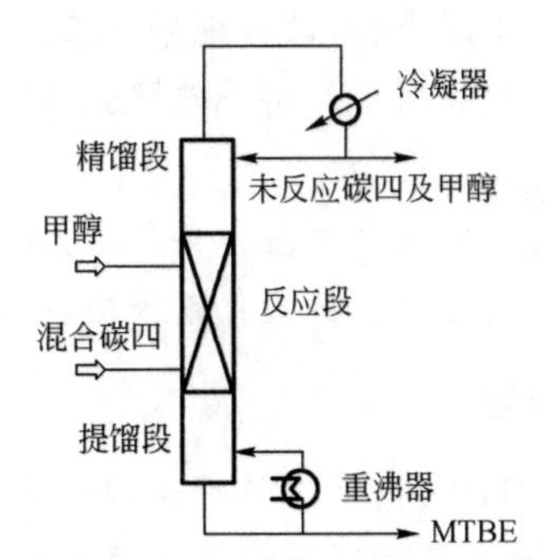

图9-11 催化蒸馏生产MTBE工艺原理流程

2. 混相反应技术

混相反应技术的特点是原料预加热到能够引发反应的温度后进入反应器顶部,然后向下流动,通过催化剂床层进行反应,随着反应的进行产生的反应热使物料温度上升,直至部分汽化,反应处于气—液混相状态,床层温度保持稳定,该技术中异丁烯转化率可达99%。

3. 混相反应蒸馏技术

混相反应蒸馏技术综合了混相反应与催化蒸馏的特点。控制催化蒸馏塔反应段的温度为反应物料的泡点温度,反应在液相和气相混相条件下进行,异丁烯的转化率可提高到99.5%以上。该技术可使反应热全部利用,装置结构简单。

思考题及习题

一、填空题

1. 石油气一般包括(　　)和(　　)。
2. 炼厂气的主要利用用途有(　　)、(　　)、(　　)三个方面。

3. 以炼厂气生产高辛烷值组分的工艺过程有(　　)、(　　)、(　　)。

4. 气体脱硫方法一般分为两大类:一类是(　　),另一类是(　　)。

5. 催化氧化脱硫醇的工艺流程包括(　　)、(　　)、(　　)三个部分。

6. 目前工业上所使用的烷基化催化剂有三种:(　　)、(　　)、(　　)。

7. 催化叠合工艺分两种,一种是(　　),另一种是(　　)。

8. MTBE 生产工艺的主要原料是炼厂气中的(　　)和(　　)。

9. 炼厂气在使用和加工前需要根据加工过程的特点和要求进行不同程度的(　　)和(　　),这一过程通常由(　　)装置来完成。

10. 烷基化过程可以根据有无催化剂可分为(　　)和(　　)。

11. 硫酸法烷基化装置由原料的预处理和预分馏、(　　)、催化剂分离、(　　)、产品分离、(　　)、压缩冷冻等七部分组成。

12. 氢氟酸法烷基化装置的工艺流程可以分为(　　)、(　　)、(　　)、产品精制系统、酸再生系统等主要工序。

13. 一般情况下,氢氟酸烷基化工艺采用的温度控制在(　　)。

14. 叠合过程所用原料是热裂化、催化裂化和焦炭化等装置副产气体中含有的(　　)和(　　)。

15. 在一定的温度和压力条件下,在酸性催化剂上的叠合反应可以用(　　)来解释。

16. 叠合过程使用的催化剂为酸性催化剂,如(　　)、(　　)、(　　)等。

二、判断题

1. 合成 MTBE 的反应是可逆的强放热反应。(　　)

2. 产生炼厂气的石油加工过程主要有原油常压蒸馏、催化裂化、催化重整、加氢裂化以及焦化、热裂化等热加工过程。(　　)

3. 炼厂气可以不利用而直接排放入大气中。(　　)

4. 液化石油气的主要成分是 C_3 和 C_4。(　　)

5. 炼厂气的组成为 H_2、$C_1 \sim C_4$ 的烷烃和烯烃以及 C_5 烃类。另外,还有少量的二氧化碳和硫化氢等气体。(　　)

6. 气体精制的主要目的就是脱除存在于炼厂气中的硫化氢和硫醇等酸性气体。(　　)

7. 湿法脱硫按照吸收剂吸收硫化氢的特点又分为化学吸收法、物理吸收法、直接氧化法等,而物理吸收法目前应用较广。(　　)

8. 乙醇胺能吸收炼厂气中的硫化氢等酸性气体,因此工业上可以用乙醇胺作为吸收剂来处理炼厂气中的硫化氢,乙醇胺还可以循环利用。(　　)

9. 我国炼厂液化气中的硫化物主要是硫醚、硫化氢。(　　)

10. 液化气、汽油、柴油等轻质油品都须脱臭后才能满足产品的质量要求。(　　)

11. 梅洛克斯法是利用某种催化剂使油品中的硫醇与强碱液(氢氧化钠溶液)反应生成硫醇钠盐,然后将其分出并在空气存在条件下氧化成二硫化物,分出二硫化物后的碱液(NaOH)同时得到再生,再生后循环使用。(　　)

12. 气体分馏是对炼厂气进行分离得到单体烃或各种气体烃馏分的过程。(　　)

13. 气体分馏装置中,精馏塔的压力和温度是影响产品质量的主要因素。(　　)

14. 掺入适量的、清洁型的高辛烷值汽油组分可以提高汽油抗爆性。(　　)

15. 目前可以通过加入四乙基铅来提高汽油的辛烷值。 ( )

16. 目前工业中通过增加汽油中芳烃及烯烃含量来提高汽油的抗爆性。 ( )

17. 烷基化反应必须用异构烷烃作为原料。 ( )

18. 烷基化反应原理是利用炼厂液化气中的异丁烷和烯烃在一定的温度和压力下及酸性催化剂的作用下生成烷基化油。 ( )

19. 硫酸法烷基化中采用冷冻的办法来维持反应温度。 ( )

20. 氢氟酸作为催化剂的烷基化技术,采用的是美国菲利浦公司专利技术,主要工艺设备包括主分馏塔、丙烷汽提塔、加热炉、换热器等。 ( )

21. 烯烃叠合是一个吸热反应,因此从热力学来分析温度越高对反应越有利。 ( )

22. 工业生产的催化醚化反应一般采用固定床列管式反应器,管外采用水作冷却剂。 ( )

23. 催化醚化反应是气液相反应,反应压力应使反应物料在反应器内保持液相,一般为1.0~1.5MPa。 ( )

24. 在一定的温度和压力条件下,空间速度越低,烯烃转化率越高,但生产能力降低。 ( )

25. 炼厂气中的 H_2 可以作为合成氨、合成甲醇、加氢精制及加氢裂化的原料。 ( )

三、简答题

1. 炼厂气脱硫的原因是什么?
2. 气体分馏的原理是什么?
3. 气体脱硫方法有哪两类? 各有什么优缺点?
4. 液化气脱硫醇的原理是什么? 主要反应过程是什么?
5. 烷基化产物有何优点?
6. 选择性叠合和非选择性叠合的异同点是什么?
7. 什么是叠合过程? 常用的催化剂有哪些?
8. MTBE 得以迅速发展的主要原因有哪些?
9. 烯烃叠合反应的温度如何控制?
10. 烯烃叠合反应的压力如何控制?
11. 炼厂气的气体精制目的是什么?

第十章　油品的精制与调合

知识目标

(1)了解燃料油精制的目的、方法；

(2)熟悉燃料油精制生产原理、工艺流程、操作影响因素分析；

(3)初步掌握燃料油调合原理和方法。

能力目标

(1)能按不同燃料油对组成要求，判断其中的理想组分和非理想组分，并能除去非理想组分；

(2)能对影响燃料油精制过程的因素进行分析判断，进而能对实际生产过程进行操作和控制；

(3)能依据燃料油标准，进行油品调合操作。

第一节　概述

石油经过一次加工、二次加工后得到各种轻质燃料油品，这些油品中常含有少量的杂质或非理想的成分，如硫、氮、氧等化合物、胶质、某些不饱和烃或芳烃，尤其是加工含硫原油时，硫化物含量更高。这些杂质或非理想成分对油品的颜色、气味、燃烧性能、低温性能、安定性、腐蚀性等使用性能有很大的影响，而且燃烧后放出有害气体会污染大气，油品容易变质等，不能直接作为商品使用。为了使油品质量能够满足使用要求，需要通过进一步处理，将这些杂质或非理想成分从油品中除去。

用含硫原油加工得到的汽油经过精制除去硫化物或硫，以改善汽油的安定性、抗腐蚀性等指标。汽油辛烷值低，需调入高辛烷值组分，加入抗爆剂，以提高汽油辛烷值；焦化汽油中有大量的烯烃存在，使汽油的安定性变坏，在存储期间易生成胶质，需经过精制除去不安定组分。

直馏柴油经过精制除去环烷酸，酸值才合格；为了使含蜡高的直馏柴油凝点合格，需要进行脱蜡；为了改善热裂化柴油和焦化汽油的安定性和抗腐蚀性，需经过精制除去胶质、沥青质、含硫化合物等杂质；对芳烃含量高的柴油馏分，为改善燃烧性能，需经过精制降低芳烃含量。

将各种加工过程所得的半成品加工成为石油商品，一般要通过油品精制与油品调合两个过程。

一、油品精制

(一)化学精制

使用化学药剂(如硫酸、氢氧化钠等)与油品中的一些杂质(如含硫化合物、含氮化合物、胶质、沥青质、烯烃和二烯烃等)发生化学反应,并将这些杂质除去,以改善油品的颜色、气味、安定性,降低硫、氮的含量等。本章将叙述的酸碱精制和氧化法脱硫醇过程即属于化学精制过程。

(二)溶剂精制

利用某些溶剂对油品的理想组分和非理想组分(或杂质)的溶解度不同,选择性地从油品中除掉某些非理想组分,从而改善油品的一些性质。例如,用二氧化硫或糠醛作为溶剂,可使芳烃含量较高的催化裂化循环油的芳烃含量降低,从而生产出合格的成品柴油,有效改善了柴油的燃烧性能,并使含硫量大为降低。但溶剂精制在燃料油生产中应用并不多,这主要由于溶剂的成本较高,来源有限,且溶剂回收和提纯的工艺比较复杂造成的。

(三)吸附精制

吸附精制利用一些固体吸附剂,如白土等,对极性化合物有很强的吸附作用,脱除油品的颜色、气味,除掉油品中的水分、悬浮杂质、胶质、沥青质等极性物质。吸附精制主要有白土精制和分子筛脱蜡精制。

(1)白土精制就是用活性白土在一定温度下处理油料,降低油品的残炭值及酸值(或酸度),改善油品的颜色及安定性。白土是一种结晶或无定型物质,它具有许多微孔,形成很大的表面积。白土有天然的和活化的两种:天然白土就是风化的长石;活性白土是将白土用8%~15%的稀硫酸活化、水洗、干燥、粉碎而得,它的活性比天然白土大4~10倍,所以工业上多采用活性白土。在白土精制条件下,白土对胶质和沥青质有很好的吸附作用,胶质和沥青质的相对分子质量越大,越易被吸附,氧化物和硫酸酯也容易被吸附。一般来说,白土精制的脱硫能力较差,但脱氮能力较强,精制油凝点回升较小,光安定性比加氢精制油好。白土精制的缺点是要使用固体物、劳动条件不好、劳动生产率低、废白土污染环境、不好处理。目前,尽管加氢精制发展很快,白土精制还未被完全替代,某些特殊油品还必须采用白土精制。

(2)另一种吸附精制过程是目前在炼油厂应用的分子筛脱蜡精制。分子筛是一种具有直径一定的均匀孔隙结构的结晶的碱金属硅铝酸盐,是一种高选择性的吸附剂。分子筛脱蜡过程所使用的5A分子筛孔腔窗口的直径为0.5~0.55nm,它可以选择性地吸附分子直径小于0.49nm的正构烷烃,而不能吸附分子直径大于0.56nm的异构烷烃和分子直径在0.6nm以上的芳烃和环烷烃。利用5A分子筛将汽油、煤油和轻柴油馏分中的正构烷烃吸附后脱除,可以提高汽油的辛烷值,降低喷气燃料的冰点和轻柴油的凝点。分子筛吸附正构烷烃后,用1MPa水蒸气或戊烷进行脱附,分子筛可以在吸附—脱附交替操作中循环使用。但由于分子筛在高温下长期与烃类接触,其表面会逐渐积炭而使活性下降,所以需定期采用水蒸气—空气混合烧焦,以恢复其活性,再供循环使用。

(四)加氢精制

加氢精制是在催化剂存在下,用氢气处理油品的一种催化精制方法.其目的是除掉油品中的硫、氮、氧杂原子及金属杂质,有时还对部分芳烃进行加氢,改善油品的使用性能。加氢精制的原料有重整原料、汽油、煤油、各种中间馏分油、重油及渣油。由于高压氢气和催化剂的存在,在油品的非烃化合物中的硫、氮、氧等可转化成硫化氢、氨、水从油品中脱除,而烃基仍保留在油品中,油品中烯烃和二烯烃等不饱和烃可以得到饱和,使产品质量得到很大的改善,产品产率高。因此加氢精制是燃料油生产中最先进的精制方法。目前加氢精制已逐渐代替其他的精制过程。

(五)柴油冷榨脱蜡

用冷冻的方法,使柴油中含有的蜡结晶出来,以降低柴油的凝点,同时又可获得商品石蜡。

(六)吸收法气体脱硫

以液体吸收剂洗涤气体,除去气体中的硫化氢.根据所使用的吸收剂不同,吸收过程可以是化学吸收,也可以是物理吸收。

二、油品调合

油品调合就是将各种石油馏分进行产品特性的检测,根据产品特性,如密度、十六烷值、辛烷值、馏分温度、黏度、杂质含量等,按照国标油品规范进行调合,使其在最低的成本达到国家标准燃油。

油品调合包含两层含义:

第一,不同来源的油品按一定的比例混合,如催化裂化汽油和重整汽油调合成高辛烷值汽油,常减压柴油和催化裂化柴油调合成高十六烷值柴油。

第二,在油品中加入少量称为添加剂的物质,使油品的性质得到较明显的改善,如抗氧化剂改善燃料油的抗氧化性能。

本章主要介绍目前国内常用的酸碱精制和汽油、煤油脱硫醇、油品调合三种工艺。

第二节　酸碱精制

原油蒸馏得到的直馏汽油、喷气燃料、灯油、柴油以及二次加工过程,特别是热裂化、焦化、催化裂化过程得到的汽油和柴油,均不同程度地含有硫化物、氮化物以及有机酸、酚、胶质和烯烃等,因此造成油品性质不安定、质量差,需要进行精制,将这些有物质不同程度地从燃料中除去。在我国炼厂中采用的电化学精制将酸碱精制与高压电场加速沉降分离相结合的方法。

一、酸碱精制原理

酸碱精制过程包括碱精制(碱洗)、酸精制(酸洗)和高压电场沉降分离。

(一)碱精制

碱精制过程中用质量分数10%~30%的氢氧化钠水溶液与油品混合,碱液与油品中烃类几乎不起作用,它只与酸性的非烃类化合物起反应,生成相应的盐类,这些盐类大部分溶于碱液而从油品中除去。因此,碱精制可以除去油品中的含氧化合物(如环烷酸、酚类等)和某些含硫化合物(如硫化氢、低分子硫醇等)以及中和酸洗之后的残余酸性产物(如磺酸、硫酸酯等)。

由于碱液的作用仅能除去硫化氢及大部分环烷酸、酚类和硫醇,所以碱精制过程有时不单独应用，而是与硫酸洗涤联合应用，统称为酸碱精制。在硫酸精制之前的碱洗称之为预碱洗，主要是除去硫化氢；在硫酸精制之后的碱洗，其目的是除去酸洗后油品中残余的酸渣。

碱精制过程发生的主要反应如下：

(1)硫化氢与碱反应生成硫化钠或硫氢化钠。

$$H_2S + 2NaOH \longrightarrow Na_2S + 2H_2O \text{（碱用量大时）}$$

$$H_2S + NaOH \longrightarrow NaSH + H_2O \quad \text{（碱用量小时）}$$

$$H_2S + Na_2S \longrightarrow 2NaSH$$

(2)石油酸和酚类与碱生成相应的钠盐。

$$RCOOH + NaOH \longrightarrow RCOONa + H_2O$$

$$C_6H_5OH + NaOH \longrightarrow C_6H_5ONa + H_2O$$

此类反应属可逆反应，生成的盐类可在很大程度上发生水解反应。随着它们的相对分子质量增大，其盐类的水解程度也加大，使它们在油品中的溶解度相对地增加，而在水中的溶解度则相对地减小。因此用碱精制的办法，并不能将它们完全从油品中清洗除去。

(3)低分子硫醇与碱生成硫醇钠。

$$RSH + NaOH \longrightarrow RSNa + H_2O$$

硫醇的酸性随其碳链的增长而减弱，因此较大分子的硫醇是难以与碱起反应的。另外，生成的硫醇钠随着其相对分子质量的增大，其水解程度加大，它在油品中的溶解度增大，而在水中的溶解度下降。可见，碱洗也不能将硫醇完全从油品中清洗除去。

(4)中性硫酸酯与碱的作用生成相应的醇。

$$(RO)_2SO_2 + 2NaOH \longrightarrow 2ROH + Na_2SO_4$$

碱洗条件的确定可从两个方面加以考虑：一方面，较低的温度和较高的碱浓度会使那些在可逆反应中所生成的盐的水解程度降低；另一方面，这些钠盐属于表面活性剂，较低的温度和较高的碱浓度有利于使油品和碱液形成较牢固的水包油型乳状液。可见，在碱洗时只有采用较低的操作温度和较高的碱液浓度才能较彻底地除去油品中的石油酸及硫醇等非烃化合物。

碱洗后的碱渣不能随便排放，其中所含的石油酸可用酸化方法析出并加以利用。

(二)酸精制

酸精制所用酸为硫酸。在精制条件下浓硫酸对油品起着化学试剂、溶剂和催化剂的作用。浓硫酸可以与油品中的某些烃类、非烃类化合物进行化学反应，或者以催化剂的形式参与化学反应，而且对各种烃类和非烃类化合物均有不同的溶解能力。这些非烃化合物包括含氧化合物、碱性氮化物、含硫化合物、胶质等。

1.硫酸对烃类的作用

在一般的硫酸精制条件下，硫酸对各种烃类除可微量溶解外，对正构烷烃、环烷烃等主要组分基本上不起化学作用，即使与发烟硫酸长时间接触也很少起变化。但与异构烷烃、芳烃，尤其是烯烃则有不同程度的化学反应。

硫酸可与异构烷烃和芳烃进行一定程度的磺化反应，生成物溶于酸渣而被除去。例如，芳烃与浓硫酸在升高温度的情况下，发生磺化反应而生成能溶于硫酸的磺酸，其反应如下：

$$C_6H_6 + H_2SO_4 \longrightarrow C_6H_5SO_2OH + H_2O$$

可见，在精制汽油精制时，应控制好条件，否则会由于芳烃损失而降低辛烷值。

硫酸与烯烃主要发生酯化反应和叠合反应。

(1)酯化反应。当硫酸用量多,温度低于30℃时,生成酸性的单烷基硫酸酯。

$$R—CH=CH_2 + H_2SO_4 \longrightarrow R—CH(CH_3)(OSO_3H)$$

酸性酯大部分溶于酸渣而被除去。

当温度高于30℃、硫酸用量少时,生成中性酯。

$$2R—CH=CH_2 + H_2SO_4 \longrightarrow (R—CH(CH_3)—O)_2SO_2$$

酸性硫酸酯大部分溶于酸渣中,残存在精制油中的酸性酯可用补充碱洗的方法除去。中性硫酸酯仍留在精制油中,这会影响产品质量。因此,硫酸精制的温度要控制得低一些。

(2)叠合反应,烯烃的叠合是在较高的温度及较高的酸浓度下发生的,所生成的二分子或多分子叠合物大部分溶于油中,使油品终沸点升高,产品质量变坏,叠合物须用再蒸馏法除去。二烯烃的叠合反应能剧烈地进行,反应产物胶质溶于酸渣中。

2. 硫酸对非烃化合物的作用

硫酸对非烃类化合物的溶解度较大,与它们的作用可分为化学反应、物理溶解和无作用三种情况。这些非烃化合物包括含硫化合物、碱性氮化物、胶质、环烷酸及酚类等。

(1)硫酸对含硫化合物的作用。硫酸对大多数硫化物可借化学反应及物理溶解作用而将其除去。其中硫化氢在硫酸的作用下氧化成硫仍溶解于油中。所以在油品中含有相当数量的硫化氢时,须用预碱洗法先除去硫化氢。硫酸与硫醇反应生成二硫醚。其反应步骤如下:

$$RSH + H_2SO_4 \longrightarrow (RS)(HO)SO_2 + H_2O$$

$$RSH + (RS)(HO)SO_2 \longrightarrow (RS)_2SO_2 + H_2O$$

$$(RS)_2SO_2 \longrightarrow RSSR + SO_2$$

浓硫酸与噻吩反应生成噻吩磺酸。油品中的二硫醚、硫醚与硫酸不反应,但易溶于硫酸。

(2)硫酸对碱性含氮化合物的作用。碱性含氮化合物,如吡啶等,与硫酸也能发生反应,生成的硫酸盐进入酸渣。

(3)硫酸对胶质的作用。胶质与硫酸有三种作用:一部分溶于硫酸中;一部分缩合成沥青质,沥青质与硫酸反应也溶于酸中;还有一部分磺化后也溶于酸中。总之,胶质都能进入酸渣而被除掉。

(4)硫酸对环烷酸及酚类的作用。环烷酸及酚类可部分地溶解于浓硫酸中，也能与硫酸起磺化反应，磺化产物也溶于硫酸中，因而基本上能被脱除。

总之，硫酸精制可以很好地除去胶质、碱性含氮化合物和大部分环烷酸、硫化物等非烃类化合物，以及烯烃和二烯烃。但也除去了一部分异构烷烃和芳烃等有用组分。

硫酸精制的缺点是油品损失大和酸渣不易处理。

(三)高压电场沉降分离

纯净的油是不导电的，但在酸碱精制过程中生成的酸渣和碱渣能够导电。在电场的作用下，一是促进反应，二是加速聚集和沉降分离。

酸和碱在油品中分散成适当直径的微粒，在高电压(15000 ~ 25000V)的直流(或交流)电场的作用下，加速了导电微粒在油品中的运动，强化油品中的不饱和烃、硫化合物、氮化合物等与酸碱的反应；同时加速反应产物颗粒间的相互碰撞，促进了酸、碱渣的聚集和沉降作用，从而达到快速分离的目的。

二、酸碱精制工艺流程

酸碱精制工艺流程一般有预碱洗—酸洗—水洗—碱洗—水洗等步骤。依需精制的油品的种类、杂质的含量和精制产品的质量要求，决定每一步骤是否必需。例如酸洗前的预碱洗并非都需要，只有当原料中含有很多的硫化氢时才进行预碱洗；而酸洗后之水洗则是为了除去一部分酸洗后未沉降完全的酸渣，减少后面碱洗时用碱量；对直馏汽油和催化裂化汽油及柴油则通常只采用碱洗。图 10 - 1 为酸碱精制—电沉降分离过程的原理流程。

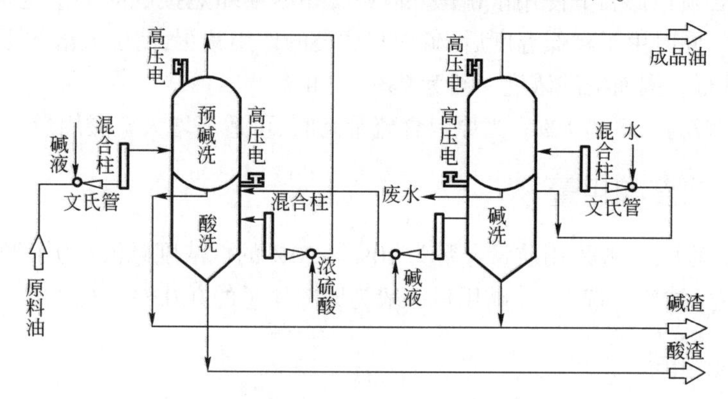

图 10 - 1　酸碱精制—电沉降分离过程的原理流程

原料(需精制的油品)经原料泵首先与碱液在文氏管和混合柱中进行混合、反应，混合物进入电分离器，电分离器通入两万伏左右的高压交流电或直流电，碱渣在高压电场下进行凝聚、分离，一般电场梯度为 1.6 ~ 3.0kV/cm。经碱洗后的油品自顶部流出，与硫酸在第二套文氏管和混合柱中进行混合反应；然后进入酸洗电分离器，酸洗后油品自顶部排出，与碱液在第三套文氏管和混合柱中进行混合、反应；然后进入碱洗电分离器，碱渣自电分离器底部排出，碱洗后油品自顶部排出，在第四套文氏管和混合柱中与水混合；然后进入水洗沉降罐，除去碱和钠盐的水溶液，顶部流出精制油品，废水自水洗沉降罐底排出。碱渣和酸渣均从电分离器的底部排出。

酸碱精制过程具有设备投资少、技术简单和容易建设等特点。但酸碱精制需要消耗大量的酸碱、产生的酸碱废渣不易处理、严重污染环境，且精制损失大、产品收率低等，所以酸碱精制正在被其他精制方法，特别是加氢精制所代替。

三、酸碱精制操作条件

酸碱精制特别是硫酸精制，一方面能除去轻质油品中的有害物质，另一方面也会和油品中的有用组分反应造成精制损失，甚至反而影响油品的某些性质。因此，必须正确合理地选择精制条件，才能既保证产品的质量，又提高产品的收率。

硫酸精制的损失包括叠合损失和酸渣损失。叠合损失的数量为精制产品与再蒸馏后得到的和原料终沸点相同的产品数量之差。酸渣损失的数量为酸渣量与消耗的硫酸用量之差。

影响精制的因素有：精制温度、硫酸浓度与用量、碱的浓度与用量、接触时间和电场梯度等。

（一）精制温度

采用较低的精制温度，有利于脱除硫化物；采用较高的精制温度，有利于除去芳烃、不饱和烃以及胶质，但是叠合损失较大，导致产品收率降低。因而硫酸精制通常在20～35℃的常温下进行。

（二）硫酸浓度与用量

硫酸浓度增大，会引起酸渣损失和叠合损失增大。在精制含硫量较大的油品时，为保证产品含硫量合格，必须在低温下使用浓硫酸（98%），并尽量缩短接触时间。这样的条件不仅提高了脱硫的效率，同时由于降低温度后，硫酸与烃类的作用减缓，使硫酸溶解更多的硫化物，更有利于脱硫的进行。因而硫酸浓度一般为93%～98%。

硫酸用量一般为原料的1%。当原料含硫量高时，可适当增大硫酸用量。

（三）碱的浓度和用量

在碱精制过程中，一般采用质量分数为10%～30%的低浓度碱液（为了增加液体体积，提高混合程度和减少钠离子带出）。碱用量一般为原料质量的0.02%～0.2%。

（四）接触时间

油品与酸渣接触时间过短，反应不完全，达不到精制的目的，同时也降低了硫酸的利用率。接触时间过长，会使副反应增多，增大叠合损失，引起精制油收率降低，也会使油品颜色和安定性变坏。一般在油品与硫酸混合后到进入电场前的接触时间为几秒到几分钟（反应）。适当地延长油品在电场中的停留时间有利于酸渣的沉降分离，从而保证产品的精制效果，油品在电场内停留时间为十几分钟（沉降）。

（五）电场梯度

高压电场沉降分离常与酸碱洗涤相结合。洗涤后的酸和碱在油品中分散成适当直径的微粒，在15000～25000V高电压（直流或交流）电场的作用下破乳，导电微粒在油品中的运动加速，强化油品中的硫化合物、氮化合物及不饱和烃等与酸碱的反应，同时使反应产物颗粒间相互碰撞，加速石油馏分中的分散相（水、酸、碱等）微粒由于偶极聚结和电泳作用而聚结，并在重力作用下从分散介质中分离出来。

可见电场的作用是促进反应和加速微粒聚集和沉降分离。电场梯度过低，起不到均匀及快速分离的作用；但过高则不利于酸渣的沉聚。电场梯度一般为1600～3000V/cm。

第三节　S—Zorb催化汽油吸附脱硫技术

S—Zorb催化汽油吸附脱硫技术是基于吸附作用原理对汽油进行脱硫，通过吸附剂选择性地吸附汽油中硫醇、二硫化物、硫醚和噻吩类等含硫化合物的硫原子而达到脱硫的目的，然后对吸附剂再生，使其变为二氧化硫进入再生烟气中，烟气再去硫磺或碱洗。与选择性加氢脱硫技术相比，该技术具有脱硫率高（可将硫降低至10μg/g以下）、辛烷值损失小、氢耗低、操作费用低的优点。

一、S—Zorb催化汽油吸附脱硫原理

在S—Zorb过程中有五步主要的化学反应：（1）硫的吸附；（2）烯烃加氢饱和；（3）烯烃加氢异构化；（4）吸附剂氧化；（5）吸附剂还原。

（一）硫的吸附

硫的吸附反应是S—Zorb的主反应，该反应发生在反应器中，通过对硫的吸附可以将汽油中的硫降低到所希望的范围内。利用吸附剂在有氢气存在的情况下，将汽油中硫原子“吸”出来暂时保留在吸附剂上，吸附剂有镍及氧化锌两种主要活性成分在脱硫过程中先后发挥作用。氧化锌与硫原子的结合能力大于镍，因此镍将汽油中的硫原子“吸”出来后，硫原子即与镍周围的氧化锌发生反应，生成硫化锌。自由的镍原子再从汽油中吸附出其他硫原子。其反应过程如下：

$$R—S + Ni + H_2 \longrightarrow R-2H + NiS(s)$$

$$NiS(s) + ZnO(s) + H_2 \longrightarrow Ni(s) + ZnS(s) + H_2O$$

（二）烯烃加氢饱和

烯烃加氢饱和反应是我们不希望在脱硫反应器内发生的副反应。烯烃加氢饱和后会降低汽油产品的辛烷值。

烯烃来自原料汽油中，它们是含有双键的碳氢化合物，化学式如下表示：C—C—C—C═C，烯烃通常分布在汽油馏分的初始部分（轻组分），主要是C_5、C_6和C_7。典型的烯烃加氢饱和反应可表示如下：C—C—C—C═C + H_2 ⟶C—C—C—C—C。烯烃加氢饱和反应之所以使产品的辛烷值降低是由于烷烃的辛烷值通常低于烯烃的辛烷值。如上例戊烷的辛烷值是61.8（RON），而1－戊烯的辛烷值是90.9（RON）。烯烃加氢饱和反应是强放热反应，若反应器内发生大量的加氢反应，将会使反应器内温度急剧升高，而且烯烃加氢饱和反应越多，氢气损耗加大。

（三）烯烃加氢异构化

烯烃的异构化反应是我们希望在反应器内发生的副反应，它可以使汽油产品的辛烷值提高。典型的异构化反应如下：

$$C=C-C-C-C-C+H_2 \longrightarrow C-C=C-C-C-C+H_2$$

$$C=C-C-C-C-C+H_2 \longrightarrow C-C-C=C-C-C+H_2$$

烯烃加氢异构化反应之所以使辛烷值提高是由于双键在内部（二位、三位烯烃）的烯烃的辛烷值高于双键在边上（一位烯烃）的烯烃的辛烷值。如上面的例子：1－己烯的辛烷值为76.4（RON），而2－己烯和3－己烯的辛烷值分别为92.7（RON）和94.0（RON）。这类反应有助于弥补由于烯烃加氢反应而造成的辛烷值损失，有时还可以使总的辛烷值有所增加。因为烯烃的加氢异构化反应是微放热反应，而且在汽油组分中发生异构化的烯烃所占比例不高，所以不会使反应器的温度产生显著的变化。

（四）吸附剂氧化

吸附剂氧化反应发生在再生器内。氧化反应可以脱除吸附剂上的硫，同时使吸附剂上的镍和锌转变成氧化物的形式。氧化反应也可以称为燃烧，这类似于FCC再生器内所发生的过程。吸附剂的氧化过程中共有以下六种反应，第一种和第二种是硫和锌的氧化反应，第三种、第四种、第五种是碳和氢的氧化反应，第六种是镍的氧化反应。以下六种反应均为放热反应：

（1） $ZnS(s)+1.5O_2 \longrightarrow ZnO(s)+SO_2$

（2） $3ZnS(s)+5.5O_2 \longrightarrow Zn_3O(SO_4)_2(s)+SO_2$

（3） $C+O_2 \longrightarrow CO_2$

（4） $C+0.5O_2 \longrightarrow CO$

（5） $2H_2+0.5O_2 \longrightarrow H_2O$

（6） $Ni(s)+0.5O_2 \longrightarrow NiO(s)$

通过以上的反应，可以知道再生烟气中主要是 SO_2 和 CO_2 以及少量的水蒸气，另外还有少许CO。

（五）吸附剂还原

还原反应主要发生在还原反应器内，其目的是使氧化了的吸附剂回到还原状态以保持其活性，所谓“还原”就是使金属氧化物中的金属回到单质状态。吸附剂的活性组分金属镍在再生时氧化成为氧化镍，要恢复吸附剂的活性就需要将氧化镍还原成为金属镍。镍的还原反应如下：

$$NiO(s)+H_2 \longrightarrow Ni(s)+H_2O$$

除镍的还原反应外，还有锌的硫氧化物（再生器中第二步反应所产生的含锌化合物）在还原器内的转变，生成水、氧化锌和硫化锌。

$$Zn_3O(SO_4)_2+8H_2 \longrightarrow 2ZnS(s)+ZnO(s)+8H_2O$$

水是反应产物之一，这些水被循环气体携带至反应器内，聚集到产品分离器和稳定塔顶部的回流罐内。

二、S—Zorb 催化汽油吸附脱硫工艺流程

装置流程主要包括进料与脱硫反应、吸附剂再生、吸附剂循环和产品稳定四个部分。S—Zorb催化汽油吸附脱硫反应部分工艺流程如图 10－2 所示。某炼厂 S—Zorb 装置如彩图 10－1所示。

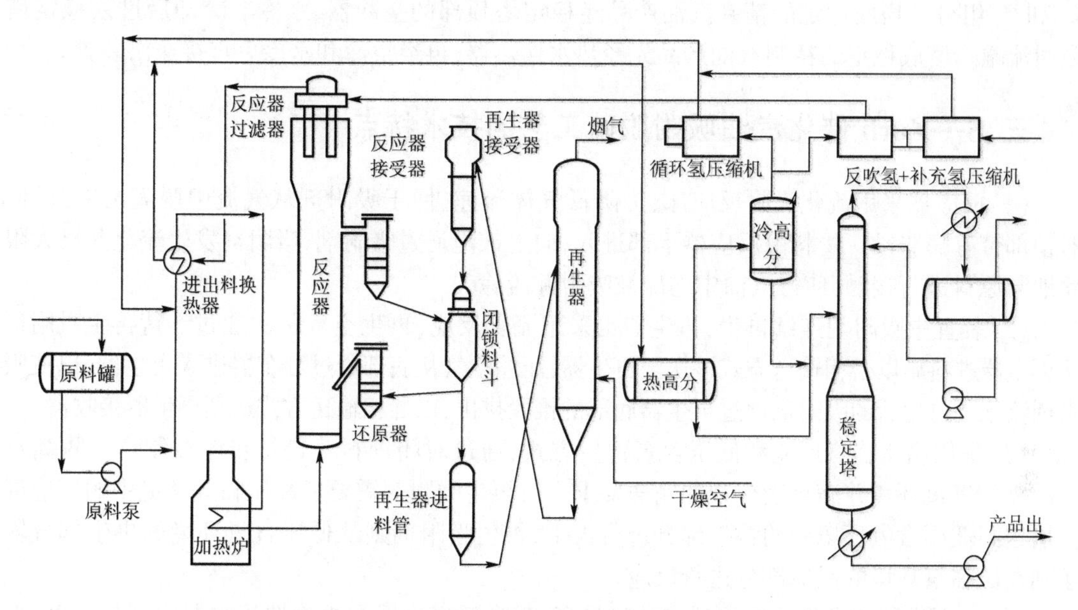

图 10－2　S—Zorb 催化汽油吸附脱硫反应部分工艺流程

(一)进料与脱硫反应部分

彩图10-1　某炼厂
S—Zorb装置

催化汽油预热至一定温度进入反应器中进行吸附脱硫反应,脱硫反应器内装有吸附剂,气态的混氢原料在反应器内部自下而上流动使反应器内成流化床状态,原料经吸附剂作用后将其中的有机硫化物脱除。

(二)吸附剂再生部分

为了维持吸附剂的活性,使装置能够连续操作,装置设有吸附剂连续再生系统,再生过程是以空气作为氧化剂的氧化反应。为了降低再生器内床层的温度,设有一套热水循环系统,用于取出再生过程中释放的热量,并预热再生空气。吸附剂循环和输送过程中磨损生成的细粉最终被收集到再生粉尘罐定期排出装置;装置中设有吸附剂储罐,用于装置开停工装收吸附剂,另外设新鲜吸附剂储罐,用于正常操作中的吸附剂的补充。

(三)吸附剂循环部分

吸附剂循环部分目的是将已吸附了硫的吸附剂自反应部分输送到再生部分,同时将再生后的吸附剂自再生部分送回到吸附剂还原反应器,然后送回到反应系统,并可以控制吸附剂的循环速率;以上过程通过闭锁料斗的步序自动控制实现。其目的是使氧化了的吸附剂回到还原状态以保持其活性,所谓还原就是使金属化合物中的金属回到单质状态。

除镍的还原反应外,还有锌的硫氧化物(再生器中第二步反应所产生的含锌化合物)在还原器内的转变,生成水、氧化锌和硫化锌。

(四)产品稳定部分

稳定塔用于处理脱硫后的汽油产品使其稳定。稳定塔用于脱除脱硫后汽油产品中的 C_2、C_3 和 C_4 组分。塔底稳定的精制汽油产品经稳定塔顶部的空冷器、水冷器冷却后进入稳定塔顶回流罐。塔底稳定的精制汽油产品先经热水换热器,再经空冷和水冷后直接送出装置。

三、S—Zorb 催化汽油吸附脱硫工艺的技术特点

(1)反应器采用流化吸附反应床,为降低气体流速、便于吸附剂从气流中脱离出来,反应器顶部带有膨胀段。物料由反应器下部进入,向上鼓泡通过吸附剂,吸附剂发生流化并最大限度地与原料进行接触,使得汽油中的硫被吸附并脱除。

(2)装置中吸附剂连续再生,再生器也采用流化反应,再生空气一次通过。待再生吸附剂从再生器进料罐以密相输送方式被送至再生器,压缩空气从底部通过分布器进入再生器,以使吸附剂流化。再生后的吸附剂通过再生器底部的锥段排出,以稀相输送方式送到再生器接收器。

(3)采用高压临氢反应和低压含氧再生方式,通过对闭锁料斗进行步序控制产生隔离反应所需的氢氧环境并满足吸附剂的输送要求。待再生吸附剂需要从高压临氢环境中的反应部分输送到低压含氧环境中的再生部分进行再生,再生吸附剂则从低压含氧环境的再生部分输送到高压临氢环境的反应部分进行反应。

(4)在再生器中发生的燃烧反应放热量高,为降低再生器和再生器接收器内部的温度,保持再生器在524℃下运转,再生部分设置内取热系统,锅炉给水在其中循环,吸收反应产生的大部分热量。

(5)为了避免物料将吸附剂带出,减少吸附剂损失,再生器通过旋风分离器实现气固分离,在反应器、闭锁料斗和吸附剂储罐等设备内设置了精密过滤器。

(6)为了降低能耗,反应产物分离部分采用热高分流程。

四、吸附剂循环系统(闭锁料斗)的控制原理

在正常操作中,待生的和再生过的吸附剂分批地交替通过闭锁料斗,其过程描述如下:在待生吸附剂填充阶段,待生吸附剂靠重力从反应接受器降落至闭锁料斗。闭锁料斗降压后用氮气吹扫;在吸附剂排空阶段,经过吹扫的吸附剂依自身重力流入再生进料罐。在再生吸附剂填充阶段,已再生过的吸附剂从再生器接收器流入闭锁料斗。闭锁料斗用氮气吹扫并用氢气加压;在吸附剂排空阶段,再生过的吸附剂依自身重力流到还原器。闭锁料斗的压力在不同过程操作之前进行相应调整,以满足不同过程的需要。

(一)闭锁料斗的进料

闭锁料斗包括两条进料途径,即反应器接收器向闭锁料斗进料和再生器接收器向闭锁料斗进料。在进料过程中,当达到闭锁料斗进料的料位设定值时,程序控制阀自动关闭,停止进料。正常操作中,进料后的实际料位较高,而料位的进料设定值较低,其原因为:进料速度较快,短时间内吸附剂会快速进入闭锁料斗;同时该料位计的反应滞后。由于以上原因,当料位

计检测达到较低的设定料位值并发出关进料阀指令后,实际料位最终达到较高的实际位置。进料料位的设定值低于实际值,这就避免了料斗顶部过滤器堵塞而压差增大,最终导致闭锁料斗系统停工。再生器向闭锁料斗进料时,再生器接收器的料位必须达到高报,接收器才能向闭锁料斗进料,避免闭锁料斗料位不足。

(二)闭锁料斗的出料

闭锁料斗的出料也是两条,即闭锁料斗向还原器进料和闭锁料斗向再生器进料器进料。闭锁料斗出料结束的标志有两个:闭锁料斗料位低报和达到规定的出料时间。在实际操作中,系统先检测料位信号,当料位达到低报值,系统就认定吸附剂已经全部从料斗中送出,即使设定的出料结束时间还没到,该步骤也结束;如果料位迟迟达不到低报值,但设定的结束时间到了,该步骤也停止。限定出料时间的主要目的是防止料位计发生故障,不能正确指示料位,达不到低报值,步骤无法正常结束。

闭锁料斗向再生器进料器进料时,再生器进料器的料位必须达到低报值,该步骤才进行,避免再生器进料器的料位过高使闭锁料斗中的吸附剂不能全部送出。

(三)闭锁料斗的压力控制

闭锁料斗进料前,压力要降低到比进料的设备低约 15kPa,以便依靠压差将吸附剂顺利地送到闭锁料斗中。此时料斗底部的补加气体(N_2 或 H_2)是一直打开的,顶部的排气也是打开的,在顶部的排气调节阀自动调节闭锁料斗的压力。

闭锁料斗在出料时,压力要升高到高于送出的设备压力,以便依靠压差将吸附剂顺利的送出闭锁料斗。此时料斗底部的补加气体(N_2 或 H_2)是一直打开的,顶部的排气也是打开的,在顶部的排气调节阀自动调节闭锁料斗的压力。在向还原器送料时,程序自动将补加气体的调节阀变为手动状态,并设定一个固定的开度,使进入闭锁料斗的气体保持一定,通过调节阀自动控制闭锁料斗的压力,以保持足够的推动力。另外在向还原器送料开始 60s 以后,为了加大吸附剂流动的推动力,程序会通过提高调节阀的设定值,自动对闭锁料斗升压。

(四)闭锁料斗循环过程

在正常的连续生产过程中,闭锁料斗必须在确保安全的条件下相继完成特定的吹扫、充压、泄压等步骤。另外,控制系统和闭锁料斗的逻辑监控系统将对整个过程进行监视,若出现不正常的情况可将闭锁料斗置于安全状态。

第四节　轻质油品脱硫醇

轻质油品如汽油、煤油、柴油等,由于含有硫醇和其他含硫、含氧、含氮化合物,致使油品质量变差。

硫醇主要存在于汽油馏分中,有时在煤油馏分中也能发现。从含硫原油得到的煤油、催化裂化汽油都含有硫醇。油品中硫醇的危害性如下:

(1)硫醇是发出臭味的主要物质,产生令人恶心的臭味(空气中硫醇浓度达 $2.2 \times 10^{-12} g/m^3$ 时,人的嗅觉就能感觉到)。

(2)影响油品的安定性。因为硫醇是一种氧化引发剂,它使油品中的不安定组分氧化、叠合生成胶状物质。

(3)硫醇具有弱酸性,反应活性较强,对炼油设备有腐蚀作用,并能使元素硫的腐蚀性显著增加。

(4)硫醇影响油品对添加剂,如抗爆剂、抗氧化剂、金属钝化剂等的感受性。

(5)燃烧后生成 SO_x 导致酸雨。

(6)燃料含硫醇增加了汽车尾气中 HC、CO、NO_x 的排放量,这是因为燃烧生成物使汽车尾气转化器中的催化剂中毒,影响催化转化器的性能发挥等。

因此,在石油加工过程中往往要脱除油品中的硫醇。由于硫醇有恶臭,因此在炼油工业中也常把脱硫醇过程称为脱臭过程。轻质油品的脱臭主要有两个途径:一是除去油品中的硫醇;二是将油品中的硫醇转变为危害较小的二硫化物,以达到脱臭效果。

一、脱硫醇的方法

工业上常用的脱硫醇的方法有以下几种:

(1)氧化法。采用亚铅酸钠、次氯酸钠、氯化铜等做氧化剂把硫醇氧化为二硫化物。

(2)催化氧化法。利用含催化剂的碱液抽提,然后在催化剂的作用下,通入空气将硫醇氧化为二硫化物。该法具有投资少、操作简单、运转费用少、脱除硫醇率高、精制油品质量好等优点,受到广泛应用。

(3)抽提法。利用化学药剂从油品中抽提出硫醇,主要有加助溶剂法(用氢氧化钠和甲醇抽提汽油中硫醇和氮化物)、亚铁氰化物法(利用含亚铁氰化物的碱液抽提硫醇)等。

(4)吸附法。利用分子筛的吸附性脱除硫醇,同时还可起到脱水的作用。

下面以催化氧化法为例进行介绍。

二、催化氧化法脱硫醇

催化氧化脱硫醇法是利用一种催化剂使油品中的硫醇在强碱液(氢氧化钠溶液)及空气存在的条件下氧化成二硫化物,其化学反应式如下:

$$2RSH + \frac{1}{2}O_2 \xrightarrow[\text{碱液}]{\text{催化剂}} RSSR + H_2O$$

该法最常用的催化剂是磺化酞菁钴或聚酞菁钴等金属酞菁化合物,按工艺方法的不同可分为梅洛克斯法(Merox process)、铜-13X 分子筛法两种。

(一)梅洛克斯法

梅洛克斯法脱硫醇包括抽提和脱臭两部分。根据原料油的沸点范围和所含硫醇相对分子质量的不同,可以单独使用抽提和脱臭中的一部分或将两部分结合起来。例如,精制液化石油气时可只用抽提部分;对于硫醇含量较低的汽油馏分,只用脱臭过程就能满足要求;但对硫醇含量较高的汽油则通常先经抽提除去大部分硫醇,然后再进行脱臭;精制煤油时,通常只用脱臭部分。当只采用氧化脱臭部分时,油品中的硫醇只是转化成二硫化物,并不从油品中除去。因此,精制后油品的含硫量并没有减少。

抽提是用含有催化剂的强碱液把硫醇以硫醇钠的形式从油品中抽提出来,因此产品的总含硫量下降。抽提后碱液送去再生,在再生过程中碱液中的硫醇钠被氧化成二硫化物,不溶于碱,它与碱液分层以后,碱即可循环使用。

脱臭是将含硫醇的油品与空气及含催化剂的碱液一起通过反应器后,硫醇被氧化为二硫化物,而碱液则循环利用。在工艺上,脱臭有两种类型:一种是将催化剂溶于 NaOH 溶液中,即抽提液—液脱臭法;另一种是将催化剂载于固体载体(如活性炭)上,即固定床法。

1. 抽提液—液脱臭法催化氧化脱硫醇

抽提液—液脱臭法催化氧化脱硫醇工艺流程如图 10-3 所示,其工艺过程包括预碱洗、催化抽提、碱液氧化再生和催化氧化。

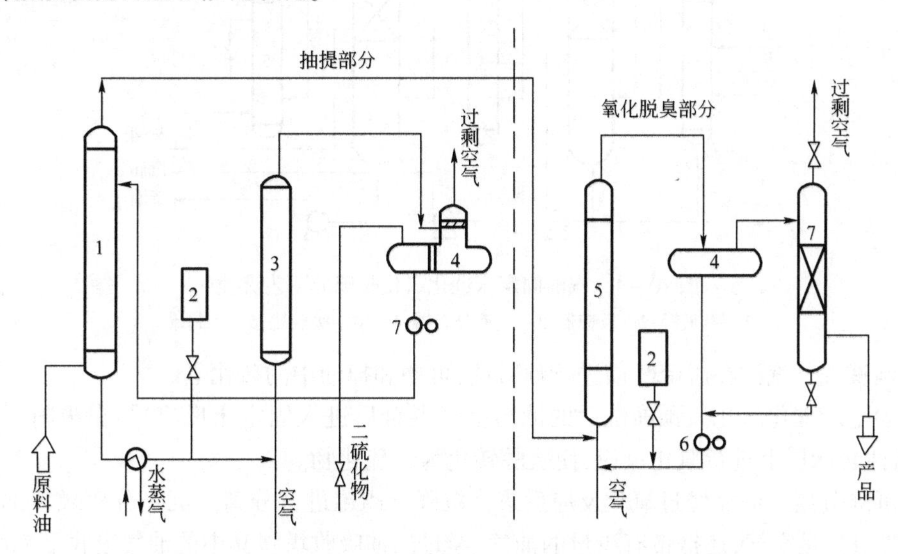

图 10-3 抽提液—液脱臭法催化氧化脱硫醇工艺流程

1—硫醇抽提塔;2—催化剂罐;3—氧化塔;4—分离罐;5—转化塔;6—碱液泵;7—砂滤塔

(1)预碱洗。原料油中含有的硫化氢、酚类和环烷酸等会降低脱硫醇的效果,并缩短催化剂的寿命,所以在脱硫醇之前须用 5% ~10% 浓度的氢氧化钠溶液进行预碱洗,以除去这些酸性杂质。

(2)催化抽提。预碱洗后的原料油进入硫醇抽提塔,与自塔上部流下含有催化剂的碱液逆流接触,其中的硫醇与碱液反应,生成硫醇钠盐,并溶于碱液从塔底排出。

(3)碱液氧化再生。自硫醇抽提塔下部排出含硫醇钠盐的碱液(含催化剂)经加热至 40℃左右,与空气混合后进入氧化塔,在氧化塔中硫醇钠盐氧化为二硫化物,然后进入二硫化物分离罐。在分离罐中由于二硫化物不溶于水,积聚在上层而由分离罐上部分出,同时,过剩的空气也分出。由分离罐下部出来的是含催化剂的碱液,送回硫醇抽提塔循环使用。

(4)催化氧化。由硫醇抽提塔顶出来的是脱去部分硫醇的油品,再与空气、含催化剂的碱液混合后进入转化塔,在转化塔内油品中残存的硫醇氧化成二硫化物而脱臭,然后进入静置分离器,其上层油品(二硫化物仍留在油中)送至砂滤塔内除去残留的碱液,即为精制的产品。由分离罐下层分出的含催化剂的碱液循环到转化塔重复使用。

此法的工艺和操作简单,投资和操作费用低,而脱硫醇的效果好,对液化石油气,硫醇脱除率可达 100%,对汽油也可达 80% 以上。

2. 固定床法催化氧化脱硫醇

固定床法是先把催化剂(如磺化酞菁钴)载于载体上,以氢氧化钠溶液润湿后,将原料通过此床层并通入空气。在脱臭过程中，定期向床层注入碱液。固定床法多用于煤油脱臭，其优点是无须碱液循环。

图 10－4 为汽油固定床催化氧化脱硫醇工艺流程，其工艺过程包括预碱洗、固定床催化氧化、沉降分离。

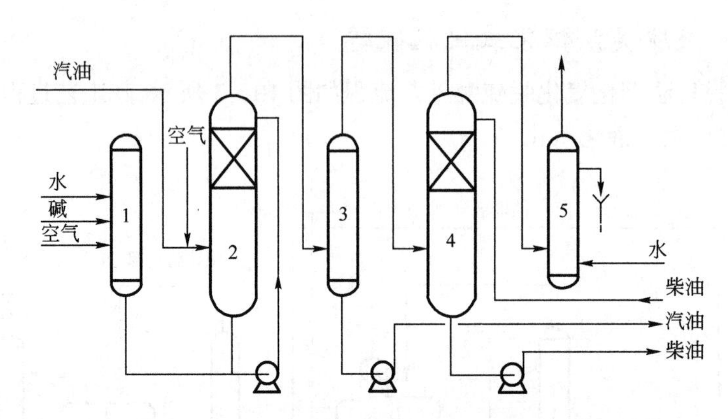

图 10－4　汽油固定床催化氧化脱硫醇工艺流程

1—碱液罐；2—反应器；3—气液分离器；4—柴油吸收罐；5—水封罐

(1) 预碱洗。汽油在脱硫醇前进行预碱洗，可中和掉油中的硫化氢。

(2) 固定床催化氧化。预碱洗后的油与空气混合后进入固定床反应器，在吸附了催化剂碱液的活性炭床层上进行氧化反应，使硫醇转化为二硫化物。

(3) 沉降分离。油品经过氧化反应后进入沉降分离罐进行分离。沉降分离罐顶部出来的气体，主要组分是空气，还携带有少量的油气，经过柴油吸收塔将其中的油气吸收下来后，剩余气体通过水封罐排入大气。分离罐底出来的即为脱硫醇汽油，硫醇脱除率大于 94%。

以上两种方法的脱臭过程中总要消耗碱并有一定量的废碱液排出，造成环境污染。无碱液脱臭法则克服了以上的缺点，它使用了一种碱性活化剂（用于提高脱臭率和延长催化剂寿命）和助溶剂（醇类）。汽油或煤油在催化剂（如磺化酞菁钴）、活化剂和助溶剂形成的溶液可完全互溶为一均相体系，向该体系中通入空气即可使硫醇氧化而脱臭。该法的优点是不使用碱液，也不产生废碱液；脱臭效率有所提高；活化剂用量极微，如果活化剂残留在油中对油品质量也没有影响。汽油无碱液脱臭的工业试验已取得成功，使汽油中的硫醇含量下降到 3～5μg/g。无碱液固定床脱臭工艺是目前国内外应用和发展的趋势，研制和开发新型高活性、长寿命的催化剂以及适应性广、价廉的活化剂和助剂是今后的发展方向。

（二）铜—13X 分子筛法

铜—13X 分子筛脱硫醇法的基本原理是在铜 13—X 分子筛催化剂的作用下，把硫醇转化为二硫化物而仍留在油中。铜—13X 分子筛是 13X 分子筛经铜离子交换掉 75%～90% 钠离子后的沸石分子筛。它能将硫醇催化氧化为二硫化物，其反应是分两步进行的：

第一步　$2Cu^{2+} + 4RSH \longrightarrow RSSR + 2RSCu + 4H^{+}$

第二步　$2RSCu + 4H^{+} + O_2 \longrightarrow RSSR + 2H_2O + 2Cu^{2+}$

图 10－5 是喷气燃料的铜—13X 分子筛脱硫醇工艺流程。原料经换热器换热至一定的温度（120～130℃），与空气混合后，进入装有分子筛催化剂的固定床反应器，油品中的硫醇在其中转化为二硫化物。反应后的油品经冷却器冷却至 40～60℃，进入活性炭脱色罐进行脱色处

理(脱色后的油品是无色的),再经过过滤器后,作为精制油品出装置。这种方法主要用于直馏喷气燃料的精制,也可用于汽油、煤油的精制。

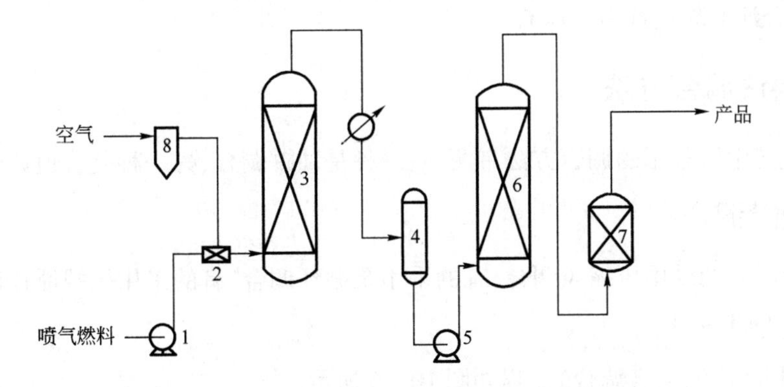

图 10-5 喷气燃料的铜—13X 分子筛脱硫醇工艺流程

1—原料泵;2—文氏混合管;3—反应器;4—中间罐;5—中间泵;
6—活性炭脱色罐;7—玻璃毛过滤器;8—空气脱水罐

第五节 燃料油调合

从石油经过加工和精制过程之后,生产出各种不同的组分和石油产品。其大部分不能直接做为商品出厂,还需要进行调合。燃料油品调合的目的是将生产装置所得到的产品,结合国家建设对商品品种的需要和质量的要求,调整油品某些理化性质,满足各种机具的使用要求,将两种或两种以上油品添加剂(或不加添加剂)调合在一起,以达到某一石油产品的质量指标,供给用户。

油品调合通常可分为两类:一是油品组分的调合,是将一种或几种组分油按比例调合成基础油或成品油(得到所需质量标准的油品,保证供应);二是基础油与适量的添加剂的调合(为了改善某种油品的个别性质,如抗氧化安定性或抗腐蚀性等,用调合的方法加入相应的添加剂)。

液体石油燃料调合主要包括车用汽油调合、柴油调合、喷气燃料调合、船舶用燃料调合、锅炉用燃料调合、车用乙醇汽油调合等。

不同使用目的的石油产品具有不同的规格标准,每一种石油产品的规格标准都包括了许多性质要求。调合油品的性质与各组分的性质有关。调合油品的性质如果等于各组分的性质按比例的加和值,则称这种调合为线性调合,反之则称非线性调合。石油的组成十分复杂,其性质大都不符合加和性规律,因而油品的调合多属于非线性调合。

例如由几个组分调合而成的汽油,燃烧时各组分的中间产物可能会相互作用,有的中间产物作为活化剂使燃烧反应加速,有的作为抑制剂使燃烧反应变慢。原来的燃烧反应历程被改变,从而使表现出来的燃烧性能发生变化。因此,调合汽油的辛烷值与各组分单独存在时的实测辛烷值没有简单的线性加合关系。这就导致辛烷值有实测辛烷值和调合辛烷值之分。这种辛烷值的调合效应一般与汽油的敏感性(RON—MON)有关,如烷烃、环烷烃的敏感性小,调合后燃烧时相互影响也较小,可以看成是线性调合;而烯烃、芳烃敏感性大,调合后燃烧时相互影响较大,则是非线性调合。调合汽油的组分变化及各组分比例变化后组分的调合辛烷值也会发生变化。

油品的黏度、凝点等性质，调合时也远远偏离线性加和关系，有的甚至出现一些奇特的结果。如按1:1调合大庆原油的170～360℃直馏馏分（凝点－3℃）与催化裂化的相同馏分（凝点－6℃），调合油的凝点竟为－14℃。

一、燃料油调合方法

目前在生产中所采用的调合方法有两种：一种是油罐调合，另一种是管道调合。

（一）油罐调合

油罐调合时有的采用压缩风调合，有的采用泵循环调合，有的采用机械搅拌调合。

1. 压缩风调合

压缩风调合（压缩空气调合）流程如图10－6所示。

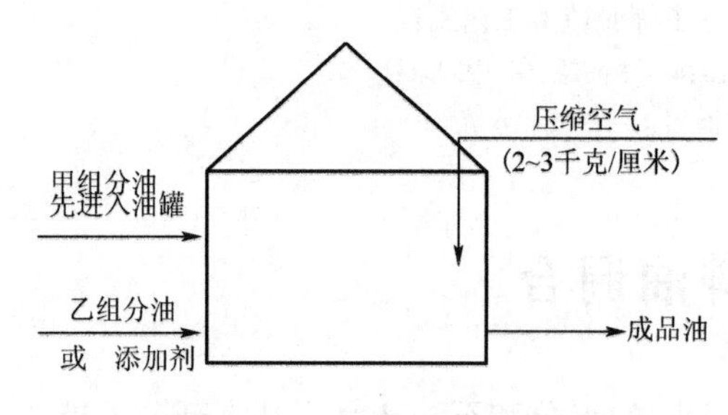

图10－6　压缩空气调合流程

压缩空气调合油品是一种简单易行的方法，多用于数量大而质量要求一般的石油产品，如轻柴油、重柴油和普通机械油。风压为0.4～0.5MPa，搅拌时风压为0.2～0.3MPa，压缩空气是从罐底的升降管或罐顶进入罐内，也可与进油线相接，由罐壁底圈接入和接进油管时，要装止回阀，防止油品串入空气管内。压缩空气接入罐内后，可设调合管，调合管有十字形和环形两种。调合管上开有ϕ3mm小孔。调合管的安装要注意不要同加热器相碰，一般距罐底700mm左右。气管线接入罐内后，也有不设调合管的，直接通风调合。

压缩空气调合法挥发损失大，易造成环境污染，易使油品氧化变质，不适用于低闪点或易氧化的组分油，也不适用于易产生泡沫或含有干粉添加剂的油品。当今大多数炼厂已不采用。

2. 泵循环调合

质量要求严格的不宜采用压缩空气调合的燃料油，如车用汽油、航空汽油、航空煤油、柴油等，可以采用泵循环调合。

泵循环调合法是先将组分油和添加剂加入罐中，用泵抽出部分油品再循环回罐内。进罐时通过装在罐内的喷嘴高速喷出，促使油品混合。此法适合于混合量大、混合比例变化范围大和中、低黏度油品的调合。此法效率高、设备简单、操作方便。泵调合流程如图10－7和图10－8所示。

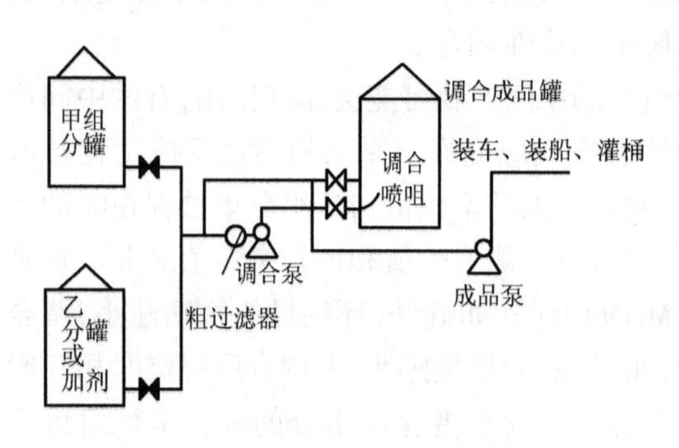

图10－7　组分罐泵调合流程

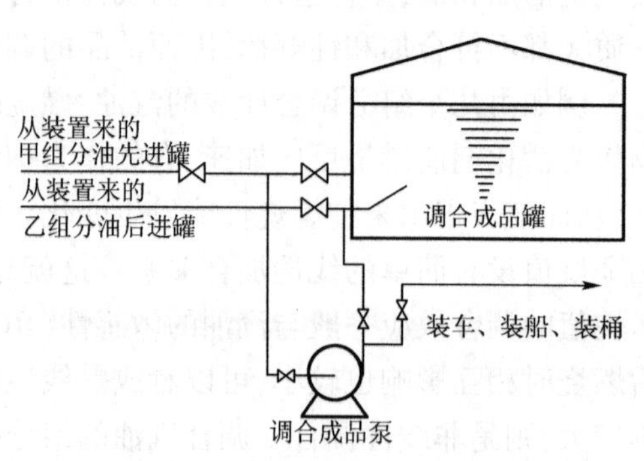

图10－8　装置组分直接泵调合流程

3. 机械搅拌调合

机械搅拌调合是通过搅拌器的转动，带动罐内油品运动，使其混合均匀。此法适合于小批量油品的调合，如润滑油成品油的调合。搅拌器可安装在罐的侧壁，也可从罐顶中央伸入。后者特别适合于量小但质量和配比要求又十分严格的特种油品的调合，如调制特种润滑油、配制稀释添加剂的基础液等。

用固定型侧向伸入式搅拌器或可变角度型侧向伸入搅拌器，具有能耗小、产生静电小、工艺简单的优点。

(二) 管道调合

管道调合是将各种组分油或添加剂按规定比例，同时连续地送入混合器，用流量计发出流量信号，经过一套自动控制仪表，操作泵出口处的气动控制阀来调节流量和比例，混合均匀的产品不必通过调合油罐而直接出厂。

管道调合有很多优点，如有自动质量分析仪表配合可以连续操作，可进成品罐或直接装槽车或装船，运转周期长，处理量大，操作人员少。但需一整套自动控制设备（自动操作调合系统主要由微处理机、在线黏度和凝点分析仪、混合器及泵等常规设备和仪表组成），投资较大，维修复杂。

此法适合于量大、调合比例变化范围大的各种轻质、重质油品的调合。管道调合流程如图 10－9所示。

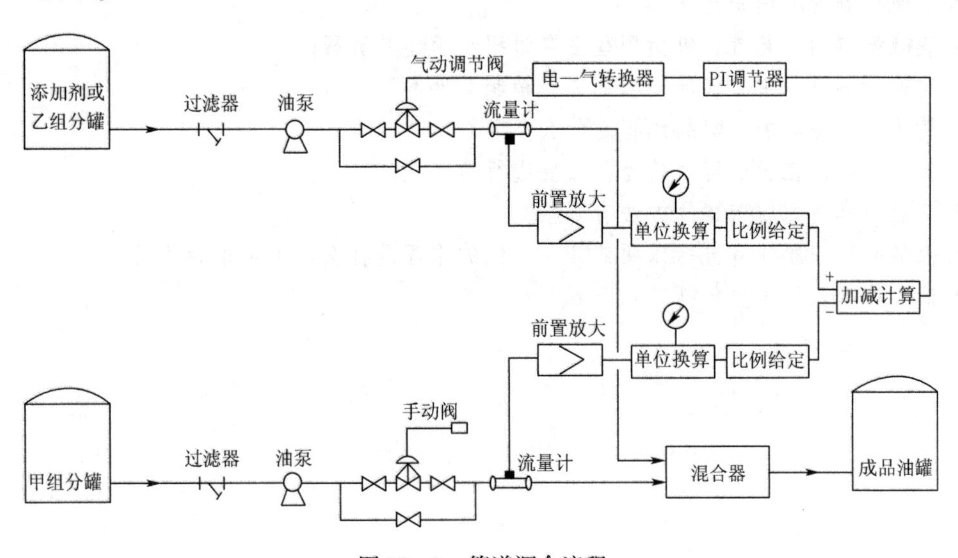

图 10－9　管道调合流程

二、燃料油调合步骤

调合过程主要包括以下几个步骤：

(1) 根据科研部门经过研制提出的调合方案进行基础油的选择配制；

(2) 选择合适的组分并确定调合比例（小调或计算）；

(3) 确定方案范围内添加剂的加入量及加入方法；

(4) 选择好合适的调合系统及调合方式；

(5)进行准确计算；
(6)确定调合工艺即温度、调匀方式和应注意事项，特别是添加剂的添加要求；
(7)调合中各种问题的处理。

思考题及习题

一、填空题

1. 将半成品燃料加工成为商品燃料主要进行(　　)、(　　)两个过程。
2. 酸碱精制的工业流程一般通过(　　)、(　　)、(　　)、(　　)和(　　)等部分。
3. 影响酸碱精制的主要因素有(　　)、(　　)、(　　)、(　　)及反应时间。
4. 催化氧化脱硫醇工艺主要包括(　　)、(　　)等部分。
5. 脱硫醇的方法一般有(　　)、(　　)、(　　)等几种。
6. 油品调合通常可分为两类：一是(　　)的调合，二是基础油与适量的(　　)的调合。
7. 油品调合方法有两种：一种是(　　)调合，另一种是(　　)调合。

二、简答题

1. 在燃料生产中应用的精制方法有哪些？
2. 酸碱精制的原理是什么？
3. 酸碱精制的工艺流程包括哪些主要过程？简述其流程。
4. 酸碱精制过程中应如何合理地选择精制条件？
5. 简述轻质油品中硫醇的危害是什么？
6. 轻质燃料油在脱硫醇之前为什么要进行预碱洗？
7. 工业上常用的脱硫醇的方法有哪些？
8. 梅洛克斯法脱硫醇包括哪两部分？它们的原理是什么？可否单独使用？
9. 油品调合过程主要包括哪几个步骤？

第十一章　润滑油的生产

知识目标

(1)了解润滑油的作用、基本性能、分类和使用要求;

(2)熟悉润滑油基础油的生产原理、工艺流程、操作影响因素;

(3)初步掌握润滑油调合原理和方法。

能力目标

(1)能对影响润滑油基础油生产过程的因素进行分析判断,可以对实际生产过程进行操作和控制;

(2)能按照所调润滑油的品种,进行润滑油调合操作。

第一节　润滑油基础知识

润滑剂是一类很重要的石油产品,可以说所有带有运动部件的机器都需要润滑剂,否则就无法正常运行。润滑剂主要用于降低机件之间的摩擦和磨损,以减少能耗和延长机械寿命。其产量不多,仅占石油产品总量的2% ~3% ,但品种繁多,数以百计。而且根据使用情况的不同,常常各有特殊的要求。

润滑剂按照物理状态可分为液体润滑剂、半固体润滑剂、固体润滑剂和气体润滑剂四大类。液体润滑剂是用量最大、品种最多的一类润滑材料,包括矿物润滑油、合成润滑油、动植物油和水基液体等。其中矿物润滑油为石油产品,其产量约占润滑油总产量 90% ,本章仅就矿物润滑油进行讨论。

现代的石油润滑油产品,几乎都是由润滑油基础油和用以改善各种使用性能的添加剂调制而成。目前,我国生产的各种润滑油基础油的质量已达到或接近国际同类产品质量的水平。内燃机油、齿轮油、液压油、特种工业润滑油等,已基本满足国内汽车、运输、钢铁及其他工业部门的发展需要。

一、摩擦、磨损与润滑

(一)摩擦

当两个相对运动的表面,在外力作用下发生相对位移时,存在一个阻止物体相对运动的作用力,此作用力叫摩擦力,两个相对的接触面,叫摩擦副,发生的现象则称为摩擦。

摩擦的现象极为普遍,种类很多,根据对摩擦现象观察和研究的依据不同,可将摩擦划分为不同的类型。按照摩擦副的运动状态可分为静摩擦和动摩擦;按照摩擦副的运动形式可分为滑动摩擦、滚动摩擦和自旋摩擦；按照摩擦副的润滑状况可分为干摩擦、液体摩擦和边界摩擦。

在许多场合，摩擦对人类有利，但在更多的情况下摩擦是一个有害的因素，摩擦带来的表观现象如高温、高压、噪声、磨损等，其中危害最大的是磨损，它直接影响机械设备的正常运转，甚至使其失效。

(二)磨损

两个物体作相对运动时，在摩擦力和垂直负荷的作用下，摩擦副的表层材料不断发生损耗的过程或者产生残余变形的现象称为磨损。

磨损是摩擦副运动所造成的，即使是经过润滑的摩擦副，也不能从根本上消除磨损。特别是在机械启动时，由于零件的摩擦表面上还没有形成油膜，就会发生金属间的直接接触，从而造成一定的磨损。

摩擦副材料表面磨损后，往往造成设备精度丧失，需要进行维修，造成停工损失、材料消耗与生产率降低，尤其在现代工业自动化、连续化的生产中，由于某一零件的磨损失效则会影响到全线的生产。

(三)润滑

润滑就是在相对运动的摩擦接触面之间加入润滑剂，使两接触表面之间形成润滑膜，变干摩擦为润滑剂内部分子间的内摩擦，以达到减少摩擦、降低磨损、延长机械设备使用寿命的目的。润滑剂必须具有控制摩擦、减少磨损、冷却降温、密封隔离、阻尼振动等基本功能。

目前，虽然润滑油的产量仅占原油加工量的2%左右，但因其使用对象、条件千差万别，润滑油的品种多达数百种，而且对其质量要求非常严格，其加工工艺也较复杂。

根据润滑油在摩擦表面上所形成润滑膜层的状态和性质，润滑分为流体润滑和边界润滑两大类型。

1. 流体润滑

流体润滑又称液体润滑。它是在摩擦副的摩擦面被一层具有一定厚度，并可以流动的流体层隔开时的润滑。此时摩擦面间的流体层，称为流体润滑的润滑膜层。

流体润滑的摩擦系数很小，在0.001～0.01，磨损也非常低，是润滑中一种最理想的状态。其缺点是流动液体层的形成较困难，需特定的条件，同时所形成的流体层易于流失，承受负荷的能力有限。

2. 边界润滑

摩擦表面被一层极薄的(约0.01μm)、呈非流动状态的润滑膜隔开时的润滑称为边界润滑。和流体润滑相比，边界润滑中的润滑膜层呈非流动状态，能稳定地保持在摩擦表面，它的形成不需要类似流体润滑的种种条件，并具有很高的承受负荷的能力，因而在机械润滑中也得到了广泛的应用。在所有难以形成流体润滑的摩擦机件上，润滑形式往往是边界润滑。

当摩擦件之间不能形成连续的流体层，部分固体表面直接接触时，则出现流体动力润滑和边界润滑兼而有之的情况，称为混合润滑。

二、润滑油的作用

润滑油最重要的功能是减小摩擦与磨损,但在不同的应用场合除具备这两项最重要的润滑功能外,还具备其他不同的功能。润滑油也因具动力媒介、热传导与绝缘等性能而可作为用于非相对运动体的一种纯功能性油。润滑油的作用具体表现在以下几个方面。

(1)润滑作用:润滑油在摩擦面间形成油膜,消除和减少干摩擦,从而减小表面磨损。

(2)冷却作用:摩擦消耗的能量转化为热量,大部分可被润滑油所带走,少部分经过传导和辐射直接散布到周围环境中。

(3)冲洗作用:摩擦下来的金属碎屑被润滑油带走,称为冲洗作用。冲洗作用的好坏对摩擦的影响很大。

(4)密封作用:润滑剂对某些外露零部件形成密封,防止冷凝水、灰尘及其他杂质入侵,并使气缸和活塞之间保持密封状态。

(5)减振作用:润滑油在摩擦面上形成油膜,摩擦件在油膜上运动好像浮在“油枕”上一样,对设备的“振动”起一定的缓冲作用。

(6)保护作用:防锈、防尘作用属于保护作用。

(7)卸荷作用:由于摩擦面间有油膜存在,负荷就比较均匀地通过油膜作用在摩擦面上,油膜的这种作用叫卸荷作用。另外当摩擦面上的油膜局部遭到破坏而出现局部的干摩擦时,由于有油膜仍承担着部分或大部分负荷,所以作用在局部干摩擦点上的负荷就不会像干摩擦时那样集中。

三、润滑油的基本性能

根据润滑油的基本功能,要求润滑油要具备以下基本性能:

(1)摩擦性能。要求润滑油具有尽可能小的摩擦系数,保证机械运行敏捷而平稳,减少能耗。

(2)适宜的黏度。黏度是润滑油的最重要的性能,因此选择润滑油时首先考虑黏度是否合适。高黏度易于形成动压膜,油膜较厚,能支承较大负荷,防止磨损。但黏度太大,即内摩擦太大,会造成摩擦热增大,摩擦面温度升高,而且在低温下不易流动,不利于低温启动。低黏度时,摩擦阻力小,能耗低,机械运行稳捷,温升不高。但如黏度太低,则油膜太薄,承受负荷的能力小,易于磨损,且易渗漏流失,特别是容易渗入疲劳裂纹,加速疲劳扩展,从而加速疲劳磨损,降低机械零件寿命。

(3)极压性。当摩擦件之间处于边界润滑状态时,黏度作用不大,主要靠边界膜强度支承载荷,因此要求润滑油具有良好的极压性,以保证在边界润滑状态下,如启动和低速重负荷时,仍有良好的润滑。

(4)化学安定性和热稳定性。润滑油从生产、销售、储存到使用有一个过程,因此要求润滑油要具有良好的化学安定性和热稳定性,使其在储存、运输、使用过程中不易被氧化、分解变质。对某些特殊用途的润滑油还要求耐强化学介质和耐辐射。

(5)材料适应性。润滑油在使用中必然与金属和密封材料相接触,因此要求其对接触的金属材料不腐蚀,对橡胶等密封材料不溶胀。

(6)纯净度。要求润滑油不含水和杂质。因水能造成油料乳化,使油膜变薄或破坏,造成磨损,而且使金属生锈;杂质可堵塞油滤和喷嘴,造成断油事故;杂质进入摩擦面能引起磨粒磨损。因此,一般润滑油的规格标准中都要求油色透明,且不含机械杂质和水分。

四、润滑油的组成

润滑油一般由基础油和添加剂两部分组成。基础油是润滑油的主要成分,也是润滑油添加剂的载体,决定着润滑油的基本性质。添加剂用量很少(百分之几到百万分之几),但可弥补和改善基础油性能方面的不足,赋予某些新的性能,是润滑油的重要组成部分。

润滑油基础油按来源不同可分为矿物润滑油基础油、合成润滑油基础油及半合成润滑油基础油。其中矿物润滑油基础油是指天然原油经过常减压蒸馏和一系列精制处理而得到的基础油,目前是润滑油基础油的主要部分。本章仅就矿物润滑油进行讨论。

润滑油基础油在润滑油中所占的比例为70% ~99%,其品质的高低直接影响成品润滑油质量的好坏。

(一)化学组成对润滑油性能的影响

基础油是润滑油的主要成分,其化学组成与润滑油性能有密切关系,见表11-1。

表11-1 基础油化学组成对其性质的影响

性能要求	化学组成影响	解决方法
黏度适中	馏分越重黏度越大;沸点相近时,烷烃黏度小,芳烃黏度大,环状烃居中	蒸馏切割馏程合适的馏分
黏温特性好	烷烃黏温特性好,环状烃黏温特性不好,环数越多黏温特性越差	脱除多环短侧链芳烃
低温流动性好	长链烃凝点高,低温流动性差	脱除高疑点的烃类
氧化安定性好	非烃类化合物安定性差,烷烃易氧化,环烷烃次之,芳烃较稳定;烃类氧化后生成酸、醇、醛、酮、酯	脱除非烃类化合物
残炭低	形成残炭主要物质为润滑油中的多环芳烃、胶质、沥青质	提高蒸馏精度,脱除胶质、沥青质
闪点高	安全性指标:馏分越轻闪点越低,轻组分含量越多闪点越低	蒸馏切割馏程合适的馏分,并汽提脱除轻组分

综合分析可知,异构烷烃、少环长侧链烃是润滑油的理想组分;胶质、沥青质、短侧链多环芳烃以及流动性差的高凝点烃类为润滑油的非理想组分。

(二)润滑油基础油的分类

我国原润滑油基础油标准是1983年开始执行的,其分类是按照生产润滑油基础油原料所用原油的类别分为石蜡基、中间基和环烷基三类和黏温性质划分的,见表11-2。

表11-2 我国原润滑油基础油的分类

基础油类别	低硫石蜡基	低硫中间基	环烷基
馏分油	SN	ZN	DN
残渣油	BS	ZNZ	DNZ

该分类中SN、BS分别是的Solvent Neutral、Bright Stock英文字头，表示溶剂精制油和光亮油。ZN、DN分别表示中黏度指数基础油和低黏度指数基础油，ZNZ、DNZ分别表示中黏度指数重质基础油和低黏度指数重质基础油。

然而，随着炼油技术的发展，即使用黏温性不好的中间基和环烷基原油也可生产出高黏度指数的基础油。因此，为了适应润滑油的飞速发展，提出了润滑油基础油新的分类方法和规格标准。新标准是根据黏度指数和适用范围划分的，见表11－3。

表11－3　我国润滑油基础油分类

类别		超高黏度指数	很高黏度指数	高黏度指数	中黏度指数	低黏度指数
		VI≥140	120≤*VI*<140	90≤*VI*<120	40≤*VI*<90	*VI*<40
通用基础油		UHVI	VHVI	HVI	MVI	LVI
专用基础油	低凝	UHVIW	VHVIW	HVIW	MVIW	LVIW
	深度精制	UHVIS	VHVIS	HVIS	MVIS	LVIS

该分类中按黏度指数把基础油分为5档，*VI*是Viscosity Index英文字头，L、M、H、VH、UH分别是低（Low）、中（Middle）、高（High）、很高（Very High）、超高（Ultra High）的英文字头。按适用范围，把基础油分为通用基础油和专用基础油。W为Winter的字头，表示低凝特性；S为Super的字头，表示深度精制。

基础油的牌号是用黏度等级来表示的。我国润滑油基础油的黏度等级按赛氏通用黏度划分，其数值是某黏度等级基础油的运动黏度所对应的赛氏通用黏度整数近似值。低黏度组分称为中性油，黏度等级以40℃赛氏通用黏度（s）表示；高黏度组分称为光亮油，黏度等级以100℃赛氏通用黏度（s）表示。实际生产中习惯上采用运动黏度作为操作控制指标。

五、润滑油的常用质量指标

润滑油的常用质量指标见表11－4。

表11－4　润滑油的常用质量指标

名称	意义	试验方法
黏度，mm^2/s	润滑油的主要技术指标，绝大多数的润滑油是根据其黏度的大小，来划分牌号的，黏度大小直接影响润滑效果	GB/T 265—1988
黏度指数（*VI*）	润滑油黏温性能的数值表示	GB/T 1995—1998
闪点（开口），℃	润滑油运输及使用的安全指标，同时也是润滑油的挥发性指标；闪点低的润滑油，挥发性高，容易着火，安全性较差；润滑油的挥发性高，在工作过程容易蒸发损失，严重时甚至引起润滑油黏度增大，影响润滑油的作用；重质润滑油的闪点如突然降低，可能发生轻油混油事故	GB/T 3536—2008
倾点，℃	评定润滑油低温流动性的指标之一	GB/T 3535—2006
凝点，℃	某些润滑油产品的牌号是以润滑油的凝点高低来划分的	GB/T 510—2018
水分，%	润滑油中如有水分存在，将破坏润滑油膜，使润滑效果变差，加速油中有机酸对金属的腐蚀作用；水分还造成对机械设备的锈蚀，并导致润滑油的添加剂失效，使润滑油的低温流动性变差，甚至结冰，堵塞油路，妨碍润滑油的循环及供应	GB/T 260—2016

续表

名称	意义	试验方法
机械杂质,%	润滑油中不溶于汽油或苯的沉淀和悬浮物,经过滤而分出的杂质;润滑油中机械杂质的存在,将加速机械零件的研磨、拉伤和划痕等磨损,而且堵塞油路油嘴和滤油器,造成润滑失效;变压器中有机械杂质,会降低其绝缘性能	GB/T 511—2010
抗乳化性,min	评定润滑油在一定温度下的分水能力:抗乳化性好的润滑油,遇水后,虽经搅拌振荡,也不易形成乳化液,或虽形成乳化液但是不稳定,易于迅速分离;抗乳化性差的油品,其氧化安定性也差	GB/T 7305—2003
抗泡性,mL	评价润滑油生成泡沫倾向及泡沫的稳定性,抗泡性不好,在润滑系统中会形成泡沫,且不能迅速破除,将影响润滑油的润滑性,加速它的氧化速度,导致润滑油的损失,也阻碍润滑油在循环系统中的传送,使供油中断,妨碍润滑,对液压油则影响其压力传送	GB/T 12579—2002
腐蚀性(铜片腐蚀、有机酸、水溶性酸碱)	腐蚀试验是测定油品在一定温度下对金属的腐蚀作用;腐蚀试验不合格是不能使用的,否则将对设备造成腐蚀;腐蚀是在氧(或其他腐蚀性物质)和水分同时与金属表面作用时发生的,因此防止腐蚀目的在于防止这些物质侵蚀金属表面	GB/T 5096—2017 GB/T 7304—2014 GB/T 259—1988
氧化安定性	润滑油在实际使用、储存和运输中氧化变质或老化倾向的重要特性:氧化安定性差,易氧化生成有机酸,造成设备的腐蚀;润滑油氧化的结果是黏度逐渐增大(聚醚油除外),流动性变差,同时还产生沉淀、胶质和沥青质,这些物质沉积于机械零件上,恶化散热条件,阻塞油路,增加摩擦磨损,造成一系列恶果	SH/T 0196—1992 SH/T 0259—1992

六、润滑油的分类

国际标准化组织(ISO)制定了 ISO 6743/0 润滑剂、工业润滑油及有关产品(L类)分类标准。我国等效采用 ISO 6743/0 标准,制定了 GB 7631.1—2008 润滑剂、工业用油和有关产品(L类)的分类标准,见表 11-5。

表 11-5 润滑剂和有关产品的分类(GB 7631.1—2008)

组别	A	B	C	D	E	F	G
应用场合	全损耗系统	脱模	齿轮	压缩机(包括冷冻机及真空泵)	内燃机	主轴、轴承和离合器	导轨
组别	H	M	N	P	Q	R	T
应用场合	液压系统	金属加工	电器绝缘	风动工具	热传导	暂时保护防腐蚀	汽轮机
组别	U	X	Y	Z	S		
应用场合	热处理	用润滑脂的场合	其他应用场合	蒸汽气缸	特殊润滑剂应用场合		

习惯上,为方便起见,将润滑油按其使用场合分为以下几类。

(1)内燃机润滑油:包括汽油机油、柴油机油等。这是需要量最多的一类润滑油,约占润滑油总量的一半。

(2)齿轮油:是在齿轮传动装置上使用的润滑油,其特点是它在机件间所受的压力很高。

(3)液压油及液力传动油:是在传动、制动装置及减振器中用来传递能量的液体介质,它同时也起到润滑及冷却作用。

(4)工业设备用油:其中包括机械油、汽轮机油、压缩机油、气缸油以及并不起润滑作用的电绝缘油、金属加工油等。

第二节　润滑油基础油的生产

石油是烃类和非烃类组成的混合物,从石油中生产出的润滑油基础油原料由烷烃、环烷烃、芳烃、环烷芳烃以及少量含氧、含氮、含硫有机化合物以及胶质、沥青质等非烃类化合物组成。其中异构烷烃、少环长侧链烃类是润滑油的理想组分;胶质、沥青质、短侧链多环芳烃以及流动性差的高凝点烃类为润滑油的非理想组分。要制成合乎质量要求的基础油必须经过一系列的加工过程,以除去这些非理想组分,即基础油的生产目的就是脱除润滑油原料中的非理想组分。

润滑油基础油原料的制备工艺结构比较固定,一般由常压渣油的减压蒸馏和减压渣油的溶剂脱沥青工艺组成。从常压渣油中分离出的减压馏分油作为馏分润滑油原料,可用以制取变压器油、机械油等低黏润滑油;减压渣油的溶剂脱沥青油为残渣润滑油料,用来制取气缸油等高黏润滑油,由于减压渣油中含有大量的沥青质和胶质等不理想组分,因此必须在润滑油基础油原料制备过程中除去,常用的脱沥青方法是丙烷脱沥青法。

得到润滑油基础油原料后,还要经过一系列的工序,才能得到润滑油产品。整个过程大致由矿物润滑油原料的制备、除去不理想组分、调合三个部分构成。

矿物润滑油原料的制备:

(1)常减压蒸馏切割得到黏度基本合适的润滑油馏分和减压渣油;

(2)减压渣油溶剂脱沥青,得到残渣润滑油组分。

除去不理想组分:

(1)溶剂精制除去各种润滑油馏分和组分中的非理想组分;

(2)溶剂脱蜡以除去高凝点组分,降低其凝点;

(3)白土或加氢补充精制。

调合过程:根据润滑油质量标准要求,将一种或数种润滑油基础油与各种添加剂调合,即可得到合格产品。

润滑油的一般生产程序如图 11－1 所示。

近年来,随着科学技术进步和汽车工业的发展,新的机械设备不断出现,对成品润滑油的质量要求越来越高,产品等级的更新换代加快。为了满足润滑油新的指标要求,润滑油基础油的生产工艺发生了重大变化,采用传统的物理方法生产的润滑油基础油已不能满足生产高质量润滑油的要求;物理精制过程也已不能完全适应新的质量指标要求。无论是润滑油基础油还是成品油生产,正在逐渐向化学方法(加氢法)过渡。本节将重点讨论润滑油基础油的生产工艺。

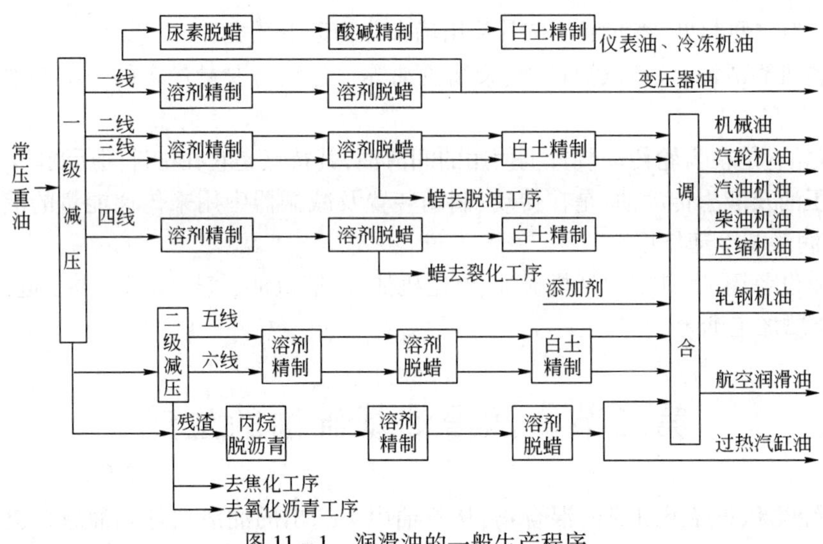

图 11－1　润滑油的一般生产程序

一、丙烷脱沥青

减压渣油中含有制备高黏度残渣润滑油的组分,是生产航空润滑油、过热气缸油等的宝贵原料。但渣油中富集了原油中绝大部分的沥青质、胶质等非烃类化合物,是润滑油的非理想组分,必须设法脱除。早期从渣油中除去沥青质和胶质用硫酸精制法,但因硫酸耗量大,酸渣造成污染,现已很少采用。

目前,广泛应用的方法是溶剂脱沥青,即利用选择性溶剂脱除胶质和沥青质,实现胶质、沥青质与高沸点残渣润滑油组分的分离。采用的溶剂是一些低分子烃类,如丙烷、丁烷、戊烷及其混合物等。本书中特别介绍以丙烷作为脱沥青溶剂的丙烷脱沥青过程。脱沥青所得的脱沥青油,除作高黏度润滑油原料之外,还可作为催化裂化或加氢裂化的原料。随着原油深度加工进程的发展,已出现脱沥青催化裂化等组合工艺,脱下的沥青经氧化可加工成商品沥青。

(一)基本原理和影响因素

丙烷脱沥青是根据丙烷对减压渣油中不同组分溶解度的差别,来达到脱除沥青的目的。在一定温度范围内,丙烷对渣油中的烷烃、环烷烃和单环芳烃等溶解能力很强,对多环和稠环芳烃溶解能力较弱,而对胶质和沥青质则很难溶解甚至基本不溶。利用丙烷的这一性质,可脱除渣油中的胶质和沥青质,从而得到残炭、重金属、硫和氮含量均较低的脱沥青油。溶于脱沥青油中的丙烷,可经蒸发回收以便循环使用。

丙烷对烃类的溶解能力与所采用的操作条件有重要关系,也就是说,并非在任意条件下都能达到脱沥青的目的。影响丙烷脱沥青的主要因素包括溶剂比、温度、溶剂组成、压力、原料油性质。

1. 溶剂比

溶剂比是指溶剂与原料油的比值(一般为体积比)。溶剂比较小时,随着溶剂比的增大,析出物相增大,油收率减少,经过一最低点,油收率又增加,析出的沥青质、胶质等非理想组分可能重新进入脱沥青油中。溶剂比—油收率—油的残炭值之间的关系如图 11－2 所示。

脱沥青油的残炭值与溶剂比(或油收率)也存在相对应的关系。油收率增加,残炭值增大。脱沥青的深度可从脱沥青油的残炭值看出。渣油中沥青脱除得越彻底,所得脱沥青油的残炭值越低。残炭值是润滑油的重要规格指标之一,如果用脱沥青油做优质润滑油原料时,残炭值要求在0.7%以下;如用脱沥青油做高黏度润滑油或做催化裂化原料时残炭值可高一些。因此,要根据不同的生产目的,选用适宜的溶剂比。通常,用脱沥青油做润滑油原料时采用的溶剂比为8:1(体积)。

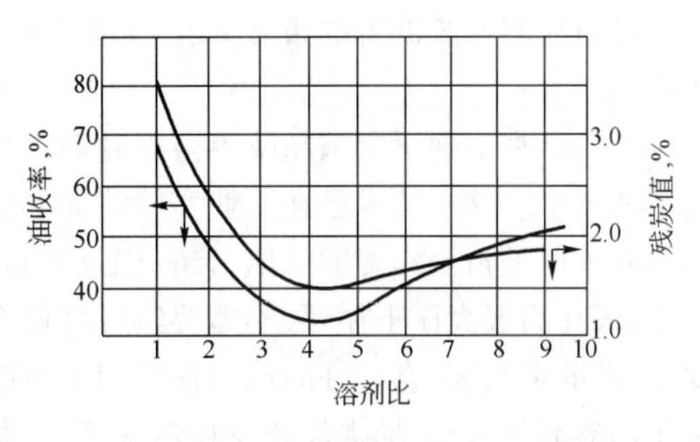

图 11－2　溶剂比—油收率—油的残炭值之间的关系

2. 温度

温度是丙烷脱沥青过程最重要和最敏感的因素,它直接影响产品的质量、收率和操作。图 11－3 是在较低溶剂比(2∶1)下,丙烷对渣油的溶解度受温度的影响情况。可以看到,从－60℃到约23℃温度区内,体系呈两相,分离出的不溶物随温度增高而减少,即溶解度增大;当温度在约23℃到40℃时,两相完全互溶成为均相溶液;温度高于40℃后,又开始分为两相,并且丙烷溶解能力随温度升高而降低,即分离出的不溶物随温度升高而增加;当达到丙烷的临界温度(97℃)时,析出的不溶物为100%,其对渣油的溶解能力接近零,形成渣油与丙烷完全分离成两相。

由于在第一个两相区的温度范围内,固体烃仅稍溶于丙烷,所以丙烷脱沥青过程是在第二个两相区,即40～97℃温度范围内操作,其溶解度随温度的变化规律与第一个两相区相反,这时丙烷对渣油的溶解度随温度升高而下降,这是讨论丙烷脱沥青时必须记住的。

在第二个两相区内操作时,随温度升高,不溶组分量增加,脱沥青油收率下降,反映在脱沥青油的质量上是残炭值下降,质量提高。从图 11－4 可见,温度由38℃升到72℃时,残炭值随之下降,改善了脱沥青油质量。

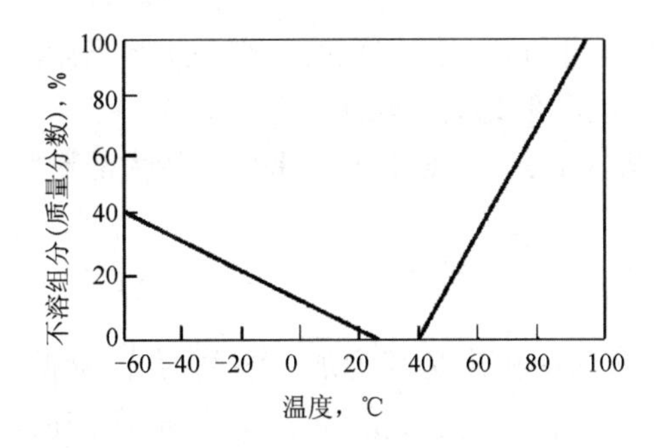

图 11－3　丙烷—渣油体系在不同温度下的溶解变化

丙烷∶渣油＝2∶1(体积)

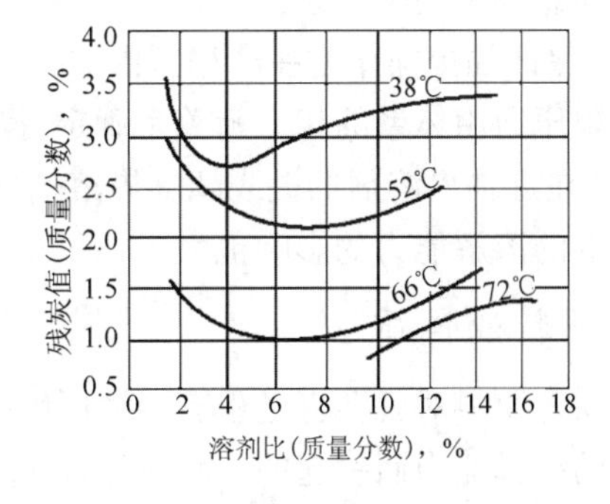

图 11－4　温度对脱沥青油残炭值的影响

由上述规律可见,在丙烷脱沥青时,温度是控制产品质量的最灵敏因素。同时也看出,第二个两相温度区是丙烷脱沥青较理想的范围。因此,工业上脱沥青过程都是在第二个两相区靠近临界点温度条件下进行的。

目前从溶剂脱沥青的条件来看,工业上已应用的过程属于亚临界条件下抽提、超临界条件下溶剂回收。

近几年来出现了所谓超临界溶剂脱沥青技术,即抽提和溶剂回收均在超临界条件下进行的工艺技术。这一技术已在工业实验装置上获得成功,但尚未在大型工业装置上使用。所谓超临界条件是指操作温度和压力超过溶剂的临界温度和临界压力,形成超临界流体。研究证明,溶剂在高温高压下循环,不需要经过汽化冷凝过程,可大大降低能耗。此外,超临界流体黏度小、扩散系数大,有良好的流动性能和传递性能,有利于传质和分离,提高抽提速度。同时可简化油溶剂的混和、抽提设备及换热系统,从而降低投资。

3. 溶剂组成

一般乙烷、丙烷、丁烷等低分子烷烃都具有脱沥青的性能。相对分子质量越小的烷烃,其选择性越好,但溶解能力越小。选择哪种溶剂应根据脱沥青油用途而定,用于制取润滑油原料的脱沥青溶剂主要是丙烷,如用作催化裂化和加氢裂解原料时,则可用选择性较低而溶解度较大的丁烷、戊烷或丙—丁烷、丁—戊烷混合溶剂,混合溶剂对原料多变有较大适应性。

用以制取润滑油料的脱沥青溶剂丙烷,大都来自催化裂化的气体分馏装置,因此,除含丙烷外,常含有乙烷、丙烯、丁烷等,这些组分对丙烷脱沥青的效果有很大影响。丙烷中含有乙烷,因其选择性好,溶解度下降,虽提高了脱沥青油质量,但大大影响了脱沥青油收率。如含乙烷过多,使系统压力增高,为降低压力,须在丙烷罐顶部放空,从而增大溶剂损耗。溶剂中含丙烯过多时,选择性不好,在保证得到合格脱沥青油前提下,收率下降很多。溶剂中的丁烷以上低分子烷烃,会增加溶解能力,但选择性差,会使脱沥青油的残炭增大,给溶剂精制造成困难。

丙烷脱沥青生产润滑油料时,由于丙烷的纯度十分重要,对丙烷纯度规定为乙烷含量不大于3%、丁烷含量不大于4%、丙烷含量不小于80%的要求。

4. 压力

正常的抽提操作一般在固定压力下进行,操作压力不作为调节手段。但在选择操作压力时必须注意以下两个因素:

(1)保证抽提操作是在液相区内进行,对某种溶剂和某个操作温度都有一个最低限压力,此最低限压力由体系的相平衡关系确定,操作压力应高于此最低限压力。

(2)在近临界溶剂抽提或超临界溶剂抽提的条件下,压力对溶剂的密度有较大的影响,因而对溶剂的溶解能力的影响也大。

5. 原料油性质

脱沥青原料对脱沥青过程有很大影响。沥青从油中析出是因为加入溶剂丙烷,降低了油对沥青的溶解能力而引起的。减压渣油中含油量多时,为了使胶质、沥青质分离,所需丙烷的最低用量就多。因此希望能深拔减压渣油,减少其中的含油量,这样可以少用丙烷,提高装置处理量,并较容易使沥青脱除。有些装置采取将已脱出的沥青部分调回渣油中,以降低原料中油的比例,取得很好的效果。

拔出深度不同的渣油在脱沥青时,丙烷用量不同,抽提温度也不相同。例如,大庆原油的一级减压渣油和二级减压渣油,在丙烷脱沥青得到相同残炭值的脱沥青油时所用抽提温度可相差近20℃。

(二)丙烷脱沥青工业装置

早期溶剂脱沥青工艺主要是以生产重质润滑油为目的。随着石油资源日趋紧张及原油的重质化、劣质化,溶剂脱沥青作为渣油的加工方法,生产催化裂化及加氢原料日益受到重视,已出现了生产裂化原料为目的的溶剂脱沥青装置。但是,尽管生产目的不同,其基本原理是相同的,工艺流程也大同小异,只是操作条件有所区别而已。现仍以生产润滑油原料为目的的丙烷脱沥青装置为例,简述如下。

1. 工艺流程

丙烷脱沥青典型工艺流程包括抽提部分和溶剂回收部分。

1)丙烷抽提

丙烷抽提是在抽提塔中进行的。根据抽提次数和沉降段数的不同,又有一次抽提两段沉降、一次抽提一段沉降和二次抽提流程之分,其主要区别在于所得产品数目和抽提深度不同。现以一次抽提两段沉降流程为例加以说明。图 11-5 是一次抽提两段沉降丙烷脱沥青工艺流程。

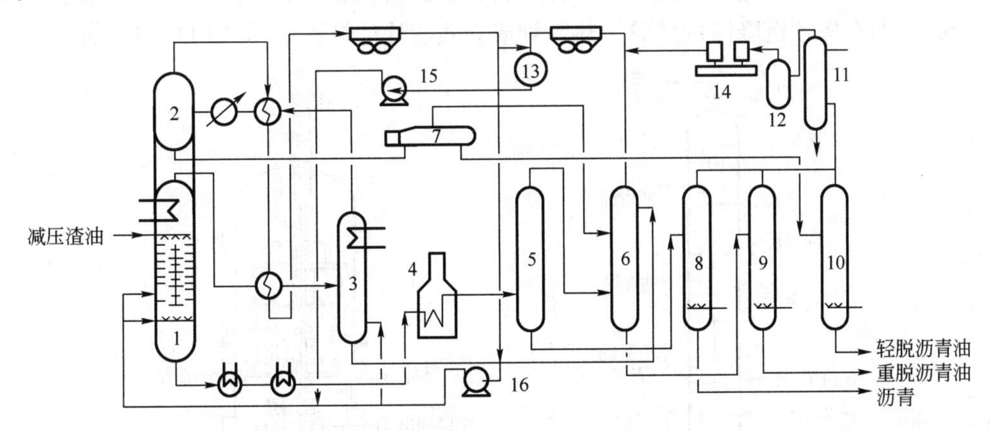

图 11-5　一次抽提两段沉降丙烷脱沥青工艺流程

1—抽提沉降塔;2—临界分离塔;3—二段沉降塔;4—沥青加热炉;5—沥青蒸发塔;6—重脱沥青油蒸发塔;7—丙烷蒸发器;8—沥青汽提塔;9—重脱沥青油汽提塔;10—轻脱沥青油汽提塔;11—混合冷却器;12—丙烷气接收罐;13—丙烷罐;14—丙烷压缩机;15—丙烷泵;16—丙烷增压泵

原料油(减压渣油)换热到一定温度后,进入抽提塔中部、上部,丙烷从抽提塔下部进入。由于原料油和丙烷密度差(油为 0.9 ~ 1.0g/cm^3,丙烷为 0.35 ~ 0.4g/cm^3)较大,两者在塔内逆向接触流动,并在转盘搅拌下进行抽提,胶质、沥青质沉降于抽提塔底部。抽提所得脱沥青油(含有丙烷)经与回收的丙烷换热后进入二段沉降塔。二段沉降塔有加热管提高液流温度,于是抽出液中又有一部分析出物沉降下来,称为重脱沥青油,从二段沉降塔底抽出去溶剂回收系统。轻脱沥青油从塔顶抽出。在上述抽提过程中,经过一次抽提,在抽提塔内沉降一次,在二段沉降塔内沉降一次,因此叫一次抽提两段沉降流程。若为一段沉降,则只有一个脱沥青油产品。抽提塔塔底温度约 60℃,塔顶约 700℃,二段沉降塔塔顶温度约 80℃。

2)溶剂回收部分

经两段沉降的抽出液从二段沉降塔顶部引出,经与临界回收的丙烷换热并加热后进入临界分离塔,使大部分丙烷在此与轻脱沥青油分离,丙烷从塔顶排出,换热冷却后循环使用。临界分离塔塔底物经丙烷蒸发器蒸发后进入轻脱沥青油汽提塔汽提,从塔底得轻脱沥青油。

一次抽提塔底的脱油沥青液经与脱沥青油换热、加热后相继进入沥青蒸发塔和沥青汽提塔进行蒸发和汽提,脱除丙烷,从汽提塔底得到沥青。从沥青蒸发塔顶部出来的蒸出物进入重脱沥青油蒸发塔,蒸出丙烷,从塔底抽出重脱沥青油。从各蒸发塔及汽提塔脱出的丙烷循环使用。

2. 主要设备

丙烷脱沥青装置的主要工艺设备包括丙烷抽提沉降塔、临界分离塔、蒸发塔或蒸发器以及汽提塔等。

1) 抽提沉降塔

抽提设备是溶剂脱沥青装置的核心设备,有挡板塔、转盘塔和混合沉降器等型式,目前炼油厂中应用最广泛的是前两种型式。

丙烷脱沥青的抽提系统多采用转盘塔,如图 11 -6 所示。抽提沉降塔通常分为两段:下段为抽提段,装有转盘和固定环;上段为沉降段,装有加热器,使进入的提取液升温。加热方式多采用内热式,即在塔顶沉降段内装设加热盘管或立式翅片加热管束,如图 11 -7 所示。

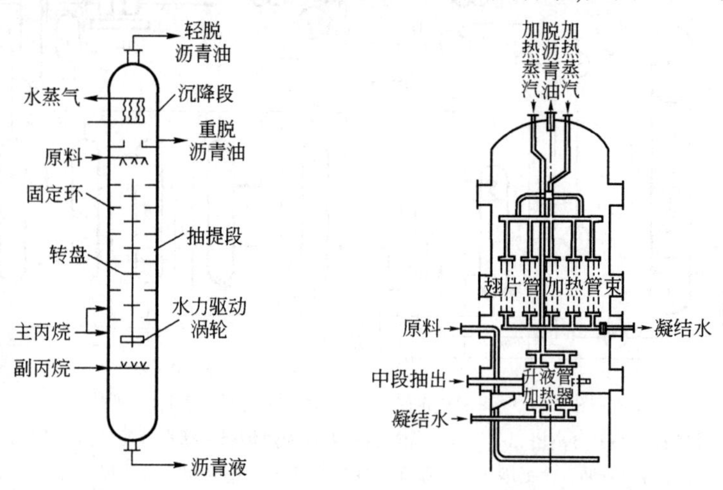

图 11 -6　抽提沉降塔结构示意图　　图 11 -7　沉降段加热器结构示意图

抽提沉降塔上部沉降段设计要保证一定的停留时间;底部应有足够的体积以保证足够的停留时间,此外还必须有一定的高度,否则因界面太低造成沥青液带丙烷。

2) 临界分离塔

临界分离塔实际上是一个沉降塔(空塔),物料可以在入塔前加热到一定的温度,也可在塔内装设加热盘管。临界塔可以在相当大的条件范围内工作。

3) 蒸发器

蒸发器为卧式圆形容器,器内设有蒸汽管线。其结构如图 11 -8 所示。

(三) 典型参数

表 11 -6 中列出转盘抽提塔的结构参数;表 11 -7 中列出大庆原油减压渣油二次抽提丙

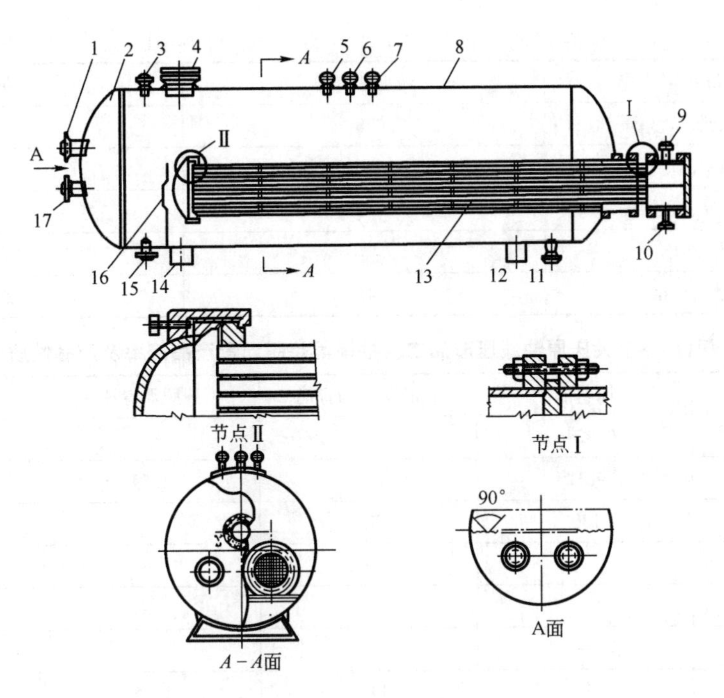

图 11－8　丙烷蒸发器结构

1—用来调节液面的短管；2—头盖；3—丙烷蒸气出口；4—人孔；5—蒸汽进入换热器的入口；6—放空管；7—连接安全阀；8—壳体；9—水蒸气入口；10—冷凝水出口；11—脱沥青油的丙烷溶液入口；12—不动支座；13—管束；14—可动支座；15—脱沥青油出口；16—溢流板；17—人孔

烷脱沥青工艺条件；表 11－8 中列出大庆原油减压渣油二次抽提丙烷脱沥青产品产率及产品性质；表 11－9 中列出大庆原油减压渣油丙烷脱沥青装置每吨的原料消耗指标。

表 11－6　转盘抽提塔结构参数

项目	燕山石化	兰州石化	大连石化	上海石化
塔径，mm	3000	2800	2800	3000
转盘数	11	8	8	11
转盘直径，mm	1500	1400^	1400	1500
固定环内径，mm	2400	2200	2400	2400
转盘间距，mm	450	450	450	450
转速，r/min	11	10～15	12～18	—
抽提段高度，mm	5800	4488	5100	4815
抽提段停留时间，min	8.8	4.47	9.55	9.8
沉降段停留时间，min	23	5.2	—	20
塔底沥青液停留时间，min	316	23	—	22
塔总高，m	17.45	14	18	16

表 11－7　大庆原油减压渣油二次抽提丙烷脱沥青工艺条件

项目	转盘抽提塔	二次抽提塔
处理量，m^3/h	18	—
总溶剂体积比	8:1	—

续表

项目	转盘抽提塔	二次抽提塔
顶部温度,℃	78	68
中部温度,℃	50	55
底部温度,℃	42	47
压力(表),MPa	4.1	2.8
副丙烷量,m^3/h	45	25

表 11-8 大庆原油减压渣油二次抽提丙烷脱沥青产品产率及产品性质

项目	原料油	轻和重脱沥青油	残脱沥青油	沥青
密度(20℃),g/cm^3	0.9246	—	—	—
残炭,%	9.12	0.71	4.59	—
黏度(100℃),mm^2/s	130	25.9	—	—
软化点,℃	—	—	—	46.9
针入度,1/10mm	—	—	—	61
延度,cm	—	—	—	>103
收率,%	—	49.8	13.5	36.7

表 11-9 大庆原油减压渣油丙烷脱沥青装置每吨的原料消耗指标

丙烷,kg	水蒸气,t	新鲜水,t	循环水,t	电,kW·h	燃料,kg	能耗,MJ
2.1	0.285	0.06	0.31	17.3	8.37	1475

二、溶剂精制

来自常减压蒸馏装置减压侧线的馏分润滑油原料和来自丙烷脱沥青装置的残渣润滑油原料中含有大量的润滑油非理想组分——多环短侧链的芳烃,含硫、含氮、含氧化合物及少量的胶质等。这些物质的存在会使油品的黏度指数变低,抗氧化安定性变差,氧化后会产生较多的沉渣及酸性物质,会堵塞、磨损和腐蚀设备构件,还会使油品颜色变差,必须通过精制方法除去,才能达到产品质量标准的要求。

常用的精制方法有多种,如酸碱精制、溶剂精制、吸附精制和加氢精制等。

酸碱精制处理量小,操作不连续,油品损失大,并生成大量难以处理的酸渣,一般只有在小规模生产特殊用途油品时才采用。

溶剂精制是国内外大多数炼油厂采用的方法。

(一)溶剂精制的基本原理

润滑油溶剂精制是一个物理抽提分离过程,利用某些有机溶剂对润滑油料中的理想组分和非理想组分溶解度的差异,将理想组分和非理想组分分开。通过选择对非理想组分溶解度大,而对理想组分溶解度小的溶剂,将非理想组分大量溶于溶剂中而除去,从而降低了润滑油料的残炭值,提高油品的抗氧化安定性和黏温性能,满足产品质量要求。

将溶有非理想组分的溶液,称为抽出液或提取液;含有理想组分的润滑油料,称作精制液或提余液,再经溶剂回收后分别得到抽出油与精制油。溶剂回收是溶剂精制过程的一个重要组成部分。溶剂回收的原理是利用溶剂和油的沸点差，把溶剂从油中分馏出来，例如，酚的沸点是181℃，糠醛的沸点为161.7℃，而润滑油的沸点常在300℃或400℃以上。

（二）溶剂的选择

1.理想溶剂的要求

选择合适的溶剂是润滑油溶剂精制过程的关键因素之一，理想的溶剂应具备以下各项要求：

（1）选择性好。溶剂对润滑油中的非理想组分有足够高的溶解度，而对理想组分的溶解度很小。

（2）要有一定的溶解能力。如果只是选择性好，而溶解能力小，则单位溶剂中溶解的非理想组分很少，势必需用大量溶剂才能把非理想组分抽出，这对工业装置的操作是很不经济的。

（3）密度大。使抽出液和精制液有一个较大的密度差，便于分离。

（4）与所处理的原料沸点差要大，便于用闪蒸的方法回收溶剂。

（5）稳定性好，受热后不易分解变质，也不与原料发生化学反应。

（6）毒性小，对设备腐蚀性也小，来源容易、价廉。

2.常用溶剂的性质

在实际生产中，选用溶剂时应突出选择性好、溶解能力大、易回收等主要性能而兼顾其他方面的要求。工业溶剂精制过程主要采用糠醛、*N*－甲基吡咯烷酮（简称NMP）以及酚作为溶剂，这些过程分别被俗称为糠醛精制、酚精制等。表11－10列出了常用精制溶剂的使用性能。

表11－10　常用精制溶剂的使用性能

使用性能	糠醛	*N*－甲基吡咯烷酮	酚
选择性	极好	很好	好
溶解能力	好	极好	很好
稳定性	好	极好	很好
腐蚀性	有	小	腐蚀
毒性	中	小	大
相对成本	1.0	1.5	0.36
乳化性	低	高	中
剂油比大小	中等	很低	低
抽提温度	中等	低	中等
精制油收率	极好	很好	好
产品颜色	很好	极好	好
操作费用	中	低	中
维修费用	低	低	中

从表11－10中数据可以看到，三种溶剂在使用性能上各有优缺点，选用时须结合具体情况综合地考虑。

糠醛的价格较低，来源充分（我国是糠醛出口国），适用的原料范围较宽（对石蜡基和环烷基原料油都适用），毒性低，与油不易乳化而易于分离，糠醛是目前国内应用最为广泛的精制溶剂。糠醛的选择性比酚和 N－甲基吡咯烷酮稍好，而溶解能力则较差。因此，在相同的原料和相同的产品要求时，须用较大的溶剂比。糠醛对热和氧不稳定，使用中温度不应超过230℃，而且应与空气隔绝。糠醛中含水会降低其溶解能力，在正常操作时其含水量不得超过0.5%～1%（质量分数）。

N－甲基吡咯烷酮在溶解能力、热稳定性及化学稳定性方面都比其他两种溶剂强，选择性则居中。它的毒性最小，使用的原料范围也较宽。因此，近年来已逐渐被广泛采用。对我国来说，它的主要缺点是价格高且必须进口。

酚的主要缺点是毒性大，适用原料范围窄，近年来有逐渐被取代的趋势。

在我国，采用糠醛作溶剂的装置处理能力约占总处理能力的80%，其余的则采用酚，只有个别的装置采用 N－甲基吡咯烷酮。

（三）溶剂精制基本生产过程

根据所用的溶剂不同，溶剂精制过程也不同。但无论使用何种溶剂，除基本原理相同外，其基本生产过程均由溶剂抽提和溶剂回收两部分组成。

1. 溶剂抽提

为了从润滑油原料中将非理想组分充分抽出，并尽量减少溶剂用量，则必须使溶剂与原料有足够的时间密切接触。

溶剂抽提过程是在抽提塔中进行的，溶剂从塔上部进入，原料油从塔下部进入。由于溶剂的密度较大，原料油密度较小，使油品和溶剂在塔内逆流，依靠塔内的填料或塔盘的作用使两者密切接触，经过一定时间，使油品中的非理想组分被溶剂充分溶解，形成两个组成不同的液相。

由于抽出液（抽出油和溶剂）比精制液（精制油和溶剂）密度大，两相在塔的下部有明显界面。从抽提塔上部分出来的是精制液，其中含10%～20%的溶剂；塔下部分出的是抽出液，其中含85%～95%的溶剂。

2. 溶剂回收

溶剂回收部分包括精制液和抽出液两个系统。由于精制液和抽出液中所含溶剂数量不同，因此溶剂回收采用的方式和设备也有所差异。

精制液中溶剂含量少，易于回收，通常在一个蒸发汽提塔中即可完成全部溶剂回收。抽出液中含油少而含溶剂多，溶剂回收主要是采用蒸发的方法，蒸发大量的溶剂要消耗大量的热量。为了节省燃料，抽出液溶剂回收通常采用多效蒸发过程。所谓多效蒸发就是经过多段、每段在不同的压力下完成的蒸发过程，其实质是重复利用蒸发潜热，达到节省燃料、提高回收效率的目的。工业上通常用二效或三效蒸发回收抽出液中的溶剂。

由于使用了水蒸气汽提，产生了溶剂水溶液，即含水溶剂。含水溶剂气液平衡关系较复杂，在蒸馏时有共沸物产生，一般要用较特殊的方法分离。

（四）影响溶剂精制的主要操作因素

1. 溶剂比

单位时间进入抽提塔的溶剂量与原料油量之比叫溶剂比。溶剂比的大小取决于溶剂和原料油的性质以及产品质量要求。在一定抽提温度下，加大溶剂比，可抽出更多的非理想组分，提高精制深度，改善精制油质量。但精制油收率降低，溶剂回收系统的负荷增大，装置规模一定时，处理能力减小。工业上常用的溶剂比在(1～4)∶1范围之内。

2. 抽提温度

抽提温度(抽提塔内的操作温度)是影响溶剂精制过程最灵敏、最重要的因素之一。随着温度的提高，溶剂对油的溶解能力增大，但选择性下降。当温度超过一定数值后，原料中各组分和溶剂完全互溶，不能形成两个液相，抽出液和精制液就无法分开，达不到精制的目的。此温度叫作溶剂的临界溶解温度。它除与溶剂和油的性质有关外，还受溶剂比的影响，需要通过试验确定。选择抽提温度时，既要考虑收率，又要保证产品质量，对某一具体的精制过程都有一个最佳温度。对常用的溶剂，最佳抽提温度一般比临界溶解温度低10～20℃。

在抽提塔中，一般维持较高的塔顶温度和较低的塔底温度，塔顶塔底有一温度差，叫温度梯度。这样，塔顶温度高、溶解能力强，可保证精制油的质量。溶剂入塔后，逐步溶解非理想组分，但也会溶解一些理想组分，然后由于自上而下温度逐渐降低，理想组分就会从溶剂中分离出来，抽出液在较低的温度下排出，保证了精制油的收率。

所用溶剂不同，温度梯度值也不同。酚精制的温度梯度为20～25℃，糠醛精制的温度梯度为20～50℃。

(五)溶剂精制工业装置

1. 糠醛精制

1)糠醛的性质

纯糠醛在常温下是无色液体，有苦杏仁味，20℃下密度为1.1594g/cm^3，常压下沸点为161.7℃。糠醛不稳定，在空气中易于氧化变色，受热(超过230℃)易于分解并生成胶状物质。糠醛有微毒，对皮肤有刺激，吸入过多糠醛气体会感到头晕，使用时应注意安全。

糠醛的选择性较好，但溶解能力稍低，在精制残渣润滑油时要采用较苛刻的条件。在121℃以下，糠醛与水部分互溶，超过121℃时可完全互溶，糠醛与水能形成共沸物，沸点是97.45℃。糠醛中含水对其溶解能力影响很大，通常使用时，应控制含水量小于0.5%。

2)工艺流程

糠醛精制的典型工艺流程可分为三个部分，包括抽提系统、精制油和提取液回收系统、糠醛水溶液回收系统，如图11－9所示。

(1)抽提系统。

原料油从油罐区用原料油泵抽出，经原料油冷却器冷却后，进入抽提塔的下部，抽提塔塔底温度由原料油温度控制。

糠醛从糠醛干燥塔的底部抽出，经抽提糠醛冷却器冷却后，打入抽提塔的上部，在抽提塔内，糠醛和原料油逆向接触，以糠醛的温度来控制抽提塔顶温度。

抽提塔的提取液可从塔中部抽出经冷却后，循环回到抽提塔内，以维持抽提塔所需的温度梯度，并提高精制油的收率。

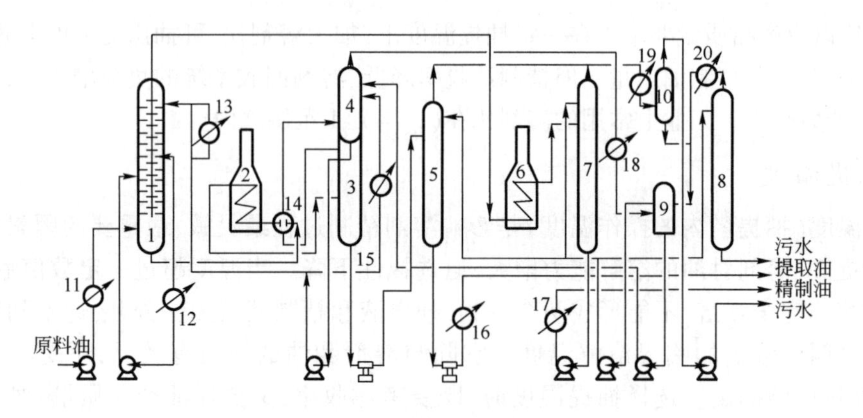

图 11－9　糠醛精制工艺流程

1—抽提塔；2—提取液加热炉；3—糠醛蒸发塔；4—糠醛干燥塔；5—抽出液汽提塔；6—精制液加热炉；7—精制液汽提塔；8—含糠醛—水蒸发塔；9—糠醛—水分离罐；10—真空罐；11—原料油冷却器；12—提取液循环冷却器；13—抽提糠醛冷却器；14—提取液换热器；15—回流糠醛冷却器；16—提取液冷却器；17—精制油冷却器；18—共沸物冷却器；19—糠醛—水蒸气冷却器；20—共沸物冷却器

(2)精制液和提取液回收系统。

精制液从抽提塔顶流出，靠塔内的压力自动流入精制液加热炉，加热到220℃左右，进入精制液汽提塔中，进行减压汽提，塔底精制油经精制油冷却器冷却后送出装置，精制液汽提塔顶蒸出的糠醛—水共沸物经糠醛、水蒸气冷却器冷却后进入真空罐，再进入糠醛水分离罐。

提取液从抽提塔底部流出，靠塔内的压力压至提取液换热器，与糠醛蒸发塔3(高压塔)出来的糠醛蒸气换热。然后，进入提取液加热炉加热，加热至220℃左右后，进入糠醛蒸发塔进行蒸发。蒸出的糠醛蒸气与提取液换热后，进入糠醛干燥塔中，与中段回流糠醛进行精馏，冷凝后的糠醛汇集在塔底部的糠醛箱中。蒸出大部分糠醛的提取液打入提取液汽提塔中，进行减压汽提后，用泵抽出后经提取液冷却器冷却后送出装置。

(3)糠醛水溶液回收系统。

精制液汽提塔、提取液汽提塔顶部汽提出的糠醛—水共沸物经糠醛—水蒸气冷却器冷却后进入真空罐，不凝气体用真空泵从真空罐顶抽走，以维持真空，液体靠位差压入糠醛水分离罐。

糠醛干燥塔和含糠醛—水蒸发塔中蒸出的糠醛—水共沸物分别进行冷凝、冷却后，也进入糠醛水分离罐。

在糠醛—水分离罐内，糠醛与水进行分离。上层含糠醛的水溶液用泵抽出后，一路打入提取液汽提塔和精制液汽提塔作回流，控制此两个塔的塔顶温度，另一路则打入糠醛水蒸发塔中进行糠醛回收。下层是含水的湿糠醛，用泵抽出后打入糠醛干燥塔进行脱水。

3)主要设备——转盘抽提塔

糠醛精制抽提塔多使用转盘塔。转盘塔塔体为圆筒形，塔中心设有一直立转轴，轴上安装有若干等距离的转动盘，由电动机带动旋转，每一圆盘都位于两块固定圆环之间。糠醛和油分别从上、下两端进入，由于密度差异，糠醛由上向下流动，油自下向上流动，形成逆流接触。转盘的转动使糠醛和油分散得更均匀，提高抽提效果。

转盘抽提塔具有处理能力大、抽提效率高、操作稳定、适应性强以及结构简单等优点。图 11－10为转盘抽提塔的示意图。

2. 酚精制

1)酚的一般性质

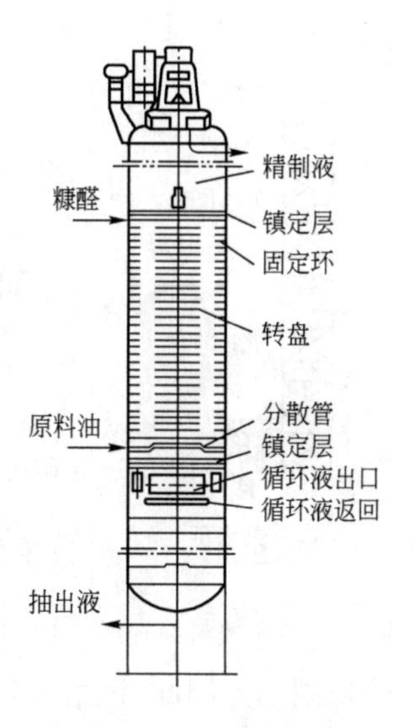

图 11-10 转盘抽提塔

酚指苯酚(又名石炭酸),常温下为白色结晶。常压下沸点为 181.2℃;毒性较糠醛大,腐蚀皮肤;在常温下与水部分互溶,能与水形成共沸物,共沸物沸点 99.6℃,共沸物中含酚 9.2%,含水 90.8%。酚作为润滑油精制溶剂,选择性较糠醛差,但比糠醛的溶解能力强。

2)工艺流程

酚精制的典型工艺流程如图 11-11 所示。流程包括酚抽提、精制液和抽出液酚回收、溶剂干燥脱水等部分。

(1)酚抽提。

原料油加热到 110℃左右进入吸收塔上部,塔下部是由抽出液干燥塔来的酚水蒸气。原料在吸收塔内吸收酚蒸气后,从塔底抽出送入抽提塔中下部,酚从抽提塔上部进入。依靠酚和原料油的密度差,原料油自下而上、酚自上而下,形成逆向流动进行抽提。抽提塔顶温度控制在 75~120℃,并在塔内保持 15~30℃的温度梯度。精制液由塔顶引出进中间罐,抽出液从塔底抽出去酚回收系统。为降低酚对理想组分的溶解能力,提高酚对非理想组分的选择性,从抽提塔下部打入一部分酚水,以提高精制油收率。

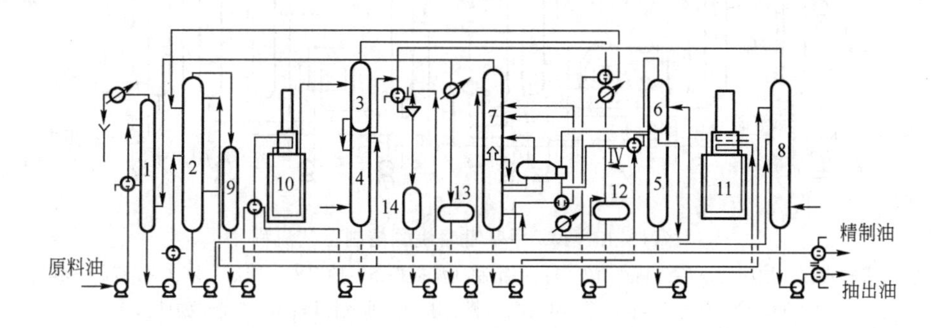

图 11-11 酚精制典型工艺流程

1—吸收塔;2—抽提塔;3—精制液蒸发塔;4—精制液汽提塔;5—抽出液一级蒸发塔;6—抽出液二级蒸发塔;7—抽出液干燥塔;8—抽出油汽提塔;9—精制液罐;10—精制液加热炉;11—抽出液加热炉;12—酚罐;13—酚水罐;14—水封罐

(2)酚回收部分。

由抽提塔顶出来的精制液中含酚量为 10%~15%。从精制液罐抽出,经换热和加热炉加热到 260℃左右,相继进入精制液蒸发塔和精制液汽提塔,将精制液中的少量酚脱除,由汽提塔底抽出的精制油经换热后送出装置。蒸发塔顶的酚蒸气经换热冷凝后进入酚罐,供抽提塔循环使用。

由抽提塔底来的抽出液含大量酚(仅含 5%~10%的油和部分水),经过干燥、蒸发、汽提后,从汽提塔底得到抽出油。在抽出液干燥塔中酚水共沸物由塔顶蒸出,除满足抽提塔注酚水之用外,其余部分去吸收塔,酚蒸气被原料油吸收,含少量酚的水排入下水道。

3）主要设备——抽提塔

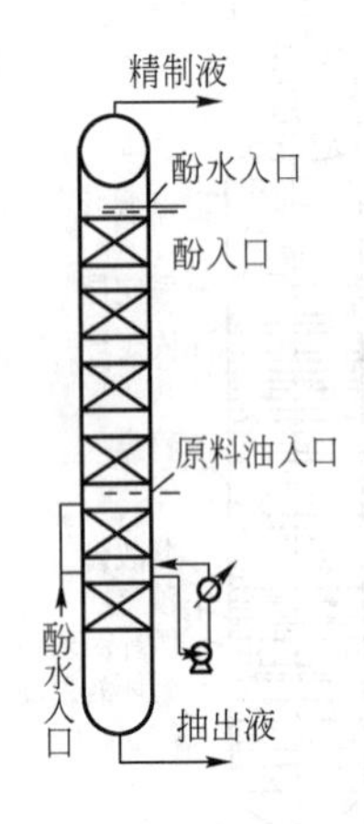

图11-12　填料抽提塔

酚精制装置比较关键的设备是抽提塔。抽提塔多采用填料塔，大都采用金属阶梯环或矩鞍环填料。其结构如图11-12所示。塔内有六层填料，均放置在栅板上。为了酚和油充分接触，通常装有特制的分配器。

3. N-甲基吡咯烷酮精制

N-甲基吡咯烷酮也是一种性能较好的润滑油精制溶剂。它比酚和糠醛的溶解能力强，化学和热稳定性好；选择性介于酚和糠醛之间，毒性小。

用N-甲基吡咯烷酮做溶剂，相同的处理量，可用较小的溶剂比，并可得到较高的精制油收率；在精制油收率相同时，可以得到质量更好的精制油。因此，该溶剂目前正在得到广泛应用。

N-甲基吡咯烷酮精制的工艺流程与前述两种精制过程大体相同。其精制工艺流程如图11-13所示。

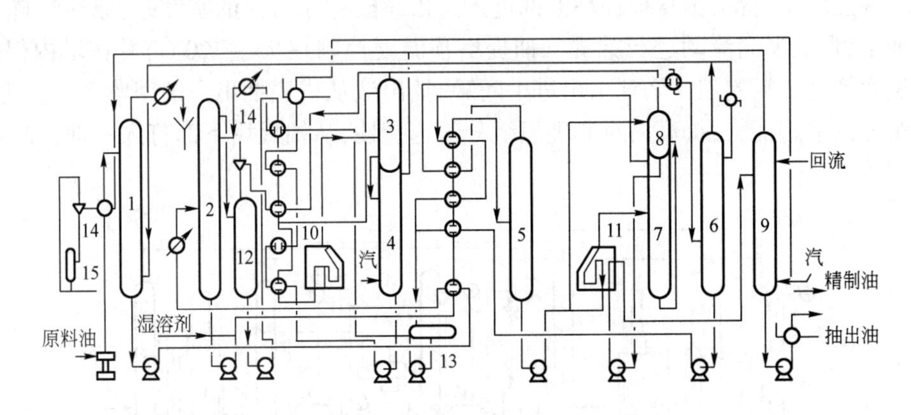

图11-13　N-甲基吡咯烷酮精制工艺流程

1—吸收塔；2—抽提塔；3—精制液蒸发塔；4—精制油汽提塔；5—抽出液一级蒸发塔；6—溶剂干燥塔；7—抽出液二级蒸发塔；8—抽出液减压蒸发塔；9—油汽提塔；10—精制液加热炉；11—抽出液加热炉；12—精制液罐；13—循环溶剂罐；14—真空泵；15—分液罐

（六）典型生产数据

以大庆原油减压馏分和脱沥青油糠醛精制为例，其原料油、精制油性质与收率列于表11-11；抽提塔工艺条件列于表11-12；精制生产500SN中性油时的技术经济指标列于表11-13。

表11-11　原料油、精制油性质与收率

项目	原料油			精制油		
	150SN	500SN	150BS	150SN	500SN	150BS
密度（20℃），g/cm^3	0.8528	0.8750	0.8849	0.8427	0.8579	0.8788
黏度（100℃），mm^2/s	4.61	8.01	26.8	4.13	7.23	21.2
比色（ASTM D-1500）	2~2.5	3.5~4.0	8	0.5	1.0~1.5	6.0

续表

项目	原料油			精制油		
	150SN	500SN	150BS	150SN	500SN	150BS
闪点,℃	203	257	330	217	259	319
残炭,%	—	0.08	0.9	—	0.025	0.35
收率,%				86.8	86.7	83.1

表 11－12　抽提塔工艺条件

项目	150SN	500SN	150BS
溶剂比	2.0:1	2.4:1	4.8:1
塔顶温度,℃	105	110	138
塔底温度,℃	65	70	103

表 11－13　精制生产 500SN 中性油每吨的消耗指标

溶剂,kg	新鲜水,t	水蒸气,t	电,kW·h	燃料,kg	循环水,t	能耗,MJ
0.68	0.17	0.04	6.7	20.26	12.4	1113

三、溶剂脱蜡

润滑油原料经过溶剂精制脱除非理想组分后,其中的固态烃(石蜡或微晶蜡)的含量明显提高。在较低温度下蜡会析出,形成结晶网,阻碍油品的流动,甚至使油品"凝固",失去流动性。为使润滑油在低温条件下保持良好的流动性,必须将其中易于凝固的蜡除去,这一工艺叫脱蜡,脱蜡不仅可以降低润滑油的凝点,同时可以得到石蜡或微晶蜡产品。脱蜡工艺过程比较复杂,设备多而且庞大,在润滑油生产中投资最大,操作费用也高。因此,选择合理的脱蜡工艺和流程具有重要意义。

最简单的脱蜡工艺是冷榨脱蜡或压榨脱蜡。其基本原理是借助液氨蒸发将含蜡馏分油冷至低温,使油中所含蜡呈结晶析出,然后用板框过滤机过滤,将蜡脱除。但这一方法只适用于柴油和轻质润滑油料,如变压器油料、10 号机械油料,对大多数较重的润滑油不适用。因为重质润滑油原料黏度大,低温时变得更加黏稠,细小的蜡晶粒和黏稠油浑然一体,难于过滤,达不到脱蜡的目的。为此,出现了溶剂脱蜡工艺,即在润滑油原料中加入适宜的溶剂,使油的黏度降低,然后进行冷冻过滤、脱蜡,这就是溶剂脱蜡。

溶剂脱蜡的适用性很广,能处理各种馏分润滑油和残渣润滑油。本节主要讨论溶剂脱蜡过程。

(一)溶剂脱蜡基本原理

溶剂脱蜡是利用低温下溶剂对油的溶解能力很大,而对蜡的溶解能力很小而且本身低温黏度又很小的溶剂去稀释润滑油料,使蜡能结成较大晶粒并使油的黏度因稀释而大幅度降低,从而形成固液两相,经过滤使蜡、油分离。

1. 溶剂的性质及作用

选择合适的溶剂及适宜的组成是润滑油溶剂脱蜡过程的关键因素之一。

1)溶剂在脱蜡过程中的作用

实践证明,用过滤方法分离固体和液体混合物时,混合物中固体颗粒大、液体黏度小,则过滤速度快、分离效果好;反之,过滤速度慢、分离效果差。对于很黏稠的混合物,几乎不可能用过滤的方法分出其中的固体物质。所以,在润滑油过滤时需加入溶剂以稀释油料,降低黏度;同时,这种溶剂还有溶解油不溶解蜡的性质,可使蜡的晶体大而致密,使蜡油易于过滤分离。

2)溶剂的特性

从溶剂在脱蜡中的作用可知,理想的润滑油脱蜡溶剂应具有以下特性:

(1)有较强的选择性和溶解能力。在脱蜡温度下,能完全溶解原料油中的油,而对蜡则不溶或溶解度很小。

(2)析出蜡的结晶好,易于用机械法过滤。

(3)有较低的沸点,与原料油的沸点差大,便于用闪蒸的方法回收溶剂。

(4)具有较好的化学及热稳定性,不易氧化、分解,不与油、蜡发生化学反应。

(5)凝点低,以保持混合物有较好的低温流动性。

(6)无腐蚀、无毒性,来源容易。

在上述要求中最主要的是选择性和溶解能力。但往往很难找到一种二者兼备的良好溶剂,为了取长补短,一般采用2~3种溶剂的混合物,在工业上采用的混合溶剂是酮—苯混合溶剂,其中酮可用丙酮、甲乙酮等,苯类可以是苯、甲苯。甲乙酮—甲苯混合溶剂,既具有必要的选择性,又有充分的溶解能力,也能满足其他性能要求,因而在工业上得到广泛使用。

通常,要根据润滑油原料的性质和脱蜡深度的要求,正确选择混合溶剂中两种溶剂的配比;同时,选择适宜的溶剂加入方式及加入量,才能达到最佳的脱蜡效果。

2.润滑油原料的冷冻

为使润滑油中的蜡结晶析出,必须把原料降温冷却,工业上常采用的冷却设备是套管结晶器。润滑油原料从内管流过,液氨在外管空间蒸发吸热,使润滑油温度下降。蒸发后的氨蒸气经冷冻机压缩冷却成为液体后循环使用。

调节液氨的蒸发量,可使润滑油原料降至需要的低温,蜡即呈结晶析出。脱蜡油与蜡结晶分离时的温度叫脱蜡温度。脱蜡温度和所要求的脱蜡油凝点有关。脱蜡温度越低,油的凝点越低。但脱蜡温度和脱蜡油凝点并不一致,两者差值称脱蜡温差。在实际生产中,脱蜡油凝点一般高于脱蜡温度,脱蜡温差越大,表明脱蜡效果越差。脱蜡温差与溶剂性质、冷却速度、过滤方法等因素有关。

蜡在溶液中生成结晶的大小主要与冷却速度有关。冷却速度太快,会产生许多细微结晶,影响过滤速度和脱蜡油收率。

(二)溶剂脱蜡工业装置

1.酮—苯脱蜡的工艺流程

酮—苯脱蜡工艺流程由结晶系统、过滤系统、溶剂回收和干燥系统、安全气系统、制冷系统五部分组成,其相互间关系如图11-14所示。

1)结晶系统

结晶系统由刮刀式结晶器和管壳式换热设备组成,图11-15是结晶系统流程。原料油用泵送经水蒸气加热器进行热处理，使原料油中原来已存在的蜡结晶全部熔化，然后控制在有利条件下重新结晶。通常残渣润滑油料在热处理前先加入一次稀释溶剂；馏分润滑油料则采用冷点稀释工艺，即将一次稀释剂打入第一台套管结晶器的中部。

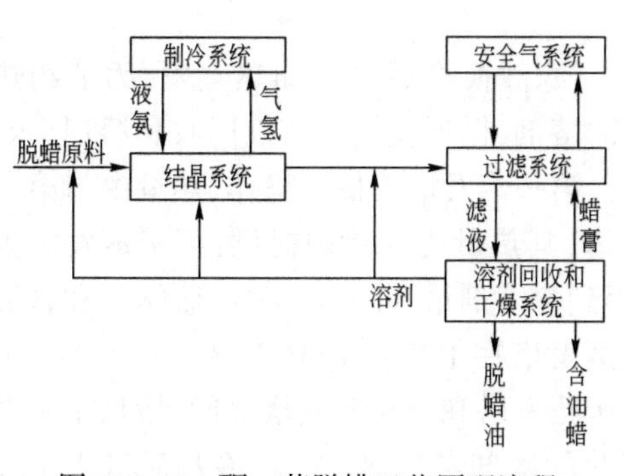

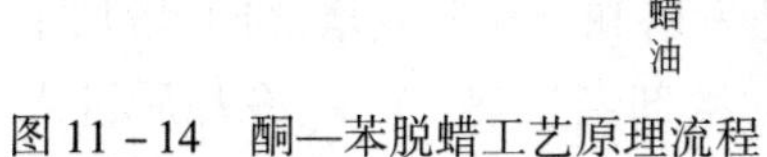

图 11－14　酮—苯脱蜡工艺原理流程

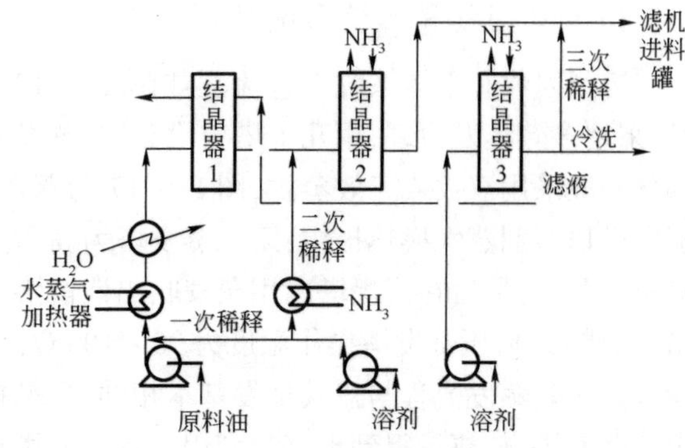

图 11－15　结晶系统流程

经热处理的原料油(或已加入溶剂)经水冷却后进入换冷套结晶器 1，与冷滤液换冷，使原料油冷却到冷点，馏分润滑油料在此时加入经预冷的一次稀释溶剂。结晶器 1 通常用滤液做冷源，以回收滤液的冷量。从结晶器 1 出来的混合物与二次稀释溶剂混合后，进入氨冷结晶器冷却，然后与经冷却的三次稀释溶剂混合后进入滤机进料罐。

由于从蜡系统回收的溶剂含有水(湿溶剂)，在冷冻时水在传热表面结冰，因此冷却湿溶剂时可用结晶器冷却，或用几个管壳式冷却器切换使用。

大型脱蜡装置为减少压力降，通常采用若干台换冷和氨冷结晶器多路并联工艺。溶剂和原料油的混合溶液在冷滤液换冷套管结晶器中的冷却速度为 1～1.3℃/min，在氨冷套管结晶器中为 2～5℃/min。

2)过滤系统

过滤系统原理流程如图 11－16 所示。

过滤系统主要完成固态蜡与液态油溶液的分离。由数台并联的旋转式鼓形真空过滤机组成过滤系统，进行连续操作。在过滤机进料罐中的已冷冻好的原料油—溶剂混合物，自动流入并联的各台过滤机底部，其主要部分是外壳内的转鼓，转鼓上蒙有滤布，转鼓分为多个格子，分别用管道与中心轴相连，轴则与不转动的分配头紧密相贴。分配头分为吸滤、冷洗、反吹等部分。当转鼓的某个格子转到底部浸入混合物时，接通分配头的吸滤部分，在 267～543kPa 的真空度下进行吸滤，脱蜡油及溶剂进入滤液罐。滤布上的蜡饼，经用冷剂冷洗，当转鼓转到刮刀部位时，接通惰性气体反吹，蜡饼落入输蜡器，用螺旋搅刀送到滤机一端，落入蜡罐，送去回收系统。

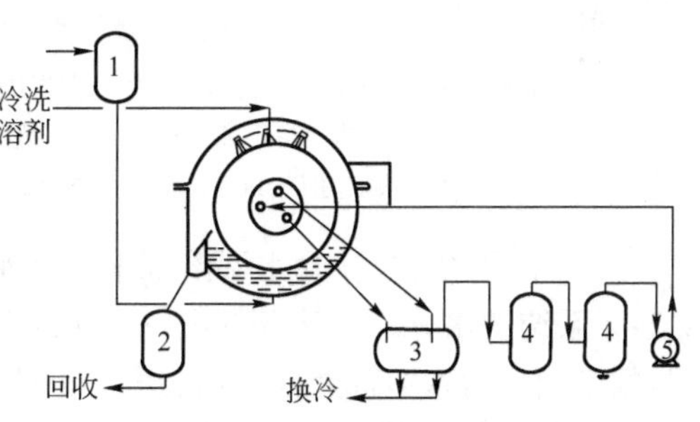

图 11－16　过滤系统原理流程

1—进料罐；2—蜡罐；3—滤液罐；4—中间罐；5—真空泵

滤液和冷洗液分别抽入滤液罐中，因冷洗液中含油很少，可作为稀释溶剂，以降低回收系统负荷；滤液回结晶系统换冷后进入溶剂回收系统。

我国的润滑油料，特别是大庆原油的润滑油料脱蜡时，蜡膏含量高达 42%～52%；为减少蜡膏中的油含量，提高脱蜡油收率，在脱蜡工艺上采用多点稀释、控制冷点、两段过滤、滤液循环、脱蜡脱油联合及滤液三段逆流循环等工艺，取得良好效益。在不增加冷冻量和过滤机的情况下，一段脱蜡改为二段脱蜡后，脱油收率可提高8%～10%，能耗可降低37%～62%。

3）溶剂回收和干燥系统

溶剂回收和干燥系统工艺流程如图11－17所示。滤液换冷后进行加热蒸发，为节约热量，采用多效蒸发原理，用几个塔分段蒸发，蒸发回收的溶剂，循环使用。溶剂回收和溶剂干燥部分一般采用双效或三效蒸发，图11－17为双效蒸发，第一蒸发塔为低压操作，热量由与第二蒸发塔顶溶剂蒸气换热提供；第二蒸发塔为高压蒸发塔，其热量由加热炉提供；第三蒸发塔为降压闪蒸塔，最后在汽提塔内用蒸气吹出残留溶剂，得到含溶剂量和闪点合格的脱蜡油和含油蜡（粗蜡）。低压蒸发塔操作温度为90～100℃，高压蒸发塔在180～210℃、0.3～0.35MPa下操作。三效蒸发流程与双效蒸发基本相同，只是在低压蒸发塔和高压蒸发塔之间，增加了一个中压蒸发塔，使热量得到更充分利用。各蒸发塔顶回收的溶剂经换热、冷凝、冷却后进入干或湿溶剂罐。汽提塔顶含溶剂蒸气经冷凝、冷却后进入湿溶剂分水罐。

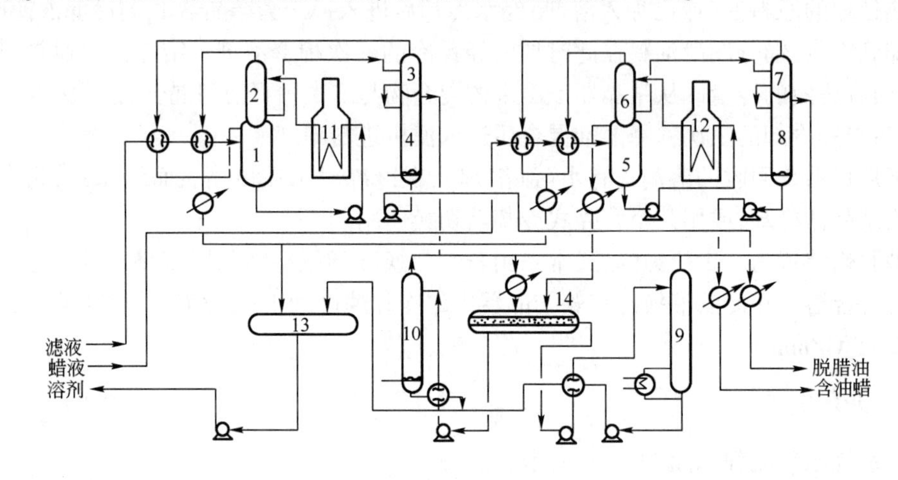

图11－17　溶剂回收及干燥系统工艺流程

1—滤液低压第一蒸发塔；2—滤液高压第二蒸发塔；3—滤液低压第三蒸发塔；4—脱蜡油汽提塔；5—蜡液低压第一蒸发塔；6—蜡液高压第二蒸发塔；7—蜡液低压第三蒸发塔；8—含油蜡汽提塔；9—溶剂干燥塔；10—酮脱水塔；11—滤液加热炉；12—蜡液加热炉；13—溶剂罐；14—湿溶剂分水罐

溶剂干燥系统是从含水湿溶剂中脱除水分，使溶剂干燥，以及从含溶剂水中回收溶剂，脱除装置系统的水分。湿溶剂罐分为两层：上层是饱和水的溶剂，下层是含少量溶剂（主要是酮）的水层。含水溶剂经换热后，送入溶剂干燥塔，塔底用再沸器加热，酮与水形成低沸点共沸物，由塔顶蒸出，干燥溶剂由塔底排出，冷却后进入干溶剂罐。湿溶剂罐下层含溶剂的水经换热后，进入酮脱水塔10，用水蒸气直接吹脱溶剂，塔顶含溶剂水蒸气经冷凝冷却后，回到湿溶剂分水罐。水由塔底排出，含酮量控制在0.1%以下。

4）安全气系统

安全气系统是个真空密闭系统，是为防止过滤机内由于溶剂蒸气和氧气的存在而形成爆炸性混合物。由过滤机外壳送入安全气，安全气是一种惰性气体，过滤机在安全气循环密封下操作。过滤机外壳内压力略高于壳外大气压，以防空气被抽入过滤机内。过滤机中安全气的氧含量控制在5%以下。

5)制冷系统

制冷系统是一个独立的系统。它只提供原料油、溶剂、安全气冷却时所需的冷量,使它们达到脱蜡所要求的温度,保证脱蜡油达到质量标准所要求的凝点。

制冷系统采用氨作冷冻剂,使用离心式、往复式或螺杆式冷冻机,并通常采用高压、低压两段蒸发操作,根据脱蜡工艺需要,确定氨的蒸发温度。

2.主要工艺设备

溶剂脱蜡过程最主要的设备是套管结晶器和真空过滤机。

1)套管结晶器

套管结晶器的作用是用来冷却原料油,析出蜡晶体。其结构类似于套管换热器,如图11-18所示。在生产过程中,润滑油原料走内管,冷冻介质(冷滤液或液氨)走外管。为防止蜡冻结在管壁上,内管装有旋转刮刀,可随时将管壁上的蜡刮下,随液流流出,以提高冷冻效果。

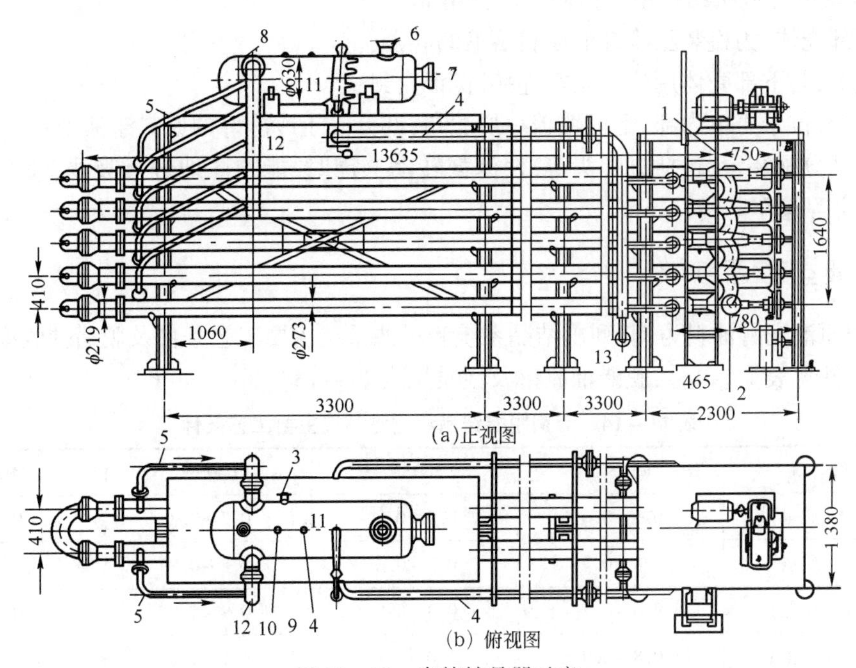

图11-18　套管结晶器示意

1—原料溶液入口;2—原料溶液出口;3—液氨入口;4—液氨出口;5—气氨排出管线;6—气氨出口;7—液面计;8—液面调节器管箍;9—氨压力计管箍;10—热电偶管箍;11—氨罐;12—气氨总管;13—排液口

2)真空过滤机

真空过滤机的作用是从冷却结晶的油—溶剂溶液中分离出蜡的结晶体。其结构如图11-19所示。过滤机外壳为一空筒,原料油流入过滤机内,保持一定液面高度。过滤机中有一鼓形圆筒,筒壁上有滤布固定在金属网上,叫作滤鼓。滤鼓下部浸在原料油里,并以一定转速旋转。滤鼓内为负压,可连续将油与溶剂经滤布吸入鼓内,再通过管道流入滤液罐。蜡晶体被截留在滤鼓外层的滤布上,随着滤鼓的旋转,离开油层,接着用冷溶剂冲洗,将蜡带出的油洗回油中。随之用安全气将蜡饼吹松,用刮刀刮下。刮下的蜡饼用螺旋输送机送至储罐。这样，冷冻后的润滑油原料在真空过滤机内被分成滤液和蜡液。

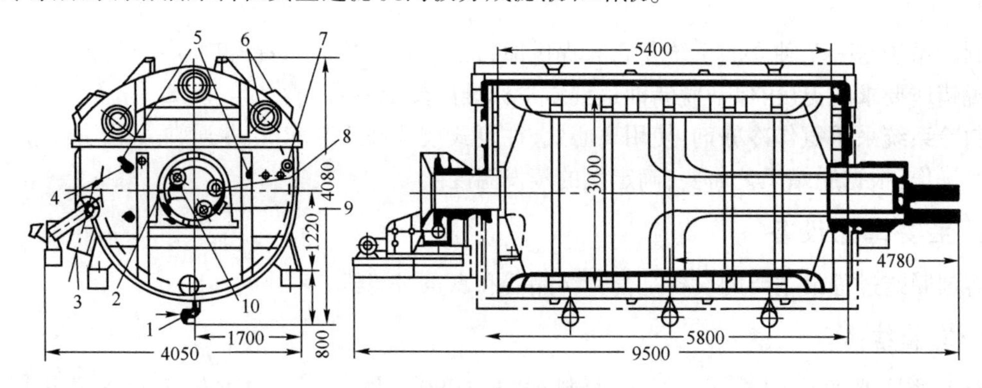

图 11－19　真空过滤机示意

1—原料溶剂混合物入口；2—安全气体入口；3—含油蜡螺旋输送器出口；4—液面调节器管箍；5—洗涤溶剂入口；6—看窗；7—安全气进壳体入口；8—滤液及洗涤后滤液出口；9—滤液出口；10—洗涤后滤液及气体出口

转鼓式真空过滤机结构主要由四个部分组成：

（1）下部壳体，为盛装已冷却的原料溶液的容器；

（2）顶盖，与下部壳体用法兰紧密连接，保证密封；

（3）滤鼓，位于壳体内部，上面覆盖一层滤布，部分浸于冷冻好的原料溶液中；

（4）自动分配装置，包括分配头等，使滤鼓转动一周时，能顺序地进行吸滤、喷淋冷洗、反吹、刮下蜡饼等操作。

（三）典型工艺参数

以大庆原油润滑油料为例，列出结晶系统和过滤系统主要工艺条件及脱蜡油收率与性质。主要工艺条件见表 11－14。脱蜡油收率及性质见表 11－15。

表 11－14　溶剂脱蜡结晶和过滤系统主要工艺条件

项目	150SN	500SN	650SN	150BS
一次稀释比（质量）	0.5～0.6	0.6～0.7	0.7～0.8	0.9～1.0
二次稀释比（质量）	0.6～0.7	0.7～0.8	0.8～0.9	0.9～1.0
三次稀释比（质量）	0.6～0.7	0.8～0.9	0.9～1.0	1.0～1.1
冷洗溶剂比（质量）	0.8～0.9	1.0～1.1	1.1～1.2	1.2～1.3
总溶剂比（质量）	2.5～2.9	3.1～3.4	3.5～3.9	4.0～4.4
一次溶剂加入温度，℃	22～26	26～30	26～30	26～30
二次溶剂加入温度，℃	10～14	10～15	10～15	10～15
三次溶剂加入温度，℃	－16～－24	－18～－22	－18～－22	－18～－22
过滤机进料温度，℃	－22～－28	－14～－16	－14～－16	－14～－16
去蜡油凝点，℃	－17～－20	－9～－10	－9～－10	－9～－10
脱蜡温差，℃	3～4	4～5	4～5	4～5
过滤机转速，r/min	0.01	0.01	0.01	0.01
过滤速度，kg/（m^2·h）	180～220	100～120	80～100	70～75

表 11-15 大庆原油润滑油料脱蜡油收率及性质

项目		150SN	500SN	650SN	150BS
溶剂脱蜡油收率,%		54.0	54.0	48.0	43.4
比色,号		1.5	2.5	3.5	7
黏度	50℃,mm^2/s	19.63	60.02	77.5	277.9
	100℃,mm^2/s	5.03	11.01	13.24	35.0
黏度指数		98	97	97	103
闪点(开口),℃		213	269	273	325
凝点,℃		-12	-12	-14	-12
残炭(康氏),%		0.008	0.076	0.13	0.71
苯胺点,℃		100.5	110	113.5	129
硫含量,%		0.036	0.078	0.097	0.06
氮含量,μg/g		107	383	458	—

四、白土补充精制

经过溶剂精制及溶剂脱蜡或硫酸精制后的润滑油油料,质量已经基本达到要求,但其仍残留有少量溶剂和胶质、环烷酸、酸渣、磺酸等有害物质。这些物质影响润滑油的颜色、安定性、抗乳化性、绝缘性和残炭等使用性能,必须采用白土补充精制或加氢补充精制,以改善润滑油组分的上述性质。

我国从1970年建成第一套加氢补充精制装置后,很多润滑油生产厂及新建厂多采用润滑油加氢补充精制。由于白土补充精制的脱氮能力强、凝点回升小、黏度下降少、光安定性远比加氢精制油好,因此,目前两种工艺共存,对某些特种油品则仍必须使用白土补充精制。

(一)白土补充精制的原理

白土补充精制原理是利用活性白土的吸附能力使各类杂质吸附在活性白土上,然后滤去白土即可除去所有的杂质。白土补充精制属于物理吸附过程,白土对不同物质的吸附能力各不相同,润滑油中的有害物质大部分为极性物质,白土对它们有较强的吸附能力,而对润滑油的理想组分的吸附能力却极其微弱,利用白土的选择吸附性能就可使润滑油料得到精制。

(二)白土的组成与性质

白土是一种结晶或无定形物质,它具有很多微孔,形成很大的表面积。白土分为天然白土和活性白土两种:天然白土是风化长石;活性白土是将天然白土经预热、粉碎、用8%~15%的稀硫酸活化、水洗、干燥、磨细而制得的白色或米色粉末状物,其主要成分是 SiO_2 和 Al_2O_3,还含有 Fe_2O_3、MgO、CaO 等。活性白土的主要性能要求是颗粒度、外表面积、水分和活性度。

颗粒度表示白土的破碎程度。颗粒度越小,土的比表面(m^2/g)大,扩散半径越小,其吸附能力越强。目前,我国所用颗粒度为120目筛通过量大于90%。但颗粒度过于小的白土与油混合会形成糊状,造成过滤困难,也是不利的。

白土含水过多和过少都会影响其吸附能力。含水6%~8%的白土吸附能力较好,因在高温接触精制中，所含水分蒸发，白土孔隙中不再含水，此时白土具有很强的吸附能力，很易吸附极性物质。此外，白土中逸出的水蒸气使白土与油混合更好，增加其接触机会。

活性度是白土吸附极性物质能力的量度，用20～25℃下100g白土吸收0.1mol的NaOH溶液的毫升数来表示，活性度越大，吸附能力越强。

活性白土比天然白土的活性度约大4～10倍，活性白土的比表面可达450m^2/g。因此工业上均采用活性白土。

白土对不同物质的吸附能力各不相同，白土对油中各组分的吸附能力顺序为：胶质、沥青质>氧化物、硫酸酯>芳烃>环烷烃>烷径。环数越多的烃类，越易被吸附；脱蜡后的润滑油料中，残留的少量物质有胶质、沥青质、环烷酸、氧化物、硫化物及选择性溶剂、水分、机械杂质等，这些物质大都为极性物质。因此，利用白土对这些极性物质具有较强吸附能力，而对润滑油理想组分的吸附能力极其微弱的特性，借此使润滑油料得到精制。

（三）影响白土补充精制的因素

白土补充精制的主要工艺条件为白土用量、精制温度和接触时间等，原料油的质量和白土性质也是重要影响因素。一般原料油馏分越重、精制油质量要求越高，精制的工艺条件越苛刻；而当白土活性高、颗粒度和含水量适当时，在同样工艺条件下，精制油质量将会更好。

（1）白土用量。一般白土用量越大，产品质量越好。但白土用量增大到一定程度后，产品质量的提高就不显著了。因此在保证油品精制要求的前提下，白土用量越少越好。否则除增加消耗费用外，还会使生产设备产生一系列问题。一般合适的白土用量为机械油2%～4%、中性油2%～3%、汽轮机油5%～8%、压缩机油基础油5%～7%。

（2）精制温度。白土吸附原料油中有害组分的速度与原料油黏度有关。加热温度越高，油的黏度越小，越有利于吸附。生产中控制精制的温度以原料油不发生热分解为原则。因白土夹带空气及混合搅拌时接触空气，为防止油品氧化，特别是在白土作用下氧化，一般控制初始混合温度小于80℃，精制反应温度为180～280℃，轻质油料的精制温度偏低些，重质油料可取较高温度，但不应超过320℃，以免产生白土催化分解反应，使油料变质。

（3）接触时间。接触时间指在高温下白土与原料油接触的时间，即白土与原料油在蒸发塔内的停留时间。为了保证原料油与白土的吸附和扩散的需要，一般在蒸发塔内的停留时间为20～40min。

（四）工艺流程

白土补充精制的典型流程如图11-20所示。

白土补充精制过程包括原料油与白土混合、加热反应和过滤分离三个主要部分。

原料油经缓冲罐送入白土混合罐，白土由叶轮给料器送入白土混合罐中，通过搅拌混合均匀，油和白土混合物用泵抽出与来自蒸发塔的塔底油换热，再进入加热炉加热到所需反应温度后，进入蒸发塔。

蒸发塔采用减压操作，塔顶的油气和水分经冷凝冷却后进入真空罐，从罐底流入馏出油分水罐，水和馏出油分别从罐底排出，馏出油出装置。蒸发塔底油与原料油和白土混合物换热后，冷却到130℃左右进入自动板框过滤机进行粗滤，滤液进入板框进料罐，再用泵打入板框过滤机，进行精滤，分出废白土，得到精制油进入精制油罐，冷却至40～50℃后出装置。

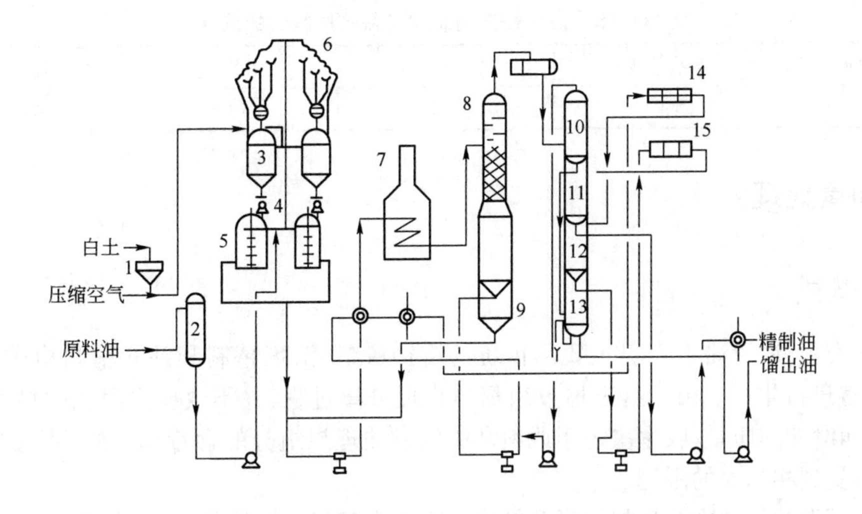

图 11－20　白土补充精制的典型流程

1—白土地下储罐；2—原料油缓冲罐；3—白土料斗；4—叶轮给料器；5—白土混合罐；6—旋风分离器；7—加热炉；8—蒸发塔；9—扫线罐；10—真空罐；11—精制油罐；12—板框进料罐；13—馏出油分水罐；14—自动板框过滤机；15—板框过滤机

(五)典型工艺条件及原料产品性质

以大庆原油四种脱蜡润滑油料为原料油，其白土补充精制的工艺条件及精制油收率、原料和精制油性质、技术经济指标分别列于表 11－16、表 11－17 和表 11－18 中。

表 11－16　白土补充精制工艺条件及精制油收率

项目	150SN	500SN	650SN	150BS
白土加入量，%	2.5	3.0	3.0	10.0
白土与油混合温度，℃	70	80	80	80
加热炉出口温度，℃	210	230	240	265
蒸发塔内停留时间，min	约 30	约 30	约 30	约 30
精制油收率，%	93～98	96～97	96～97	89～92
废白土渣含油量，%	20～25	25～30	5～30	25～30

表 11－17　原料油和精制油性质

性质	150SN		500SN		650SN		150BS	
	原料油	精制油	原料油	精制油	原料油	精制油	原料油	精制油
比色，号	1.5	1.0	2.5	2.5	3.5	3.5	7.0	5.5
残炭量(康氏)，%	0.008	0.008	0.076	0.065	0.13	0.13	0.71	0.57
酸值，mgKOH/g	0.014	0.006	0.017	0.011	0.014	0.009	0.008	0.022
硫含量，%	0.036	0.014	0.078	0.10	0.097	0.062	0.06	0.08
氮含量，μg/g	102	23	383	303	458	403	—	—

表 11－18　白土补充精制加工每吨原料油的消耗

燃料,kg	水蒸气,kg	电,kW·h	水,t	能耗,MJ
6～7	65～70	2.2～2.5	5～6	160～502

五、加氢处理

(一)概述

到目前为止,润滑油生产仍主要用传统的溶剂脱蜡、溶剂精制和补充精制构成的“老三套”加工装置进行生产。由于这三种方法都是物理分离过程,并不改变润滑油中烃类分子的结构,所以润滑油的质量、收率决定于原料油中润滑油理想组分的含量和性质,使选择生产润滑油的原料受到相当大的限制。

如何将润滑油组分中非理想的烃类结构转变成为理想结构的研究,一直受到人们的重视,其中在氢压和催化剂存在下进行润滑油中烃类转化取得实用性的成果。例如,用加氢精制取代润滑油白土精制,可以提高产品收率1%～4%,产品质量可以达到或超过白土精制油,同时使生产连续化,提高了劳动生产率,并且不需处理废白土,也不存在环境污染问题。

润滑油中组分在氢压和催化剂存在下,可以产生各种反应,如多环芳烃加氢,继而开环变成少环化合物,裂化反应,异构化反应,含硫、含氮、含氧化合物的脱硫、脱氮和脱氧反应等。由于能起这些反应,加氢过程在润滑油生产中可用于以下三个方面。

1. 溶剂精制后的补充精制

溶剂精制后的补充精制是在缓和条件下进行的加氢过程,温度低、压力低、空速大。此过程基本上不改变烃类的结构,只去掉微量杂质、溶剂,可以改善油品色度,比白土精制过程简单,收率高,产品质量好,并避免了处理废白土的麻烦,已取代了许多白土精制过程。

润滑油白土精制在润滑油生产流程中,一般位于溶剂精制和溶剂脱蜡之后,而润滑油加氢补充精制,可以放在润滑油加工流程的任意部位,如图 11－21 所示。

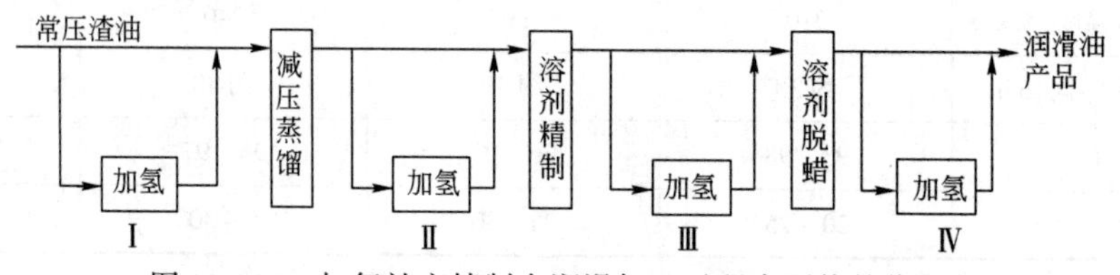

图 11－21　加氢补充精制在润滑加工过程中可能的位置

从图 11－21 中可以看出,润滑油加氢补充精制如放在润滑油溶剂脱蜡之前,即图中Ⅲ,油和蜡同时得到精制,生产石蜡时不必再建石蜡精制装置,简化了工艺,而且还解决了脱蜡后加氢导致脱蜡油凝点回升的问题。据报道,科威特原油的减压馏分,含硫 0.75%,先加氢后脱蜡,不仅油、蜡都得到精制,而且使溶剂脱蜡的温差减小,节省制冷量,降低了操作费用。

润滑油加氢补充精制如放在溶剂精制之前(如图中Ⅱ),可以降低溶剂精制深度,改进产品质量,提高产品收率。

2. 润滑油加氢裂化

润滑油加氢裂化是在比加氢补充精制条件苛刻得多的条件下进行的加氢精制过程,因此又称为润滑油深度加氢精制，一般在15～20MPa、温度近400℃以及较大的氢油比和较小的空速下反应。在这种条件下，烃类结构发生很大变化，反应产物润滑油的黏度指数可超过130，而溶剂精制的润滑油很难超过105，所以此过程与溶剂精制相当。目前，世界上已建设多套用加氢裂化法精制润滑油的装置。

3. 加氢脱蜡

加氢脱蜡又称为加氢降凝或临氢降凝。这个过程是在20世纪60年代发展起来的新工艺，其特点是采用具有选择性能的分子筛催化剂，此催化剂能选择性地使长链的正构烷烃和少侧链的异构烷烃产生裂化和异构化反应，从而达到降低润滑油凝点的目的。

加氢脱蜡所用的催化剂有两类：一类含有贵金属（如钯）的催化剂，另一类是不含贵金属的复合催化剂。据报道，国外用Zn/H－ZSM－5催化剂进行临氢降凝，可使原料油的凝点从29℃下降到－40℃。我国润滑油临氢降凝已工业化，用一段法以加氢尾油为原料油生产润滑油，将其凝点由20℃降至－20℃。

本节重点讨论润滑油加氢精制过程。

（二）加氢补充精制的化学反应

润滑油加氢补充精制是缓和加氢过程，主要是除去残存在润滑油料中的硫、氮、氧等杂质，以改善油品的安定性和颜色，其主要反应有脱硫反应、脱氧反应和脱氮反应。

（1）脱硫反应。杂环含硫化合物的脱硫反应，经过加氢开环等几个步骤，简化中间步骤后，可用下式表示：

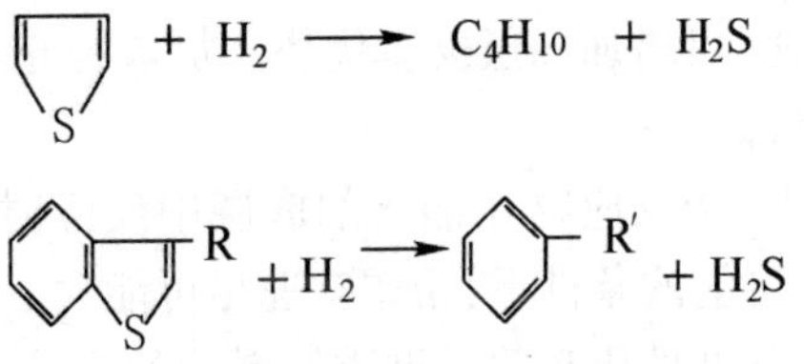

$$\text{(噻吩)} + H_2 \longrightarrow C_4H_{10} + H_2S$$

$$\text{(3-R-苯并噻吩)} + H_2 \longrightarrow \text{(苯环-R')} + H_2S$$

链状硫化物加氢得到烷烃和H_2S，比杂环硫更易脱除。

（2）脱氧反应。脱氧反应可用下式表示：

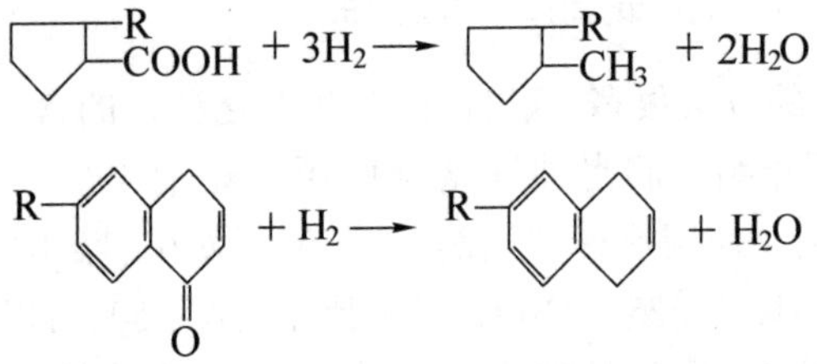

$$\text{(环戊烷-R, -COOH)} + 3H_2 \longrightarrow \text{(环戊烷-R, -CH}_3\text{)} + 2H_2O$$

$$\text{(R-四氢萘酮, =O)} + H_2 \longrightarrow \text{(R-四氢萘)} + H_2O$$

（3）脱氮反应。简化反应的中间步骤后，含氮化合物加氢反应如下：

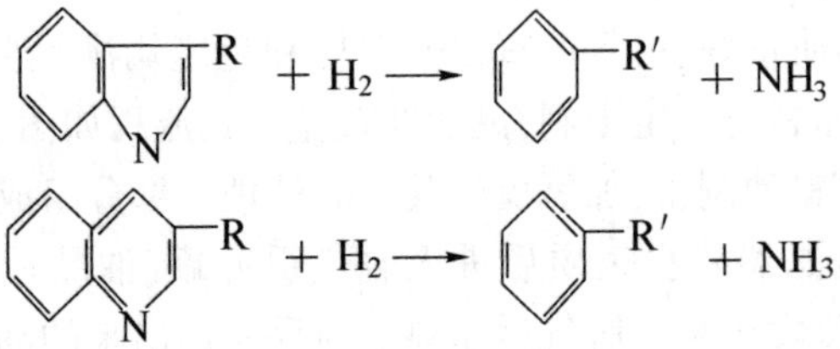

$$\text{(3-R-吲哚, N)} + H_2 \longrightarrow \text{(苯环-R')} + NH_3$$

$$\text{(3-R-喹啉, N)} + H_2 \longrightarrow \text{(苯环-R')} + NH_3$$

在润滑加氢补充精制的温和工艺条件下，主要进行脱硫、脱氧反应，脱氮反应进行缓慢，因此脱氮效率较差。此外还发生不饱和烃加氢饱和反应。

(三)加氢补充精制的催化剂

在润滑油加氢补充精制过程中,我国目前使用的催化剂有 Fe—Mo 催化剂、Co—Mo 催化剂、Ni—Mo 催化剂等几种。这类催化剂有的是专为润滑油加氢补充精制所研制的,有的是由燃料加氢精制催化剂转用过来的。所有加氢精制催化剂使用前都必须经过硫化过程。

(四)影响加氢补充精制的因素

在一定催化剂上影响加氢补充精制效果的主要因素有反应温度、压力、氢油比和空速(通常用液体每小时在每立方米催化剂上通过的体积数表示,又称为液时空速)等。

(1)温度。加氢补充精制过程的工艺条件比较缓和,操作温度一般为 210~300℃。提高温度,加快反应速度,在其他条件不变的情况下,反应深度增加,结果使产品收率下降,产品黏度降低,而且容易生成焦炭。此时必须增加氢压以抑制焦炭生成,否则焦炭沉积在催化剂上,使催化剂失去活性。如果反应温度过低,则反应速度过慢致使经济效益下降。

加氢反应是放热反应,反应器床层温度逐步增高,在反应器出口处温度最高,为防止在催化剂上发生裂化反应和结焦,加氢补充精制床层温度最高以不超过 320℃为宜。

(2)压力。因为加氢反应时,气相中存在其他物质,操作压力,更确切地说是氢分压对加氢反应有很大影响。加氢反应是分子数减少的反应,提高压力对提高反应速度、增加精制效果、延长催化剂寿命都是有利的。但提高压力,必须提高设备耐压等级,增加氢压机出口压力,所以在可能范围内一般采用较低压力。工业上加氢补充精制压力一般为 2.0~4.0MPa。

(3)氢油比。加大氢油比,可增加加氢反应优势。加氢补充精制的氢耗量很低,生产上一般氢油比为 50~150(m^3/m^3)。

(4)空速。空速减小,相当于反应物在催化剂床层中反应时间加长,反应深度增加,但反应器的处理量下降。因此在可能的条件下,希望空速尽可能大。

空速主要与原料油和催化剂性质有关。重质原料油的空速一般应较低些,工业上采用的空速一般为 1.0~2.5h^{-1}。

(五)润滑油加氢补充精制的工艺过程

润滑油加氢补充精制的方法很多,这里仅以兰州石化公司的含 Fe 催化剂的精制工艺(又称铁精制工艺)为例进行介绍。润滑油铁精制所用催化剂组成为:Fe_2O_3(10.25%)、MoO_3(9.9%),担体为 $\alpha-Al_2O_3$。使用这种催化剂,具有流程简单、操作条件缓和的优点。精制压力为 2.0~3.0MPa,反应温度为 275~310℃,氢油比小,仅为 50,可以不用循环氢压缩机,简化了流程,节约投资空速可达 3.0h^{-1},处理能力大;催化剂寿命较长,不需经常再生。由于条件缓和,设备耐压要求较低,投资费用相对便宜。

铁精制工艺的生成油质量好,可生产氧化安定性和色度均满足要求的基础油。但铁精制过程的精制深度有限,对原料有一定限制,灵活性较差。其流程如图 11-22 所示。

铁精制工艺流程由原料油制备、加氢反应及产品处理三部分组成。图 11-22 中没有原料油制备部分。原料油经过滤器除去杂质后进入脱气缓冲罐,油品在 60~70℃、0.8MPa 压力下,使油中的水分和空气蒸发出来。脱气后原料油与反应器出来的油换热,并与经压缩机增压后的重整氢混合,一起进入加热炉辐射室加热后,进入反应器顶部。反应温度为 280~310℃,

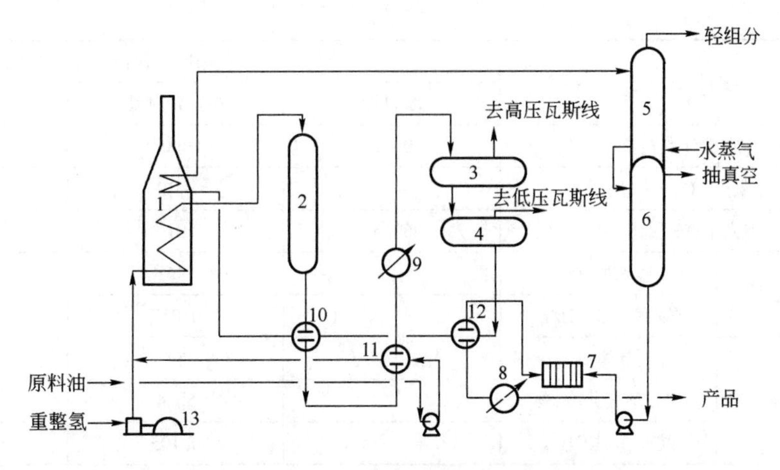

图 11－22　润滑油铁精制工艺流程

1—加热炉；2—反应器；3—高压分离器；4—低压分离器；5—汽提塔；6—真空干燥塔；
7—压滤机；8、9—冷却器；10、11、12—换热器；13—压缩机

空速为 2.0～3.2h^{-1}，氢油比约为 50∶1，压力为 2.0MPa。由于加氢反应放热，床层升高温度 10℃左右。反应产物由反应器底部引出，经换热器 10、11 给出热量，并经冷却器冷却后进入高压分离器，分出大部分剩余氢和反应产生的气体，然后进入低压分离器，分出残留气体。由于此时油中尚有少量低沸点组分需要除去，油经换热器 12、10 和加热炉对流室加热后，进入汽提塔经汽提脱除轻组分，然后在真空干燥塔中除去微量水分。干燥后的油用泵从塔底抽出，经过压滤机压滤，除去油中残存的催化剂粉末。最后经换热、冷却，送出装置。

由于铁精制的条件比较缓和，烃类结构没有明显变化，脱硫、脱氧效果显著，但几乎不能对氮化物起作用，脱氮效果很差。

（六）加氢补充精制与白土补充精制的比较

表 11－19 中给出新疆原油减三线油（原料油）、加氢精制油和白土精制油的化学组成、主要理化指标和稳定性的数据。

表 11－19　加氢补充精制和白土补充精制油的比较

项目		新疆减三线油		
		原料油	加氢精制油	白土精制油
族组成（质量分数），%	烷烃＋环烷烃	84.6	85.3	85.5
	单环芳烃	9.0	8.4	8.7
	双环芳烃	3.7	4.4	4.2
	双环芳烃	1.7	1.0	1.1
	胶质	1.0	0.9	0.5
硫含量，μg/g		560	460	470
总氮含量，μg/g		241	259	9
碱性氮含量，μg/g		113	100	30
黏度（100℃），mm/s		6.51	6.56	6.69
酸值，mgKOH/g		0.095	0.003	0.071

续表

项目		新疆减三线油		
		原料油	加氢精制油	白土精制油
残炭量(质量分数),%		0.02	0.007	0.008
凝点,℃		-15	-12	-12
透光率,%		67.5	91	73
热老化试验	透光率,%		46	23.5
	酸值,mgKOH/g		0.057	0.096
紫外老化试验	透光率,%		54	59
	透光率变化率,%		50.4	19.2
	酸值,mgKOH/g		0.105	0.147

从表11-19中数据可以看出加氢补充精制后,加氢油的族组成没有明显变化,只有少部分多环芳烃转化为双环芳烃。加氢补充精制的脱硫能力比白土补充精制稍强,脱氮能力明显不如白土补充精制。酸值降低幅度比白土补充精制大,加氢油的透光率优于白土精制油。

但从经热老化试验和紫外光老化试验后透光率数据可见,加氢补充精制油的安定性,特别是紫外光照射下的安定性相当不好,其透光率的变化率达50.4%,而白土精制油仅为19.2%。将经加氢补充精制和白土补充精制的基础油,分别调合并加入相应添加剂后调成11号柴油机油,以比较两种油的性质,结果表明加氢油的热安定性和紫外光安定性在透光率变化上比白土精制油差;但出现沉淀的时间、浮游性和1105单缸试验两者均相当;酸值增加幅度小于白土精制油;IP氧化也优于白土精制油。因此铁加氢精制润滑油可以得到符合要求的各种润滑油基础油。

(七)加氢补充精制的技术经济指标

以大庆原油生产500SN精制油为例,说明加氢补充精制装置加工每吨原料油的技术经济指标,见表11-20。

表11-20 加氢补充精制加工每吨原料油的消耗

耗氢量,m^3/t	新鲜水,t	循环水,t	电,kW·h	蒸汽,t	燃料气,kg	能耗,MJ
20~30	0.17~0.28	5~6	8~12	0.05~0.06	6.4~8.2	628~670

第三节 润滑油的调合

商品润滑油由润滑油基础油和润滑油添加剂调合而成,单独使用润滑油基础油不能满足各类润滑油产品的质量要求。为此人们在优质的基础油中按照不同比例加入具有特殊功能的添加剂,通过特定的调合工艺,生产出满足各种不同需求的润滑油新品种。

一、润滑油添加剂

添加剂是在润滑油中添加极少量(百分之几到百万分之几),就能显著改善油品的某方面性能,使产品符合质量要求的物质。添加剂是确保润滑油质量的主要组分,虽然在润滑油中添加剂的用量比基础油少得多,但其重要性并不亚于基础油。另外,添加剂的成本一般比较高,用量也不是越多越好,使用时要注意选择合适的添加量。

添加剂按功能分主要有抗氧化剂、抗磨剂、摩擦改善剂(又名油性剂)、极压添加剂、清净剂、分散剂、泡沫抑制剂、防腐防锈剂、流点改善剂、黏度指数增进剂等类型。市场中所销售的添加剂一般都是以上各单一添加剂的复合品,所不同的就是单一添加剂的成分不同以及复合添加剂内部几种单一添加剂的比例不同而已。

根据 SH/T 0389—1992《石油添加剂的分类》,国内润滑油添加剂分组见表 11-21 和表 11-22。

表 11-21 国内润滑油添加剂分组——单剂

组号	组别	代号
1	清净剂和分散剂	T1 × ×
2	抗氧防腐剂	T2 × ×
3	极压抗磨剂	T3 × ×
4	油性剂和摩擦改进剂	T4 × ×
5	抗氧剂和金属减活剂	T5 × ×
6	黏度指数改进剂	T6 × ×
7	防锈剂	T7 × ×
8	降凝剂	T8 × ×
9	抗泡沫剂	T9 × ×
10	抗乳化剂	T10 × ×

表 11-22 国内润滑油添加剂分组——复合剂

组号	组别	代号
30	汽油机油复合剂	T30 × ×
31	柴油机油复合剂	T31 × ×
32	通用汽车发动机油复合剂	T32 × ×
33	二冲程汽油机油复合剂	T33 × ×
34	铁路机车油复合剂	T34 × ×
35	船用发动机油复合剂	T35 × ×
40	工业齿轮油复合剂	T40 × ×
41	车辆齿轮油复合剂	T41 × ×
42	通用齿轮油复合剂	T42 × ×
50	液压油复合剂	T50 × ×
60	工业润滑油复合剂	T60 × ×
70	防锈油复合剂	T70 × ×
80	其他类润滑油添加剂	T80 × ×

(一)清净剂、分散剂

清净剂、分散剂一般具有碱性,有的还具有高碱性,可以持续中和润滑油氧化生成的酸性物质,同时对漆膜和积炭具有洗涤作用。主要用于内燃机润滑油中,中和内燃机油中的酸,增溶和分散油泥,保持发动机的清洁,其用量占润滑油添加剂的一半左右。把含有金属组分的称为有灰清净剂、分散剂,不含金属组分的称为无灰清净剂、分散剂。

可以根据润滑油对清净性、分散性的要求选用一种或几种清净剂、分散剂进行复配,然后根据清净、分散的效果通过实验确定添加剂的用量,清净剂、分散剂的商品代号和使用情况见表 11 – 23。

表 11 – 23　清净剂、分散剂的商品代号和使用情况

牌号	名称	性能与使用情况
T101	低碱值石油磺酸钙	具有良好的低温分散性、防锈性,是理想的内燃机油清净剂和防锈剂,适合于配制高档内燃机油
T102	中碱值石油磺酸钙	有较好的酸中和能力、防锈性能和清净分散性,主要用于内燃机油和齿轮油
T103	高碱值石油磺酸钙	高效清洁性、中和及防锈性能,用于内燃机油、铁路机车和船舶发动机油
T104	低碱值合成磺酸钙	有显著的清净能力和防锈性能,可调制中高档内燃机油
T105	中碱值合成磺酸钙	较好的酸中和能力、高温性能,并具有防锈性,可调配中高档内燃机油
T106	高碱值合成磺酸钙	优良的酸中和能力和较好的高温清净性、防锈性能,可调制中高档内燃机油
T107	超碱值合成磺酸镁	具有特优的高温清净性和酸中和能力,同时兼有一定的防锈蚀作用,可调制中高档内燃机油
T107A	超碱值石油磺酸镁	具有特优的高温清净性和酸中和能力,并兼有一定的防锈蚀作用,可调制中高档内燃机油
T109	烷基水杨酸钙	具有优异的高温清净剂和良好的中和能力,具有较佳的抗氧化能力和高温稳定性,油溶性和抗水性能好,可调制中高档内燃机油
T151	单烯基丁二酰亚胺	优良的低温分散性和一定的高温清净性,与金属清净剂和 ZDDP 有良好的复配型,用于调制高档汽油机油

(二)抗氧防腐剂

抗氧防腐剂是一类能抑制油品氧化及保护润滑表面不受水或其他污染物化学侵蚀的添加剂。最常用为二烷基二硫代磷酸锌(ZDDP),如 T202、T203,是一种多效添加剂,具有抗氧、抗磨、抗腐作用。由于 ZDDP 含磷元素,对汽车尾气转化器中三元催化剂具有中毒作用,发动机油中 ZDDP 的用量现受到较大限制。

抗氧防腐剂的商品代号和使用情况见表 11 – 24。

表 11 – 24　抗氧防腐剂的商品代号和使用情况

代号	名称	性能与使用情况
T201	硫磷烷基酚锌盐	改善油品抗氧化、抗腐蚀性,有极压抗磨性能,用于普通内燃机油
T202	硫磷丁辛基锌盐	有良好的抗氧抗腐性及一定的抗磨极压性,能有效阻止高温氧化,防止轴承、活塞的腐蚀,广泛用于各种润滑油中
T203	硫磷双辛基碱性锌盐	与 T202 相比有较高的热分解温度和优良的抗水解性能,多用于中高档内燃机油中,尤其是船用油、柴油机油和抗磨液压油中
T204 T204A	硫磷伯仲醇基锌盐	具有优良的抗氧抗腐性能,还具有较好的抗乳化性能,适合调制抗磨液压油等工业用油
T205 T205A	二仲醇烷基二硫代锌盐	良好的抗氧化磨损性能,适合调制高档汽油机油
KF104	双苯并三唑	高温抗腐蚀剂,可以有效地抵抗铜腐蚀

（三）极压抗磨剂

极压抗磨剂在金属表面承受负荷的条件下，能防止金属表面的磨损、擦伤甚至烧结。极压抗磨剂一般具有高活性基团，在局部的高温高压下，能与金属表面反应形成保护膜。常用极压抗磨剂类型：含氯极压抗磨剂，如氯化石蜡 T301；含硫极压抗磨剂，如硫化烯烃 T321；含磷极压抗磨剂，如磷酸酯 T306。

极压抗磨剂的商品代号和使用情况见表 11－25。

表 11－25　极压抗磨剂的商品代号和使用性能

代号	名称	使用性能
T301	氯化石蜡（含氯 42%）	有较强的极压性能，但安定性差，可水解，有腐蚀性
T302	氯化石蜡（含氯 52%）	有较强的极压性能，但安定性差，可水解，有腐蚀性
T304	亚磷酸二正丁酯	有较强的极压抗磨性，不溶于水，能溶于酯、醇等有机溶剂，可调制各种档次齿轮油和切削油等油品
T305	硫磷酸含氮衍生物	具有优良的极压抗磨性，用于中重负荷车辆齿轮油和中重负荷工业齿轮油
T306	磷酸三甲酚酯	不仅有良好的极压性能，还具有阻燃、耐磨、防霉性能，用于液压油和抗燃液压油中
T321	硫化异丁烯	含硫量高，有良好的极压性能，还可以与其他极压剂复配，用于中高档齿轮油、金属加工用油中，与含磷化合物复配有很好的效果
T361	硼酸盐	在极压条件下，能生成弹性膜，有良好的极压抗磨性能、抗腐蚀和防锈性能，可用于车辆齿轮油、工业齿轮油及金属加工油

（四）油性剂和摩擦改进剂

油性剂和摩擦改进剂通常含有极性基团，通过极性基团吸附在金属表面上形成吸附膜，阻止金属相互间的接触，从而减少摩擦和磨损。早期多采用动植物油脂，故称油性剂，其他某些化合物也有同样性质，目前把能降低摩擦面的摩擦系数的物质称为摩擦改进剂。

油性剂和摩擦改进剂的商品代号和使用情况见表 11－26。

表 11－26　油性剂和摩擦改进剂的商品代号和使用性能

代号	名称	使用性能
T404	硫化棉籽油	具有良好的油性和抗磨性能，应用于导轨油、主轴油、金属加工用油等
T451	磷酸酯	具有良好的油溶性、抗磨性能，主要用于锭子油、导轨油、主轴油、轧制液和润滑脂，同时在水基冷锻润滑剂中做添加剂
T462	二烷基二硫代磷酸氧钼	具有良好的极压抗磨性，抗氧化性，主要用于内燃机中

（五）抗氧剂和金属减活剂

油品在使用过程中，由于有氧气、温度、光照的影响，会氧化变质，抗氧剂和金属减活剂可以阻止或减缓润滑油的氧化变质，提高其使用寿命。金属表面对润滑油的氧化会起到催化作用，通过金属减活剂与金属表面作用，屏蔽其催化作用，同样能起到抗氧化功效。

抗氧剂和金属减活剂的商品代号和使用情况见表 11－27。

表 11-27 抗氧剂和金属减活剂的商品代号和使用性能

代号	名称	性能与使用情况
T501	一二叔丁基对甲酚	用在汽油、石蜡、润滑油等产品中，因其分解温度低，不宜使用在较高温度的油品中，可以与其他抗高温的抗氧剂复配
T511	2,6-二叔丁基酚	溶于苯、甲苯、丙酮，不溶于水，可用于高温度是使用的润滑油
T551	苯三唑衍生物	有良好的抗氧化和抑制铜腐蚀的能力，油溶性好，与 T501 复合效果较好，避免与 T202 或氨基甲酸盐复合，防止沉淀的发生，用于汽轮机油、齿轮油、液压油中

（六）黏度指数改进剂

黏度指数改进剂主要为了改善润滑油的黏温性能，提高其黏度指数。黏度指数改进剂是一种油溶胀的长键、链状高分子的聚合体，在高温时聚合体则伸展成长线型，分子溶胀，流体力学的体积和表面积增大，溶液内摩擦增加，从而导致溶液的黏度增加，弥补了油在高温时降低的黏度。而在低温时聚合体的结构是卷曲的，对溶液内摩擦影响不大，因而对油的黏度影响也不大。正是由于黏度指数改进剂在不同温度下呈不同状态影响着润滑油的黏度，所以它能起到改善润滑油黏温性能的作用。

黏度指数改进剂的商品代号和使用情况见表 11-28。

表 11-28 黏度指数改进剂的商品代号和使用性能

代号	名称	性能与使用情况
T601	聚乙烯基正丁基醚	具有良好的增黏、抗剪切、低温性能，用于液压油、齿轮油等油品
T603 系列	聚异丁烯	具有良好的黏附性、抗剪切性和热稳定性。T603 可调制内燃机油、液压油；T603A 主要用于液压油；T603B 主要用于密封剂；T603C 主要用于齿轮油；T603D 主要用于拉拔油
T611	乙丙共聚物	良好的油溶性、热稳定性，用于调制多级内燃机油
T612 T612A	乙丙共聚物	具有较好的稠化能力、抗剪切能力和热稳定性，用作内燃机油的黏度指数改进剂和润滑脂的稠化剂
T613	乙丙共聚物	比 T612 的剪切安定性好，用于中高档内燃机油中

（七）降凝剂

润滑油中含有一定量的石蜡，低温下蜡结晶析出，使得润滑油失去流动性。降凝剂是与石蜡形成共结晶，改变石蜡晶体的大小和外形，不易形成网状结构，起到降低凝点的作用，从而改善润滑油的低温流动性能。

降凝剂的商品代号和使用情况见表 11-29。

表 11-29 降凝剂的商品代号和使用性能

代号	名称	性能与使用情况
T801	烷基萘	降低油品凝点，改善低温流动性，用于内燃机油、车轴油、机械油等
T803 系列	聚 α-烯烃	颜色浅、降凝效果好，主要用于轻质润滑油
T805	聚 α-烯烃	降凝效果好，可调制多级油，用量少、效果好，可与 T803 复合使用

以上是一些油品中常用的添加剂，还有一些添加剂如防锈剂、抗泡剂、乳化剂和抗乳化剂、复合添加剂、螯合剂、着色剂、防霉剂、光稳定剂、可生物降解添加剂等，本章就不再赘述。

二、润滑油的调合工艺

大多数石油产品都是经过调合而成的，调合是润滑油制备过程的最后一道重要工序，通过调合可以改善基础油本身的抗氧化安定性、热安定性、极压性和黏度等物理化学性能，进而满足各类润滑油产品的质量要求。按照油品的配方，将润滑油基础油组分和添加剂按比例顺序加入调合容器，用机械搅拌（或压缩空气搅拌）、泵抽送循环、管道静态混合等方法调合均匀，然后按照产品标准采样分析合格后即成为正式产品。

（一）润滑油调合的机理

润滑油由基础油和添加剂两部分组成。在一定条件下，把性质和组成相近的两种或两种以上的基础油，按一定比例混合并加入添加剂的过程称为调合。各种油品的调合，除个别不互溶的液－液分散体系和液－固溶解混合体系以外，大部分为液－液相系互相溶解的均相调合，是三种扩散机理的综合作用。

（1）分子扩散。由分子的相对运动所引起的物质传递，是在分子尺度的空间内进行的。

（2）涡流扩散（或称湍流扩散）。当机械能传递给液体物料时，处于高速流体与低速流体分界面上的流体受到强烈的剪切作用，产生大量旋涡，造成对流扩散，是在局部范围的涡旋尺度空间内进行的。

（3）主体对流扩散。包括一切不属于分子运动或涡流运动而使大范围的全部液体循环流动所引起的物质传递，如搅拌槽内对流循环所引起的传质过程，这种混合是在大尺度空间内进行的。

主体对流扩散只能把不同物料“剪切”成较大“团块”地混合起来，主体内的物料并没有达到均质，通过大“团块”界面间的涡流扩散，才进一步把物料的不均匀程度迅速降低到旋流本身的大小。此时虽没有达到均质混合，但是“团块”已经变得很小，而数量很多，使团块间的接触面积大大增加，再通过分子扩散使全部油料达到完全均匀的分布状态。

润滑油调合是上述三种扩散的综合。但由于轻质、重质润滑油的黏度差别较大，在实际调合时哪种扩散过程起主导作用是不尽相同的。

（二）润滑油调合工艺类型

润滑油的调合工艺比较简单，一般分两种基本类型：罐式调合和管道调合。此外，压缩空气搅拌调合的方法，由于挥发损失大，易造成环境污染，易使油品氧化变质，现已很少使用，本章就不再提及。

罐式调合是将基础油和添加剂按比例直接送入调合罐，经过搅拌后，即为成品油。罐式调合系统主要包括成品罐、混合装置、加热系统、散装和桶状添加剂的加入装置、计量设备、机泵和管线等基础设施及过程控制系统。润滑油罐式调合装置简图如图 11－23 所示。

管道调合是根据配方要求，按照各组分比例，将基础油和添加剂同时连续地送入总管和管道混合，经过均匀混合后即为成品油，其理化指标和使用性能即可达到技术要求，可以直接灌装或送入储罐。调合过程简便，全过程可实现自动化操作。通过实时在线调整管道泵的转速，以使得各条管道中原料油的流量进行动态地调整，以达到预设定的比例，保证最优的调合精度。此法适合于量大、调合比例变化范围大的各种轻质和重质油品的调合。

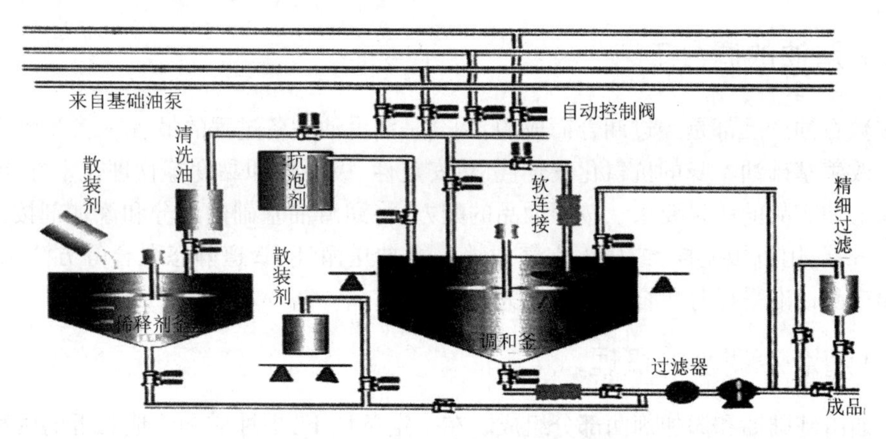

图 11－23　润滑油罐式调合装置简图

1. 罐式调合

罐式调合工艺常采用机械搅拌调合和泵循环调合。

1) 机械搅拌调合

机械搅拌调合是在搅拌器的作用下,带动罐内油品运动,使物料混合均匀。此法适用于相对小批量的润滑油成品油的调合。搅拌调合的效率,取决于搅拌器的设计及其安装。搅拌器可安装在罐的侧壁,也可从罐顶中央伸入。后者适用于量小但质量和配比要求严格的特种油品的调合,如调制特种润滑油、配制稀释添加剂基础液等。两种搅拌方式示于图 11－24。

2) 泵循环调合

泵循环调合是利用泵不断地将罐内物料从罐内抽出,再返回调合罐,在泵的作用下形成主体对流扩散和涡流扩散,使油品调合均匀。为了提高调合效率,降低能耗,在生产实践中不断对泵循环调合的方法进行了改进,主要有:

(1) 泵循环—喷嘴调合,即在调合油罐内增设喷嘴,被调合物料经过喷嘴的喷射,形成射流混合。高速射流在静止流体中穿过时,一方面推动其前方的液体流动形成主体对流;另一方面在高速射流作用下,射流边界就可形成大量旋涡使传质加快,从而大大提高混合效率。这一方法设备简单,效率高,管理方便。但这种混合方法适用于中低黏度油品的调合,如图 11－25 所示。

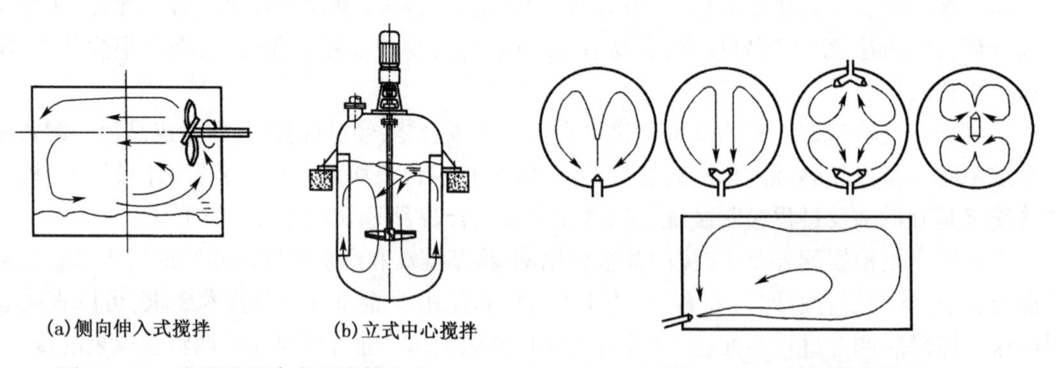

图 11－24　润滑油调合常用搅拌方式　　图 11－25　射流混合流型

(2) 静态混合器调合,即在循环泵出口、物料进调合罐之前增加一个合适的静态混合器,可大大提高调合效率。一般比机械搅拌缩短一半以上的时间，且调合质量优于机械搅拌。

2. 管道调合

管道调合也称连续调合。采用自动操作调合系统，由主控室计算机控制调合系统操作步骤，计算机根据预先输入的产品配方，自动计算、控制各组分和添加剂的投料量，并显示和控制调合步骤。

管道调合装置一般由下列部分组成：

(1)储罐：基础油罐、添加剂罐、调合罐/成品油罐。

(2)组分通道：每个通道包括配料泵、计量表、过滤器、排气罐、温度传感器、止回阀、压力调节阀等。组分通道的配备需要综合考虑原料种类、配方组分结构和配比、总体产品结构、预计产量等因素。通道口径和泵的排量由装置的调合能力和组分的配比决定。

(3)集合管、混合器和脱水器：各组分通道与总管相连，各组分按规定比例汇集到集合管；进入混合器混合均匀；脱水器将油中的微量水脱出，一般为真空脱水器。

(4)在线仪表和分析仪器：主要包括黏度表、倾点表、闪点表、比色表，在线仪表主要用于产品质量的实时控制。

(5)球扫线：球扫线由钢管、收/发球站、中间球站、塑胶球组成。自动球扫线系统是在采用中央计算机控制后，可以自动完成管道清扫工作，清扫效果良好，可实现用一根输油管输送不同种类的油品。

(6)自动控制系统：可存储并根据需要调用配方，自动控制全部调合过程，自动进行安全和故障报警。

下面主要介绍两种比较典型的自动化连续调合工艺。

1)ILB 在线管道调合

ILB 在线管道调合(In - Line - Blender，简称 ILB)是比较典型的连续式管道调合方式，包括调合站和计算机系统两部分。一般设有 4 ~ 9 个通道，每个通道适合一定比例范围的组分，每个通道的泵流量相对固定。每个调合通道均设有空气干燥器、质量流量计、温度传感器、控制阀、单向阀及扫线阀。操作时，流体通过一系列的质量流量计，系统可实现各组分液体的高精度配比，利用混合器在主管到混合后直接进入成品罐。同时，整个自动化控制系统通过在线仪表质量检测及闭环控制，可对成品油的主要质量实现优化控制。

ILB 在线管道调合系统原则流程如图 11 - 26 所示。

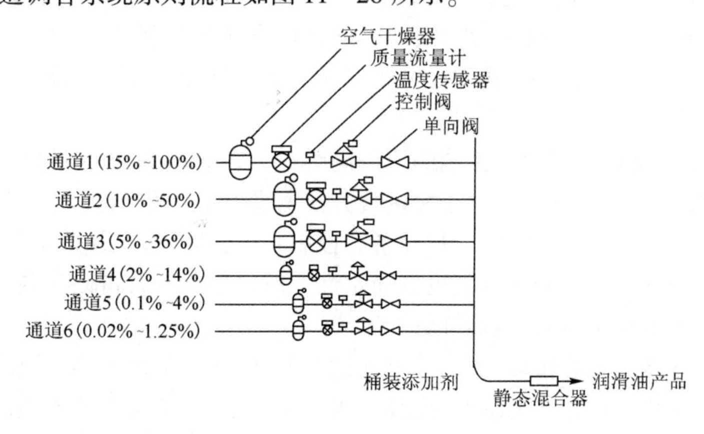

图 11 - 26　ILB 在线管道调合系统原则流程

在线调合具有调合批量大、速度快、效率高的特点，原料在管道中混合后可直接灌装或进入成品罐储存，减少中间储罐和中间分析。整个调合过程自动化程度高，操作简便，生产周期短，交货迅速，提高了油罐的利用率。其缺点是配方变化的适应性差，当配方改变，需改变各泵的流量时，由于泵的额定流量不能改变，所以部分原料还需打循环，以保证低流量运行；由于采用模拟量控制，并且每种组分需要一个计量通道，设备投资高；由于集合管中已是成品油，不能用基础油清洗管线。

2）同步计量调合

同步计量调合（Simultaneous – Metered – Blende，简称 SMB）是另一种管道调合工艺形式。与 ILB 在线管道调合不同的是同步计量调合的原料组分由各原料罐通过专用管线输送，装置的各个通道同时输送至流量计计量，利用自动阀门来控制组分的进料量。各组分原料不是在集合管中实现配比，完成均匀混合，而是通过出料的集合管送至调合罐，最后采用球扫线方式将管内存油推入调合罐。在调合罐中实现组分配比，完成均匀混合。

同步计量调合具有调合时间短、生产速度快、计量精度高、对配方适用性强的特点。配方中的多种组分可以同时输送和计量，计量通道可以共用，即在一个批次的调合过程中，某些计量通道可以使用两次以上，可有效地节省通道数量，节约投资成本。

同步计量调合工艺简图如图 11 – 27 所示。

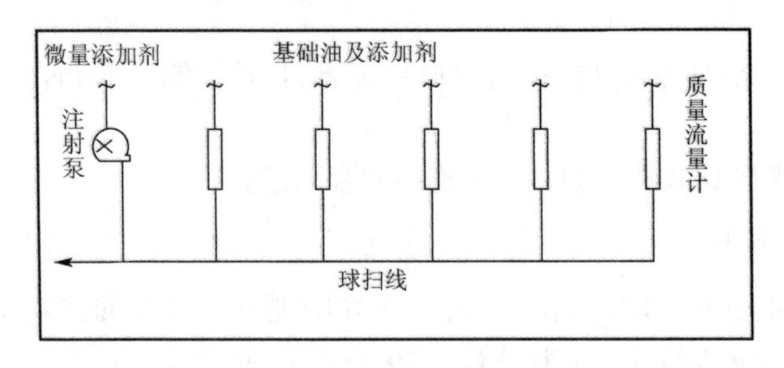

图 11 – 27　同步计量调合工艺简图

3. 罐式调合和管道调合两种调合工艺的比较

罐式调合是把定量的各调合组分依次加入到调合罐中，加料过程中不需要控制组分的流量，只需确定各组分最后的数量。还可以随时补加某种不足的组分，直至产品完全符合规格标准。这种调合方法，工艺和设备均比较简单，不需要精密的流量计和高度可靠的自动控制手段，也不需要在线的质量检测手段。因此，建设此种调合装置所需投资少，易于实现。此种调合装置的生产能力受调合罐大小的限制，只要选择合适的调合罐，就可以满足一定生产能力的要求，但劳动强度大。

管道调合是把全部调合组分以正确的比例同时送入调合装置进行调合，从管道的出口即得到质量符合规格要求的最终产品。这种调合方法需要有满足混合要求的连续混合器，需要有能够精确计量、控制各组分流量的计量设备和控制手段，还要有在线质量分析仪表和计算机控制系统，需要设备和过程控制具有高度的稳定性。所以连续调合可以实现优化控制，合理利用资源，减少不必要的质量过剩，从而降低成本。

综上所述，罐式调合适合批量少、组分多的油品调合，在产品品种多、缺少计算机装备的条件下更能发挥其作用。而生产规模大、品种和组分数较少，又有足够的储罐容量和资金能力时，管道调合则更有其优势。

（三）调合过程的影响因素

影响润滑油调合质量的因素很多，调合设备的调合效率、调合组分的质量等都直接影响调合后的油品质量。这里主要分析工艺的和操作的因素对调合后油品质量的影响。

（1）组分的精确计量。无论是罐式调合还是管道调合，精确计量都是非常重要的。精确计量是各组分投料时正确比例的保证。罐式调合虽然不要求投料时流量的精确计量但要保证投料最终的精确数量。组分流量的精确计量对管道调合是至关重要的，流量计量的不准，将导致组分比例的失调，进而影响调合产品的质量。管道调合设备的优劣，除混合器外，就在于该系统的计量及控制的可靠性和精确的程度，它应该确保在调合总管的任何部位取样，其物料的配比是正确的。

（2）组分中的水含量。组分中含水会直接影响调合产品的浑浊度和油品的外观，有时还会引起某些添加剂的水解，而降低添加剂的使用效果，因此因该防止组分中混入水分。但在实际生产中系统有水是难免的，为了保证油品的质量，连续调合器负压操作，以脱除水分，或采用在线脱水器。

（3）组分中的空气。组分中和系统内混有空气是不可避免的，对调合也是非常有害的。空气的存在不仅可能促进添加剂的反应和油品的变质，而且也会因气泡的存在导致组分计量的不准确，影响组分的正确配比，因为计量器一般使用的容积式的。为了消除空气的不良影响，在管道连续调合装置中不仅混合器负压操作，还在辅助泵和配料泵之间安装自动空气分离罐，当组分通道内有气体时配料泵自动停机，直到气体从排气罐排完配料泵才自动开启，从而保证计量的准确。

（4）调合组分的温度。要选择适宜的调合温度，温度过高可能引起油品和添加剂的氧化或热变质，温度偏低使组分的流动性能变差而影响效果，一般以55～65℃为宜。

（5）添加剂的稀释。有些添加剂非常黏稠，使用前必须熔融、稀释，调制成合适浓度的添加剂母液，否则既可能影响调合的均匀程度，又可能影响计量的精确度，但添加剂母液不应加入稀释剂太多，以免影响润滑油的产品质量。

（6）调合系统的清洁度。调合系统内存在的固体杂质和非调合组分的基础油和添加剂等，都是对系统的污染，都可能造成调合产品质量的不合格，因此润滑油调合系统要保持清洁。从经济的观点出发，无论是管道调合还是罐式调合，一个系统只调一个产品的可能性是极小的，因此非调合组分对系统的污染是免不了的，管道连续调合采用空气（氮气）反吹处理系统，罐式调合在必要时则必须彻底清扫。实际生产中一方面尽量清理污染物，另一方面则应安排质量、品种相近的油在一个系统调合，以保证调合产品质量。

思考题及习题

一、填空题

1. 润滑油是由（　　）和（　　）组成的。（　　）是润滑油的主要成分，决定着润滑油的基本性质。

2. 润滑油生产过程大致由三个部分构成（　　）、（　　）、（　　）。

3. 制备润滑油基础油的原料包括（　　）和（　　），（　　）用于制备高黏度润滑油。

4. 影响丙烷脱沥青的主要因素包括(　　)、(　　)、(　　)、(　　)、(　　)。

5. 常用的精制方法有多种,如(　　)、(　　)、(　　)、(　　)。(　　)是国内外大多数炼油厂采用的方法。

6. 润滑油溶剂脱蜡工艺流程主要分为(　　)、(　　)、(　　)、(　　)、(　　)五部分。

7. 润滑油加氢补充精制是缓和加氢过程,主要是除去(　　)等杂质,以改善油品的安定性和颜色,其主要反应有(　　)、(　　)和(　　)。

二、简答题

1. 评价润滑油性能的主要指标是什么?

2. 润滑油的理想组分和非理想组分分别是什么?

3. 简述润滑油溶剂脱沥青目的、原理及影响溶剂脱沥青效果主要因素。

4. 简述润滑油溶剂精制目的、原理及影响溶剂精制效果的主要因素。

5. 绘出润滑油溶剂脱蜡原则工艺流程图,并简要说明各系统作用。

6. 抽提过程中提取液里溶剂回收为什么要采取多段蒸发(多效蒸发)?

7. 绘出润滑油糠醛精制工艺中糠醛干燥双塔回收流程图,并简述其原理。

8. 润滑油为什么要进行补充精制? 常用补充精制方法有哪些? 并简述其精制原理。

9. 加氢法生产的润滑油基础油和传统法生产的润滑油基础油组成上有何区别?

第十二章　石油蜡与沥青的生产

知识目标

(1)熟悉石油蜡和沥青的一般性状、组成及分类；

(2)掌握石油蜡和沥青产品物理性质的概念和应用；

(3)熟悉石油蜡和沥青的主要生产工艺原理及相应的生产装置。

能力目标

(1)熟悉石油蜡和沥青的主要生产工艺流程,会画流程图；

(2)能正确判断石油蜡和沥青的品质,正确评价石油蜡和沥青的性能指标,并能根据其主要性能参数进行正确地选用；

(3)能正确分析石油蜡和沥青生产工艺中的主要工艺参数。

第一节　石油蜡的生产

1833 年从石油中分离出了蜡,1867 年石油蜡开始商品化生产,主要的生产过程包括含蜡油的脱蜡脱油、精制、成型和包装等工艺。我国原油含蜡量高,当前已经是生产石油蜡的大国。石油蜡用途广泛,可用于橡胶、造纸、农业、日化、纺织、机械、电子等领域,是国民经济中不可或缺的重要材料。

一、石油蜡的种类和用途

石油蜡主要包括液蜡、石蜡和微晶蜡。

液蜡在室温下呈液态,一般是碳原子数为 $C_9 \sim C_{16}$ 的正构烷烃。液蜡一般是由石油的直馏馏分用尿素脱蜡或分子筛脱蜡来制取。液蜡可以制成 α – 烯烃、仲醇、氯化烷烃等,用来生产合成洗涤剂、农药乳化剂、塑料增塑剂等化工产品。

石蜡一般是碳原子数为 $C_{17} \sim C_{35}$ 的烃类,相对分子质量为 300 ~ 450。石蜡一般根据其精制程度、熔点、含油量、用途、颜色等进行分类。按照石蜡的精制程度的不同,可分为粗石蜡(黄石蜡)、半精炼蜡(白石蜡)、全精炼蜡(精白蜡)和食品蜡,精制程度越高,颜色越浅,质量越好。按照熔点的不同,石蜡可分为软蜡和硬蜡,熔点低于 45℃的称为软蜡,熔点在 45 ~ 60℃之间,25℃针入度低于 20(0.1mm)的称为硬蜡,我国的粗石蜡、半精炼蜡、全精炼蜡均属于硬蜡。粗石蜡可用于生产橡胶制品、篷帆布、火柴和其他化工原料,半精炼石蜡可用来生产蜡烛、蜡笔、蜡纸、一般电信器材、轻工和化工原料,全精炼蜡可用来生产电气绝缘材料、复写纸、装饰吸音板等产品,食品用石蜡可用来生产糖果、食品的包装纸、中药丸的蜡壳、化妆品。

微晶蜡,过去称为地蜡,目前有时还沿用这个旧称。微晶蜡碳原子数为 $C_{35} \sim C_{80}$,组成比石蜡复杂,无明显熔点。微晶蜡主要用途是润滑脂的稠化剂,也可以用来制造电子工业用蜡、橡胶防护蜡、军工用蜡、冶金工业用蜡等。

改性的石油蜡一般按照改性方法和用途进行分类。按照改性方法,可分为物理改性石油蜡和化学改性石油蜡,化学改性石油蜡又可分为氧化蜡、氯化蜡和顺酐蜡等;按照用途,改性的石油蜡可分为橡胶防护蜡、汽车蜡、炸药蜡、汽车防护蜡和电容器蜡等。

二、石油蜡的性能指标

石油蜡的主要物理性质指标有熔点、滴点、含油量、色度、臭味、针入度、安定性和运动黏度等,这也是表示品质的主要质量指标。硬度、收缩率、热膨胀、流动性和黏附性等物理性质可用来表示石油蜡的使用性能,在此不做介绍。

(1)熔点、滴点。熔点是决定石蜡基本性质和类型的重要指标,石蜡的许多用途都直接或间接地受到其熔点的影响,这也是用户选购石蜡时的重要参数之一。石蜡的牌号是依据其熔点来划分的,如 52 号蜡的熔点不低于 52℃。而滴点是微晶蜡的重要指标,微晶蜡的牌号是依据其滴点来划分的。滴点是指在规定条件下,达到一定流动性时的最低温度。

(2)含油量。石油蜡的含油量是指含低熔点烃类的量。含油量是石油蜡精制深度的指标。含油量高的石油蜡塑性好,但含油量过高会影响石油蜡的色度和储存的安定性,还会导致硬度降低,石蜡中含油越多,熔点越低。大部分石油蜡制品中需要含有少量的油,这可以改善产品的光泽和脱模性能。降低石油蜡的含油量可以通过发汗法或溶剂法来实现。

(3)色度。色度是石油蜡精制深度的另一个指标。精制程度越高,颜色越浅。食品级石蜡对色度要求较高。

(4)臭味。优质石油蜡无臭味,当含有芳烃、硫、氧、氮等的化合物时,会带有臭味,影响石油蜡的使用。

(5)针入度。针入度用于确定石油蜡的硬度。在规定的温度、负荷、时间条件下,标准针垂直进入石油蜡试样的深度就是样品的针入度,针入度越大,硬度越小。石油蜡的硬度直接关系到它的抗变形性能,石油蜡的硬度、强度和抗疲劳性能可以用于评定石油蜡的流变性质。

(6)安定性。石油蜡制品在造型、涂敷、使用过程中,受热、光、空气等作用,安定性不好的石油蜡会出现氧化变质,颜色变深、发黄,散发出臭味等现象,这主要是由于石油蜡中所含有非烃化合物和稠环芳烃这些杂质。石油蜡的安定性主要包括热安定性、氧化安定性和光安定性,提高石油蜡的安定性,就需要去除杂质,对石油蜡进行深度精制。

我国石油蜡根据产品不同,性能指标要求也不同,GB/T 446—2010《全精炼石蜡》、GB/T 254—2010《半精炼石蜡》、GB/T 1202—2016《粗石蜡》和 GB 1886.26—2016《食品安全国家标准 食品添加剂 石蜡》分别对相应石蜡产品进行了规范,SH/T 0013—2008《微晶蜡》对微晶蜡的质量进行了规范。表 12－1 为全精炼石蜡的主要质量指标,表 12－2 为微晶蜡的主要质量指标。

表 12－1 国产全精炼石蜡的主要质量指标

项目		质量指标										实验方法
牌号		52 号	54 号	56 号	58 号	60 号	62 号	64 号	66 号	68 号	70 号	
熔点,℃	不低于	52	54	56	58	60	62	64	66	68	70	GB/T 2539
	低于	54	56	58	60	62	64	66	68	70	72	

续表

项目		质量指标										实验方法
牌号		52号	54号	56号	58号	60号	62号	64号	66号	68号	70号	
含油量(质量分数),%	不大于	0.8										GB/T 3554
颜色,塞波特颜色号	不小于	+27				+25						GB/T 3555
光安定性,号	不大于	4				5						SH/T 0404
针入度(25℃),0.1mm	不大于	19				17						GB/T 4985
运动黏度(100℃),mm^2/s		报告										GB/T 265
嗅味,号	不大于	1										SH/T 0414
机械杂质及水分		无										目测
水溶性酸或碱		无										SH/T 0407

注:此表选自 GB/T 446—2010。

表 12-2 国产微晶蜡的主要质量指标

项目			质量指标					实验方法
牌号			70号	75号	80号	85号	90号	
滴熔点,℃	不低于		67	72	77	82	87	GB/T 8026
	低于		72	77	82	87	92	
含油量(质量分数),%		不大于	3.0					SH/T 0638
颜色,号		不大于	3.0					GB/T 6540
针入度,0.1mm	(35℃,100g)	不大于	报告					GB/T 4985
	(25℃,100g)	不大于	30	30	20	18	14	
运动黏度(100℃),mm^2/s			6.0	10				GB/T 265
水溶性酸或碱			无					SH/T 0407

注:此表选自 SH/T 0013—2008。

三、石油蜡的生产工艺

石油蜡的主要生产过程包括含蜡油的脱蜡脱油和精制过程,以及后期的成型、包装。石油蜡的脱蜡生产从最初的低温榨蜡发展到现在的溶剂脱蜡脱油,精制过程也从过去的化学酸碱精制、吸附精制发展到当前的加氢精制。我国目前不同时期的工艺技术并存,过去的冷榨、发汗、白土补充精制工艺仍在继续使用,较新的溶剂脱蜡脱油、溶剂喷雾脱油、分子筛脱蜡及加氢精制等工艺也投入了使用。石油脱蜡介绍见视频 12-1。

(一)脱蜡脱油工艺

1. 甲乙基酮—甲苯脱蜡脱油联合工艺

视频12-1 石油脱蜡

甲乙基酮—甲苯脱蜡脱油联合工艺原料适应范围广,是我国润滑油型炼油厂生产石油蜡的主要方法。利用甲乙基酮—甲苯溶剂对蜡和油的溶解度的差异,溶剂能溶油而不溶蜡,实现石油蜡和油品的分离。我国该工艺流程为多段滤液逆流流程。含蜡原料油用滤液稀释,在套管结晶器结晶，用甲乙基酮—甲苯溶剂稀释后过滤，脱蜡滤液回收溶剂后得到脱蜡油，蜡膏经二段脱油滤液稀释后在一段过滤机过滤，得到的软蜡含油较高，送入二段用甲乙基酮—甲苯溶剂稀释脱油，二段过滤后的滤液返回到一段，一段过滤后的滤液大部分返回作为原料油的稀释液，小部分经溶剂回收后得到蜡下油。其工艺流程如图 12－1 所示。

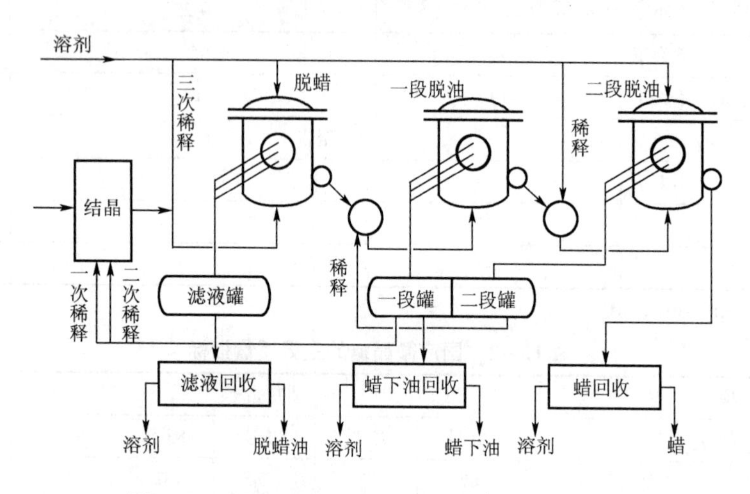

图 12－1　甲乙基酮—甲苯脱蜡脱油联合工艺流程

2. 喷雾蜡脱油工艺

喷雾蜡脱油工艺是以蜡膏（粗蜡）为原料，加热加压下通过喷雾抽提塔顶部喷头雾化，在冷气流中固化成细小的蜡颗粒，蜡粒下降过程中与喷雾塔底部进入的丁烷溶剂进行逆流固液抽提，蜡粒中的油和低熔点的蜡溶于溶剂中，被抽出，实现脱油的目的。蜡粒密度大于溶剂，沉降到抽提塔底部的固体蜡粒送入蜡回收系统，脱净溶剂后即为脱油蜡。含油溶剂在抽提塔膨胀段顶部抽出，回收溶剂后得到蜡下油，回收的溶剂冷凝脱水后可以重复使用。图 12－2 为喷雾蜡脱油工艺流程。

3. 无溶剂制蜡工艺

无溶剂制蜡工艺也就是压榨脱蜡—发汗脱油工艺，目前仍有少量燃料型炼油厂使用该工艺。压榨脱蜡是以液氨为制冷剂，含蜡馏分油冷却后在套管结晶器中以较慢的速度结晶，蜡呈结晶析出，再经板框压滤机过滤，使蜡和油分离。高含蜡的馏分油可以采用逐级降温分次压榨的方法。板框分离后得到的蜡膏还需要进一步脱油，才能满足要求，这可以通过发汗脱油工艺来实现。我国的发汗装置有圆形发汗罐和方箱式发汗箱两种，圆形发汗罐是主要的发汗装置，圆形发汗罐的结构类似于固定管板式换热器。加热熔化的含油蜡走壳程，冷却水走管程，蜡先结晶，管程中再通入热水，缓慢升温，油和低熔点的蜡熔化成液体，从蜡晶体缝隙中流出，仿佛出汗一样，因而这一工艺叫发汗工艺。控制发汗时温度的高低可以得到不同的蜡产品。图 12－3 为发汗工艺流程。

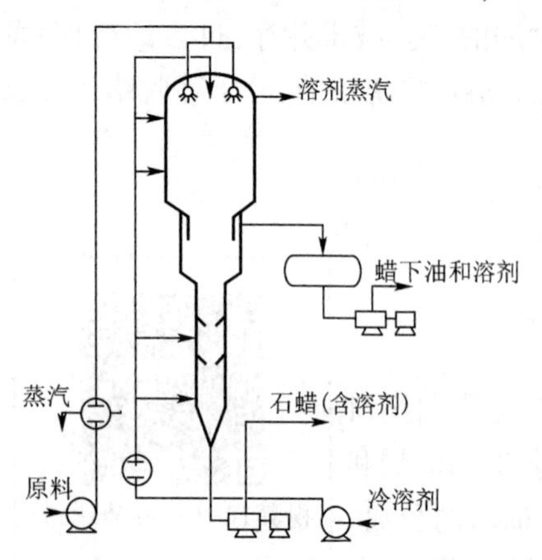

图 12－2　喷雾蜡脱油工艺流程

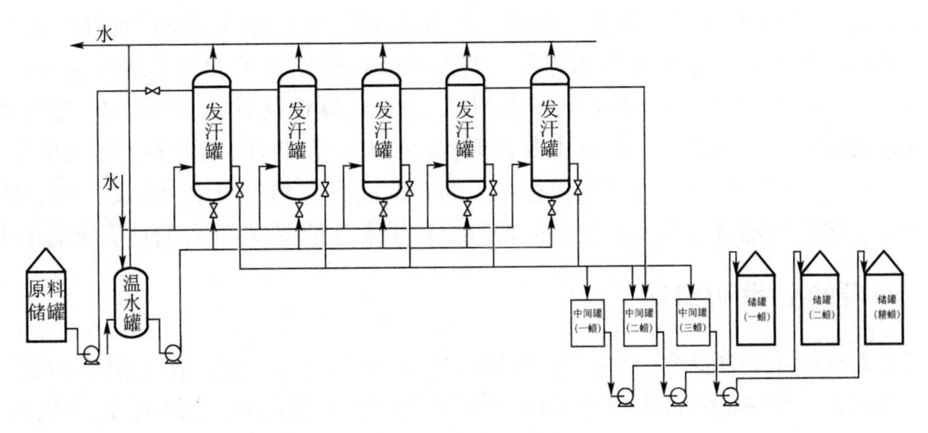

图 12-3　发汗工艺流程

（二）石油蜡的精制

石油蜡的精制方法有加氢精制、白土吸附精制、渗滤精制、硫酸精制，当前主要采用的是加氢精制工艺。

石油蜡中主要成分固态烃安定性高，只在加热和长期光照下才会发生变色，而石油蜡中含有的少量非烃物质安定性差，容易使石蜡颜色变黄变深。加氢精制可以除去非烃物质，使不饱和烃饱和，改善产品的色度、光安定性和热稳定性。石油蜡的加氢精制是石油蜡原料在催化剂和氢气存在下，发生气固液多相催化反应。加氢精制的主要工艺参数有氢分压、空速、反应温度，这几个工艺参数互相影响。低压、高空速时蜡的质量下降，温度过高，裂解反应增加，产品含油量增大，不利于产品质量提升。

（三）液蜡的生产

我国目前生产的液蜡主要有重蜡和轻蜡，重蜡和轻蜡分别是碳原子数为 $C_{14} \sim C_{16}$ 和 $C_9 \sim C_{13}$ 的正构烷烃。生产工艺主要有分子筛脱蜡和异丙醇尿素脱蜡两种。

分子筛脱蜡主要是以孔径约为 0.52nm 的 5A 分子筛作为吸附剂，利用其选择性吸附性能，实现从煤油或柴油馏分中分离高纯度的正构烷烃。该工艺有多种形式，按吸附质的物相状态可分为液相法和气相法；按吸附剂床层的状态可分为固定床、模拟移动床；按吸附剂种类可分为蒸气脱附法、己烷脱附法、氨脱附法。

异丙醇尿素脱蜡工艺是利用油中正构烷烃与尿素在异丙醇水溶液中反应生成固体络合物而从油中分离出来，分离的络合物在高温下分解，得到正构烷烃和尿素，尿素可循环使用。异丙醇既是络合反应的活化剂，又是便于物料输送和络合物分离的稀释剂。

第二节　沥青的生产

一、沥青的化学组成

沥青是由高分子碳氢化合物及其非金属衍生物组成的黑色或黑褐色的固体、半固体或液体的混合物,是一类憎水材料。沥青是由减压渣油获取的,是沥青质、胶质、饱和烃及芳烃这四种组分以不同比例组成的稳定的胶体体系。沥青中饱和烃(蜡)的含量直接关系到沥青的物理性质,蜡的存在会导致沥青的性能变差,如针入度增加、软化点下降、延度下降、黏附性变差,一般要求沥青中少含或不含蜡。沥青主要含碳、氢两种元素,此外,还汇集了原油中绝大部分的氮、氧和重金属元素,这些杂元素主要存在于沥青的沥青质和胶质中,硫、氮、氧的存在对沥青的性质有一定的影响,铁、镍、钒、钠、钙、铜等金属元素含量少,对沥青的性质影响不大。

二、沥青的分类和用途

沥青是石油的主要产品之一,主要用作道路建设、建筑、水利工程、电气绝缘、防腐,以及工业和农业等方面。我国的石油沥青产品可以分为四大类:道路沥青、建筑沥青、专用沥青和乳化沥青。

石油沥青约70%用于道路施工。道路沥青又可以分为普通道路沥青和高等级道路沥青两类,主要用作道路铺筑材料,是由适合的原油经减压深拔直接得到,或者由减压渣油浅度氧化,由溶剂脱沥青工艺脱出的沥青调合而成。

建筑沥青主要用于房屋建筑和防水、防潮,由氧化法加工而成,硬度大,耐温性好,黏结性和防水性能优良。

专用沥青种类较多,包括管道防腐沥青、油漆沥青、电池封口沥青、蓄电池沥青、橡胶填充沥青、电缆沥青、光学抛光沥青等。这一类石油沥青产品主要是利用其良好的化学稳定性、耐电强度高、黏接力强、防腐防潮性能优异、耐高低温性能优良等性能特点。

乳化沥青是由沥青、水、乳化剂,以及其他化学品混合所形成的乳化液,可根据乳化剂的不同分为阴离子乳化沥青、阳离子乳化沥青、非离子乳化沥青和两性乳化沥青等。乳化沥青可以常温储存、运输和施工,主要用于筑路、防水、防渗和砂土稳定等。

三、沥青的性能

沥青应该具有一定的硬度和韧性,沥青的针入度、延度和软化点在生产中用作控制其产品质量的指标,也称为沥青的三大技术指标。

(1)针入度。针入度可用于表示沥青的软硬度,针入度越小,硬度越大。针入度的测定方法是在规定的温度下(25℃),一定的负荷下(100g)的特定针,在一定的时间内(5s),针尖贯入试样的深度,以1/10mm单位表示,它实质上反映了该温度下沥青的黏度。我国目前以25℃的针入度来划分沥青的牌号。不同的用途对针入度的要求不同,例如道路沥青需要结合路面结构、气候条件及施工要求选用不同牌号的沥青,寒冷地区选用高牌号的为主,炎热地区选用低牌号的为主。

(2)延度。延度体现了沥青的塑性。在规定的条件下(25℃或15℃,拉伸速度5cm/min),延度值由测定沥青样品被拉伸至刚刚断裂时的长度值来获取。延度与沥青的胶体结构有关,蜡含量越高,沥青质含量越高,延度越小。道路沥青对延度的要求最高,这样可以确保在低温条件下,道路在外力作用下不出现裂缝。

(3)软化点。软化点表示在一定的外力作用下(特定的小钢球),沥青样品受热,钢球将其压穿落下时的温度。软化点反映了沥青的耐热能力,抵抗变形的能力。软化点与沥青中沥青质的含量有关,沥青质含量越高,沥青的胶体结构越好,软化点越高。可以通过氧化工艺来提高沥青的软化点。

四、沥青的生产工艺

沥青的生产工艺主要有四种,蒸馏法、氧化法、溶剂萃取法和调合法。

(一)蒸馏法

蒸馏法工艺与一般常减压蒸馏流程类似,选用合适的原油,通过蒸馏的方式直接得到软化点较低的道路沥青。为了提高减压塔的拨出率,提高沥青产品的软化点,通常需要更高的真空度,通常采用的装置为三级抽空器;由于对分馏的精度要求不高,通常采用的装置为填料干式减压蒸馏塔。侧线馏出油为裂化原料油和燃料油。

干式减压蒸馏的工艺流程如图 12-4 所示。

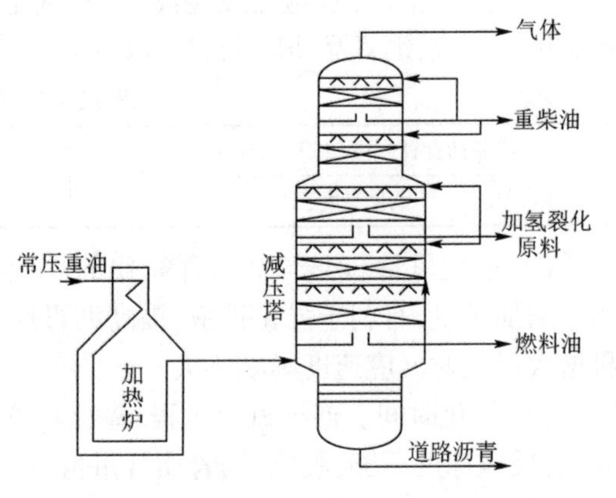

图 12-4　干式减压蒸馏的工艺流程

(二)氧化法

氧化法是将减压渣油或溶剂脱油沥青进行氧化而制得氧化沥青的方法。以一定温度的空气进行氧化,使原料组成发生改变,得到软化点升高和针入度降低的产品,可以通过控制氧化深度得到道路沥青、建筑沥青或其他专用沥青。

1. 沥青氧化反应机理

沥青氧化是一个复杂的非均相反应体系,多种化学反应交织在一起。沥青中的芳烃、胶质和沥青质在一定温度下,与空气中的氧发生作用,部分氧化脱氢生成水,余下的活性基团脱氢聚合或缩合生成更高相对分子质量的产物,其转化过程如下:

芳烃→胶质→沥青质→炭青质→焦炭

沥青氧化反应是自由基反应机理,反应过程包括链引发、链发展和链终止的过程。反应最初的自由基 R· 可能是由烃类分子裂解产生。沥青氧化链反应过程如下:

(1)链的引发。

$$R\cdot + O_2 \longrightarrow ROO\cdot$$

$$ROO\cdot + RH \longrightarrow ROOH + R\cdot$$

(2)链的发展。

$$ROOH \longrightarrow RO\cdot + R\cdot$$

$$RO\cdot + RH \longrightarrow ROH + R\cdot$$

$$OH\cdot + RH \longrightarrow H_2O + R\cdot$$

(3)链的终止。

$$R\cdot + R\cdot \longrightarrow R-R$$

$$RO_2\cdot + RO_2\cdot \longrightarrow ROOR + O_2$$

氧化脱氢缩合是沥青氧化过程中的主要反应。此外,沥青中的烃类物质也会发生部分裂解,进而氧化成羧酸、酚类、酮类和酯类等物质,酯类可以进一步结合,最后生成沥青质,这是沥青氧化过程中的副反应。沥青氧化后，饱和烃、芳烃和胶质减少，而沥青质增多，产品组成发生了改变，沥青产品软化点升高，针入度降低，流动性减少。

2. 沥青氧化影响因素

(1)氧化温度。反应温度越高，沥青氧化所需的反应时间越短。但是氧化温度过高，会导致焦炭的生成，沥青品质降低。一般氧化温度与成品沥青的针入度的关系见表12－3。

表12－3　氧化温度的选择

成品沥青针入度(25℃)，1/10mm	90～120	40～70	10～30
氧化温度，℃	250～255	260～280	280～300

(2)氧化风量。空气是沥青氧化的反应物，在塔中，空气的流动同时又起到了搅拌的作用。增加风量，有利于强化扩散，提高沥青反应速度，缩短氧化反应时间。风量达到一定量时，再增大风量对反应速度影响不大。

(3)氧化时间。连续氧化过程，氧化塔内液面的高低直接影响氧化时间的长短。氧化时间短，反应深度不够，胶质、沥青质含量低，产品软化点低，针入度大；氧化时间长，反应深度过大，原料中的组分相当一部分转化成焦炭，产品软化点过高，质地变脆，品质变差。只有控制好反应时间，使反应深度适当，才能得到品质优良的沥青产品。

3. 氧化法生产工艺

氧化法生产工艺发展至今天，氧化设备的使用先后经历了三个阶段，最早是间歇式氧化釜，继而发展为连续式氧化釜，目前除生产一些特殊沥青产品使用釜式设备外，基本上都采用塔式氧化设备。作为氧化沥青装置主要设备的氧化塔，是中空的筒形反应器，其长径比为4～6，有的塔的长径比可以达到8左右。氧化塔内设置有空气分布器、气液相注汽和注水喷头，用于实现传质传热，便于控制反应速度和反应温度。为了便于强化传质，氧化塔还可以设置3～4层栅板，增强气液两相的接触。

氧化沥青的过程首先是原料经加热炉加热，加热后的原料从氧化塔的中部进入，与来自氧化塔下部的空气逆流接触，发生氧化。塔顶设置有冷凝器，气体和水蒸气从塔顶进入冷凝器冷凝冷却，冷凝液送入循环油罐，未凝气进入气液分离罐，从气液罐中分离出的尾气可用做加热炉的燃料，气液分离罐的洗涤水可作为注水，从塔顶注水喷头经压缩风雾化进入塔内来降温，还可以防止气相着火和爆炸事故的发生。双塔式氧化沥青的工艺流程图如图12－5所示。

(三)溶剂萃取法

石蜡基和某些中间基原油的减压渣油含有高沸点的石蜡烃，用蒸馏的方法很难除去；饱和石蜡烃，也很难被氧化，这样的渣油可以选用溶剂萃取法来生产沥青。溶剂萃取法是通过渣油中不同组分在溶剂中的溶解能力的差异，实现分离目的，从渣油中分离出富含饱和烃和芳烃的脱沥青油，剩余部分为含胶质和沥青质的脱油沥青，脱油沥青可以直接或者经调合、氧化的方法得到沥青。脱沥青油是催化裂化或润滑油生产的原料。

溶剂脱沥青所用的溶剂可以是丙烷、丁烷和戊烷。随着溶剂相对分子质量的增大，溶剂对油的溶解能力越大，得到的脱油沥青的软化点也越高。

(四)调合法

通过调合来调整沥青组分之间的比例，使沥青质量和胶体结构能够满足使用要求的方法，

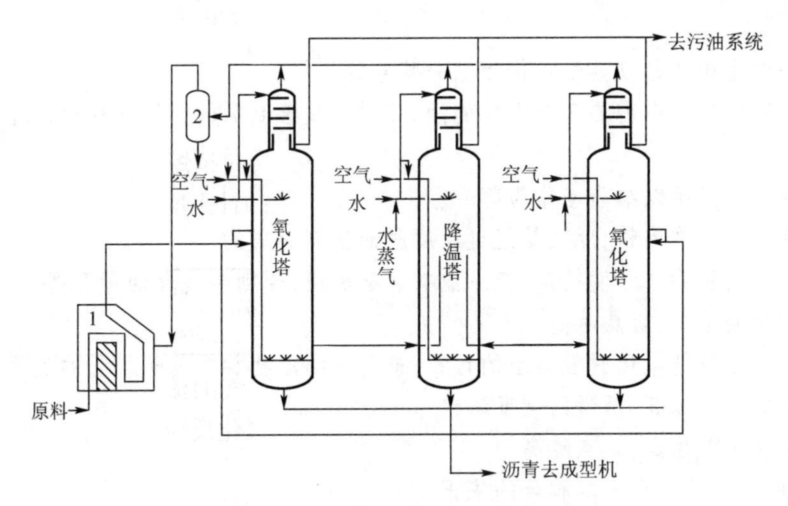

图 12－5　双塔式氧化沥青的工艺流程

1—尾气焚烧加热炉;2—尾气分水罐

就是调合法。这种方法扩大了原料的来源,所使用的原料可以是不同油源加工得到的中间产品,也可以是不同加工方法得到的中间产品。

沥青中各组分对沥青性质的影响是不同的,大致如表 12－4 所示,调合时可作为参考。

表 12－4　各组分对沥青性质的影响

组分	感温性	延度	对沥青质分散度	高温黏度
饱和烃	好	差	差	差
芳烃	好	—	好	好
胶质	差	好	好	差
沥青质	好	稍差	—	好

沥青调合通常采用的方式是先生产软、硬两种沥青组分,再根据客户需要,按不同比例调合不同规格、牌号的沥青。调合方法有罐式调合和管线调合两种。

思考题及习题

一、填空题

1. 石油蜡主要有(　　)、(　　)和(　　)三类。

2. 石蜡按精制程度的不同可以分为(　　)、(　　)、(　　)和(　　),精制程度越高,颜色越(　　)。

3. 石蜡在光照下会变黄,一般要求石蜡具有良好的热安定性、(　　)和(　　)。

4. 我国石油沥青产品可以分为四大类:(　　)、(　　)、(　　)和(　　)。

5. 沥青的三大技术指标是(　　)、(　　)和(　　)。

6. 沥青的生产工艺主要有(　　)、(　　)、(　　)和(　　)四种。

二、判断题

1. 石蜡和微晶蜡都是以其熔点作为划分牌号的依据。 (　　)
2. 大部分石蜡制品中需要含有少量的油,那样对改善制品的光泽和脱模性能是有利的。 (　　)
3. 我国的石蜡产品以结晶点作为牌号。 (　　)
4. 全精炼石蜡又称为精白蜡,是经过深度脱油精制制成的。 (　　)
5. 石蜡加氢精制要求深度精制,但不能有裂解反应,否则会使含油量升高。 (　　)
6. 石蜡中含油越少,熔点越高。 (　　)
7. 沥青氧化过程是氧化脱氢缩合的过程,也是提高产物相对分子质量的过程。 (　　)
8. 沥青的针入度越高,沥青的硬度越大。 (　　)
9. 沥青中含蜡量越高,熔点越高。 (　　)
10. 沥青的针入度是划分其牌号的依据。 (　　)

三、简答题

1. 石油蜡的精制方法有哪些?当前主要采用哪种方法?
2. 石油蜡精制的目的是什么?影响石油蜡精制的主要工艺参数有哪些?
3. 石蜡和微晶蜡的牌号依据什么来划分?沥青的牌号依据什么来划分?
4. 为什么石蜡精制程度越高,颜色越浅?
5. 影响石蜡安定性的主要因素是什么?如何提高石蜡的安定性?
6. 沥青氧化影响因素有哪些?提高沥青品质应该如何控制反应条件?
7. 溶剂脱沥青常用的溶剂有哪些?使用不同溶剂得到的沥青有什么差异?

参考文献

[1] 徐春明,杨朝合. 石油炼制工程. 4 版. 北京:石油工业出版社,2009.
[2] 张建芳,等. 炼油工艺基础知识. 2 版. 北京:中国石化出版社,2004.
[3] 程丽华. 石油炼制工艺学. 北京:中国石化出版社,2007.
[4] 张德勤. 石油沥青的生产与应用. 北京:中国石化出版社,2001.
[5] 吴秀玲. 油品分析. 北京:化学工业出版社,2014.
[6] 曾心华. 石油炼制. 北京:化学工业出版社,2009.
[7] 陈长生. 石油加工生产技术. 2 版. 北京:高等教育出版社,2013.
[8] 朱宝轩. 化工生产仿真实习指导. 北京:化学工业出版社,2002.
[9] 侯祥麟. 中国炼油技术. 2 版. 北京:中国石化出版社,2001.
[10] 侯芙生. 炼油工程师手册. 北京:石油工业出版社,1994.
[11] 徐国庆. 炼油工艺过程优化设计、技术创新与设备维护实用手册. 合肥:安徽文化音像出版社,2003.
[12] 付梅莉,于月明,刘振河. 石油加工生产技术. 北京:石油工业出版社,2009.
[illegible]] 杨兴锴,李杰. 燃料油生产技术. 北京:化学工业出版社. 2010.